经济应用数学基础

新形态教材

线性代数

第六版 学习参考

赵树嫄　胡显佑　陆启良　褚永增 / 编著

$$Ax=b$$

$$A=\begin{pmatrix} a_{11} & a_{12} & \cdots & a_{1n} \\ a_{21} & a_{22} & \cdots & a_{2n} \\ \vdots & \vdots & & \vdots \\ a_{m1} & a_{m2} & \cdots & a_{mn} \end{pmatrix}$$

$$x=\begin{pmatrix} x_1 \\ x_2 \\ \vdots \\ x_n \end{pmatrix} \qquad b=\begin{pmatrix} b_1 \\ b_2 \\ \vdots \\ b_m \end{pmatrix}$$

中国人民大学出版社

· 北京 ·

图书在版编目（CIP）数据

线性代数（第六版）学习参考/赵树嫄等编著. --
北京：中国人民大学出版社，2022.5
（经济应用数学基础）
ISBN 978-7-300-30608-7

Ⅰ.①线… Ⅱ.①赵… Ⅲ.①线性代数-高等学校-
教学参考资料 Ⅳ.①O151.2

中国版本图书馆 CIP 数据核字（2022）第 079702 号

经济应用数学基础

线性代数（第六版）学习参考

赵树嫄　胡显佑
陆启良　褚永增　编著

Xianxing Daishu（Di-liu Ban）Xuexi Cankao

出版发行　中国人民大学出版社
社　　址　北京中关村大街 31 号　　**邮政编码**　100080
电　　话　010－62511242（总编室）　010－62511770（质管部）
010－82501766（邮购部）　010－62514148（门市部）
010－62515195（发行公司）　010－62515275（盗版举报）
网　　址　http://www.crup.com.cn
经　　销　新华书店
印　　刷　北京昌联印刷有限公司
规　　格　185 mm×260 mm　16 开本　　**版　　次**　2022 年 5 月第 1 版
印　　张　17.75　　**印　　次**　2024 年 3 月第 2 次印刷
字　　数　418 000　　**定　　价**　42.00 元

出版说明

由赵树嫄教授主编的“经济应用数学基础”系列教材，40 多年来深受广大读者喜爱，发行量极大，影响很广。该套教材的读者既有在校师生，也有很多自学读者。为适应读者学习或参考的需要，我社听取了许多方面的意见和建议，为此教材提供了配套的学习辅导和教学参考读物。

为适应公共数学教学形势的发展，我社邀请赵树嫄教授主持对《线性代数》(第五版) 的修订工作，推出了第六版。同时，为了满足广大读者尤其是自学读者的学习需要，我们邀请赵树嫄、胡显佑、陆启良、褚永增等老师编写了这本《线性代数》(第六版) 的学习参考读物。本书是一本教与学的参考书。

这里要特别指出的是，编写、出版学习参考书的目的是使读者更加清晰、准确地把握正确的解题思路和方法，扩大知识面，加深对教材内容的理解，及时纠正在解题中出现的错误，克服在一些习题求解过程中遇到的困难，读者一定要本着对自己负责的态度，先自己做教材中的习题，不要先看解答或抄袭解答，在独立思考、独立解答的基础上，再参考本书，并领会注释中的点评，总结规律、加深对基本概念的理解、提高解题能力。

本书各章内容均分为三部分。

(一) 习题解答与注释

该部分基本上对《线性代数》(第六版) 中的习题给出了解答，并结合教与学作了大量注释。通过这些注释，读者可以深刻领会教材中基本概念的准确含义，开阔解题思路，掌握解题方法，避免在容易发生错误的环节出现问题，从而提高解题能力，培养良好的数学思维。

(二) 参考题 (附解答)

该部分编写了一些难度略大且有参考意义的题目，目的是给愿意多学一些、多练一些的学生及准备考研的读者提供一些自学材料，也为教师在复习、考试环节的命题工作提供一些参考资料。

本书给出了较多单项选择题。单项选择题是答案唯一且不考核推理步骤的题型，因此，不论用什么方法 (诸如排除法、图形法、计算法、逐项检查法，等等)，只要能找出正确选项即可。在必须使用逐项检查法时，只要检查到符合题目要求的选项，就可得出答案，停止检查，不必将所有选项全部检查完。但是选择题的各个选项恰恰具有迷惑性、概念容易混淆或计算容易出错，恰恰是需要读者搞清楚的问题，所以本书作为辅导书，在使用逐项检查法时，对四个选项均做了探讨，目的是使读者不仅能解答这个题目，而且能对这个题目有更全面、更准确的认识，通过总结规律，提高知识水平与解题技能。必须提醒读者，在参加考试时，一旦辨别出所要求的选项，即可停止探讨，不必继续往下讨论，以免浪费考试时间。

（三）新形态的数字化资源

《线性代数（第六版）学习参考》同教材一样，以《教育信息化2.0行动计划》为指导，运用大数据和人工智能技术，将传统教材和多种形式的数字内容有机融合，打造了以读者为中心的新形态教材并提供了丰富的数字化学习资源，对重难点题型邀请名师录制了详细的讲解视频，扫描书中的二维码即可查看。我们希望通过这种数字化手段改进教学的创新，从教与学两方面使得读者能够高效率地学习！

本书是我社出版的赵树嫄教授主编的《线性代数》（第六版）的配套参考书，但它本身独立成书，选用其他线性代数教材的读者也可以将本书选作参考书，同时自学读者或准备考研的读者也可以将本书作为自学和练习的读物。

由于多方面原因，书中不妥之处在所难免，我们衷心欢迎广大读者批评指正。

中国人民大学出版社

2021年1月

目　　录

第一章 行列式

(一)习题解答与注释

(A)

1. 计算下列二阶行列式:

(1) $\begin{vmatrix} 1 & 3 \\ 1 & 4 \end{vmatrix}$ (2) $\begin{vmatrix} 2 & 1 \\ -1 & 2 \end{vmatrix}$ (3) $\begin{vmatrix} 6 & 9 \\ 8 & 12 \end{vmatrix}$ (4) $\begin{vmatrix} a & b \\ a^2 & b^2 \end{vmatrix}$

(5) $\begin{vmatrix} x-1 & 1 \\ x^2 & x^2+x+1 \end{vmatrix}$ (6) $\begin{vmatrix} \dfrac{1-t^2}{1+t^2} & \dfrac{2t}{1+t^2} \\ \dfrac{-2t}{1+t^2} & \dfrac{1-t^2}{1+t^2} \end{vmatrix}$ (7) $\begin{vmatrix} 1 & \log_b a \\ \log_a b & 1 \end{vmatrix}$

解:(1) $\begin{vmatrix} 1 & 3 \\ 1 & 4 \end{vmatrix} = 1\times 4 - 3\times 1 = 1$

(2) $\begin{vmatrix} 2 & 1 \\ -1 & 2 \end{vmatrix} = 2\times 2 - 1\times(-1) = 5$

(3) $\begin{vmatrix} 6 & 9 \\ 8 & 12 \end{vmatrix} = 6\times 12 - 9\times 8 = 0$

(4) $\begin{vmatrix} a & b \\ a^2 & b^2 \end{vmatrix} = ab^2 - ba^2 = ab(b-a)$

(5) $\begin{vmatrix} x-1 & 1 \\ x^2 & x^2+x+1 \end{vmatrix} = (x-1)(x^2+x+1) - x^2 = x^3 - x^2 - 1$

(6) $\begin{vmatrix} \dfrac{1-t^2}{1+t^2} & \dfrac{2t}{1+t^2} \\ \dfrac{-2t}{1+t^2} & \dfrac{1-t^2}{1+t^2} \end{vmatrix} = \left(\dfrac{1-t^2}{1+t^2}\right)^2 + \left(\dfrac{2t}{1+t^2}\right)^2 = 1$

(7) $\begin{vmatrix} 1 & \log_b a \\ \log_a b & 1 \end{vmatrix} = 1 - \log_a b \cdot \log_b a = 1 - 1 = 0$

2. 计算下列三阶行列式:

(1) $\begin{vmatrix} 1 & 2 & 3 \\ 3 & 1 & 2 \\ 2 & 3 & 1 \end{vmatrix}$ (2) $\begin{vmatrix} 1 & 1 & 1 \\ 3 & 1 & 4 \\ 8 & 9 & 5 \end{vmatrix}$ (3) $\begin{vmatrix} 1 & 0 & -1 \\ 3 & 5 & 0 \\ 0 & 4 & 1 \end{vmatrix}$ (4) $\begin{vmatrix} 0 & a & 0 \\ b & 0 & c \\ 0 & d & 0 \end{vmatrix}$

解: (1) $\begin{vmatrix} 1 & 2 & 3 \\ 3 & 1 & 2 \\ 2 & 3 & 1 \end{vmatrix} = 1\times1\times1+2\times2\times2+3\times3\times3-1\times2\times3-2\times3\times1$

$-3\times1\times2=1+8+27-6-6-6=18$

(2) $\begin{vmatrix} 1 & 1 & 1 \\ 3 & 1 & 4 \\ 8 & 9 & 5 \end{vmatrix} = 1\times1\times5+1\times4\times8+1\times3\times9-1\times4\times9-1\times3\times5-1\times1\times8$

$=5+32+27-36-15-8=5$

(3) $\begin{vmatrix} 1 & 0 & -1 \\ 3 & 5 & 0 \\ 0 & 4 & 1 \end{vmatrix} = 1\times5\times1+0\times0\times0+(-1)\times3\times4-1\times0\times4$

$-0\times3\times1-(-1)\times5\times0=5-12=-7$

(4) $\begin{vmatrix} 0 & a & 0 \\ b & 0 & c \\ 0 & d & 0 \end{vmatrix} = 0$

3. 证明下列等式:

$$\begin{vmatrix} a_1 & b_1 & c_1 \\ a_2 & b_2 & c_2 \\ a_3 & b_3 & c_3 \end{vmatrix} = a_1\begin{vmatrix} b_2 & c_2 \\ b_3 & c_3 \end{vmatrix} - b_1\begin{vmatrix} a_2 & c_2 \\ a_3 & c_3 \end{vmatrix} + c_1\begin{vmatrix} a_2 & b_2 \\ a_3 & b_3 \end{vmatrix}$$

证: 方法 1

左边$= a_1b_2c_3+b_1c_2a_3+c_1a_2b_3-a_1c_2b_3-b_1a_2c_3-c_1b_2a_3$

右边$= a_1(b_2c_3-c_2b_3)-b_1(a_2c_3-c_2a_3)+c_1(a_2b_3-b_2a_3)$

$= a_1b_2c_3-a_1c_2b_3-b_1a_2c_3+b_1c_2a_3+c_1a_2b_3-c_1b_2a_3$

左边$=$右边

所以等式成立.

方法 2

$$\begin{vmatrix} a_1 & b_1 & c_1 \\ a_2 & b_2 & c_2 \\ a_3 & b_3 & c_3 \end{vmatrix} = a_1b_2c_3+b_1c_2a_3+c_1a_2b_3-a_1c_2b_3-b_1a_2c_3-c_1b_2a_3$$

$$= a_1(b_2c_3-c_2b_3)-b_1(a_2c_3-c_2a_3)+c_1(a_2b_3-b_2a_3)$$

$$= a_1\begin{vmatrix} b_2 & c_2 \\ b_3 & c_3 \end{vmatrix} - b_1\begin{vmatrix} a_2 & c_2 \\ a_3 & c_3 \end{vmatrix} + c_1\begin{vmatrix} a_2 & b_2 \\ a_3 & b_3 \end{vmatrix}$$

4. 当 k 为何值时，$\begin{vmatrix} k & 3 & 4 \\ -1 & k & 0 \\ 0 & k & 1 \end{vmatrix}=0$？

解： $\begin{vmatrix} k & 3 & 4 \\ -1 & k & 0 \\ 0 & k & 1 \end{vmatrix}=k^2-4k+3=(k-1)(k-3)$

当 $k=1$ 或 $k=3$ 时，$(k-1)(k-3)=0$，即 $\begin{vmatrix} k & 3 & 4 \\ -1 & k & 0 \\ 0 & k & 1 \end{vmatrix}=0$. 所以可得，当 $k=1$ 或 $k=3$ 时，给定行列式等于零.

5. 当 x 为何值时，$\begin{vmatrix} 3 & 1 & x \\ 4 & x & 0 \\ 1 & 0 & x \end{vmatrix}\neq 0$？

解： $\begin{vmatrix} 3 & 1 & x \\ 4 & x & 0 \\ 1 & 0 & x \end{vmatrix}=3x^2-x^2-4x=2x^2-4x=2x(x-2)$

当 $x\neq 0$ 且 $x\neq 2$ 时，$2x(x-2)\neq 0$，即 $\begin{vmatrix} 3 & 1 & x \\ 4 & x & 0 \\ 1 & 0 & x \end{vmatrix}\neq 0$. 所以可得，当 $x\neq 0$ 且 $x\neq 2$ 时，给定行列式不等于零.

6. 行列式 $\begin{vmatrix} a & 1 & 1 \\ 0 & -1 & 0 \\ 4 & a & a \end{vmatrix}>0$ 的充分必要条件是什么？

解： $\begin{vmatrix} a & 1 & 1 \\ 0 & -1 & 0 \\ 4 & a & a \end{vmatrix}=-a^2+4$

若 $\begin{vmatrix} a & 1 & 1 \\ 0 & -1 & 0 \\ 4 & a & a \end{vmatrix}>0$，则有 $a^2<4$，即 $|a|<2$. 反之，若 $|a|<2$，则 $\begin{vmatrix} a & 1 & 1 \\ 0 & -1 & 0 \\ 4 & a & a \end{vmatrix}>0$，即当且仅当 $|a|<2$ 时，$\begin{vmatrix} a & 1 & 1 \\ 0 & -1 & 0 \\ 4 & a & a \end{vmatrix}>0$.

故行列式 $\begin{vmatrix} a & 1 & 1 \\ 0 & -1 & 0 \\ 4 & a & a \end{vmatrix}>0$ 的充分必要条件是 $|a|<2$.

7. 解方程 $\begin{vmatrix} 3 & 1 & 1 \\ x & 1 & 0 \\ x^2 & 3 & 1 \end{vmatrix}=0$.

解： $\begin{vmatrix} 3 & 1 & 1 \\ x & 1 & 0 \\ x^2 & 3 & 1 \end{vmatrix} = 3+3x-x-x^2 = -(x+1)(x-3) = 0$

解 $\quad -(x+1)(x-3)=0$

得 $\quad x_1=-1,\ x_2=3$

> **注释** 第1～7题是复习二阶、三阶行列式的定义，要求用画线法求行列式的结果，其结果是一个常数或代数式.

8. 求下列排列的逆序数：

(1) 41253　　(2) 3712456　　(3) 36715284　　(4) $n(n-1)\cdots 21$

解： (1) 41253 所含逆序为 41，42，43，53，所以 41253 的逆序数 $N(41253)=4$.

(2) 3712456 所含逆序为 31，71，32，72，74，75，76，所以 3712456 的逆序数 $N(3712456)=7$.

> **注释** 求由不同数码 1，2，…，n 组成的有序数组 $i_1 i_2 \cdots i_n$ 的逆序数，即求排列在各个数码前面比它大的数码个数的总和，可以按下面的方法求.
>
> 观察排在 1 前面且比 1 大的数码个数，设为 k_1，再观察排在 2 前面且比 2 大的数码个数，设为 k_2，…，最后观察排在 n 前面且比 n 大的数码个数，设为 k_n ($k_n=0$)，于是可得
>
> $$N(i_1 i_2 \cdots i_n) = k_1 + k_2 + \cdots + k_n$$
>
> 以题(2)为例，那么有
>
> $$k_1=2,\quad k_2=2,\quad k_3=0,\quad k_4=1,\quad k_5=1,\quad k_6=1,\quad k_7=0$$
>
> 所以 $N(3712456)=2+2+0+1+1+1+0=7$.

(3) 36715284 的逆序数为

$$N(36715284)=3+4+0+4+2+0+0+0=13$$

(4) $n(n-1)\cdots 21$ 的逆序数为

$$N(n(n-1)\cdots 21) = (n-1)+(n-2)+\cdots+2+1+0 = \frac{n}{2}(n-1+0) = \frac{n(n-1)}{2}$$

9. 在六阶行列式 $|a_{ij}|$ 中，下列各元素连乘积前面应冠以什么符号？

(1) $a_{15}a_{23}a_{32}a_{44}a_{51}a_{66}$　　(2) $a_{11}a_{26}a_{32}a_{44}a_{53}a_{65}$　　(3) $a_{21}a_{53}a_{16}a_{42}a_{65}a_{34}$

(4) $a_{51}a_{32}a_{13}a_{44}a_{65}a_{26}$　　(5) $a_{61}a_{52}a_{43}a_{34}a_{25}a_{16}$

解： (1) $N(532416)=8$，为偶数，所以 $a_{15}a_{23}a_{32}a_{44}a_{51}a_{66}$ 前面应冠以正号.

(2) $N(162435)=5$，为奇数，所以 $a_{11}a_{26}a_{32}a_{44}a_{53}a_{65}$ 前面应冠以负号.

(3) $N(251463)+N(136254)=6+5=11$，为奇数，所以 $a_{21}a_{53}a_{16}a_{42}a_{65}a_{34}$ 前面应冠以负号.

(4) $N(531462)=8$，为偶数，所以 $a_{51}a_{32}a_{13}a_{44}a_{65}a_{26}$ 前面应冠以正号.

(5) $N(654321)=15$，为奇数，所以 $a_{61}a_{52}a_{43}a_{34}a_{25}a_{16}$ 前面应冠以负号.

注释　如果行标(列标)的排列为正常顺序排列，即 $i_1i_2\cdots i_n(j_1j_2\cdots j_n)$ 为 $12\cdots n$，那么对该项的符号只需考察列标(行标)的逆序数 $N(j_1j_2\cdots j_n)(N(i_1i_2\cdots i_n))$.

10. 选择 k，l 使 $a_{13}a_{2k}a_{34}a_{42}a_{5l}$ 成为五阶行列式 $|a_{ij}|$ $(i,j=1,2,\cdots,5)$ 中前面冠以负号的项.

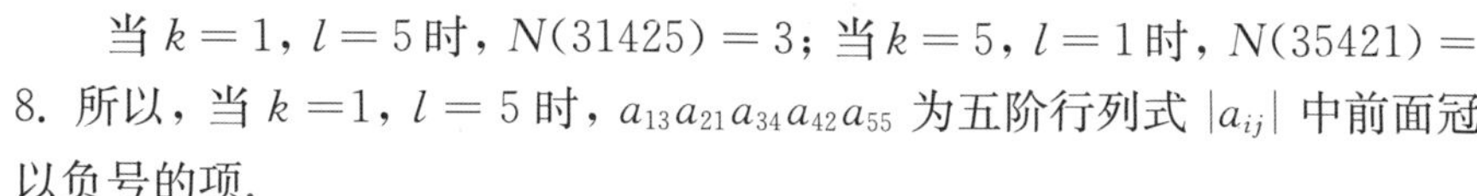

解： 欲使 $a_{13}a_{2k}a_{34}a_{42}a_{5l}$ 成为五阶行列式 $|a_{ij}|$ 中冠以负号的项，k，l 只能依次取 1、5 或 5、1，且 $N(3k42l)$ 为奇数.

当 $k=1$，$l=5$ 时，$N(31425)=3$；当 $k=5$，$l=1$ 时，$N(35421)=8$. 所以，当 $k=1$，$l=5$ 时，$a_{13}a_{21}a_{34}a_{42}a_{55}$ 为五阶行列式 $|a_{ij}|$ 中前面冠以负号的项.

11. 设 n 阶行列式中有 n^2-n 个以上元素为零，证明该行列式为零.

证： n 阶行列式有 n^2 个元素，若它有 n^2-n 个以上的元素为零，那么该行列式的非零元素少于 n 个. 而 n 阶行列式是取自不同行不同列的 n 个元素连乘积的代数和，因此每个连乘积的项中至少有一个元素为零，从而所有项皆为零. 故行列式为零.

注释　行列式非零元素的个数小于阶数，是行列式为零的充分而非必要条件.

12. 用行列式定义计算下列行列式：

(1) $\begin{vmatrix} 0 & 0 & 1 & 0 \\ 0 & 1 & 0 & 0 \\ 0 & 0 & 0 & 1 \\ 1 & 0 & 0 & 0 \end{vmatrix}$　(2) $\begin{vmatrix} 0 & 1 & 0 & \cdots & 0 \\ 0 & 0 & 2 & \cdots & 0 \\ \vdots & \vdots & \vdots & & \vdots \\ 0 & 0 & 0 & \cdots & n-1 \\ n & 0 & 0 & \cdots & 0 \end{vmatrix}$　(3) $\begin{vmatrix} 1 & 1 & 1 & 0 \\ 0 & 1 & 0 & 1 \\ 0 & 1 & 1 & 1 \\ 0 & 0 & 1 & 0 \end{vmatrix}$

(4) $\begin{vmatrix} a_{11} & a_{12} & a_{13} & a_{14} & a_{15} \\ a_{21} & a_{22} & a_{23} & a_{24} & a_{25} \\ a_{31} & a_{32} & 0 & 0 & 0 \\ a_{41} & a_{42} & 0 & 0 & 0 \\ a_{51} & a_{52} & 0 & 0 & 0 \end{vmatrix}$

解： (1) 设 $\begin{vmatrix} 0 & 0 & 1 & 0 \\ 0 & 1 & 0 & 0 \\ 0 & 0 & 0 & 1 \\ 1 & 0 & 0 & 0 \end{vmatrix}=|a_{ij}|\quad(i,j=1,2,3,4)$.

根据行列式的定义，$|a_{ij}|$ 的展开式中除 $a_{13}a_{22}a_{34}a_{41}$ 连乘积这一项外，其余各项至少含有一个零元素，故皆为零. 因此

$$|a_{ij}| = (-1)^{N(3241)} a_{13}a_{22}a_{34}a_{41} = (-1)^4 \times 1\times 1\times 1\times 1 = 1$$

所以可得$\begin{vmatrix} 0 & 0 & 1 & 0 \\ 0 & 1 & 0 & 0 \\ 0 & 0 & 0 & 1 \\ 1 & 0 & 0 & 0 \end{vmatrix} = 1.$

(2) 设$\begin{vmatrix} 0 & 1 & 0 & \cdots & 0 \\ 0 & 0 & 2 & \cdots & 0 \\ \vdots & \vdots & \vdots & & \vdots \\ 0 & 0 & 0 & \cdots & n-1 \\ n & 0 & 0 & \cdots & 0 \end{vmatrix} = |a_{ij}| \quad (i, j = 1, 2, \cdots, n).$

显然在 $|a_{ij}|$ 的展开式中，只有 $a_{12}a_{23}\cdots a_{n-1,n}a_{n1}$ 连乘积这一项不等于零，其余项皆为零，因此

$$\begin{aligned} |a_{ij}| &= (-1)^{N(23\cdots n1)} a_{12}a_{23}\cdots a_{n-1,n}a_{n1} \\ &= (-1)^{n-1} 1 \cdot 2 \cdot \cdots \cdot (n-1) \cdot n \\ &= (-1)^{n-1} n! \end{aligned}$$

所以可得$\begin{vmatrix} 0 & 1 & 0 & \cdots & 0 \\ 0 & 0 & 2 & \cdots & 0 \\ \vdots & \vdots & \vdots & & \vdots \\ 0 & 0 & 0 & \cdots & n-1 \\ n & 0 & 0 & \cdots & 0 \end{vmatrix} = (-1)^{n-1} n!.$

(3) 设$\begin{vmatrix} 1 & 1 & 1 & 0 \\ 0 & 1 & 0 & 1 \\ 0 & 1 & 1 & 1 \\ 0 & 0 & 1 & 0 \end{vmatrix} = |a_{ij}| \quad (i, j = 1, 2, 3, 4).$

对于 $|a_{ij}|$ 的展开式中的非零项，第一列必须取 a_{11}，第四行必须取 a_{43}，取定 a_{11} 和 a_{43} 后，第二列可取的元素有 a_{22} 和 a_{32}，第四列可取的元素有 a_{24} 和 a_{34}. 因此组成 $|a_{ij}|$ 的非零项只有 $a_{11}a_{22}a_{34}a_{43}$ 与 $a_{11}a_{24}a_{32}a_{43}$ 两个连乘积，所以

$$\begin{aligned} |a_{ij}| &= (-1)^{N(1243)} a_{11}a_{22}a_{34}a_{43} + (-1)^{N(1423)} a_{11}a_{24}a_{32}a_{43} \\ &= (-1)^1 \times 1\times 1\times 1\times 1 + (-1)^2 \times 1\times 1\times 1\times 1 \\ &= -1 + 1 = 0 \end{aligned}$$

所以可得$\begin{vmatrix} 1 & 1 & 1 & 0 \\ 0 & 1 & 0 & 1 \\ 0 & 1 & 1 & 1 \\ 0 & 0 & 1 & 0 \end{vmatrix} = 0.$

(4) 设$\begin{vmatrix} a_{11} & a_{12} & a_{13} & a_{14} & a_{15} \\ a_{21} & a_{22} & a_{23} & a_{24} & a_{25} \\ a_{31} & a_{32} & 0 & 0 & 0 \\ a_{41} & a_{42} & 0 & 0 & 0 \\ a_{51} & a_{52} & 0 & 0 & 0 \end{vmatrix} = |a_{ij}| \quad (i, j = 1, \cdots, 5).$

考察 $|a_{ij}|$ 的展开式中的非零项.

$|a_{ij}|$ 的第五行只有 a_{51} 和 a_{52} 不等于零，第四行只有 a_{41} 和 a_{42} 不等于零，第三行只有 a_{31} 和 a_{32} 不等于零.

若在 $|a_{ij}|$ 的展开式中第五行选取 a_{51}，则第四行只能选取 a_{42}，若第五行选取 a_{52}，则第四行只能选 a_{41}，不论选取 $a_{51}a_{42}$，还是选取 $a_{52}a_{41}$，第三行的元素均不能再选自第一列和第二列，只能取自第三、四、五列，但 a_{33}、a_{34} 和 a_{35} 均等于零，故 $|a_{ij}|$ 的各项均为零，即 $|a_{ij}|=0$. 所以可得

$$\begin{vmatrix} a_{11} & a_{12} & a_{13} & a_{14} & a_{15} \\ a_{21} & a_{22} & a_{23} & a_{24} & a_{25} \\ a_{31} & a_{32} & 0 & 0 & 0 \\ a_{41} & a_{42} & 0 & 0 & 0 \\ a_{51} & a_{52} & 0 & 0 & 0 \end{vmatrix} = 0$$

注释　用定义求行列式时，要注意下面的问题.

(1) n 阶行列式共有 $n!$ 项.

(2) 某项中含有零元素，则该项为零. 按定义求行列式的值，一般地，首先要排除含有零元素的项，只考虑非零项.

(3) n 阶行列式各项均为 n 个元素的连乘积，n 个元素要取自不同行不同列，如果某项已取了第 i 行第 j 列的元素，那么该项不能再取第 i 行和第 j 列的其他元素.

(4) $n!$ 项中冠以正号的项和冠以负号的项各占 $\frac{n!}{2}$ 项.

各项前应冠的符号取决于该项 n 个元素的行排列与列排列的逆序数总和，例如某项 $a_{i_1j_1}a_{i_2j_2}\cdots a_{i_nj_n}$，该项前应冠以 $(-1)^{N(i_1i_2\cdots i_n)+N(j_1j_2\cdots j_n)}$. 如果 $i_1i_2\cdots i_n$ ($j_1j_2\cdots j_n$) 为自然顺序排列，那么该项前的符号只取决于 $j_1j_2\cdots j_n$ ($i_1i_2\cdots i_n$) 的逆序数，即该项前只冠以 $(-1)^{N(j_1j_2\cdots j_n)}$ ($(-1)^{N(i_1i_2\cdots i_n)}$) 即可.

13. 用行列式的性质计算下列行列式：

(1) $\begin{vmatrix} a & a^2 \\ b & b^2 \end{vmatrix}$　　(2) $\begin{vmatrix} 1 & 2 & 3 \\ 0 & 1 & 2 \\ 1 & 1 & 1 \end{vmatrix}$　　(3) $\begin{vmatrix} 34\,215 & 35\,215 \\ 28\,092 & 29\,092 \end{vmatrix}$

(4) $\begin{vmatrix} x & y & x+y \\ y & x+y & x \\ x+y & x & y \end{vmatrix}$

解： (1) $\begin{vmatrix} a & a^2 \\ b & b^2 \end{vmatrix} = ab\begin{vmatrix} 1 & a \\ 1 & b \end{vmatrix} = ab(b-a)$

(2) $\begin{vmatrix} 1 & 2 & 3 \\ 0 & 1 & 2 \\ 1 & 1 & 1 \end{vmatrix} \begin{matrix} \\ \leftarrow \\ \times 1 \end{matrix} = \begin{vmatrix} 1 & 2 & 3 \\ 1 & 2 & 3 \\ 1 & 1 & 1 \end{vmatrix} = 0$

(3) $\begin{vmatrix} 34\,215 & 35\,215 \\ 28\,092 & 29\,092 \end{vmatrix} = \begin{vmatrix} 34\,215 & 1\,000 \\ 28\,092 & 1\,000 \end{vmatrix} = 1\,000\begin{vmatrix} 34\,215 & 1 \\ 28\,092 & 1 \end{vmatrix}$

（第1列 $\times(-1)$ 加到第2列）

$= 1\,000 \times (34\,215 - 28\,092) = 6\,123\,000$

(4) $\begin{vmatrix} x & y & x+y \\ y & x+y & x \\ x+y & x & y \end{vmatrix} = \begin{vmatrix} 2x+2y & y & x+y \\ 2x+2y & x+y & x \\ 2x+2y & x & y \end{vmatrix}$

（第2列 $\times 1$、第3列 $\times 1$ 加到第1列）

$= (2x+2y)\begin{vmatrix} 1 & y & x+y \\ 1 & x+y & x \\ 1 & x & y \end{vmatrix}$

（第1行 $\times(-1)$ 分别加到第2、3行）

$= (2x+2y)\begin{vmatrix} 1 & y & x+y \\ 0 & x & -y \\ 0 & x-y & -x \end{vmatrix}$

$= (2x+2y)(-x^2+xy-y^2) = -2(x^3+y^3)$

14. 用行列式的性质证明：

(1) $\begin{vmatrix} a_1+kb_1 & b_1+c_1 & c_1 \\ a_2+kb_2 & b_2+c_2 & c_2 \\ a_3+kb_3 & b_3+c_3 & c_3 \end{vmatrix} = \begin{vmatrix} a_1 & b_1 & c_1 \\ a_2 & b_2 & c_2 \\ a_3 & b_3 & c_3 \end{vmatrix}$

(2) $\begin{vmatrix} b_1+c_1 & c_1+a_1 & a_1+b_1 \\ b_2+c_2 & c_2+a_2 & a_2+b_2 \\ b_3+c_3 & c_3+a_3 & a_3+b_3 \end{vmatrix} = 2\begin{vmatrix} a_1 & b_1 & c_1 \\ a_2 & b_2 & c_2 \\ a_3 & b_3 & c_3 \end{vmatrix}$

(3) $\begin{vmatrix} a_1-b_1 & a_1-b_2 & \cdots & a_1-b_n \\ a_2-b_1 & a_2-b_2 & \cdots & a_2-b_n \\ \vdots & \vdots & & \vdots \\ a_n-b_1 & a_n-b_2 & \cdots & a_n-b_n \end{vmatrix} = 0 \quad (n>2)$

名师解题

证：(1) 方法 1

$\begin{vmatrix} a_1+kb_1 & b_1+c_1 & c_1 \\ a_2+kb_2 & b_2+c_2 & c_2 \\ a_3+kb_3 & b_3+c_3 & c_3 \end{vmatrix} = \begin{vmatrix} a_1 & b_1+c_1 & c_1 \\ a_2 & b_2+c_2 & c_2 \\ a_3 & b_3+c_3 & c_3 \end{vmatrix} + \begin{vmatrix} kb_1 & b_1+c_1 & c_1 \\ kb_2 & b_2+c_2 & c_2 \\ kb_3 & b_3+c_3 & c_3 \end{vmatrix}$

$= \begin{vmatrix} a_1 & b_1 & c_1 \\ a_2 & b_2 & c_2 \\ a_3 & b_3 & c_3 \end{vmatrix} + \begin{vmatrix} a_1 & c_1 & c_1 \\ a_2 & c_2 & c_2 \\ a_3 & c_3 & c_3 \end{vmatrix} + \begin{vmatrix} kb_1 & b_1 & c_1 \\ kb_2 & b_2 & c_2 \\ kb_3 & b_3 & c_3 \end{vmatrix} + \begin{vmatrix} kb_1 & c_1 & c_1 \\ kb_2 & c_2 & c_2 \\ kb_3 & c_3 & c_3 \end{vmatrix}$

$= \begin{vmatrix} a_1 & b_1 & c_1 \\ a_2 & b_2 & c_2 \\ a_3 & b_3 & c_3 \end{vmatrix} + 0 + 0 + 0 = \begin{vmatrix} a_1 & b_1 & c_1 \\ a_2 & b_2 & c_2 \\ a_3 & b_3 & c_3 \end{vmatrix}$

方法 2

$$\underset{\begin{array}{ccc}\uparrow & \times k & \end{array}}{\begin{vmatrix} a_1 & b_1 & c_1 \\ a_2 & b_2 & c_2 \\ a_3 & b_3 & c_3 \end{vmatrix}} = \underset{\begin{array}{ccc} & \uparrow & \times 1\end{array}}{\begin{vmatrix} a_1+kb_1 & b_1 & c_1 \\ a_2+kb_2 & b_2 & c_2 \\ a_3+kb_3 & b_3 & c_3 \end{vmatrix}} = \begin{vmatrix} a_1+kb_1 & b_1+c_1 & c_1 \\ a_2+kb_2 & b_2+c_2 & c_2 \\ a_3+kb_3 & b_3+c_3 & c_3 \end{vmatrix}$$

或

$$\underset{\begin{array}{ccc} & \uparrow & \times(-1)\end{array}}{\begin{vmatrix} a_1+kb_1 & b_1+c_1 & c_1 \\ a_2+kb_2 & b_2+c_2 & c_2 \\ a_3+kb_3 & b_3+c_3 & c_3 \end{vmatrix}} = \underset{\begin{array}{ccc}\uparrow & \times(-k) & \end{array}}{\begin{vmatrix} a_1+kb_1 & b_1 & c_1 \\ a_2+kb_2 & b_2 & c_2 \\ a_3+kb_3 & b_3 & c_3 \end{vmatrix}} = \begin{vmatrix} a_1 & b_1 & c_1 \\ a_2 & b_2 & c_2 \\ a_3 & b_3 & c_3 \end{vmatrix}$$

(2) 方法 1

$$\underset{\begin{array}{ccc}\uparrow & \times 1 & \times 1\end{array}}{\begin{vmatrix} b_1+c_1 & c_1+a_1 & a_1+b_1 \\ b_2+c_2 & c_2+a_2 & a_2+b_2 \\ b_3+c_3 & c_3+a_3 & a_3+b_3 \end{vmatrix}} = 2\underset{\begin{array}{ccc}\times(-1),\ \times(-1) & \uparrow & \uparrow\end{array}}{\begin{vmatrix} a_1+b_1+c_1 & c_1+a_1 & a_1+b_1 \\ a_2+b_2+c_2 & c_2+a_2 & a_2+b_2 \\ a_3+b_3+c_3 & c_3+a_3 & a_3+b_3 \end{vmatrix}}$$

$$= 2\underset{\begin{array}{ccc}\uparrow & \times 1 & \times 1\end{array}}{\begin{vmatrix} a_1+b_1+c_1 & -b_1 & -c_1 \\ a_2+b_2+c_2 & -b_2 & -c_2 \\ a_3+b_3+c_3 & -b_3 & -c_3 \end{vmatrix}} = 2\begin{vmatrix} a_1 & -b_1 & -c_1 \\ a_2 & -b_2 & -c_2 \\ a_3 & -b_3 & -c_3 \end{vmatrix}$$

$$= 2\times(-1)\times(-1)\begin{vmatrix} a_1 & b_1 & c_1 \\ a_2 & b_2 & c_2 \\ a_3 & b_3 & c_3 \end{vmatrix} = 2\begin{vmatrix} a_1 & b_1 & c_1 \\ a_2 & b_2 & c_2 \\ a_3 & b_3 & c_3 \end{vmatrix}$$

或

$$\underset{\begin{array}{ccc}\uparrow & \times(-1) & \times(-1)\end{array}}{\begin{vmatrix} b_1+c_1 & c_1+a_1 & a_1+b_1 \\ b_2+c_2 & c_2+a_2 & a_2+b_2 \\ b_3+c_3 & c_3+a_3 & a_3+b_3 \end{vmatrix}} = \begin{vmatrix} -2a_1 & c_1+a_1 & a_1+b_1 \\ -2a_2 & c_2+a_2 & a_2+b_2 \\ -2a_3 & c_3+a_3 & a_3+b_3 \end{vmatrix}$$

$$=-2\underset{\begin{array}{ccc}\times(-1) & \uparrow & \uparrow\end{array}}{\begin{vmatrix} a_1 & c_1+a_1 & a_1+b_1 \\ a_2 & c_2+a_2 & a_2+b_2 \\ a_3 & c_3+a_3 & a_3+b_3 \end{vmatrix}} =-2\underset{\begin{array}{ccc} & \updownarrow & \updownarrow\end{array}}{\begin{vmatrix} a_1 & c_1 & b_1 \\ a_2 & c_2 & b_2 \\ a_3 & c_3 & b_3 \end{vmatrix}} = 2\begin{vmatrix} a_1 & b_1 & c_1 \\ a_2 & b_2 & c_2 \\ a_3 & b_3 & c_3 \end{vmatrix}$$

方法 2

$$\begin{vmatrix} b_1+c_1 & c_1+a_1 & a_1+b_1 \\ b_2+c_2 & c_2+a_2 & a_2+b_2 \\ b_3+c_3 & c_3+a_3 & a_3+b_3 \end{vmatrix}$$

$$= \begin{vmatrix} b_1 & c_1+a_1 & a_1+b_1 \\ b_2 & c_2+a_2 & a_2+b_2 \\ b_3 & c_3+a_3 & a_3+b_3 \end{vmatrix} + \begin{vmatrix} c_1 & c_1+a_1 & a_1+b_1 \\ c_2 & c_2+a_2 & a_2+b_2 \\ c_3 & c_3+a_3 & a_3+b_3 \end{vmatrix}$$

$$= \begin{vmatrix} b_1 & c_1 & a_1+b_1 \\ b_2 & c_2 & a_2+b_2 \\ b_3 & c_3 & a_3+b_3 \end{vmatrix} + \begin{vmatrix} b_1 & a_1 & a_1+b_1 \\ b_2 & a_2 & a_2+b_2 \\ b_3 & a_3 & a_3+b_3 \end{vmatrix} + \begin{vmatrix} c_1 & c_1 & a_1+b_1 \\ c_2 & c_2 & a_2+b_2 \\ c_3 & c_3 & a_3+b_3 \end{vmatrix} + \begin{vmatrix} c_1 & a_1 & a_1+b_1 \\ c_2 & a_2 & a_2+b_2 \\ c_3 & a_3 & a_3+b_3 \end{vmatrix}$$

$$= \begin{vmatrix} b_1 & c_1 & a_1 \\ b_2 & c_2 & a_2 \\ b_3 & c_3 & a_3 \end{vmatrix} + \begin{vmatrix} b_1 & c_1 & b_1 \\ b_2 & c_2 & b_2 \\ b_3 & c_3 & b_3 \end{vmatrix} + \begin{vmatrix} b_1 & a_1 & a_1 \\ b_2 & a_2 & a_2 \\ b_3 & a_3 & a_3 \end{vmatrix} + \begin{vmatrix} b_1 & a_1 & b_1 \\ b_2 & a_2 & b_2 \\ b_3 & a_3 & b_3 \end{vmatrix}$$

$$+ \begin{vmatrix} c_1 & c_1 & a_1 \\ c_2 & c_2 & a_2 \\ c_3 & c_3 & a_3 \end{vmatrix} + \begin{vmatrix} c_1 & c_1 & b_1 \\ c_2 & c_2 & b_2 \\ c_3 & c_3 & b_3 \end{vmatrix} + \begin{vmatrix} c_1 & a_1 & a_1 \\ c_2 & a_2 & a_2 \\ c_3 & a_3 & a_3 \end{vmatrix} + \begin{vmatrix} c_1 & a_1 & b_1 \\ c_2 & a_2 & b_2 \\ c_3 & a_3 & b_3 \end{vmatrix}$$

$$= \begin{vmatrix} b_1 & c_1 & a_1 \\ b_2 & c_2 & a_2 \\ b_3 & c_3 & a_3 \end{vmatrix} +0+0+0+0+0+0+ \begin{vmatrix} c_1 & a_1 & b_1 \\ c_2 & a_2 & b_2 \\ c_3 & a_3 & b_3 \end{vmatrix}$$

$$= \begin{vmatrix} a_1 & b_1 & c_1 \\ a_2 & b_2 & c_2 \\ a_3 & b_3 & c_3 \end{vmatrix} + \begin{vmatrix} a_1 & b_1 & c_1 \\ a_2 & b_2 & c_2 \\ a_3 & b_3 & c_3 \end{vmatrix}$$

$$= 2\begin{vmatrix} a_1 & b_1 & c_1 \\ a_2 & b_2 & c_2 \\ a_3 & b_3 & c_3 \end{vmatrix}$$

(3) $$\begin{vmatrix} a_1-b_1 & a_1-b_2 & \cdots & a_1-b_n \\ a_2-b_1 & a_2-b_2 & \cdots & a_2-b_n \\ \vdots & \vdots & & \vdots \\ a_n-b_1 & a_n-b_2 & \cdots & a_n-b_n \end{vmatrix} = \begin{vmatrix} a_1-b_1 & b_1-b_2 & \cdots & b_1-b_n \\ a_2-b_1 & b_1-b_2 & \cdots & b_1-b_n \\ \vdots & \vdots & & \vdots \\ a_n-b_1 & b_1-b_2 & \cdots & b_1-b_n \end{vmatrix}$$

$\times(-1)$（第 1 列乘 -1 分别加到其余各列）

$$= (b_1-b_2)\cdots(b_1-b_n)\begin{vmatrix} a_1-b_1 & 1 & \cdots & 1 \\ a_2-b_1 & 1 & \cdots & 1 \\ \vdots & \vdots & & \vdots \\ a_n-b_1 & 1 & \cdots & 1 \end{vmatrix} = 0 \quad (n>2)$$

当 $n=2$ 时，$\begin{vmatrix} a_1-b_1 & a_1-b_2 \\ a_2-b_1 & a_2-b_2 \end{vmatrix} = (a_1-b_1)(a_2-b_2)-(a_1-b_2)(a_2-b_1)$

$$= (a_1-a_2)(b_1-b_2)$$

15. 现有行列式 $D=\begin{vmatrix} a_{11} & a_{12} & a_{13} \\ a_{21} & a_{22} & a_{23} \\ a_{31} & a_{32} & a_{33} \end{vmatrix}$ 及 $D_1=\begin{vmatrix} a_{11} & a_{21} & a_{31} \\ a_{12} & a_{22} & a_{32} \\ a_{13} & a_{23} & a_{33} \end{vmatrix}$，

$$D_2=\begin{vmatrix}a_{11}&a_{12}-2a_{11}&a_{13}\\a_{21}&a_{22}-2a_{21}&a_{23}\\a_{31}&a_{32}-2a_{31}&a_{33}\end{vmatrix},\quad D_3=\begin{vmatrix}a_{11}&a_{12}&a_{11}+2a_{13}\\a_{21}&a_{22}&a_{21}+2a_{23}\\a_{31}&a_{32}&a_{31}+2a_{33}\end{vmatrix},$$

$$D_4=\begin{vmatrix}-a_{11}&a_{12}&a_{13}\\-a_{21}&a_{22}&a_{23}\\-a_{31}&a_{32}&a_{33}\end{vmatrix},\quad D_5=\begin{vmatrix}a_{31}&a_{32}&a_{33}\\a_{11}&a_{12}&a_{13}\\a_{21}&a_{22}&a_{23}\end{vmatrix},$$

$$D_6=\begin{vmatrix}ka_{11}&ka_{12}&ka_{13}\\ka_{21}&ka_{22}&ka_{23}\\ka_{31}&ka_{32}&ka_{33}\end{vmatrix}(k\neq 1)$$

利用行列式的性质，判断 D_1，D_2，D_3，D_4，D_5，D_6 与行列式 D 的关系.

解： $D_1=D^{\mathrm{T}}=D$.

D_2 是 D 中第一列元素乘 (-2) 加到第二列，故 $D_2=D$.

D_3 是 D 的第三列乘 2 之后，再把第一列加到第三列，故 $D_3=2D$.

$D_4=-D$.

D_5 是 D 的第三行与第二行交换后，再与第一行交换，共进行了两次行交换，故 $D_5=(-1)\cdot(-1)D=D$.

$D_6=k^3D$.

16. 设五阶行列式 $|a_{ij}|=m$ $(i,j=1,2,\cdots,5)$，依下列次序对 $|a_{ij}|$ 进行变换后求其结果.

交换第一行与第五行，再转置，用 2 乘所有元素，再用 (-3) 乘第二列加于第四列，最后用 4 除第二行各元素.

解： 交换第一行与第五行所得到的行列式为$(-m)$，再转置所得行列式结果不变，仍为$(-m)$. 用 2 乘所有元素所得行列式的结果为 $2^5\times(-m)=-32m$，再用 (-3) 乘第二列加于第四列，结果不变，仍为$(-32m)$，最后用 4 除第二行各元素，所得行列式的结果为$\frac{-32}{4}m=-8m$.

故行列式 $|a_{ij}|$ 经上面五种变换后，所得行列式的结果是 $-8m$.

注释 行列式的性质对行列式的计算有很重要的作用，利用行列式的性质时，应注意下面一些问题：

(1) 行列式转置，其值不变.

(2) 交换行列式的两行(列)，行列式变号，交换多少次，就要改变多少次符号，因此对行列式的行(列)进行多次交换时，要弄清共交换了多少次，以确定改变多少次符号.

(3) 若行列式某行(列)所有元素有公因子，则公因子可提到行列式符号外面.

(4) 对 n 阶行列式 $|a_{ij}|$，有 $|ka_{ij}|=k^n|a_{ij}|$. 当 $k\neq 1$ 且 $k\neq 0$ 时，$|a_{ij}|\neq k|a_{ij}|$.

(5) 若两行列式中两行(列)对应元素相等或成比例，则行列式的值为零.

(6) 将行列式 $|a_{ij}|$ 的第 j 行(列)乘以 k，再加于第 i 行(列)上$(i\neq j)$，行列式的值不变，若将第 j 行(列)加于乘以 k 的第 i 行(列)上，所得行列式等于原行列式乘以 k.

(7) 如果行列式的每一行都能写成两个数的和，则此行列式可以写成两个行列式的和，这两个行列式分别以这两个数为所在行(列)的对应位置的元素，其他元素与原行列式相同.

例如

$$\begin{vmatrix} a_{11}+b_{11} & a_{12} \\ a_{21}+b_{21} & a_{22} \end{vmatrix} = \begin{vmatrix} a_{11} & a_{12} \\ a_{21} & a_{22} \end{vmatrix} + \begin{vmatrix} b_{11} & a_{12} \\ b_{21} & a_{22} \end{vmatrix}$$

但应注意，一般说来

$$\begin{vmatrix} a_{11}+b_{11} & a_{12}+b_{12} \\ a_{21}+b_{21} & a_{22}+b_{22} \end{vmatrix} \neq \begin{vmatrix} a_{11} & a_{12} \\ a_{21} & a_{22} \end{vmatrix} + \begin{vmatrix} b_{11} & b_{12} \\ b_{21} & b_{22} \end{vmatrix}$$

$$\begin{vmatrix} a_{11}+b_{11} & a_{12}+b_{12} \\ a_{21}+b_{21} & a_{22}+b_{22} \end{vmatrix} = \begin{vmatrix} a_{11} & a_{12} \\ a_{21} & a_{22} \end{vmatrix} + \begin{vmatrix} a_{11} & b_{12} \\ a_{21} & b_{22} \end{vmatrix} + \begin{vmatrix} b_{11} & a_{12} \\ b_{21} & a_{22} \end{vmatrix} + \begin{vmatrix} b_{11} & b_{12} \\ b_{21} & b_{22} \end{vmatrix}$$

17. 用行列式性质，化下列行列式为上三角形行列式，并求其值.

(1) $\begin{vmatrix} 1 & 1 & 1 & 1 \\ -1 & 1 & 1 & 1 \\ -1 & -1 & 1 & 1 \\ -1 & -1 & -1 & 1 \end{vmatrix}$ (2) $\begin{vmatrix} 1 & 1 & 1 & 1 \\ 1 & 2 & 3 & 4 \\ 1 & 3 & 6 & 10 \\ 1 & 4 & 10 & 20 \end{vmatrix}$ (3) $\begin{vmatrix} 1 & 2 & 3 & 4 \\ 2 & 3 & 4 & 1 \\ 3 & 4 & 1 & 2 \\ 4 & 1 & 2 & 3 \end{vmatrix}$

解：(1) $\begin{vmatrix} 1 & 1 & 1 & 1 \\ -1 & 1 & 1 & 1 \\ -1 & -1 & 1 & 1 \\ -1 & -1 & -1 & 1 \end{vmatrix}$ (第1行 $\times 1$ 分别加到第2、3、4行) $= \begin{vmatrix} 1 & 1 & 1 & 1 \\ 0 & 2 & 2 & 2 \\ 0 & 0 & 2 & 2 \\ 0 & 0 & 0 & 2 \end{vmatrix} = 8$

(2) $\begin{vmatrix} 1 & 1 & 1 & 1 \\ 1 & 2 & 3 & 4 \\ 1 & 3 & 6 & 10 \\ 1 & 4 & 10 & 20 \end{vmatrix}$ (第1行 $\times(-1)$ 分别加到第2、3、4行)

$= \begin{vmatrix} 1 & 1 & 1 & 1 \\ 0 & 1 & 2 & 3 \\ 0 & 2 & 5 & 9 \\ 0 & 3 & 9 & 19 \end{vmatrix}$ (第2行 $\times(-2)$ 加到第3行，$\times(-3)$ 加到第4行) $= \begin{vmatrix} 1 & 1 & 1 & 1 \\ 0 & 1 & 2 & 3 \\ 0 & 0 & 1 & 3 \\ 0 & 0 & 3 & 10 \end{vmatrix}$ (第3行 $\times(-3)$ 加到第4行)

$= \begin{vmatrix} 1 & 1 & 1 & 1 \\ 0 & 1 & 2 & 3 \\ 0 & 0 & 1 & 3 \\ 0 & 0 & 0 & 1 \end{vmatrix} = 1$

(3) $\begin{vmatrix}1&2&3&4\\2&3&4&1\\3&4&1&2\\4&1&2&3\end{vmatrix}=\begin{vmatrix}10&2&3&4\\10&3&4&1\\10&4&1&2\\10&1&2&3\end{vmatrix}$

$\begin{array}{cccc}\uparrow & \times 1 & \times 1 & \times 1\end{array}$

$=10\left|\begin{array}{cccc}1&2&3&4\\1&3&4&1\\1&4&1&2\\1&1&2&3\end{array}\right|\begin{array}{l}\times(-1)\ \times(-1)\ \times(-1)\\\leftarrow\\\leftarrow\\\leftarrow\end{array}$

$=10\left|\begin{array}{cccc}1&2&3&4\\0&1&1&-3\\0&2&-2&-2\\0&-1&-1&-1\end{array}\right|\begin{array}{l}\\\times(-2)\ \times 1\\\leftarrow\\\leftarrow\end{array}=10\begin{vmatrix}1&2&3&4\\0&1&1&-3\\0&0&-4&4\\0&0&0&-4\end{vmatrix}=160$

注释 求行列式的值时，应用行列式的性质化行列式为上(下)三角形行列式可以简化运算过程. 这是计算行列式的常用方法. 通过这种方法总可以把一个行列式化为三角形行列式.

设有 n 阶行列式 $|a_{ij}|$ $(i, j=1, 2, \cdots, n)$.

假设 $a_{11}\neq 0$. 若 $a_{11}=0$，可将第一行与第一列元素不等于 0 的行交换，当然此时行列式要变号(最好选第一列元素为 1 或 -1 的行交换，这样计算简单).

将第一行分别乘以适当的数加于其他行(第 $2\sim n$ 行)上，使 $|a_{ij}|$ 化为形式为 $\begin{vmatrix}a_{11}&a_{12}&a_{13}&\cdots&a_{1n}\\0&a'_{22}&a'_{23}&\cdots&a'_{2n}\\0&a'_{32}&a'_{33}&\cdots&a'_{3n}\\\vdots&\vdots&\vdots&&\vdots\\0&a'_{n2}&a'_{n3}&\cdots&a'_{nn}\end{vmatrix}$ 的行列式，然后用同样的方法将第二行分别乘以适当的数加于第 $3\sim n$ 行上，使 $|a_{ij}|$ 化为形式为 $\begin{vmatrix}a_{11}&a_{12}&a_{13}&\cdots&a_{1n}\\0&a'_{22}&a'_{23}&\cdots&a'_{2n}\\0&0&a''_{33}&\cdots&a''_{3n}\\\vdots&\vdots&\vdots&&\vdots\\0&0&a''_{n3}&\cdots&a''_{nn}\end{vmatrix}$ 的行列式，用同样的方法继续

进行，直到将 $|a_{ij}|$ 化为形式为 $\begin{vmatrix} a_{11} & a_{12} & a_{13} & \cdots & a_{1n} \\ 0 & a'_{22} & a'_{23} & \cdots & a'_{2n} \\ 0 & 0 & a''_{33} & \cdots & a''_{3n} \\ \vdots & \vdots & \vdots & & \vdots \\ 0 & 0 & 0 & \cdots & a''^{\cdots\prime}_{nn} \end{vmatrix}$ 的上三角形行列式.

化为上三角形行列式后，主对角线上元素的连乘积即为行列式的值.

将同样的方法应用于行列式的列，可将行列式化为下三角形行列式.

18. 将下列行列式化为三角形行列式，并求其值.

(1) $\begin{vmatrix} 1 & 1 & 2 & 3 \\ 1 & 2 & 3 & -1 \\ 3 & -1 & -1 & -2 \\ 2 & 3 & -1 & -1 \end{vmatrix}$　　(2) $\begin{vmatrix} 2 & -5 & 3 & 1 \\ 1 & 3 & -1 & 3 \\ 0 & 1 & 1 & -5 \\ -1 & -4 & 2 & -3 \end{vmatrix}$

(3) $\begin{vmatrix} -2 & 2 & -4 & 0 \\ 4 & -1 & 3 & 5 \\ 3 & 1 & -2 & -3 \\ 2 & 0 & 5 & 1 \end{vmatrix}$

解: (1) $\begin{vmatrix} 1 & 1 & 2 & 3 \\ 1 & 2 & 3 & -1 \\ 3 & -1 & -1 & -2 \\ 2 & 3 & -1 & -1 \end{vmatrix}$ （第1行分别 $\times(-1)$、$\times(-3)$、$\times(-2)$ 加到第2、3、4行）

$$= \begin{vmatrix} 1 & 1 & 2 & 3 \\ 0 & 1 & 1 & -4 \\ 0 & -4 & -7 & -11 \\ 0 & 1 & -5 & -7 \end{vmatrix}$$ （第2行分别 $\times 4$、$\times(-1)$ 加到第3、4行）

$$= \begin{vmatrix} 1 & 1 & 2 & 3 \\ 0 & 1 & 1 & -4 \\ 0 & 0 & -3 & -27 \\ 0 & 0 & -6 & -3 \end{vmatrix}$$ （第3行 $\times(-2)$ 加到第4行）

$$= \begin{vmatrix} 1 & 1 & 2 & 3 \\ 0 & 1 & 1 & -4 \\ 0 & 0 & -3 & -27 \\ 0 & 0 & 0 & 51 \end{vmatrix} = 1\times 1\times(-3)\times 51 = -153$$

注释 用化为下三角形行列式的方法计算第 18 题(1).

$$\underset{\times(-1)\quad\times(-2)\quad\times(-3)}{\begin{vmatrix}1&1&2&3\\1&2&3&-1\\3&-1&-1&-2\\2&3&-1&-1\end{vmatrix}}=\underset{\times(-1)\quad\times4}{\begin{vmatrix}1&0&0&0\\1&1&1&-4\\3&-4&-7&-11\\2&1&-5&-7\end{vmatrix}}=\underset{\times(-9)}{\begin{vmatrix}1&0&0&0\\1&1&0&0\\3&-4&-3&-27\\2&1&-6&-3\end{vmatrix}}$$

$$=\begin{vmatrix}1&0&0&0\\1&1&0&0\\3&-4&-3&0\\2&1&-6&51\end{vmatrix}=-153$$

(2) $$\begin{vmatrix}2&-5&3&1\\1&3&-1&3\\0&1&1&-5\\-1&-4&2&-3\end{vmatrix}\begin{array}{l}\leftarrow\\\leftarrow\\ \\ \\ \end{array}=-\begin{vmatrix}1&3&-1&3\\2&-5&3&1\\0&1&1&-5\\-1&-4&2&-3\end{vmatrix}\begin{array}{l}\times(-2)\quad\times1\\\leftarrow\\ \\\leftarrow\end{array}$$

$$=-\begin{vmatrix}1&3&-1&3\\0&-11&5&-5\\0&1&1&-5\\0&-1&1&0\end{vmatrix}\begin{array}{l} \\\leftarrow\\\leftarrow\\ \end{array}=\begin{vmatrix}1&3&-1&3\\0&1&1&-5\\0&-11&5&-5\\0&-1&1&0\end{vmatrix}\begin{array}{l} \\\times11\quad\times1\\\leftarrow\\\leftarrow\end{array}$$

$$=\begin{vmatrix}1&3&-1&3\\0&1&1&-5\\0&0&16&-60\\0&0&2&-5\end{vmatrix}\begin{array}{l} \\ \\\times\left(-\frac{1}{8}\right)\\\leftarrow\end{array}=\begin{vmatrix}1&3&-1&3\\0&1&1&-5\\0&0&16&-60\\0&0&0&\frac{5}{2}\end{vmatrix}$$

$$=1\times1\times16\times\frac{5}{2}=40$$

(3) $$\begin{vmatrix}-2&2&-4&0\\4&-1&3&5\\3&1&-2&-3\\2&0&5&1\end{vmatrix}\begin{array}{l}\times2\quad\times\frac{3}{2}\quad\times1\\\leftarrow\\\leftarrow\\\leftarrow\end{array}=\begin{vmatrix}-2&2&-4&0\\0&3&-5&5\\0&4&-8&-3\\0&2&1&1\end{vmatrix}\begin{array}{l} \\\leftarrow\\ \\\leftarrow\end{array}$$

$$=-\begin{vmatrix}-2&2&-4&0\\0&2&1&1\\0&4&-8&-3\\0&3&-5&5\end{vmatrix}\begin{array}{l} \\\times(-2)\quad\times\left(-\frac{3}{2}\right)\\\leftarrow\\\leftarrow\end{array}$$

$$=-\begin{vmatrix}-2 & 2 & -4 & 0\\ 0 & 2 & 1 & 1\\ 0 & 0 & -10 & -5\\ 0 & 0 & -\frac{13}{2} & \frac{7}{2}\end{vmatrix}\times\left(-\frac{13}{20}\right)$$

$$=-\begin{vmatrix}-2 & 2 & -4 & 0\\ 0 & 2 & 1 & 1\\ 0 & 0 & -10 & -5\\ 0 & 0 & 0 & \frac{27}{4}\end{vmatrix}=-(-2)\times2\times(-10)\times\frac{27}{4}=-270$$

19. 用化成三角形行列式的方法，计算三阶行列式 $\begin{vmatrix}1+x & 2 & 3\\ 1 & 2+y & 3\\ 1 & 2 & 3+z\end{vmatrix}$，其中 $xyz\neq0$.

解： $\begin{vmatrix}1+x & 2 & 3\\ 1 & 2+y & 3\\ 1 & 2 & 3+z\end{vmatrix}\begin{matrix}\times(-1)\\ \\ \\ \end{matrix}=\begin{vmatrix}1+x & 2 & 3\\ -x & y & 0\\ -x & 0 & z\end{vmatrix}\begin{matrix} \\ \\ \\ \end{matrix}$ （第 1 行乘 -1 分别加到第 2、3 行；第 2 列乘 $\frac{x}{y}$、第 3 列乘 $\frac{x}{z}$ 加到第 1 列）

$$=\begin{vmatrix}1+x+\frac{2x}{y}+\frac{3x}{z} & 2 & 3\\ 0 & y & 0\\ 0 & 0 & z\end{vmatrix}$$

$$=\left(1+x+\frac{2x}{y}+\frac{3x}{z}\right)yz=yz+xyz+2xz+3xy$$

注释 第 19 题亦可用行列式的性质，将给定行列式化为 8 个行列式之和，即

$$\begin{vmatrix}1+x & 2 & 3\\ 1 & 2+y & 3\\ 1 & 2 & 3+z\end{vmatrix}=\begin{vmatrix}1+x & 2+0 & 3+0\\ 1+0 & 2+y & 3+0\\ 1+0 & 2+0 & 3+z\end{vmatrix}$$

$$=\begin{vmatrix}1 & 2 & 3\\ 1 & 2 & 3\\ 1 & 2 & 3\end{vmatrix}+\begin{vmatrix}1 & 2 & 0\\ 1 & 2 & 0\\ 1 & 2 & z\end{vmatrix}+\begin{vmatrix}1 & 0 & 3\\ 1 & y & 3\\ 1 & 0 & 3\end{vmatrix}+\begin{vmatrix}1 & 0 & 0\\ 1 & y & 0\\ 1 & 0 & z\end{vmatrix}+\begin{vmatrix}x & 2 & 3\\ 0 & 2 & 3\\ 0 & 2 & 3\end{vmatrix}$$

$$+\begin{vmatrix}x & 2 & 0\\ 0 & 2 & 0\\ 0 & 2 & z\end{vmatrix}+\begin{vmatrix}x & 0 & 3\\ 0 & y & 3\\ 0 & 0 & 3\end{vmatrix}+\begin{vmatrix}x & 0 & 0\\ 0 & y & 0\\ 0 & 0 & z\end{vmatrix}$$

$$=0+0+0+yz+0+2xz+3xy+xyz=yz+2xz+3xy+xyz$$

20. 计算行列式：

$$\begin{vmatrix} 1 & 2 & 3 & \cdots & n-1 & n \\ -1 & 0 & 3 & \cdots & n-1 & n \\ -1 & -2 & 0 & \cdots & n-1 & n \\ \vdots & \vdots & \vdots & & \vdots & \vdots \\ -1 & -2 & -3 & \cdots & 0 & n \\ -1 & -2 & -3 & \cdots & -(n-1) & 0 \end{vmatrix}$$

解：

$$\begin{vmatrix} 1 & 2 & 3 & \cdots & n-1 & n \\ -1 & 0 & 3 & \cdots & n-1 & n \\ -1 & -2 & 0 & \cdots & n-1 & n \\ \vdots & \vdots & \vdots & & \vdots & \vdots \\ -1 & -2 & -3 & \cdots & 0 & n \\ -1 & -2 & -3 & \cdots & -(n-1) & 0 \end{vmatrix} \times 1$$

$$= \begin{vmatrix} 1 & 2 & 3 & \cdots & n-1 & n \\ 0 & 2 & 2\times 3 & \cdots & 2(n-1) & 2n \\ 0 & 0 & 3 & \cdots & 2(n-1) & 2n \\ \vdots & \vdots & \vdots & & \vdots & \vdots \\ 0 & 0 & 0 & \cdots & n-1 & 2n \\ 0 & 0 & 0 & \cdots & 0 & n \end{vmatrix} = 1\times 2\times 3\times\cdots\times n = n!$$

21. 计算 n 阶行列式：

$$\begin{vmatrix} 0 & x & x & \cdots & x \\ x & 0 & x & \cdots & x \\ x & x & 0 & \cdots & x \\ \vdots & \vdots & \vdots & & \vdots \\ x & x & x & \cdots & 0 \end{vmatrix}$$

解：

$$\begin{vmatrix} 0 & x & x & \cdots & x \\ x & 0 & x & \cdots & x \\ x & x & 0 & \cdots & x \\ \vdots & \vdots & \vdots & & \vdots \\ x & x & x & \cdots & 0 \end{vmatrix} = \begin{vmatrix} (n-1)x & x & x & \cdots & x \\ (n-1)x & 0 & x & \cdots & x \\ (n-1)x & x & 0 & \cdots & x \\ \vdots & \vdots & \vdots & & \vdots \\ (n-1)x & x & x & \cdots & 0 \end{vmatrix}$$

$\times 1$　$\times 1$　$\times 1$

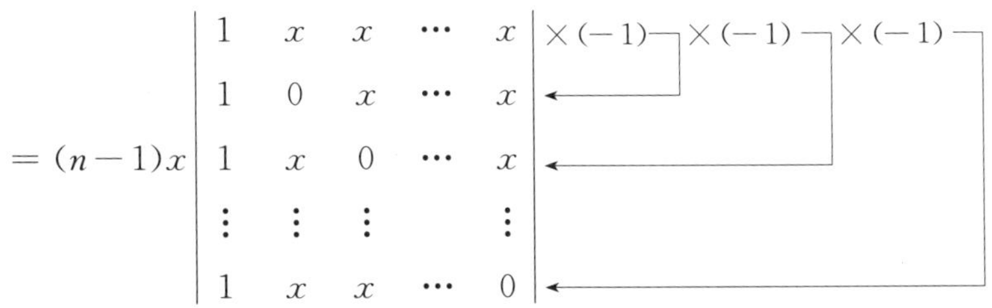

$$= (n-1)x \begin{vmatrix} 1 & x & x & \cdots & x \\ 1 & 0 & x & \cdots & x \\ 1 & x & 0 & \cdots & x \\ \vdots & \vdots & \vdots & & \vdots \\ 1 & x & x & \cdots & 0 \end{vmatrix} \times(-1)\ \times(-1)\ \times(-1)$$

$$=(n-1)x\begin{vmatrix}1 & x & x & \cdots & x\\ 0 & -x & 0 & \cdots & 0\\ 0 & 0 & -x & \cdots & 0\\ \vdots & \vdots & \vdots & & \vdots\\ 0 & 0 & 0 & \cdots & -x\end{vmatrix}=(n-1)x(-x)^{n-1}=(-1)^{n-1}(n-1)x^n$$

22. 计算行列式:

$$\begin{vmatrix}x & a_1 & a_2 & \cdots & a_{n-1} & 1\\ a_1 & x & a_2 & \cdots & a_{n-1} & 1\\ a_1 & a_2 & x & \cdots & a_{n-1} & 1\\ \vdots & \vdots & \vdots & & \vdots & \vdots\\ a_1 & a_2 & a_3 & \cdots & x & 1\\ a_1 & a_2 & a_3 & \cdots & a_n & 1\end{vmatrix}$$

解:

$$\begin{vmatrix}x & a_1 & a_2 & \cdots & a_{n-1} & 1\\ a_1 & x & a_2 & \cdots & a_{n-1} & 1\\ a_1 & a_2 & x & \cdots & a_{n-1} & 1\\ \vdots & \vdots & \vdots & & \vdots & \vdots\\ a_1 & a_2 & a_3 & \cdots & x & 1\\ a_1 & a_2 & a_3 & \cdots & a_n & 1\end{vmatrix}$$

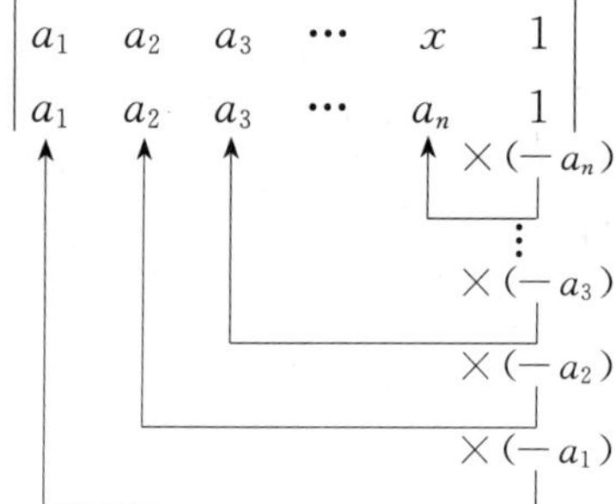

$$=\begin{vmatrix}x-a_1 & a_1-a_2 & a_2-a_3 & \cdots & a_{n-1}-a_n & 1\\ 0 & x-a_2 & a_2-a_3 & \cdots & a_{n-1}-a_n & 1\\ 0 & 0 & x-a_3 & \cdots & a_{n-1}-a_n & 1\\ \vdots & \vdots & \vdots & & \vdots & \vdots\\ 0 & 0 & 0 & \cdots & x-a_n & 1\\ 0 & 0 & 0 & \cdots & 0 & 1\end{vmatrix}$$

$$=(x-a_1)(x-a_2)\cdots(x-a_n)$$

23. 计算行列式:

$$\begin{vmatrix}a_0 & 1 & 1 & \cdots & 1 & 1\\ 1 & a_1 & 0 & \cdots & 0 & 0\\ 1 & 0 & a_2 & \cdots & 0 & 0\\ \vdots & \vdots & \vdots & & \vdots & \vdots\\ 1 & 0 & 0 & \cdots & a_{n-1} & 0\\ 1 & 0 & 0 & \cdots & 0 & a_n\end{vmatrix},\ a_i\neq 0\quad (i=1,\ 2,\ \cdots,\ n)$$

解：$\begin{vmatrix} a_0 & 1 & 1 & \cdots & 1 & 1 \\ 1 & a_1 & 0 & \cdots & 0 & 0 \\ 1 & 0 & a_2 & \cdots & 0 & 0 \\ \vdots & \vdots & \vdots & & \vdots & \vdots \\ 1 & 0 & 0 & \cdots & a_{n-1} & 0 \\ 1 & 0 & 0 & \cdots & 0 & a_n \end{vmatrix}$

（第 2 列乘 $\left(-\frac{1}{a_1}\right)$，第 3 列乘 $\left(-\frac{1}{a_2}\right)$，…，第 n 列乘 $\left(-\frac{1}{a_{n-1}}\right)$，第 $n+1$ 列乘 $\left(-\frac{1}{a_n}\right)$，均加到第 1 列）

$$= \begin{vmatrix} a_0 - \sum_{i=1}^{n} \frac{1}{a_i} & 1 & 1 & \cdots & 1 & 1 \\ 0 & a_1 & 0 & \cdots & 0 & 0 \\ 0 & 0 & a_2 & \cdots & 0 & 0 \\ \vdots & \vdots & \vdots & & \vdots & \vdots \\ 0 & 0 & 0 & \cdots & a_{n-1} & 0 \\ 0 & 0 & 0 & \cdots & 0 & a_n \end{vmatrix} = a_1 a_2 \cdots a_n \left(a_0 - \sum_{i=1}^{n} \frac{1}{a_i}\right)$$

24. 计算行列式：

$$\begin{vmatrix} -a_1 & a_1 & 0 & \cdots & 0 & 0 \\ 0 & -a_2 & a_2 & \cdots & 0 & 0 \\ \vdots & \vdots & \vdots & & \vdots & \vdots \\ 0 & 0 & 0 & \cdots & -a_n & a_n \\ 1 & 1 & 1 & \cdots & 1 & 1 \end{vmatrix}$$

解：$\begin{vmatrix} -a_1 & a_1 & 0 & \cdots & 0 & 0 \\ 0 & -a_2 & a_2 & \cdots & 0 & 0 \\ \vdots & \vdots & \vdots & & \vdots & \vdots \\ 0 & 0 & 0 & \cdots & -a_n & a_n \\ 1 & 1 & 1 & \cdots & 1 & 1 \end{vmatrix} = \begin{vmatrix} -a_1 & 0 & 0 & \cdots & 0 & 0 \\ 0 & -a_2 & a_2 & \cdots & 0 & 0 \\ \vdots & \vdots & \vdots & & \vdots & \vdots \\ 0 & 0 & 0 & \cdots & -a_n & a_n \\ 1 & 2 & 1 & \cdots & 1 & 1 \end{vmatrix}$

（第 1 列 $\times 1$ 加到第 2 列；第 2 列 $\times 1$ 加到第 3 列）

$$= \cdots = \begin{vmatrix} -a_1 & 0 & 0 & \cdots & 0 & 0 \\ 0 & -a_2 & 0 & \cdots & 0 & 0 \\ 0 & 0 & -a_3 & \cdots & 0 & 0 \\ \vdots & \vdots & \vdots & & \vdots & \vdots \\ 0 & 0 & 0 & \cdots & -a_n & 0 \\ 1 & 2 & 3 & \cdots & n & n+1 \end{vmatrix}$$

$$= (-a_1)(-a_2)\cdots(-a_n)(n+1)$$

$$= (-1)^n (n+1) a_1 a_2 \cdots a_n$$

25. 解下列方程：

(1) $\begin{vmatrix} 1 & 1 & 2 & 3 \\ 1 & 2-x^2 & 2 & 3 \\ 2 & 3 & 1 & 5 \\ 2 & 3 & 1 & 9-x^2 \end{vmatrix} = 0$　　　(2) $\begin{vmatrix} x & 1 & 1 & 1 \\ 1 & x & 1 & 1 \\ 1 & 1 & x & 1 \\ 1 & 1 & 1 & x \end{vmatrix} = 0$

(3) $\begin{vmatrix} x & a_1 & a_2 & \cdots & a_{n-1} & 1 \\ a_1 & x & a_2 & \cdots & a_{n-1} & 1 \\ a_1 & a_2 & x & \cdots & a_{n-1} & 1 \\ \vdots & \vdots & \vdots & & \vdots & \vdots \\ a_1 & a_2 & a_3 & \cdots & x & 1 \\ a_1 & a_2 & a_3 & \cdots & a_n & 1 \end{vmatrix} = 0$

(4) $\begin{vmatrix} 1 & 1 & 1 & \cdots & 1 & 1 \\ 1 & 1-x & 1 & \cdots & 1 & 1 \\ 1 & 1 & 2-x & \cdots & 1 & 1 \\ \vdots & \vdots & \vdots & & \vdots & \vdots \\ 1 & 1 & 1 & \cdots & (n-2)-x & 1 \\ 1 & 1 & 1 & \cdots & 1 & (n-1)-x \end{vmatrix} = 0$

解：(1) $\begin{vmatrix} 1 & 1 & 2 & 3 \\ 1 & 2-x^2 & 2 & 3 \\ 2 & 3 & 1 & 5 \\ 2 & 3 & 1 & 9-x^2 \end{vmatrix} = \begin{vmatrix} 1 & 0 & 0 & 0 \\ 1 & 1-x^2 & 0 & 0 \\ 2 & 1 & -3 & -1 \\ 2 & 1 & -3 & 3-x^2 \end{vmatrix}$

（第一列分别乘 $\times(-1)$、$\times(-2)$、$\times(-3)$ 加到第二、三、四列；第三列乘 $\times\left(-\frac{1}{3}\right)$ 加到第四列）

$$= \begin{vmatrix} 1 & 0 & 0 & 0 \\ 1 & 1-x^2 & 0 & 0 \\ 2 & 1 & -3 & 0 \\ 2 & 1 & -3 & 4-x^2 \end{vmatrix} = -3(1-x^2)(4-x^2) = 0$$

解之得 $x_{1,2}=\pm 1$，$x_{3,4}=\pm 2$.

注释 第25题(1)中给定行列式的展开式是x的一个四次多项式，该行列式等于零表示x的一个一元四次方程，共有四个根. 所以，本题也可以直接观察到当$x=\pm 1$时，行列式第一、二行相同；当$x=\pm 2$时，行列式第三、四行相同，行列式都等于0，所以方程的根为 $x_{1,2}=\pm 1$，$x_{3,4}=\pm 2$.

(2) $\begin{vmatrix} x & 1 & 1 & 1 \\ 1 & x & 1 & 1 \\ 1 & 1 & x & 1 \\ 1 & 1 & 1 & x \end{vmatrix} = \begin{vmatrix} 3+x & 1 & 1 & 1 \\ 3+x & x & 1 & 1 \\ 3+x & 1 & x & 1 \\ 3+x & 1 & 1 & x \end{vmatrix}$

（第二、三、四列分别 $\times 1$ 加到第一列）

$$=(3+x)\begin{vmatrix}1&1&1&1\\1&x&1&1\\1&1&x&1\\1&1&1&x\end{vmatrix}\begin{matrix}\times(-1)\\ \leftarrow\\ \leftarrow\\ \leftarrow\end{matrix}$$

$$=(3+x)\begin{vmatrix}1&1&1&1\\0&x-1&0&0\\0&0&x-1&0\\0&0&0&x-1\end{vmatrix}=(3+x)(x-1)^3=0$$

解之得 $x_1=-3$，$x_2=x_3=x_4=1$ （三重根）.

注释 第 25 题(2) 中给定行列式的展开式是一个 x 的四次多项式，该行列式等于零表示 x 的一个一元四次方程，共有四个根，其中 $x=1$ 是三重根.

(3) 根据第 22 题有

$$\begin{vmatrix}x&a_1&a_2&\cdots&a_{n-1}&1\\a_1&x&a_2&\cdots&a_{n-1}&1\\a_1&a_2&x&\cdots&a_{n-1}&1\\\vdots&\vdots&\vdots&&\vdots&\vdots\\a_1&a_2&a_3&\cdots&a_n&1\end{vmatrix}=(x-a_1)(x-a_2)\cdots(x-a_n)=0$$

解之得 $x_1=a_1$，$x_2=a_2$，…，$x_n=a_n$.

注释 第 25 题(3) 中的行列式为 $n+1$ 阶行列式，其展开式为 x 的 n 次多项式，该行列式等于零表示 x 的一个一元 n 次方程，故有 n 个根.

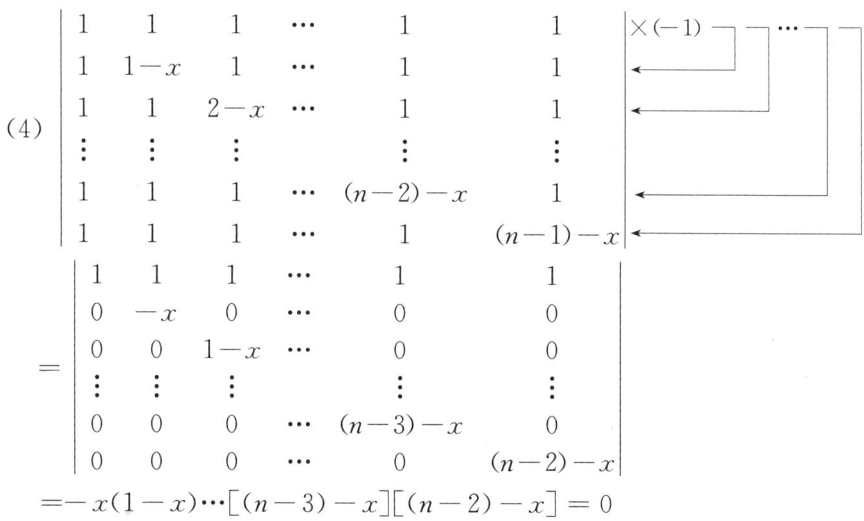

$$(4)\ \begin{vmatrix}1&1&1&\cdots&1&1\\1&1-x&1&\cdots&1&1\\1&1&2-x&\cdots&1&1\\\vdots&\vdots&\vdots&&\vdots&\vdots\\1&1&1&\cdots&(n-2)-x&1\\1&1&1&\cdots&1&(n-1)-x\end{vmatrix}\begin{matrix}\times(-1)\ \cdots\\ \leftarrow\\ \leftarrow\\ \\ \leftarrow\\ \leftarrow\end{matrix}$$

$$=\begin{vmatrix}1&1&1&\cdots&1&1\\0&-x&0&\cdots&0&0\\0&0&1-x&\cdots&0&0\\\vdots&\vdots&\vdots&&\vdots&\vdots\\0&0&0&\cdots&(n-3)-x&0\\0&0&0&\cdots&0&(n-2)-x\end{vmatrix}$$

$$=-x(1-x)\cdots[(n-3)-x][(n-2)-x]=0$$

解之得 $x_1=0$，$x_2=1$，…，$x_{n-2}=n-3$，$x_{n-1}=n-2$.

注释　第25题(4)中的行列式为 n 阶行列式，其展开式为 x 的 $n-1$ 次多项式，该行列式等于零表示 x 的一个一元 $n-1$ 次方程，故有 $n-1$ 个根.

26. 求行列式 $\begin{vmatrix}-3 & 0 & 4\\ 5 & 0 & 3\\ 2 & -2 & 1\end{vmatrix}$ 中元素 2 和 -2 的代数余子式.

解： 元素 2 的代数余子式为 $(-1)^{3+1}\begin{vmatrix}0 & 4\\ 0 & 3\end{vmatrix}=0$.

元素 -2 的代数余子式为 $(-1)^{3+2}\begin{vmatrix}-3 & 4\\ 5 & 3\end{vmatrix}=29$.

27. 已知四阶行列式 D 中第三列元素依次为 -1，2，0，1，它们的余子式依次分别为 5，3，-7，4，求 D.

解： 设 $D=|a_{ij}|$ $(i,j=1,2,3,4)$，a_{ij} 的代数余子式为 $A_{ij}(i,j=1,2,3,4)$.

将行列式 D 按第三列展开，有

$$\begin{aligned}D&=a_{13}A_{13}+a_{23}A_{23}+a_{33}A_{33}+a_{43}A_{43}\\&=(-1)\times(-1)^{1+3}\times 5+2\times(-1)^{2+3}\times 3+0\times(-1)^{3+3}\times(-7)\\&\quad+1\times(-1)^{4+3}\times 4=-5-6-4=-15\end{aligned}$$

28. 求四阶行列式 $D=\begin{vmatrix}1 & 0 & 4 & 0\\ 2 & -1 & -1 & 2\\ 0 & -6 & 0 & 0\\ 2 & 4 & -1 & 2\end{vmatrix}$ 的第四行各元素的代数余子式之和，即求 $A_{41}+A_{42}+A_{43}+A_{44}$ 之值(其中 A_{4j} $(j=1,2,3,4)$ 为 D 的第四行第 j 列元素的代数余子式).

解： 构造行列式

$$D_1=\begin{vmatrix}1 & 0 & 4 & 0\\ 2 & -1 & -1 & 2\\ 0 & -6 & 0 & 0\\ 1 & 1 & 1 & 1\end{vmatrix}$$

D 与 D_1 前三行相同，所以 D 与 D_1 的第四行各元素的代数余子式相同.

将 D_1 按第四行展开，有

$$D_1=1\times A_{41}+1\times A_{42}+1\times A_{43}+1\times A_{44}=A_{41}+A_{42}+A_{43}+A_{44}$$

将 D_1 按第三行展开，有

$$D_1=-6\times(-1)^{3+2}\begin{vmatrix}1 & 4 & 0\\ 2 & -1 & 2\\ 1 & 1 & 1\end{vmatrix}=-18$$

所以可得 $A_{41}+A_{42}+A_{43}+A_{44}=-18$.

29. 设 A_{1j} $(j=1, 2, 3, 4)$ 为行列式 $D=\begin{vmatrix} a & b & c & d \\ d & c & b & b \\ b & b & b & b \\ c & d & a & d \end{vmatrix}$ 的第一行第 j 列元素的代数余子式，证明 $A_{11}+A_{12}+A_{13}+A_{14}=0$.

证： 构造行列式 $D_1=\begin{vmatrix} 1 & 1 & 1 & 1 \\ d & c & a & b \\ b & b & b & b \\ c & d & a & d \end{vmatrix}$.

D 与 D_1 只有第一行不同，其他三行均相同，所以 D 与 D_1 的第一行各元素的代数余子式相同.

将 D_1 按第一行展开，有

$$D_1=1\times A_{11}+1\times A_{12}+1\times A_{13}+1\times A_{14}=A_{11}+A_{12}+A_{13}+A_{14}$$

但 D_1 的第一行与第三行对应元素成比例，故结果为零.

所以可得 $A_{11}+A_{12}+A_{13}+A_{14}=0$.

注释 对于第 28、29 题，如果按定义由行列式直接求所求的代数余子式，然后求和，则会十分麻烦. 要根据行列式的元素的代数余子式与该元素本身的数值无关，只与元素所在的位置有关，并且上面两题给定的行列式都有一定的特点来解题，第 28 题中行列式的第三行只有一个元素非零，容易计算所构造的行列式的值，第 29 题中的行列式第三行的元素全相等，且与所构造的行列式的第一行成比例，因此所构造的行列式的值为零. 基于这些特点，用上面构造新行列式 D_1 的方法来求解会比较简单.

30. 按第三列展开下列行列式，并计算其值：

(1) $\begin{vmatrix} 1 & 0 & a & 1 \\ 0 & -1 & b & -1 \\ -1 & -1 & c & -1 \\ -1 & 1 & d & 0 \end{vmatrix}$　　(2) $\begin{vmatrix} 1 & 2 & 3 & 4 \\ 2 & 3 & 4 & 1 \\ 3 & 4 & 1 & 2 \\ 4 & 1 & 2 & 3 \end{vmatrix}$

(3) $\begin{vmatrix} a_{11} & a_{12} & a_{13} & a_{14} & a_{15} \\ a_{21} & a_{22} & a_{23} & a_{24} & a_{25} \\ a_{31} & a_{32} & 0 & 0 & 0 \\ a_{41} & a_{42} & 0 & 0 & 0 \\ a_{51} & a_{52} & 0 & 0 & 0 \end{vmatrix}$

解： (1) $\begin{vmatrix} 1 & 0 & a & 1 \\ 0 & -1 & b & -1 \\ -1 & -1 & c & -1 \\ -1 & 1 & d & 0 \end{vmatrix}$

$$=(-1)^{1+3}a\begin{vmatrix}0&-1&-1\\-1&-1&-1\\-1&1&0\end{vmatrix}+(-1)^{2+3}b\begin{vmatrix}1&0&1\\-1&-1&-1\\-1&1&0\end{vmatrix}$$

$$+(-1)^{3+3}c\begin{vmatrix}1&0&1\\0&-1&-1\\-1&1&0\end{vmatrix}+(-1)^{4+3}d\begin{vmatrix}1&0&1\\0&-1&-1\\-1&-1&-1\end{vmatrix}$$

$$=a\times1-b\times(-1)+c\times0-d\times(-1)=a+b+d$$

(2) $$\begin{array}{c}\begin{vmatrix}1&2&3&4\\2&3&4&1\\3&4&1&2\\4&1&2&3\end{vmatrix}\\ \begin{array}{cccc}\times1&\times1&\uparrow&\times1\end{array}\end{array}=10\begin{vmatrix}1&2&1&4\\2&3&1&1\\3&4&1&2\\4&1&1&3\end{vmatrix}\begin{array}{l}\times(-1)\\ \leftarrow\\ \leftarrow\\ \leftarrow\end{array}$$

$$=10\begin{vmatrix}1&2&1&4\\1&1&0&-3\\2&2&0&-2\\3&-1&0&-1\end{vmatrix}=10\begin{vmatrix}1&1&-3\\2&2&-2\\3&-1&-1\end{vmatrix}=160$$

(3) $$\begin{vmatrix}a_{11}&a_{12}&a_{13}&a_{14}&a_{15}\\a_{21}&a_{22}&a_{23}&a_{24}&a_{25}\\a_{31}&a_{32}&0&0&0\\a_{41}&a_{42}&0&0&0\\a_{51}&a_{52}&0&0&0\end{vmatrix}=(-1)^{1+3}a_{13}\begin{vmatrix}a_{21}&a_{22}&a_{24}&a_{25}\\a_{31}&a_{32}&0&0\\a_{41}&a_{42}&0&0\\a_{51}&a_{52}&0&0\end{vmatrix}$$

$$+(-1)^{2+3}a_{23}\begin{vmatrix}a_{11}&a_{12}&a_{14}&a_{15}\\a_{31}&a_{32}&0&0\\a_{41}&a_{42}&0&0\\a_{51}&a_{52}&0&0\end{vmatrix}$$

$$=(-1)^{1+3}a_{13}(-1)^{1+3}a_{24}\begin{vmatrix}a_{31}&a_{32}&0\\a_{41}&a_{42}&0\\a_{51}&a_{52}&0\end{vmatrix}+(-1)^{2+3}a_{23}(-1)^{1+3}a_{14}\begin{vmatrix}a_{31}&a_{32}&0\\a_{41}&a_{42}&0\\a_{51}&a_{52}&0\end{vmatrix}$$

$$=0-0=0$$

注释 第 30 题指定按第三列展开，那么只能根据要求按第三列展开. 一般情况下，当展开一个行列式时，要选择零元素较多的行(列)展开，而且先利用行列式性质将行列式某行(列)化为只有一个非零元素后再展开.

31. 计算行列式：

$$\begin{vmatrix} 1 & 2 & -1 & 0 \\ -1 & 4 & 5 & -1 \\ 2 & 3 & 1 & 3 \\ 3 & 1 & -2 & 0 \end{vmatrix}$$

解：
$$\begin{vmatrix} 1 & 2 & -1 & 0 \\ -1 & 4 & 5 & -1 \\ 2 & 3 & 1 & 3 \\ 3 & 1 & -2 & 0 \end{vmatrix} \begin{matrix} \\ \times 3 \\ \leftarrow \\ \\ \end{matrix} = \begin{vmatrix} 1 & 2 & -1 & 0 \\ -1 & 4 & 5 & -1 \\ -1 & 15 & 16 & 0 \\ 3 & 1 & -2 & 0 \end{vmatrix} \quad \text{（按第四列展开）}$$

$$= (-1)^{2+4}(-1)\begin{vmatrix} 1 & 2 & -1 \\ -1 & 15 & 16 \\ 3 & 1 & -2 \end{vmatrix} = -92$$

32. 计算行列式：

$$\begin{vmatrix} 1 & 2 & 3 & 4 & \cdots & n \\ 1 & 1 & 2 & 3 & \cdots & n-1 \\ 1 & x & 1 & 2 & \cdots & n-2 \\ 1 & x & x & 1 & \cdots & n-3 \\ \vdots & \vdots & \vdots & \vdots & & \vdots \\ 1 & x & x & x & \cdots & 2 \\ 1 & x & x & x & \cdots & 1 \end{vmatrix}$$

解：
$$\begin{vmatrix} 1 & 2 & 3 & 4 & \cdots & n \\ 1 & 1 & 2 & 3 & \cdots & n-1 \\ 1 & x & 1 & 2 & \cdots & n-2 \\ 1 & x & x & 1 & \cdots & n-3 \\ \vdots & \vdots & \vdots & \vdots & & \vdots \\ 1 & x & x & x & \cdots & 2 \\ 1 & x & x & x & \cdots & 1 \end{vmatrix} \begin{matrix} \leftarrow \\ \times(-1) \\ \times(-1) \\ \times(-1) \\ \vdots \\ \leftarrow \\ \times(-1) \end{matrix}$$

$$= \begin{vmatrix} 0 & 1 & 1 & 1 & \cdots & 1 \\ 0 & 1-x & 1 & 1 & \cdots & 1 \\ 0 & 0 & 1-x & 1 & \cdots & 1 \\ \vdots & \vdots & \vdots & \vdots & & \vdots \\ 0 & 0 & 0 & 0 & \cdots & 1 \\ 1 & x & x & x & \cdots & 1 \end{vmatrix} \quad \text{（按第一列展开）}$$

$$= (-1)^{n+1}\begin{vmatrix} 1 & 1 & 1 & \cdots & 1 & 1 \\ 1-x & 1 & 1 & \cdots & 1 & 1 \\ 0 & 1-x & 1 & \cdots & 1 & 1 \\ \vdots & \vdots & \vdots & & \vdots & \vdots \\ 0 & 0 & 0 & \cdots & 1-x & 1 \end{vmatrix} \begin{matrix} \leftarrow \\ \times(-1) \\ \times(-1) \\ \vdots \\ \times(-1) \end{matrix}$$

$$= (-1)^{n+1}\begin{vmatrix} x & 0 & 0 & \cdots & 0 & 0 \\ 1-x & x & 0 & \cdots & 0 & 0 \\ 0 & 1-x & x & \cdots & 0 & 0 \\ \vdots & \vdots & \vdots & & \vdots & \vdots \\ 0 & 0 & 0 & \cdots & 1-x & 1 \end{vmatrix}$$

$$= (-1)^{n+1}x^{n-2}$$

33. 计算 n 阶行列式:

$$\begin{vmatrix} a & b & 0 & \cdots & 0 & 0 \\ 0 & a & b & \cdots & 0 & 0 \\ 0 & 0 & a & \cdots & 0 & 0 \\ \vdots & \vdots & \vdots & & \vdots & \vdots \\ b & 0 & 0 & \cdots & 0 & a \end{vmatrix}$$

解: 按第一列展开.

$$\begin{vmatrix} a & b & 0 & \cdots & 0 & 0 \\ 0 & a & b & \cdots & 0 & 0 \\ 0 & 0 & a & \cdots & 0 & 0 \\ \vdots & \vdots & \vdots & & \vdots & \vdots \\ b & 0 & 0 & \cdots & 0 & a \end{vmatrix}$$

$$= a\begin{vmatrix} a & b & \cdots & 0 & 0 \\ 0 & a & \cdots & 0 & 0 \\ \vdots & \vdots & & \vdots & \vdots \\ 0 & 0 & \cdots & a & b \\ 0 & 0 & \cdots & 0 & a \end{vmatrix} + (-1)^{n+1}b\begin{vmatrix} b & 0 & \cdots & 0 & 0 \\ a & b & \cdots & 0 & 0 \\ \vdots & \vdots & & \vdots & \vdots \\ 0 & 0 & \cdots & b & 0 \\ 0 & 0 & \cdots & a & b \end{vmatrix}$$

$$= a\cdot a^{n-1} + (-1)^{n+1}b\cdot b^{n-1} = a^n + (-1)^{n+1}b^n$$

注释 一般地，在计算数值行列式时，可利用行列式性质，把行列式的某行（列）化为仅有一个非零元，然后按该行（列）展开，转化为较低阶的行列式，逐次进行以简化计算，如第 31 题.

当行列式的元素含有字母时，应观察行列式的结构，可按上面的方法处理，也可直接按含零元素较多的行（列）展开，如第 33 题. 在许多情形下，可能还需进行适当的变换，才能求得结果.

34. 解方程 $\begin{vmatrix} 1 & 2 & 1 & 1 \\ 1 & x & 2 & 3 \\ 0 & 0 & x & 2 \\ 0 & 0 & 2 & x \end{vmatrix} = 0.$

解: $\begin{vmatrix} 1 & 2 & 1 & 1 \\ 1 & x & 2 & 3 \\ 0 & 0 & x & 2 \\ 0 & 0 & 2 & x \end{vmatrix}$ (第1行 $\times(-1)$ 加到第2行) $= \begin{vmatrix} 1 & 2 & 1 & 1 \\ 0 & x-2 & 1 & 2 \\ 0 & 0 & x & 2 \\ 0 & 0 & 2 & x \end{vmatrix} = \begin{vmatrix} x-2 & 1 & 2 \\ 0 & x & 2 \\ 0 & 2 & x \end{vmatrix}$

$$= (x-2)(x^2-4) = 0$$

解之得 $x_{1,2} = 2$，$x_3 = -2$.

注释　给定的矩阵方程中的矩阵展开后是 x 的一个一元三次方程，有一个二重根.

35. 求实数 x，y 的值，使之满足 $\begin{vmatrix}1+x & 1 & 1 & 1\\ 1 & 1-x & 1 & 1\\ 1 & 1 & 1+y & 1\\ 1 & 1 & 1 & 1-y\end{vmatrix}=0$.

解： $\begin{vmatrix}1+x & 1 & 1 & 1\\ 1 & 1-x & 1 & 1\\ 1 & 1 & 1+y & 1\\ 1 & 1 & 1 & 1-y\end{vmatrix}$ （第2行 $\times(-1)$ 加到第1行，第4行 $\times(-1)$ 加到第3行） $=\begin{vmatrix}x & x & 0 & 0\\ 1 & 1-x & 1 & 1\\ 0 & 0 & y & y\\ 1 & 1 & 1 & 1-y\end{vmatrix}$ （第1列 $\times(-1)$ 加到第2列，第3列 $\times(-1)$ 加到第4列）

$$=\begin{vmatrix}x & 0 & 0 & 0\\ 1 & -x & 1 & 0\\ 0 & 0 & y & 0\\ 1 & 0 & 1 & -y\end{vmatrix}=x\begin{vmatrix}-x & 1 & 0\\ 0 & y & 0\\ 0 & 1 & -y\end{vmatrix}=x(xy^2)=x^2y^2$$

因 x，y 为实数，所以只有当 $x=0$ 或 $y=0$ 时，$\begin{vmatrix}1+x & 1 & 1 & 1\\ 1 & 1-x & 1 & 1\\ 1 & 1 & 1+y & 1\\ 1 & 1 & 1 & 1-y\end{vmatrix}=0$.

故得 $x=0$ 或 $y=0$.

36. 计算行列式：

$$\begin{vmatrix}1 & 1 & 1 & 1\\ -1 & 2 & 1 & 3\\ 1 & 4 & 1 & 9\\ -1 & 8 & 1 & 27\end{vmatrix}$$

解： *方法 1*　用范德蒙行列式的结论.

$$\begin{vmatrix}1 & 1 & 1 & 1\\ -1 & 2 & 1 & 3\\ 1 & 4 & 1 & 9\\ -1 & 8 & 1 & 27\end{vmatrix}=\begin{vmatrix}1 & 1 & 1 & 1\\ -1 & 2 & 1 & 3\\ (-1)^2 & 2^2 & 1^2 & 3^2\\ (-1)^3 & 2^3 & 1^3 & 3^3\end{vmatrix}$$

$$=[2-(-1)][1-(-1)][3-(-1)](1-2)(3-2)(3-1)$$

$$=3\times2\times4\times(-1)\times1\times2=-48$$

方法 2　用行列式性质.

$$\begin{vmatrix}1 & 1 & 1 & 1\\ -1 & 2 & 1 & 3\\ 1 & 4 & 1 & 9\\ -1 & 8 & 1 & 27\end{vmatrix}$$ （第1行分别 $\times1$、$\times(-1)$、$\times1$ 加到第2、3、4行） $=\begin{vmatrix}1 & 1 & 1 & 1\\ 0 & 3 & 2 & 4\\ 0 & 3 & 0 & 8\\ 0 & 9 & 2 & 28\end{vmatrix}$ （第2行分别 $\times(-1)$、$\times(-3)$ 加到第3、4行）

$$=\begin{vmatrix}1&1&1&1\\0&3&2&4\\0&0&-2&4\\0&0&-4&16\end{vmatrix}\begin{matrix}\\\\\times(-2)\\\\\end{matrix}=\begin{vmatrix}1&1&1&1\\0&3&2&4\\0&0&-2&4\\0&0&0&8\end{vmatrix}$$

$$=1\times3\times(-2)\times8=-48$$

37. 证明 $\begin{vmatrix}a+b&x+b&x+a\\x&a&b\\x^2&a^2&b^2\end{vmatrix}=(x+a+b)(a-x)(b-x)(b-a).$

证: $\begin{vmatrix}a+b&x+b&x+a\\x&a&b\\x^2&a^2&b^2\end{vmatrix}\times1=\begin{vmatrix}x+a+b&x+a+b&x+a+b\\x&a&b\\x^2&a^2&b^2\end{vmatrix}$

$$=(x+a+b)\begin{vmatrix}1&1&1\\x&a&b\\x^2&a^2&b^2\end{vmatrix}\quad\text{(利用范德蒙行列式的结论)}$$

$$=(x+a+b)(a-x)(b-x)(b-a)$$

38. 用逆推法证明

$$D_5=\begin{vmatrix}1-a&a&0&0&0\\-1&1-a&a&0&0\\0&-1&1-a&a&0\\0&0&-1&1-a&a\\0&0&0&-1&1-a\end{vmatrix}=1-a+a^2-a^3+a^4-a^5$$

证: 与 D_5 结构相同的二、三、四阶行列式分别记作 D_2, D_3, D_4.

$$D_5=\begin{vmatrix}1-a&a&0&0&0\\-1&1-a&a&0&0\\0&-1&1-a&a&0\\0&0&-1&1-a&a\\0&0&0&-1&1-a\end{vmatrix}\begin{matrix}\\\times1\\\times1\\\times1\\\times1\end{matrix}$$

$$=\begin{vmatrix}-a&0&0&0&1\\-1&1-a&a&0&0\\0&-1&1-a&a&0\\0&0&-1&1-a&a\\0&0&0&-1&1-a\end{vmatrix}\quad\text{(按第一行展开)}$$

$$=-a\begin{vmatrix}1-a&a&0&0\\-1&1-a&a&0\\0&-1&1-a&a\\0&0&-1&1-a\end{vmatrix}+\begin{vmatrix}-1&1-a&a&0\\0&-1&1-a&a\\0&0&-1&1-a\\0&0&0&-1\end{vmatrix}$$

$$=-aD_4+1=1-aD_4$$

同理　　$D_4=1-aD_3$，$D_3=1-aD_2$，而 $D_2=\begin{vmatrix}1-a & a\\ -1 & 1-a\end{vmatrix}=1-a+a^2$

所以　　$D_5=1-aD_4=1-a(1-aD_3)=1-a[1-a(1-aD_2)]$

$$=1-a+a^2-a^3(1-a+a^2)=1-a+a^2-a^3+a^4-a^5$$

39. 用数学归纳法证明：

$$D_n=\begin{vmatrix}1+a_1^2 & a_1a_2 & \cdots & a_1a_n\\ a_2a_1 & 1+a_2^2 & \cdots & a_2a_n\\ \vdots & \vdots & & \vdots\\ a_na_1 & a_na_2 & \cdots & 1+a_n^2\end{vmatrix}=1+a_1^2+a_2^2+\cdots+a_n^2$$

证： 当 $n=1$ 时，$D_1=1+a_1^2$，命题成立.

当 $n=2$ 时，$D_2=(1+a_1^2)(1+a_2^2)-a_1^2a_2^2=1+a_1^2+a_2^2$，命题成立.

设 $D_{n-1}=1+a_1^2+a_2^2+\cdots+a_{n-1}^2$，则

$$D_n=\begin{vmatrix}1+a_1^2 & a_1a_2 & \cdots & a_1a_n\\ a_2a_1 & 1+a_2^2 & \cdots & a_2a_n\\ \vdots & \vdots & & \vdots\\ a_na_1 & a_na_2 & \cdots & 1+a_n^2\end{vmatrix}$$

$$=\begin{vmatrix}a_1^2 & a_1a_2 & \cdots & a_1a_n\\ a_2a_1 & 1+a_2^2 & \cdots & a_2a_n\\ \vdots & \vdots & & \vdots\\ a_na_1 & a_na_2 & \cdots & 1+a_n^2\end{vmatrix}+\begin{vmatrix}1 & a_1a_2 & \cdots & a_1a_n\\ 0 & 1+a_2^2 & \cdots & a_2a_n\\ \vdots & \vdots & & \vdots\\ 0 & a_na_2 & \cdots & 1+a_n^2\end{vmatrix}$$

$$=a_1^2\begin{vmatrix}1 & a_2 & \cdots & a_n\\ a_2 & 1+a_2^2 & \cdots & a_2a_n\\ \vdots & \vdots & & \vdots\\ a_n & a_na_2 & \cdots & 1+a_n^2\end{vmatrix}+\begin{vmatrix}1+a_2^2 & a_2a_3 & \cdots & a_2a_n\\ a_3a_2 & 1+a_3^2 & \cdots & a_3a_n\\ \vdots & \vdots & & \vdots\\ a_na_2 & a_na_3 & \cdots & 1+a_n^2\end{vmatrix}$$

$\times(-a_2)$ ⋮ $\times(-a_n)$

$$=a_1^2\begin{vmatrix}1 & 0 & \cdots & 0\\ a_2 & 1 & \cdots & 0\\ \vdots & \vdots & & \vdots\\ a_n & 0 & \cdots & 1\end{vmatrix}+1+a_2^2+a_3^2+\cdots+a_n^2=1+a_1^2+a_2^2+a_3^2+\cdots+a_n^2$$

命题成立.

※**40.** 用拉普拉斯定理求行列式 $\begin{vmatrix}3 & 2 & 1 & 1\\ 0 & 4 & 0 & 2\\ 2 & 0 & 1 & 1\\ 0 & 1 & 0 & 2\end{vmatrix}$ 的值.

解：$\begin{vmatrix}3&2&1&1\\0&4&0&2\\2&0&1&1\\0&1&0&2\end{vmatrix}=-\begin{vmatrix}0&1&0&2\\0&4&0&2\\2&0&1&1\\3&2&1&1\end{vmatrix}=\begin{vmatrix}0&0&1&2\\0&0&4&2\\2&1&0&1\\3&1&2&1\end{vmatrix}$

$=\begin{vmatrix}1&2\\4&2\end{vmatrix}\times(-1)^{1+2+3+4}\begin{vmatrix}2&1\\3&1\end{vmatrix}=-6\times(-1)=6$

（因为 $\begin{vmatrix}0&1\\0&4\end{vmatrix}=0$，$\begin{vmatrix}0&2\\0&2\end{vmatrix}=0$）

※**41.** 用拉普拉斯定理证明 $\begin{vmatrix}a_{11}&a_{12}&0&0\\a_{21}&a_{22}&0&0\\ *&*&b_{11}&b_{12}\\ *&*&b_{21}&b_{22}\end{vmatrix}=\begin{vmatrix}a_{11}&a_{12}\\a_{21}&a_{22}\end{vmatrix}\begin{vmatrix}b_{11}&b_{12}\\b_{21}&b_{22}\end{vmatrix}$ （其中 * 为任意数）.

证： 因为 $\begin{vmatrix}a_{11}&0\\a_{21}&0\end{vmatrix}=0$，$\begin{vmatrix}a_{12}&0\\a_{22}&0\end{vmatrix}=0$，所以

$$\begin{vmatrix}a_{11}&a_{12}&0&0\\a_{21}&a_{22}&0&0\\ *&*&b_{11}&b_{12}\\ *&*&b_{21}&b_{22}\end{vmatrix}=\begin{vmatrix}a_{11}&a_{12}\\a_{21}&a_{22}\end{vmatrix}\times(-1)^{1+2+1+2}\begin{vmatrix}b_{11}&b_{12}\\b_{21}&b_{22}\end{vmatrix}$$

$$=\begin{vmatrix}a_{11}&a_{12}\\a_{21}&a_{22}\end{vmatrix}\cdot\begin{vmatrix}b_{11}&b_{12}\\b_{21}&b_{22}\end{vmatrix}$$

42. 用克莱姆法则解下列线性方程组：

(1) $\begin{cases}2x+5y=1\\3x+7y=2\end{cases}$　　(2) $\begin{cases}4x_1+5x_2=0\\3x_1-7x_2=0\end{cases}$

(3) $\begin{cases}x+y-2z=-3\\5x-2y+7z=22\\2x-5y+4z=4\end{cases}$　(4) $\begin{cases}bx-ay+2ab=0\\-2cy+3bz-bc=0\\cx+az=0\end{cases}$（其中 $a,b,c\neq0$）

(5) $\begin{cases}x_1=0.5x_1+0.3x_2+0.4x_3+10\\x_2=0.4x_1+0.5x_3+20\\x_3=0.2x_1+0.1x_2+12\end{cases}$

(6) $\begin{cases}2x_1+x_2-5x_3+x_4=8\\x_1-3x_2-6x_4=9\\2x_2-x_3+2x_4=-5\\x_1+4x_2-7x_3+6x_4=0\end{cases}$

(7) $\begin{cases}2x_1+3x_2+11x_3+5x_4=6\\x_1+x_2+5x_3+2x_4=2\\2x_1+x_2+3x_3+4x_4=2\\x_1+x_2+3x_3+4x_4=2\end{cases}$

$$(8)\begin{cases}x_1+x_2+x_3+x_4=0\\x_2+x_3+x_4+x_5=0\\x_1+2x_2+3x_3=2\\x_2+2x_3+3x_4=-2\\x_3+2x_4+3x_5=2\end{cases}$$

解：(1) $\begin{cases}2x+5y=1\\3x+7y=2\end{cases}$

$$D=\begin{vmatrix}2&5\\3&7\end{vmatrix}=-1,\quad D_1=\begin{vmatrix}1&5\\2&7\end{vmatrix}=-3,\quad D_2=\begin{vmatrix}2&1\\3&2\end{vmatrix}=1$$

因为 $D\neq 0$，所以方程组有唯一解，即

$$x=\frac{D_1}{D}=\frac{-3}{-1}=3,\quad y=\frac{D_2}{D}=\frac{1}{-1}=-1$$

(2) $\begin{cases}4x_1+5x_2=0\\3x_1-7x_2=0\end{cases}$

$$D=\begin{vmatrix}4&5\\3&-7\end{vmatrix}=-43,\quad D_1=\begin{vmatrix}0&5\\0&-7\end{vmatrix}=0,\quad D_2=\begin{vmatrix}4&0\\3&0\end{vmatrix}=0$$

因为 $D\neq 0$，所以方程组仅有零解，即

$$x_1=\frac{D_1}{D}=0,\quad x_2=\frac{D_2}{D}=0$$

(3) $\begin{cases}x+y-2z=-3\\5x-2y+7z=22\\2x-5y+4z=4\end{cases}$

$$D=\begin{vmatrix}1&1&-2\\5&-2&7\\2&-5&4\end{vmatrix}=63,\qquad D_1=\begin{vmatrix}-3&1&-2\\22&-2&7\\4&-5&4\end{vmatrix}=63,$$

$$D_2=\begin{vmatrix}1&-3&-2\\5&22&7\\2&4&4\end{vmatrix}=126,\quad D_3=\begin{vmatrix}1&1&-3\\5&-2&22\\2&-5&4\end{vmatrix}=189$$

因为 $D\neq 0$，所以方程组有唯一解，即

$$x=\frac{D_1}{D}=\frac{63}{63}=1,\ y=\frac{D_2}{D}=\frac{126}{63}=2,\ z=\frac{D_3}{D}=\frac{189}{63}=3$$

(4) $\begin{cases}bx-ay+2ab=0\\-2cy+3bz-bc=0\\cx+az=0\end{cases}$

$$D=\begin{vmatrix}b&-a&0\\0&-2c&3b\\c&0&a\end{vmatrix}=-5abc,\qquad D_1=\begin{vmatrix}-2ab&-a&0\\bc&-2c&3b\\0&0&a\end{vmatrix}=5a^2bc,$$

$$D_2=\begin{vmatrix}b&-2ab&0\\0&bc&3b\\c&0&a\end{vmatrix}=-5ab^2c,D_3=\begin{vmatrix}b&-a&-2ab\\0&-2c&bc\\c&0&0\end{vmatrix}=-5abc^2$$

因为 $D\neq 0$，所以方程组有唯一解，即

$$x=\frac{D_1}{D}=\frac{5a^2bc}{-5abc}=-a,\ y=\frac{D_2}{D}=\frac{-5ab^2c}{-5abc}=b,\ z=\frac{D_3}{D}=\frac{-5abc^2}{-5abc}=c$$

(5) $\begin{cases}x_1=0.5x_1+0.3x_2+0.4x_3+10\\x_2=0.4x_1+0.5x_3+20\\x_3=0.2x_1+0.1x_2+12\end{cases}$

整理方程，可得

$$\begin{cases}5x_1-3x_2-4x_3=100\\-4x_1+10x_2-5x_3=200\\-2x_1-x_2+10x_3=120\end{cases}$$

$$D=\begin{vmatrix}5&-3&-4\\-4&10&-5\\-2&-1&10\end{vmatrix}=229,\quad D_1=\begin{vmatrix}100&-3&-4\\200&10&-5\\120&-1&10\end{vmatrix}=22\,900,$$

$$D_2=\begin{vmatrix}5&100&-4\\-4&200&-5\\-2&120&10\end{vmatrix}=18\,320,\quad D_3=\begin{vmatrix}5&-3&100\\-4&10&200\\-2&-1&120\end{vmatrix}=9\,160$$

因为 $D\neq 0$，所以方程组有唯一解，即

$$x_1=\frac{D_1}{D}=100,\ x_2=\frac{D_2}{D}=80,\ x_3=\frac{D_3}{D}=40$$

(6) $\begin{cases}2x_1+x_2-5x_3+x_4=8\\x_1-3x_2-6x_4=9\\2x_2-x_3+2x_4=-5\\x_1+4x_2-7x_3+6x_4=0\end{cases}$

$$D=\begin{vmatrix}2&1&-5&1\\1&-3&0&-6\\0&2&-1&2\\1&4&-7&6\end{vmatrix}=27,\ D_1=\begin{vmatrix}8&1&-5&1\\9&-3&0&-6\\-5&2&-1&2\\0&4&-7&6\end{vmatrix}=81,$$

$$D_2=\begin{vmatrix}2&8&-5&1\\1&9&0&-6\\0&-5&-1&2\\1&0&-7&6\end{vmatrix}=-108,\ D_3=\begin{vmatrix}2&1&8&1\\1&-3&9&-6\\0&2&-5&2\\1&4&0&6\end{vmatrix}=-27,$$

$$D_4=\begin{vmatrix}2&1&-5&8\\1&-3&0&9\\0&2&-1&-5\\1&4&-7&0\end{vmatrix}=27$$

因为 $D\neq 0$，所以方程组有唯一解，即

$$x_1=\frac{D_1}{D}=\frac{81}{27}=3,\ x_2=\frac{D_2}{D}=\frac{-108}{27}=-4,$$

$$x_3=\frac{D_3}{D}=\frac{-27}{27}=-1,\ x_4=\frac{D_4}{D}=\frac{27}{27}=1$$

(7) $\begin{cases} 2x_1+3x_2+11x_3+5x_4=6 \\ x_1+\ x_2+\ 5x_3+2x_4=2 \\ 2x_1+\ x_2+\ 3x_3+4x_4=2 \\ x_1+\ x_2+\ 3x_3+4x_4=2 \end{cases}$

$$D=\begin{vmatrix} 2 & 3 & 11 & 5 \\ 1 & 1 & 5 & 2 \\ 2 & 1 & 3 & 4 \\ 1 & 1 & 3 & 4 \end{vmatrix}=10,$$

$$D_1=\begin{vmatrix} 6 & 3 & 11 & 5 \\ 2 & 1 & 5 & 2 \\ 2 & 1 & 3 & 4 \\ 2 & 1 & 3 & 4 \end{vmatrix}=0,\quad D_2=\begin{vmatrix} 2 & 6 & 11 & 5 \\ 1 & 2 & 5 & 2 \\ 2 & 2 & 3 & 4 \\ 1 & 2 & 3 & 4 \end{vmatrix}=20,$$

$$D_3=\begin{vmatrix} 2 & 3 & 6 & 5 \\ 1 & 1 & 2 & 2 \\ 2 & 1 & 2 & 4 \\ 1 & 1 & 2 & 4 \end{vmatrix}=0,\quad D_4=\begin{vmatrix} 2 & 3 & 11 & 6 \\ 1 & 1 & 5 & 2 \\ 2 & 1 & 3 & 2 \\ 1 & 1 & 3 & 2 \end{vmatrix}=0$$

因为 $D\neq 0$，所以方程组有唯一解，即

$$x_1=\frac{D_1}{D}=\frac{0}{10}=0,\ x_2=\frac{D_2}{D}=\frac{20}{10}=2,$$

$$x_3=\frac{D_3}{D}=\frac{0}{10}=0,\ x_4=\frac{D_4}{D}=\frac{0}{10}=0$$

(8) $\begin{cases} x_1+\ x_2+\ x_3+\ x_4 \qquad =0 \\ \qquad x_2+\ x_3+\ x_4+\ x_5=0 \\ x_1+2x_2+3x_3 \qquad\qquad =2 \\ \qquad x_2+2x_3+3x_4 \qquad =-2 \\ \qquad\qquad x_3+2x_4+3x_5=2 \end{cases}$

$$D=\begin{vmatrix} 1 & 1 & 1 & 1 & 0 \\ 0 & 1 & 1 & 1 & 1 \\ 1 & 2 & 3 & 0 & 0 \\ 0 & 1 & 2 & 3 & 0 \\ 0 & 0 & 1 & 2 & 3 \end{vmatrix}=16,\quad D_1=\begin{vmatrix} 0 & 1 & 1 & 1 & 0 \\ 0 & 1 & 1 & 1 & 1 \\ 2 & 2 & 3 & 0 & 0 \\ -2 & 1 & 2 & 3 & 0 \\ 2 & 0 & 1 & 2 & 3 \end{vmatrix}=16,$$

$$D_2=\begin{vmatrix} 1 & 0 & 1 & 1 & 0 \\ 0 & 0 & 1 & 1 & 1 \\ 1 & 2 & 3 & 0 & 0 \\ 0 & -2 & 2 & 3 & 0 \\ 0 & 2 & 1 & 2 & 3 \end{vmatrix}=-16,\quad D_3=\begin{vmatrix} 1 & 1 & 0 & 1 & 0 \\ 0 & 1 & 0 & 1 & 1 \\ 1 & 2 & 2 & 0 & 0 \\ 0 & 1 & -2 & 3 & 0 \\ 0 & 0 & 2 & 2 & 3 \end{vmatrix}=16,$$

$$D_4=\begin{vmatrix}1&1&1&0&0\\0&1&1&0&1\\1&2&3&2&0\\0&1&2&-2&0\\0&0&1&2&3\end{vmatrix}=-16,\quad D_5=\begin{vmatrix}1&1&1&1&0\\0&1&1&1&0\\1&2&3&0&2\\0&1&2&3&-2\\0&0&1&2&2\end{vmatrix}=16$$

因为 $D\neq 0$，所以方程组有唯一解，即

$$x_1=\frac{D_1}{D}=\frac{16}{16}=1,\ x_2=\frac{D_2}{D}=\frac{-16}{16}=-1,\ x_3=\frac{D_3}{D}=\frac{16}{16}=1,$$

$$x_4=\frac{D_4}{D}=\frac{-16}{16}=-1,\ x_5=\frac{D_5}{D}=\frac{16}{16}=1$$

43. 计算下列方程组的系数行列式，并验证所给的数是方程组的解：

(1) $\begin{cases}2x_1-3x_2+4x_3-3x_4=0\\3x_1-x_2+11x_3-13x_4=0\\4x_1+5x_2-7x_3-2x_4=0\\13x_1-25x_2+x_3+11x_4=0\end{cases}$

$x_1=x_2=x_3=x_4=c$ （c 为任意常数）

(2) $\begin{cases}x_1+2x_2+3x_3-x_4=3\\3x_1+2x_2+x_3+x_4=5\\5x_1+5x_2+2x_3=10\\2x_1+3x_2+x_3-x_4=5\end{cases}$

$x_1=1-c,\ x_2=1+c,\ x_3=0,\ x_4=c$ （c 为任意常数）

解：(1) $D=\begin{array}{c}\begin{vmatrix}2&-3&4&-3\\3&-1&11&-13\\4&5&-7&-2\\13&-25&1&11\end{vmatrix}\\ \begin{array}{cccc}\uparrow&\times 1&\times 1&\times 1\end{array}\end{array}=\begin{vmatrix}0&-3&4&-3\\0&-1&11&-13\\0&5&-7&-2\\0&-25&1&11\end{vmatrix}=0$

将 $x_1=x_2=x_3=x_4=c$ 代入给定方程组，有

$$\begin{cases}2c-3c+4c-3c=0\\3c-c+11c-13c=0\\4c+5c-7c-2c=0\\13c-25c+c+11c=0\end{cases}$$

可见 $x_1=x_2=x_3=x_4=c$ （c 为任意常数）满足给定方程组，是给定方程组的解.

(2)$D=\begin{vmatrix}1&2&3&-1\\3&2&1&1\\5&5&2&0\\2&3&1&-1\end{vmatrix}\begin{array}{l}\\ \times 1\\ \\ \leftarrow\end{array}=\begin{vmatrix}1&2&3&-1\\3&2&1&1\\5&5&2&0\\5&5&2&0\end{vmatrix}=0$

将 $x_1=1-c$，$x_2=1+c$，$x_3=0$，$x_4=c$ 代入给定方程组，有

$$\begin{cases}(1-c)+2(1+c)+3\times 0-c=3\\3(1-c)+2(1+c)+0+c=5\\5(1-c)+5(1+c)+2\times 0=10\\2(1-c)+3(1+c)+0-c=5\end{cases}$$

可见 $x_1=1-c$，$x_2=1+c$，$x_3=0$，$x_4=c$（c 为任意常数）满足给定方程组，是给定方程组的解.

44. 判断齐次线性方程组

$$\begin{cases}2x_1+2x_2-\ x_3=0\\\ x_1-2x_2+4x_3=0\\5x_1+8x_2-2x_3=0\end{cases}$$

是否仅有零解.

解： 方程组的系数行列式

$$D=\begin{vmatrix}2&2&-1\\1&-2&4\\5&8&-2\end{vmatrix}=-30\neq 0$$

由克莱姆法则可知，给定方程组仅有零解.

方程个数和未知数个数相同的齐次线性方程组仅有零解的充分必要条件是系数行列式 $D\neq 0$.

45. 如果齐次线性方程组

$$\begin{cases}kx+\ y+z=0\\\ x+ky-z=0\\2x-\ y+z=0\end{cases}$$

有非零解，k 应取何值？

解： $D=\begin{vmatrix}k&1&1\\1&k&-1\\2&-1&1\end{vmatrix}=(k-4)(k+1)$

若齐次线性方程组有非零解，则系数行列式 $D=0$，即 $(k-4)(k+1)=0$. 解之得 $k=4$ 或 $k=-1$.

46. k 取何值时，齐次线性方程组

$$\begin{cases}kx+\ y-z=0\\\ x+ky-z=0\\2x-\ y+z=0\end{cases}$$

仅有零解？

解： $D=\begin{vmatrix}k&1&-1\\1&k&-1\\2&-1&1\end{vmatrix}=(k+2)(k-1)$

要使齐次线性方程组仅有零解，则系数行列式 $D\neq 0$，即 $(k+2)(k-1)\neq 0$，从而 $k\neq 1$ 且 $k\neq -2$.

所以，当 $k\neq 1$ 且 $k\neq -2$ 时，给定的齐次线性方程组仅有零解.

注释 我们讨论的是 n 个未知数、n 个方程的线性方程组

$$\begin{cases} a_{11}x_1+a_{12}x_2+\cdots+a_{1n}x_n=b_1 \\ a_{21}x_1+a_{22}x_2+\cdots+a_{2n}x_n=b_2 \\ \quad\quad\cdots\cdots \\ a_{n1}x_1+a_{n2}x_2+\cdots+a_{nn}x_n=b_n \end{cases} \tag{Ⅰ}$$

$$\begin{cases} a_{11}x_1+a_{12}x_2+\cdots+a_{1n}x_n=0 \\ a_{21}x_1+a_{22}x_2+\cdots+a_{2n}x_n=0 \\ \quad\quad\cdots\cdots \\ a_{n1}x_1+a_{n2}x_2+\cdots+a_{nn}x_n=0 \end{cases} \tag{Ⅱ}$$

当 $b_1, b_2, \cdots, b_n$ 不全为零时，(Ⅰ)称为非齐次线性方程组，当 $b_1, b_2, \cdots, b_n$ 全为零时，(Ⅱ)称为齐次线性方程组.

系数行列式为 $D=\begin{vmatrix} a_{11} & a_{12} & \cdots & a_{1n} \\ a_{21} & a_{22} & \cdots & a_{2n} \\ \vdots & \vdots & & \vdots \\ a_{n1} & a_{n2} & \cdots & a_{nn} \end{vmatrix}$.

对方程组(Ⅰ)，(Ⅱ)的解，有下列结论：

(1) 若(Ⅰ)的系数行列式 $D\neq 0$，则(Ⅰ)一定有解，且只有唯一解.

(2) 若(Ⅰ)无解或不止一个解，则(Ⅰ)的系数行列式 $D=0$.

(3) 若(Ⅱ)的系数行列式 $D\neq 0$，则(Ⅱ)仅有零解.

(4) 若(Ⅱ)有非零解，则(Ⅱ)的系数行列式 $D=0$.

在第三章还将得出，若(Ⅱ)的系数行列式 $D=0$，则(Ⅱ)有非零解.

(B)

1. 行列式 $\begin{vmatrix} k-1 & 2 \\ 2 & k-1 \end{vmatrix}\neq 0$ 的充分条件是[　　].

(A) $k\neq -1$　　(B) $k\neq 3$

(C) $k\neq -1$ 且 $k\neq 3$　　(D) $k\neq -1$ 或 $k\neq 3$

解： $\begin{vmatrix} k-1 & 2 \\ 2 & k-1 \end{vmatrix}=(k+1)(k-3)$

当 $k\neq -1$ 且 $k\neq 3$ 时 $(k+1)(k-3)\neq 0$，即 $\begin{vmatrix} k-1 & 2 \\ 2 & k-1 \end{vmatrix}\neq 0$. 所以 $\begin{vmatrix} k-1 & 2 \\ 2 & k-1 \end{vmatrix}\neq 0$ 的充分条件是 $k\neq -1$ 且 $k\neq 3$.

故本题应选(C).

注释 (A)、(B)、(D) 均是$\begin{vmatrix} k-1 & 2 \\ 2 & k-1 \end{vmatrix} \neq 0$的必要条件，非充分条件.

2. 行列式$\begin{vmatrix} k & 2 & 1 \\ 2 & k & 0 \\ 1 & -1 & 1 \end{vmatrix} = 0$的充分必要条件是[　　].

(A) $k=-2$　　(B) $k=3$

(C) $k \neq -2$且$k \neq 3$　　(D) $k=-2$或$k=3$

解: $\begin{vmatrix} k & 2 & 1 \\ 2 & k & 0 \\ 1 & -1 & 1 \end{vmatrix} = (k+2)(k-3)$

当且仅当$k=-2$或$k=3$时，$(k+2)(k-3)=0$，即$\begin{vmatrix} k & 2 & 1 \\ 2 & k & 0 \\ 1 & -1 & 1 \end{vmatrix} = 0$. 所以“$k=-2$或$k=3$”是$\begin{vmatrix} k & 2 & 1 \\ 2 & k & 0 \\ 1 & -1 & 1 \end{vmatrix} = 0$的充分必要条件.

故本题应选(D).

注释 (A)、(B) 均为$\begin{vmatrix} k & 2 & 1 \\ 2 & k & 0 \\ 1 & -1 & 1 \end{vmatrix} = 0$的充分条件，非必要条件.

3. 若$\begin{vmatrix} \lambda_1 & 0 & 2 \\ 3 & 1 & \lambda_2 \\ 1 & 0 & 1 \end{vmatrix} = 0$，则$\lambda_1$，$\lambda_2$必须满足[　　].

(A) $\lambda_1 = 2$，$\lambda_2 = 0$　　(B) $\lambda_1 = \lambda_2 = 2$

(C) $\lambda_1 = 2$，λ_2可为任意数　　(D) λ_1，λ_2均可为任意数

解: $\begin{vmatrix} \lambda_1 & 0 & 2 \\ 3 & 1 & \lambda_2 \\ 1 & 0 & 1 \end{vmatrix} = \lambda_1 - 2$

若要$\begin{vmatrix} \lambda_1 & 0 & 2 \\ 3 & 1 & \lambda_2 \\ 1 & 0 & 1 \end{vmatrix} = 0$，必须$\lambda_1 - 2 = 0$，即$\lambda_1 = 2$，$\lambda_2$可为任意数.

故本题应选(C).

4. 下列选项中为五级偶排列的是[　　].

(A) 12435　　(B) 54321

(C) 32514　　(D) 54231

解：(A) 因为 $N(12435)=1$，所以 12435 为奇排列，(B) 因为 $N(54321)=10$，所以 54321 为偶排列，故本题应选(B).

因 $N(32514)=5$，$N(54231)=9$，故(C)、(D) 中的排列均为奇排列.

5. 四元素乘积 $a_{i1}a_{24}a_{43}a_{k2}$ 是四阶行列式 $|a_{ij}|$ $(i, j=1, 2, 3, 4)$ 中的一项，i，k 的取值及该项前应冠以的符号有下列四种可能情况：

(1) $i=3$，$k=1$，前面冠以正号

(2) $i=3$，$k=1$，前面冠以负号

(3) $i=1$，$k=3$，前面冠以正号

(4) $i=1$，$k=3$，前面冠以负号

选项正确的是[　　].

(A) (1)，(3) 正确　　(B) (1)，(4) 正确

(C) (2)，(3) 正确　　(D) (2)，(4) 正确

解：如果 $i=3$，$k=1$，那么 $a_{31}a_{24}a_{43}a_{12}$ 前面应冠以 $(-1)^{N(3241)+N(1432)}=(-1)^{4+3}=(-1)^7=-1$，所以 $a_{31}a_{24}a_{43}a_{12}$ 前面应冠以负号，因此(1) 不正确，(2) 正确.

如果 $i=1$，$k=3$，那么 $a_{11}a_{24}a_{43}a_{32}$ 前面应冠以 $(-1)^{N(1243)+N(1432)}=(-1)^{1+3}=(-1)^4=1$，所以 $a_{11}a_{24}a_{43}a_{32}$ 前面应冠以正号，因此(3) 正确，(4) 不正确.

故本题应选(C).

6. 下列选项中是五阶行列式 $|a_{ij}|$ $(i, j=1, 2, \cdots, 5)$ 中的一项的是[　　].

(A) $a_{12}a_{31}a_{23}a_{45}a_{34}$　　(B) $-a_{31}a_{22}a_{43}a_{14}a_{55}$

(C) $-a_{13}a_{21}a_{34}a_{42}a_{51}$　　(D) $a_{12}a_{21}a_{55}a_{43}a_{34}$

解：(A) 中的连乘积有两个元素来自第三行，故不是 $|a_{ij}|$ 中的项.

(C) 中的连乘积有两个元素来自第一列，故不是 $|a_{ij}|$ 中的项.

(B) $N(32415)=4$，$a_{31}a_{22}a_{43}a_{14}a_{55}$ 前面应冠以正号. 故 $-a_{31}a_{22}a_{43}a_{14}a_{55}$ 不是 $|a_{ij}|$ 中的项.

(D) $N(12543)+N(21534)=3+3=6$，$a_{12}a_{21}a_{55}a_{43}a_{34}$ 前应冠以正号.

$a_{12}a_{21}a_{55}a_{43}a_{34}$ 是 $|a_{ij}|$ 中的一项，故本题应选(D).

7. 下列选项中不属于五阶行列式 $|a_{ij}|$ $(i, j=1, 2, \cdots, 5)$ 中的一项的是[　　].

(A) $a_{11}a_{23}a_{32}a_{45}a_{54}$　　(B) $-a_{51}a_{12}a_{43}a_{34}a_{25}$

(C) $-a_{13}a_{52}a_{34}a_{21}a_{45}$　　(D) $a_{55}a_{44}a_{33}a_{22}a_{11}$

解：四个选项中的五个元素均来自不同行不同列，故是否为 $|a_{ij}|$ 中的项取决于前面冠以的符号是否正确.

(A) $N(13254)=2$，该项前面应冠以正号，故 $a_{11}a_{23}a_{32}a_{45}a_{54}$ 是 $|a_{ij}|$ 中的一项.

(B) $N(51432)=7$，该项前面应冠以负号，故 $-a_{51}a_{12}a_{43}a_{34}a_{25}$ 是 $|a_{ij}|$ 中的一项.

(C) $N(15324)+N(32415)=4+4=8$，该项前面应冠以正号，故 $-a_{13}a_{52}a_{34}a_{21}a_{45}$ 不是 $|a_{ij}|$ 中的一项.

故本题应选(C).

容易验证(D) 中的项是$|a_{ij}|$中的一项.

8. 若行列式 $D=\begin{vmatrix} a_{11} & a_{12} & a_{13} \\ a_{21} & a_{22} & a_{23} \\ a_{31} & a_{32} & a_{33} \end{vmatrix}=1$，则行列式 $D_1=\begin{vmatrix} 4a_{11} & 2a_{11}-3a_{12} & a_{13} \\ 4a_{21} & 2a_{21}-3a_{22} & a_{23} \\ 4a_{31} & 2a_{31}-3a_{32} & a_{33} \end{vmatrix}=$[ ].

(A) -12　　(B) 12

(C) -24　　(D) 24

解:
$$D_1=\begin{vmatrix} 4a_{11} & 2a_{11}-3a_{12} & a_{13} \\ 4a_{21} & 2a_{21}-3a_{22} & a_{23} \\ 4a_{31} & 2a_{31}-3a_{32} & a_{33} \end{vmatrix}$$
$$=4\begin{vmatrix} a_{11} & 2a_{11} & a_{13} \\ a_{21} & 2a_{21} & a_{23} \\ a_{31} & 2a_{31} & a_{33} \end{vmatrix}+4\begin{vmatrix} a_{11} & -3a_{12} & a_{13} \\ a_{21} & -3a_{22} & a_{23} \\ a_{31} & -3a_{32} & a_{33} \end{vmatrix}$$
$$=4\times 0+4\times(-3)\begin{vmatrix} a_{11} & a_{12} & a_{13} \\ a_{21} & a_{22} & a_{33} \\ a_{31} & a_{32} & a_{33} \end{vmatrix}=-12$$

故本题应选(A).

9. 设行列式 $D=\begin{vmatrix} a_{11} & a_{12} & a_{13} \\ a_{21} & a_{22} & a_{23} \\ a_{31} & a_{32} & a_{33} \end{vmatrix}$，则行列式

$$\begin{vmatrix} a_{11} & 3a_{11}-2a_{12} & 4a_{13}-a_{11} \\ -3a_{21} & -9a_{21}+6a_{22} & -12a_{23}+3a_{21} \\ a_{31} & 3a_{31}-2a_{32} & 4a_{33}-a_{31} \end{vmatrix}=[\quad].$$

(A) $12D$　　(B) $24D$　　(C) $-24D$　　(D) $-36D$

解:
$$\begin{array}{l}\begin{vmatrix} a_{11} & 3a_{11}-2a_{12} & 4a_{13}-a_{11} \\ -3a_{21} & -9a_{21}+6a_{22} & -12a_{23}+3a_{21} \\ a_{31} & 3a_{31}-2a_{32} & 4a_{33}-a_{31} \end{vmatrix} \\ \begin{array}{lll} \times(-3) & \quad\uparrow & \\ \times 1 & & \qquad\uparrow \end{array}\end{array}=\begin{vmatrix} a_{11} & -2a_{12} & 4a_{13} \\ -3a_{21} & 6a_{22} & -12a_{23} \\ a_{31} & -2a_{32} & 4a_{33} \end{vmatrix}$$
$$=-3\begin{vmatrix} a_{11} & -2a_{12} & 4a_{13} \\ a_{21} & -2a_{22} & 4a_{23} \\ a_{31} & -2a_{32} & 4a_{33} \end{vmatrix}=-3\times(-2)\times 4\begin{vmatrix} a_{11} & a_{12} & a_{13} \\ a_{21} & a_{22} & a_{23} \\ a_{31} & a_{32} & a_{33} \end{vmatrix}=24D$$

故本题应选(B).

10. 若三阶行列式 $\begin{vmatrix} a_1 & a_2 & a_3 \\ 2b_1-a_1 & 2b_2-a_2 & 2b_3-a_3 \\ c_1 & c_2 & c_3 \end{vmatrix}=6$，则行列式 $\begin{vmatrix} a_1 & a_2 & a_3 \\ b_1 & b_2 & b_3 \\ c_1 & c_2 & c_3 \end{vmatrix}=$[ ].

(A) 3　　(B) -3　　(C) 6　　(D) -6

解: $\begin{vmatrix} a_1 & a_2 & a_3 \\ 2b_1-a_1 & 2b_2-a_2 & 2b_3-a_3 \\ c_1 & c_2 & c_3 \end{vmatrix} \xrightarrow{r_2+r_1\times 1} = \begin{vmatrix} a_1 & a_2 & a_3 \\ 2b_1 & 2b_2 & 2b_3 \\ c_1 & c_2 & c_3 \end{vmatrix} = 2\begin{vmatrix} a_1 & a_2 & a_3 \\ b_1 & b_2 & b_3 \\ c_1 & c_2 & c_3 \end{vmatrix} = 6$

所以 $\begin{vmatrix} a_1 & a_2 & a_3 \\ b_1 & b_2 & b_3 \\ c_1 & c_2 & c_3 \end{vmatrix} = \frac{6}{2} = 3.$

故本题应选(A).

11. 设 $D = \begin{vmatrix} a_{11} & a_{12} & a_{13} \\ a_{21} & a_{22} & a_{23} \\ a_{31} & a_{32} & a_{33} \end{vmatrix} \neq 0$，且有

$$D_1 = \begin{vmatrix} a_{11} & a_{12}+2a_{11} & a_{13} \\ a_{21} & a_{22}+2a_{21} & a_{23} \\ a_{31} & a_{32}+2a_{31} & a_{33} \end{vmatrix},\ D_2 = \begin{vmatrix} a_{11} & a_{12}-2a_{11} & a_{13} \\ a_{21} & a_{22}-2a_{21} & a_{23} \\ a_{31} & a_{32}-2a_{31} & a_{33} \end{vmatrix}$$

$$D_3 = \begin{vmatrix} a_{11} & a_{11}-a_{12} & a_{13} \\ a_{21} & a_{21}-a_{22} & a_{23} \\ a_{31} & a_{31}-a_{32} & a_{33} \end{vmatrix},\ D_4 = \begin{vmatrix} a_{11} & a_{12} & a_{12}+2a_{13} \\ a_{21} & a_{22} & a_{22}+2a_{23} \\ a_{31} & a_{32} & a_{32}+2a_{33} \end{vmatrix}$$

下列选项中判断正确的是[　　].

(A) 只有 $D_1 = D$　　(B) $D_1 = D$，$D_2 = D$

(C) D_1，D_2，D_3 均等于 D　　(D) D_1，D_2，D_3，D_4 均等于 D

解: 根据行列式的性质，有

$$D_1 = D,\ D_2 = D,\ D_3 = -D,\ D_4 = 2D$$

故本题应选(B).

注释 将行列式的第 j 行(列) 乘以 k 加于第 i 行(列) 上($i \neq j$)，行列式的值不变，若将行列式第 j 行(列) 加于乘以 k 的第 i 行(列) 上，所得行列式的值为原行列式的值乘以 k.

12. 设 $\begin{vmatrix} 0 & 0 & 0 & 1 \\ 0 & 0 & a & 0 \\ 0 & 2 & 0 & 0 \\ 1 & 0 & 0 & a \end{vmatrix} = -1$，则 $a = $[　　].

(A) $-\frac{1}{2}$　　(B) $\frac{1}{2}$　　(C) -1　　(D) 1

解: $\begin{vmatrix} 0 & 0 & 0 & 1 \\ 0 & 0 & a & 0 \\ 0 & 2 & 0 & 0 \\ 1 & 0 & 0 & a \end{vmatrix} \xrightarrow{r_4+r_1\times(-a)} = \begin{vmatrix} 0 & 0 & 0 & 1 \\ 0 & 0 & a & 0 \\ 0 & 2 & 0 & 0 \\ 1 & 0 & 0 & 0 \end{vmatrix} = (-1)^{\frac{4\times 3}{2}} 2a = 2a$

由题设可知 $2a = -1$，所以 $a = -\frac{1}{2}$，故本题应选(A).

13. n 阶行列式 $\begin{vmatrix} 1 & 1 & 1 & \cdots & 1 \\ 1 & 0 & 1 & \cdots & 1 \\ 1 & 1 & 0 & \cdots & 1 \\ \vdots & \vdots & \vdots & & \vdots \\ 1 & 1 & 1 & \cdots & 0 \end{vmatrix} = [\quad]$.

(A) 1　　(B) -1　　(C) $(-1)^{n-1}$　　(D) $(-1)^n$

解: $\begin{vmatrix} 1 & 1 & 1 & \cdots & 1 \\ 1 & 0 & 1 & \cdots & 1 \\ 1 & 1 & 0 & \cdots & 1 \\ \vdots & \vdots & \vdots & & \vdots \\ 1 & 1 & 1 & \cdots & 0 \end{vmatrix}$ （第1行 $\times(-1)$ 分别加到其余各行）$= \begin{vmatrix} 1 & 1 & 1 & \cdots & 1 \\ 0 & -1 & 0 & \cdots & 0 \\ 0 & 0 & -1 & \cdots & 0 \\ \vdots & \vdots & \vdots & & \vdots \\ 0 & 0 & 0 & \cdots & -1 \end{vmatrix}$

$= (-1)^{n-1}$

故本题应选(C).

14. 行列式 $\begin{vmatrix} a_1 & 0 & 0 & a_2 \\ 0 & a_3 & a_4 & 0 \\ 0 & a_5 & a_6 & 0 \\ a_7 & 0 & 0 & a_8 \end{vmatrix}$ 中元素 a_7 的代数余子式为[　　].

(A) $a_2a_3a_6 - a_2a_4a_5$　　(B) $a_2a_4a_5 - a_2a_3a_6$

(C) $a_1a_3a_6 - a_2a_4a_5$　　(D) $a_3a_6a_8 - a_4a_5a_8$

解: 给定行列式中 a_7 的代数余子式为

$$(-1)^{4+1}\begin{vmatrix} 0 & 0 & a_2 \\ a_3 & a_4 & 0 \\ a_5 & a_6 & 0 \end{vmatrix} = -(a_2a_3a_6 - a_2a_4a_5) = a_2a_4a_5 - a_2a_3a_6$$

故本题应选(B).

15. $\begin{vmatrix} 0 & 0 & \cdots & 0 & -a_1 \\ 0 & 0 & \cdots & -a_2 & 0 \\ \vdots & \vdots & & \vdots & \vdots \\ 0 & -a_{n-1} & \cdots & 0 & 0 \\ -a_n & 0 & \cdots & 0 & 0 \end{vmatrix} = [\quad]$.

(A) $a_1a_2\cdots a_n$　　(B) $(-1)^n a_1a_2\cdots a_n$

(C) $(-1)^{\frac{n(n-1)}{2}} a_1a_2\cdots a_n$　　(D) $(-1)^{\frac{n(n+1)}{2}} a_1a_2\cdots a_n$

解: $\begin{vmatrix} 0 & 0 & \cdots & 0 & -a_1 \\ 0 & 0 & \cdots & -a_2 & 0 \\ \vdots & \vdots & & \vdots & \vdots \\ 0 & -a_{n-1} & \cdots & 0 & 0 \\ -a_n & 0 & \cdots & 0 & 0 \end{vmatrix} = (-1)^{\frac{n(n-1)}{2}}(-a_1)(-a_2)\cdots(-a_n)$

$$= (-1)^{\frac{n(n-1)}{2}}(-1)^n a_1 a_2 \cdots a_n = (-1)^{\frac{n(n-1)}{2}+n} a_1 a_2 \cdots a_n$$
$$= (-1)^{\frac{n(n+1)}{2}} a_1 a_2 \cdots a_n$$

故本题应选(D).

16. 下列 n ($n>2$) 阶行列式中，其值不一定等于 -1 的是[　　].

(A) $\begin{vmatrix} 0 & 1 & 0 & \cdots & 0 & 0 \\ 1 & 0 & 0 & \cdots & 0 & 0 \\ 0 & 0 & 1 & \cdots & 0 & 0 \\ \vdots & \vdots & \vdots & & \vdots & \vdots \\ 0 & 0 & 0 & \cdots & 0 & 1 \end{vmatrix}$　　(B) $\begin{vmatrix} 0 & 0 & \cdots & 0 & 1 \\ 0 & 0 & \cdots & 1 & 0 \\ \vdots & \vdots & & \vdots & \vdots \\ 0 & 1 & \cdots & 0 & 0 \\ 1 & 0 & \cdots & 0 & 0 \end{vmatrix}$

(C) $\begin{vmatrix} 1 & 0 & 0 & \cdots & 0 & 0 \\ 0 & 1 & 0 & \cdots & 0 & 0 \\ 0 & 0 & 1 & \cdots & 0 & 0 \\ \vdots & \vdots & \vdots & & \vdots & \vdots \\ 0 & 0 & 0 & \cdots & 0 & 1 \\ 0 & 0 & 0 & \cdots & 1 & 0 \end{vmatrix}$　　(D) $\begin{vmatrix} 1 & 0 & 0 & \cdots & 0 & 0 \\ 0 & 0 & 1 & \cdots & 0 & 0 \\ 0 & 1 & 0 & \cdots & 0 & 0 \\ \vdots & \vdots & \vdots & & \vdots & \vdots \\ 0 & 0 & 0 & \cdots & 1 & 0 \\ 0 & 0 & 0 & \cdots & 0 & 1 \end{vmatrix}$

解：(A) $\begin{vmatrix} 0 & 1 & 0 & \cdots & 0 & 0 \\ 1 & 0 & 0 & \cdots & 0 & 0 \\ 0 & 0 & 1 & \cdots & 0 & 0 \\ \vdots & \vdots & \vdots & & \vdots & \vdots \\ 0 & 0 & 0 & \cdots & 0 & 1 \end{vmatrix} = -\begin{vmatrix} 1 & 0 & \cdots & 0 & 0 \\ 0 & 1 & \cdots & 0 & 0 \\ \vdots & \vdots & & \vdots & \vdots \\ 0 & 0 & \cdots & 0 & 1 \end{vmatrix} = -1$

(B) $\begin{vmatrix} 0 & 0 & \cdots & 0 & 1 \\ 0 & 0 & \cdots & 1 & 0 \\ \vdots & \vdots & & \vdots & \vdots \\ 0 & 1 & \cdots & 0 & 0 \\ 1 & 0 & \cdots & 0 & 0 \end{vmatrix} = (-1)^{\frac{n(n-1)}{2}}$，不一定等于 -1，例如 $\begin{vmatrix} 0 & 0 & 0 & 1 \\ 0 & 0 & 1 & 0 \\ 0 & 1 & 0 & 0 \\ 1 & 0 & 0 & 0 \end{vmatrix} = 1$.

故本题应选(B).

(C) $\begin{vmatrix} 1 & 0 & 0 & \cdots & 0 & 0 \\ 0 & 1 & 0 & \cdots & 0 & 0 \\ 0 & 0 & 1 & \cdots & 0 & 0 \\ \vdots & \vdots & \vdots & & \vdots & \vdots \\ 0 & 0 & 0 & \cdots & 0 & 1 \\ 0 & 0 & 0 & \cdots & 1 & 0 \end{vmatrix} = \begin{vmatrix} 0 & 1 \\ 1 & 0 \end{vmatrix} = -1$

(D) $\begin{vmatrix} 1 & 0 & 0 & \cdots & 0 & 0 \\ 0 & 0 & 1 & \cdots & 0 & 0 \\ 0 & 1 & 0 & \cdots & 0 & 0 \\ \vdots & \vdots & \vdots & & \vdots & \vdots \\ 0 & 0 & 0 & \cdots & 1 & 0 \\ 0 & 0 & 0 & \cdots & 0 & 1 \end{vmatrix} = \begin{vmatrix} 0 & 1 & \cdots & 0 & 0 \\ 1 & 0 & \cdots & 0 & 0 \\ \vdots & \vdots & & \vdots & \vdots \\ 0 & 0 & \cdots & 1 & 0 \\ 0 & 0 & \cdots & 0 & 1 \end{vmatrix}$

$$=-\begin{vmatrix}1&0&\cdots&0&0\\0&1&\cdots&0&0\\\vdots&\vdots&&\vdots&\vdots\\0&0&\cdots&1&0\\0&0&\cdots&0&1\end{vmatrix}=-1$$

17. 行列式 $\begin{vmatrix}a&0&b&0\\0&x&0&y\\c&0&d&0\\0&u&0&v\end{vmatrix}=$ [　　].

(A) $abcd-xyuv$　　(B) $adxv-bcyu$

(C) $(ad-bc)(xv-yu)$　　(D) $(ab-cd)(xy-uv)$

解： $\begin{vmatrix}a&0&b&0\\0&x&0&y\\c&0&d&0\\0&u&0&v\end{vmatrix}=a\begin{vmatrix}x&0&y\\0&d&0\\u&0&v\end{vmatrix}+c\begin{vmatrix}0&b&0\\x&0&y\\u&0&v\end{vmatrix}$

$=a(xdv-ydu)+c(byu-bxv)$

$=adxv-adyu+bcyu-bcxv$

$=ad(xv-yu)-bc(xv-yu)$

$=(ad-bc)(xv-yu)$

故本题应选(C).

18. $f(x)=\begin{vmatrix}1&-1&1&x-1\\1&-1&x+1&-1\\1&x-1&1&-1\\x+1&-1&1&-1\end{vmatrix}$，则 $f(x)=0$ 有[　　].

(A) 四个不同的根　　(B) 三个不同的根(其中有一个二重根)

(C) 两个不同的二重根　　(D) 一个四重根

解： $f(x)=\begin{vmatrix}1&-1&1&x-1\\1&-1&x+1&-1\\1&x-1&1&-1\\x+1&-1&1&-1\end{vmatrix}=\begin{vmatrix}x&-1&1&x-1\\x&-1&x+1&-1\\x&x-1&1&-1\\x&-1&1&-1\end{vmatrix}$

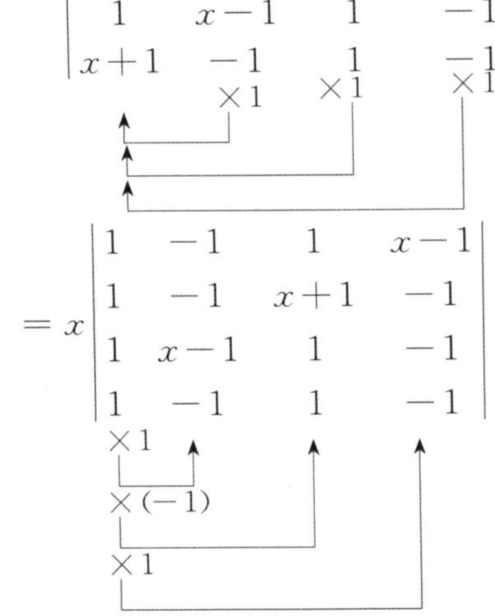

$=x\begin{vmatrix}1&-1&1&x-1\\1&-1&x+1&-1\\1&x-1&1&-1\\1&-1&1&-1\end{vmatrix}$

$$=x\begin{vmatrix}1&0&0&x\\1&0&x&0\\1&x&0&0\\1&0&0&0\end{vmatrix}=-x\begin{vmatrix}0&0&x\\0&x&0\\x&0&0\end{vmatrix}=x^4$$

$f(x)=0$ 即 $x^4=0$，得 $x=0$ 为四重根，故本题应选(D).

19. 给定 4 个行列式：

(1) $\begin{vmatrix}0&1&0&1\\1&0&1&0\\0&1&0&0\\0&0&1&1\end{vmatrix}$　　(2) $\begin{vmatrix}0&0&1&0\\0&1&0&0\\0&0&0&1\\1&0&0&0\end{vmatrix}$

(3) $\begin{vmatrix}-3&1&4&-2\\1&0&-1&0\\2&1&0&-3\\0&-2&1&1\end{vmatrix}$　　(4) $\begin{vmatrix}1&2&2&201\\-1&3&3&299\\-2&2&1&98\\3&5&1&103\end{vmatrix}$

与 3 个数值(a) -1，(b) 1，(c) 0.

将行列式和与其相等的数值用线连接起来，连线正确的是[　　].

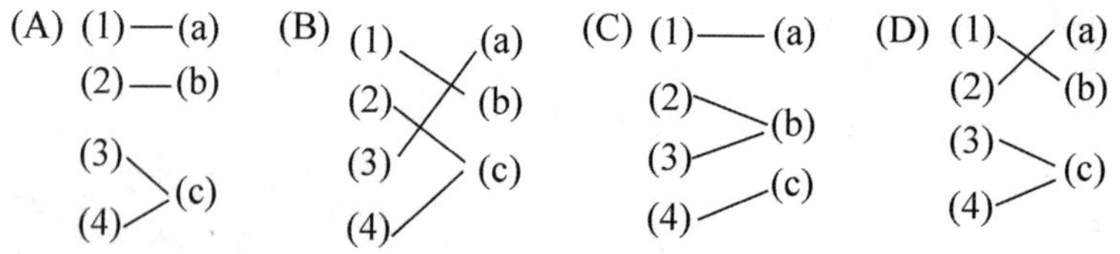

(A) (1)—(a)，(2)—(b)，(3)—(c)，(4)—(c)

(B) (1)—(b)，(2)—(c)，(3)—(a)，(4)—(c)

(C) (1)—(a)，(2)—(b)，(3)—(b)，(4)—(c)

(D) (1)—(b)，(2)—(a)，(3)—(c)，(4)—(c)

解：(1) $\begin{vmatrix}0&1&0&1\\1&0&1&0\\0&1&0&0\\0&0&1&1\end{vmatrix}=-\begin{vmatrix}1&0&1\\1&0&0\\0&1&1\end{vmatrix}=-1$

(2) $\begin{vmatrix}0&0&1&0\\0&1&0&0\\0&0&0&1\\1&0&0&0\end{vmatrix}=-\begin{vmatrix}0&1&0\\1&0&0\\0&0&1\end{vmatrix}=1$

(3) $\begin{vmatrix}-3&1&4&-2\\1&0&-1&0\\2&1&0&-3\\0&-2&1&1\end{vmatrix}=\begin{vmatrix}0&1&4&-2\\0&0&-1&0\\0&1&0&-3\\0&-2&1&1\end{vmatrix}=0$

（第 2、3、4 列各 $\times 1$ 加到第 1 列）

(4) $\begin{vmatrix}1&2&2&201\\-1&3&3&299\\-2&2&1&98\\3&5&1&103\end{vmatrix}=\begin{vmatrix}1&2&2&200+1\\-1&3&3&300-1\\-2&2&1&100-2\\3&5&1&100+3\end{vmatrix}$

$$=\begin{vmatrix}1&2&2&200\\-1&3&3&300\\-2&2&1&100\\3&5&1&100\end{vmatrix}+\begin{vmatrix}1&2&2&1\\-1&3&3&-1\\-2&2&1&-2\\3&5&1&3\end{vmatrix}=0+0=0$$

故本题应选(A).

20. 如果线性方程组 $\begin{cases}2x+ky=c_1\\kx+2y=c_2\end{cases}$ (c_1，c_2 为不等于零的常数) 有唯一解，则 k 必须满足[　　].

(A) $k=0$　　(B) $k=-2$ 或 $k=2$

(C) $k\neq-2$ 或 $k\neq2$　　(D) $k\neq-2$ 且 $k\neq2$

解: $D=\begin{vmatrix}2&k\\k&2\end{vmatrix}=4-k^2$

给定方程组有唯一解，则 $D\neq0$，所以 $k\neq\pm2$，即 $k\neq-2$ 且 $k\neq2$.

故本题应选(D).

21. $k=0$ 是第 20 题中方程组有唯一解的[　　].

(A) 充分条件　　(B) 必要条件

(C) 充分必要条件　　(D) 无关条件

解: 因 $k=0$ 满足 $k\neq\pm2$，$D=4\neq0$，故方程组有唯一解，所以 $k=0$ 是第 20 题中方程组有唯一解的充分条件，但不是必要条件.

故本题应选(A).

22. 如果 $\begin{vmatrix}a_{11}&a_{12}\\a_{21}&a_{22}\end{vmatrix}=1$，则方程组 $\begin{cases}a_{11}x_1-a_{12}x_2+b_1=0\\a_{21}x_1-a_{22}x_2+b_2=0\end{cases}$ 的解是[　　].

(A) $x_1=\begin{vmatrix}b_1&a_{12}\\b_2&a_{22}\end{vmatrix}$，$x_2=\begin{vmatrix}a_{11}&b_1\\a_{21}&b_2\end{vmatrix}$

(B) $x_1=-\begin{vmatrix}b_1&a_{12}\\b_2&a_{22}\end{vmatrix}$，$x_2=\begin{vmatrix}a_{11}&b_1\\a_{21}&b_2\end{vmatrix}$

(C) $x_1=\begin{vmatrix}b_1&a_{12}\\b_2&a_{22}\end{vmatrix}$，$x_2=-\begin{vmatrix}a_{11}&b_1\\a_{21}&b_2\end{vmatrix}$

(D) $x_1=-\begin{vmatrix}b_1&a_{12}\\b_2&a_{22}\end{vmatrix}$，$x_2=-\begin{vmatrix}a_{11}&b_1\\a_{21}&b_2\end{vmatrix}$

解: $\begin{cases}a_{11}x_1-a_{12}x_2=-b_1\\a_{21}x_1-a_{22}x_2=-b_2\end{cases}$

系数行列式 $D=\begin{vmatrix}a_{11}&-a_{12}\\a_{21}&-a_{22}\end{vmatrix}=-\begin{vmatrix}a_{11}&a_{12}\\a_{21}&a_{22}\end{vmatrix}=-1$

$$D_1=\begin{vmatrix}-b_1&-a_{12}\\-b_2&-a_{22}\end{vmatrix}=\begin{vmatrix}b_1&a_{12}\\b_2&a_{22}\end{vmatrix}$$

$$D_2=\begin{vmatrix}a_{11}&-b_1\\a_{21}&-b_2\end{vmatrix}=-\begin{vmatrix}a_{11}&b_1\\a_{21}&b_2\end{vmatrix}$$

那么 $$x_1=\frac{D_1}{D}=\frac{\begin{vmatrix}b_1 & a_{12}\\ b_2 & a_{22}\end{vmatrix}}{-1}=-\begin{vmatrix}b_1 & a_{12}\\ b_2 & a_{22}\end{vmatrix}$$

$$x_2=\frac{D_2}{D}=\frac{-\begin{vmatrix}a_{11} & b_1\\ a_{21} & b_2\end{vmatrix}}{-1}=\begin{vmatrix}a_{11} & b_1\\ a_{21} & b_2\end{vmatrix}$$

故本题应选(B).

23. 若齐次线性方程组 $\begin{cases}2x_1-x_2+x_3=0\\ x_1+kx_2-x_3=0\\ kx_1+x_2+x_3=0\end{cases}$ 有非零解，则 k 必须满足[　　].

(A) $k=4$　　(B) $k=-1$

(C) $k\neq-1$ 且 $k\neq 4$　　(D) $k=-1$ 或 $k=4$

解： $D=\begin{vmatrix}2 & -1 & 1\\ 1 & k & -1\\ k & 1 & 1\end{vmatrix}=-(k+1)(k-4)$

给定方程组有非零解，则 $D=0$，即 $(k+1)(k-4)=0$，从而 $k=-1$ 或 $k=4$.
故本题应选(D).

24. 若第 23 题中的齐次线性方程组仅有零解，则 k 必须满足[　　].

(A) $k=4$　　(B) $k=-1$

(C) $k\neq-1$ 且 $k\neq 4$　　(D) $k\neq-1$ 或 $k\neq 4$

解： 给定方程组仅有零解，则 $D\neq 0$，即$(k+1)(k-4)\neq 0$，从而 $k\neq-1$ 且 $k\neq 4$.
故本题应选(C).

(二) 参考题(附解答)

(A)

1. 求由数码 1，2，…，n，$n+1$，…，$2n$ 构成的一个排列 $2n$，1，$2n-1$，2，…，$n+1$，n 的逆序数.

解： 1 前面有一个比 1 大的数码 $2n$，所以 $k_1=1$；2 前面有两个比 2 大的数码 $2n$，$2n-1$，所以 $k_2=2$；…；n 前面有 n 个比 n 大的数码 $2n$，$2n-1$，…，$2n-(n-1)=n+1$，所以 $k_n=n$；$n+1$ 前面有 $n-1$ 个比 $n+1$ 大的数码 $2n$，$2n-1$，…，$2n-(n-2)=n+2$，所以 $k_{n+1}=n-1$；$n+2$ 前面有 $n-2$ 个比 $n+2$ 大的数码 $2n$，$2n-1$，…，$2n-(n-3)=n+3$，所以 $k_{n+2}=n-2$；…；$2n$ 前面有 $n-n=0$ 个比 $2n$ 大的数码，所以 $k_{2n}=0$. 因此

$$\begin{aligned}&N(2n,1,2n-1,2,\cdots,n+1,n)\\ =&1+2+\cdots+n+(n-1)+(n-2)+\cdots+(n-n)\end{aligned}$$

$= 1+2+\cdots+n+n\cdot n-(1+2+\cdots+n)=n^2$

2. 设 $N(j_1 j_2 \cdots j_n)=k$，求 $N(j_n j_{n-1}\cdots j_2 j_1)$.

解： 在 n 级排列 $j_1 j_2\cdots j_n$ 中任取两个数，共有 $\frac{n(n-1)}{2}$ 种取法，每一种取法中的两个数或顺序或逆序，故顺序数与逆序数总和为 $\frac{n(n-1)}{2}$. 已知 $N(j_1j_2\cdots j_n)=k$ 即逆序数为 k，那么 $j_1j_2\cdots j_n$ 的顺序数为 $\frac{n(n-1)}{2}-k$，而 $j_1j_2\cdots j_n$ 的顺序数恰是 $j_n j_{n-1}\cdots j_1$ 的逆序数，故 $j_n j_{n-1}\cdots j_1$ 的逆序数 $N(j_n j_{n-1}\cdots j_1)=\frac{n(n-1)}{2}-k$.

3. 写出四阶行列式 $|a_{ij}|$ $(i,j=1,2,3,4)$ 中包含因子 a_{23} 且前面冠以正号的所有项.

解： 设所有包含 a_{23} 的项为 $a_{1i}a_{23}a_{3j}a_{4k}$，i, j, k 可以取 1，2，4 三个数.

若 $i=1, j=4, k=2$，$N(1342)=2$，所以 $a_{11}a_{23}a_{34}a_{42}$ 为 $|a_{ij}|$ 中包含 a_{23} 且前面冠以正号的项.

若 $i=2, j=1, k=4$，$N(2314)=2$，所以 $a_{12}a_{23}a_{31}a_{44}$ 为 $|a_{ij}|$ 中包含 a_{23} 且前面冠以正号的项.

若 $i=4, j=2, k=1$，$N(4321)=6$，所以 $a_{14}a_{23}a_{32}a_{41}$ 为 $|a_{ij}|$ 中包含 a_{23} 且前面冠以正号的项.

除以上三项外尚有 $a_{11}a_{23}a_{32}a_{44}$，$a_{12}a_{23}a_{34}a_{41}$ 和 $a_{14}a_{23}a_{31}a_{42}$ 为 $|a_{ij}|$ 中包含 a_{23} 但前面冠以负号的项.

4. 用行列式定义，求多项式 $f(x)=\begin{vmatrix} x & -1 & 0 & x \\ 2 & 2 & 3 & x \\ -7 & 10 & 4 & 3 \\ 1 & -7 & 1 & x \end{vmatrix}$ 中的常数项.

解： 设 $|a_{ij}|=\begin{vmatrix} x & -1 & 0 & x \\ 2 & 2 & 3 & x \\ -7 & 10 & 4 & 3 \\ 1 & -7 & 1 & x \end{vmatrix}$ $(i,j=1,2,3,4)$.

求多项式 $f(x)$ 中的常数项，即求 $|a_{ij}|$ 展开式中不含 x 的非零常数项.

在 $|a_{ij}|$ 中第四列只有 a_{34} 不含 x，因此所求项必含元素 a_{34}，第一行必取 a_{12}，第二行可取 a_{21} 及 a_{23}(因第二列及第四列已取). 除元素 a_{12}，a_{34} 外，若第二行取 a_{21}，则第四行必取 a_{43}；若第二行取 a_{23}，则第四行必取 a_{41}. 因此不含 x 的非零常数项只有两项，即 $(-1)^{N(2143)}a_{12}a_{21}a_{34}a_{43}$ 及 $(-1)^{N(2341)}a_{12}a_{23}a_{34}a_{41}$.

于是得到所要求的 $f(x)$ 的常数项为

$$(-1)^{N(2143)}(-1)\times 2\times 3\times 1+(-1)^{N(2341)}(-1)\times 3\times 3\times 1$$
$$=-6+9=3$$

5. 计算行列式 $\begin{vmatrix} 1 & 1 & 1 & \cdots & 1 \\ 1 & 2 & 0 & \cdots & 0 \\ 1 & 0 & 3 & \cdots & 0 \\ \vdots & \vdots & \vdots & & \vdots \\ 1 & 0 & 0 & \cdots & n \end{vmatrix}$.

解：$\begin{vmatrix} 1 & 1 & 1 & \cdots & 1 \\ 1 & 2 & 0 & \cdots & 0 \\ 1 & 0 & 3 & \cdots & 0 \\ \vdots & \vdots & \vdots & & \vdots \\ 1 & 0 & 0 & \cdots & n \end{vmatrix} = \begin{vmatrix} 1-\sum_{j=2}^{n}\frac{1}{j} & 1 & 1 & \cdots & 1 \\ 0 & 2 & 0 & \cdots & 0 \\ 0 & 0 & 3 & \cdots & 0 \\ \vdots & \vdots & \vdots & & \vdots \\ 0 & 0 & 0 & \cdots & n \end{vmatrix}$

（第2列 $\times\left(\frac{-1}{2}\right)$，第3列 $\times\left(-\frac{1}{3}\right)$，…，第$n$列 $\times\left(-\frac{1}{n}\right)$，都加到第1列）

$= n!\left(1-\sum_{j=2}^{n}\frac{1}{j}\right)$

6. 计算行列式 $\begin{vmatrix} a_1-b & a_2 & \cdots & a_n \\ a_1 & a_2-b & \cdots & a_n \\ \vdots & \vdots & & \vdots \\ a_1 & a_2 & \cdots & a_n-b \end{vmatrix}$.

解：$\begin{vmatrix} a_1-b & a_2 & \cdots & a_n \\ a_1 & a_2-b & \cdots & a_n \\ \vdots & \vdots & & \vdots \\ a_1 & a_2 & \cdots & a_n-b \end{vmatrix} = \begin{vmatrix} \sum_{i=1}^{n}a_i-b & a_2 & \cdots & a_n \\ \sum_{i=1}^{n}a_i-b & a_2-b & \cdots & a_n \\ \vdots & \vdots & & \vdots \\ \sum_{i=1}^{n}a_i-b & a_2 & \cdots & a_n-b \end{vmatrix}$

（第2列 $\times 1$，…，第n列 $\times 1$，都加到第1列）

$= \left(\sum_{i=1}^{n}a_i-b\right)\begin{vmatrix} 1 & a_2 & \cdots & a_n \\ 1 & a_2-b & \cdots & a_n \\ \vdots & \vdots & & \vdots \\ 1 & a_2 & \cdots & a_n-b \end{vmatrix}$

（第1行 $\times(-1)$ 加到其余各行）

$= \left(\sum_{i=1}^{n}a_i-b\right)\begin{vmatrix} 1 & a_2 & \cdots & a_n \\ 0 & -b & \cdots & 0 \\ \vdots & \vdots & & \vdots \\ 0 & 0 & \cdots & -b \end{vmatrix} = \left(\sum_{i=1}^{n}a_i-b\right)(-1)^{n-1}b^{n-1}$

7. 计算 n 阶行列式 $\begin{vmatrix} a & 0 & 0 & \cdots & 0 & 1 \\ 0 & a & 0 & \cdots & 0 & 0 \\ \vdots & \vdots & \vdots & & \vdots & \vdots \\ 0 & 0 & 0 & \cdots & a & 0 \\ 1 & 0 & 0 & \cdots & 0 & a \end{vmatrix}$.

解：$\begin{vmatrix} a & 0 & 0 & \cdots & 0 & 1 \\ 0 & a & 0 & \cdots & 0 & 0 \\ \vdots & \vdots & \vdots & & \vdots & \vdots \\ 0 & 0 & 0 & \cdots & a & 0 \\ 1 & 0 & 0 & \cdots & 0 & a \end{vmatrix}$ （按第一列展开）

$=a\begin{vmatrix} a & 0 & \cdots & 0 & 0 \\ 0 & a & \cdots & 0 & 0 \\ \vdots & \vdots & & \vdots & \vdots \\ 0 & 0 & \cdots & a & 0 \\ 0 & 0 & \cdots & 0 & a \end{vmatrix}+(-1)^{n+1}\begin{vmatrix} 0 & 0 & \cdots & 0 & 1 \\ a & 0 & \cdots & 0 & 0 \\ \vdots & \vdots & & \vdots & \vdots \\ 0 & 0 & \cdots & a & 0 \end{vmatrix}$ （第二个行列式按第一行展开）

$=a^n+(-1)^{n+1}(-1)^{1+n-1}\begin{vmatrix} a & 0 & \cdots & 0 \\ 0 & a & \cdots & 0 \\ \vdots & \vdots & & \vdots \\ 0 & 0 & \cdots & a \end{vmatrix}=a^n+(-1)^{2n+1}a^{n-2}$

$=a^n-a^{n-2}=a^{n-2}(a^2-1)$

8. 证明 $\begin{vmatrix} a_0 & -1 & 0 & \cdots & 0 & 0 & 0 \\ a_1 & x & -1 & \cdots & 0 & 0 & 0 \\ a_2 & 0 & x & \cdots & 0 & 0 & 0 \\ \vdots & \vdots & \vdots & & \vdots & \vdots & \vdots \\ a_{n-2} & 0 & 0 & \cdots & 0 & x & -1 \\ a_{n-1} & 0 & 0 & \cdots & 0 & 0 & x \end{vmatrix}=a_0x^{n-1}+a_1x^{n-2}+\cdots+a_{n-2}x+a_{n-1}$.

证：$\begin{vmatrix} a_0 & -1 & 0 & \cdots & 0 & 0 & 0 \\ a_1 & x & -1 & \cdots & 0 & 0 & 0 \\ a_2 & 0 & x & \cdots & 0 & 0 & 0 \\ \vdots & \vdots & \vdots & & \vdots & \vdots & \vdots \\ a_{n-2} & 0 & 0 & \cdots & 0 & x & -1 \\ a_{n-1} & 0 & 0 & \cdots & 0 & 0 & x \end{vmatrix}$ （将第一行乘 x 加于第二行，将新的第二行乘 x 加于第三行，…，将新的第 $n-1$ 行乘 x 加于第 n 行）

$=\begin{vmatrix} a_0 & -1 & 0 & 0 & \cdots & 0 \\ a_0x+a_1 & 0 & -1 & 0 & \cdots & 0 \\ a_0x^2+a_1x+a_2 & 0 & 0 & -1 & \cdots & 0 \\ \vdots & \vdots & \vdots & \vdots & & \vdots \\ a_0x^{n-2}+a_1x^{n-3}+\cdots+a_{n-2} & 0 & 0 & 0 & \cdots & -1 \\ a_0x^{n-1}+a_1x^{n-2}+\cdots+a_{n-2}x+a_{n-1} & 0 & 0 & 0 & \cdots & 0 \end{vmatrix}$ （按第 n 行展开）

$=(-1)^{n+1}(a_0x^{n-1}+a_1x^{n-2}+\cdots+a_{n-2}x+a_{n-1})\begin{vmatrix} -1 & 0 & 0 & \cdots & 0 \\ 0 & -1 & 0 & \cdots & 0 \\ 0 & 0 & -1 & \cdots & 0 \\ \vdots & \vdots & \vdots & & \vdots \\ 0 & 0 & 0 & \cdots & -1 \end{vmatrix}$

$$= (-1)^{n+1}(-1)^{n-1}(a_0x^{n-1} + a_1x^{n-2} + \cdots + a_{n-2}x + a_{n-1})$$
$$= a_0x^{n-1} + a_1x^{n-2} + \cdots + a_{n-2}x + a_{n-1}$$

9. 证明

$$\begin{vmatrix} x & -1 & 0 & \cdots & 0 & 0 \\ 0 & x & -1 & \cdots & 0 & 0 \\ \vdots & \vdots & \vdots & & \vdots & \vdots \\ 0 & 0 & 0 & & x & -1 \\ a_n & a_{n-1} & a_{n-2} & \cdots & a_2 & a_1+x \end{vmatrix} = a_n + a_{n-1}x + a_{n-2}x^2 + \cdots + a_1x^{n-1} + x^n.$$

证:
$$\begin{vmatrix} x & -1 & 0 & \cdots & 0 & 0 \\ 0 & x & -1 & \cdots & 0 & 0 \\ \vdots & \vdots & \vdots & & \vdots & \vdots \\ 0 & 0 & 0 & & x & -1 \\ a_n & a_{n-1} & a_{n-2} & \cdots & a_2 & a_1+x \end{vmatrix}$$

(从第 n 列起，后一列乘 x 加于前一列，即第 n 列乘 x 加于第 $n-1$ 列，新的第 $n-1$ 列乘 x 加于第 $n-2$ 列，…，新的第二列乘 x 加于第一列. 为书写方便，将第 n 行元素用 $A_i(i=1, 2, \cdots, n)$ 表示. 按第一列展开)

$$= \begin{vmatrix} 0 & -1 & 0 & \cdots & 0 & 0 \\ 0 & 0 & -1 & \cdots & 0 & 0 \\ \vdots & \vdots & \vdots & & \vdots & \vdots \\ 0 & 0 & 0 & \cdots & 0 & -1 \\ A_n & A_{n-1} & A_{n-2} & \cdots & A_2 & A_1 \end{vmatrix}$$

$$= (-1)^{n+1}A_n \begin{vmatrix} -1 & 0 & \cdots & 0 & 0 \\ 0 & -1 & \cdots & 0 & 0 \\ \vdots & \vdots & & \vdots & \vdots \\ 0 & 0 & \cdots & 0 & -1 \end{vmatrix} = (-1)^{n+1}(-1)^{n-1}A_n = A_n$$

其中 $A_1 = a_1 + x$

$A_2 = a_2 + A_1x = a_2 + (a_1 + x)x = a_2 + a_1x + x^2$

$A_3 = a_3 + A_2x = a_3 + (a_2 + a_1x + x^2)x = a_3 + a_2x + a_1x^2 + x^3$

……

$A_n = a_n + A_{n-1}x = a_n + a_{n-1}x + a_{n-2}x^2 + \cdots + a_1x^{n-1} + x^n$

所以给定行列式等于 $a_n + a_{n-1}x + a_{n-2}x^2 + \cdots + a_1x^{n-1} + x^n$.

10. 解方程

$$\begin{vmatrix} 1 & x & y & z \\ x & 1 & 0 & 0 \\ y & 0 & 1 & 0 \\ z & 0 & 0 & 1 \end{vmatrix} = 1 \qquad (\text{其中 } x,\ y,\ z \text{ 均为实数})$$

解： $\begin{vmatrix} 1 & x & y & z \\ x & 1 & 0 & 0 \\ y & 0 & 1 & 0 \\ z & 0 & 0 & 1 \end{vmatrix} = \begin{vmatrix} 1-x^2-y^2-z^2 & x & y & z \\ 0 & 1 & 0 & 0 \\ 0 & 0 & 1 & 0 \\ 0 & 0 & 0 & 1 \end{vmatrix}$

$\times(-x)\times(-y)\times(-z)$

$$= (1-x^2-y^2-z^2)\begin{vmatrix} 1 & 0 & 0 \\ 0 & 1 & 0 \\ 0 & 0 & 1 \end{vmatrix} = 1-(x^2+y^2+z^2)$$

给定行列式方程化为 $1-(x^2+y^2+z^2)=1$，即 $x^2+y^2+z^2=0$，由于 x，y，z 为实数，于是得出 $x=y=z=0$.

11. 给定行列式 $|a_{ij}| = \begin{vmatrix} 1 & 1 & 1 & 0 & 1 \\ 0 & 1 & 3 & 0 & 2 \\ 1 & 0 & 3 & 1 & 4 \\ 2 & 2 & 2 & 0 & 3 \\ 3 & 2 & 1 & 0 & 4 \end{vmatrix}$，$A_{ij}$ 为元素 a_{ij} 的代数余子式（i，$j=1$，2，…，5），求：

(1) $|a_{ij}|$　(2) A_{34}　(3) $A_{32}+3A_{33}+2A_{35}$　(4) A_{15}　(5) $A_{11}+A_{12}+A_{13}$

解：(1) $|a_{ij}| = \begin{vmatrix} 1 & 1 & 1 & 0 & 1 \\ 0 & 1 & 3 & 0 & 2 \\ 1 & 0 & 3 & 1 & 4 \\ 2 & 2 & 2 & 0 & 3 \\ 3 & 2 & 1 & 0 & 4 \end{vmatrix}$　（按第四列展开）

$$= -\begin{vmatrix} 1 & 1 & 1 & 1 \\ 0 & 1 & 3 & 2 \\ 2 & 2 & 2 & 3 \\ 3 & 2 & 1 & 4 \end{vmatrix} \times(-2) = -\begin{vmatrix} 1 & 1 & 1 & 1 \\ 0 & 1 & 3 & 2 \\ 0 & 0 & 0 & 1 \\ 3 & 2 & 1 & 4 \end{vmatrix}$$

$$= \begin{vmatrix} 1 & 1 & 1 \\ 0 & 1 & 3 \\ 3 & 2 & 1 \end{vmatrix} = 1$$

(2) 将 $|a_{ij}|$ 按第四列展开：$|a_{ij}| = A_{34} = 1$.

(3) $A_{32}+3A_{33}+2A_{35}$ 是行列式 $|a_{ij}|$ 的第二行元素乘以第三行对应元素的代数余子式，故有

$$A_{32}+3A_{33}+2A_{35}=0$$

(4),(5) 将$|a_{ij}|$按第一行展开,有

$$A_{11}+A_{12}+A_{13}+A_{15}=1 \qquad ①$$

再根据$|a_{ij}|$的第四行元素乘以第一行对应元素的代数余子式,结果为零,有

$$2A_{11}+2A_{12}+2A_{13}+3A_{15}=0 \qquad ②$$

式①和式②联立,即$\begin{cases}(A_{11}+A_{12}+A_{13})+A_{15}=1\\2(A_{11}+A_{12}+A_{13})+3A_{15}=0\end{cases}$,得$A_{15}=-2$,$A_{11}+A_{12}+A_{13}=3$.

12. 设 n 阶行列式$D_n=\begin{vmatrix}2&1&0&\cdots&0&0\\1&2&1&\cdots&0&0\\0&1&2&\cdots&0&0\\\vdots&\vdots&\vdots&&\vdots&\vdots\\0&0&0&\cdots&1&2\end{vmatrix}$ $(n=1,2,\cdots)$.

(1) 证明$D_1,D_2,\cdots,D_n,\cdots$是一个等差数列.

(2) 求D_n.

解: (1)$D_n=\begin{vmatrix}2&1&0&\cdots&0&0\\1&2&1&\cdots&0&0\\0&1&2&\cdots&0&0\\\vdots&\vdots&\vdots&&\vdots&\vdots\\0&0&0&\cdots&1&2\end{vmatrix}$ (按第一行展开)

$$=2\begin{vmatrix}2&1&\cdots&0&0\\1&2&\cdots&0&0\\\vdots&\vdots&&\vdots&\vdots\\0&0&\cdots&1&2\end{vmatrix}-\begin{vmatrix}1&1&0&\cdots&0&0\\0&2&1&\cdots&0&0\\0&1&2&\cdots&0&0\\\vdots&\vdots&\vdots&&\vdots&\vdots\\0&0&0&\cdots&1&2\end{vmatrix}$$ (按第一列展开第二个行列式)

$$=2D_{n-1}-\begin{vmatrix}2&1&\cdots&0&0\\1&2&\cdots&0&0\\\vdots&\vdots&&\vdots&\vdots\\0&0&\cdots&1&2\end{vmatrix}=2D_{n-1}-D_{n-2}$$

于是可得$D_n=2D_{n-1}-D_{n-2}$,即$D_n-D_{n-1}=D_{n-1}-D_{n-2}$. 这说明$D_1,D_2,\cdots,D_n,\cdots$是一个等差数列.

(2) $D_1=2$, $D_2=\begin{vmatrix}2&1\\1&2\end{vmatrix}=3=D_1+1$,

$$D_3=\begin{vmatrix}2&1&0\\1&2&1\\0&1&2\end{vmatrix}=4=D_2+1,\cdots\cdots$$

于是可知等差数列的首项为2,等差是1,所以可得$D_n=n+1$.

13. 设a,b,c是互不相等的数,讨论方程组$\begin{cases}x+y+z=a+b+c\\ax+by+cz=a^2+b^2+c^2\\bcx+acy+abz=3abc\end{cases}$的解,如只有唯

一解，求其解.

解：$D=\underset{\begin{array}{ccc}\times(-1) & \uparrow & \uparrow\end{array}}{\begin{vmatrix}1 & 1 & 1\\ a & b & c\\ bc & ac & ab\end{vmatrix}}=\begin{vmatrix}1 & 0 & 0\\ a & b-a & c-a\\ bc & c(a-b) & b(a-c)\end{vmatrix}$

$$=\begin{vmatrix}b-a & c-a\\ c(a-b) & b(a-c)\end{vmatrix}$$

$$=(a-b)(b-c)(c-a)$$

由题设 a，b，c 互不相等，即 $a\neq b$，$b\neq c$，$c\neq a$，所以 $D\neq 0$，方程组有唯一解.

可以求出

$$D_1=a(a-b)(b-c)(c-a)$$

$$D_2=b(a-b)(b-c)(c-a)$$

$$D_3=c(a-b)(b-c)(c-a)$$

根据克莱姆法则可得 $x=a$，$y=b$，$z=c$.

注释　本题从给定方程组很容易观察出 $x=a$，$y=b$，$z=c$ 满足方程，因 $D\neq 0$，方程组只有唯一解，因此这组解就是方程组的解.

14. a，b 满足什么条件时线性方程组 $\begin{cases}ax_1+ax_2+bx_3=1\\ ax_1+bx_2+ax_3=1\\ bx_1+ax_2+ax_3=1\end{cases}$ 有唯一解？求其解.

解：$D=\begin{vmatrix}a & a & b\\ a & b & a\\ b & a & a\end{vmatrix}=a^2b+a^2b+a^2b-b^3-a^3-a^3$

$$=3a^2b-b^3-2a^3=-(a-b)^2(2a+b)$$

当 $a\neq b$ 且 $a\neq -\dfrac{b}{2}$ 时 $D\neq 0$，此时给定方程组有唯一解.

$$D_1=\begin{vmatrix}1 & a & b\\ 1 & b & a\\ 1 & a & a\end{vmatrix}=ab+a^2+ab-b^2-a^2-a^2=-(a-b)^2$$

$$D_2=-(a-b)^2,\ D_3=-(a-b)^2$$

所以在 $a\neq b$ 且 $a\neq -\dfrac{b}{2}$ 的条件下，有

$$x_1=x_2=x_3=\frac{1}{2a+b}$$

(B)

1. 若行列式 $\begin{vmatrix} x_1 & x_2 & x_3 \\ c & a & b \\ b & c & a \end{vmatrix} = a^3+b^3+c^3-3abc$，则 x_1，x_2，x_3 分别为[　　].

(A) c，a，b　　(B) b，c，a

(C) a，b，c　　(D) b，a，c

解: $\begin{vmatrix} x_1 & x_2 & x_3 \\ c & a & b \\ b & c & a \end{vmatrix} = a^2x_1+b^2x_2+c^2x_3-abx_3-bcx_1-cax_2$

根据题设有 $a^2x_1+b^2x_2+c^2x_3-abx_3-bcx_1-cax_2=a^3+b^3+c^3-3abc$. 对比上面的等式两端，观察可得，$x_1=a$，$x_2=b$，$x_3=c$ 满足上述要求.

故本题应选(C).

2. $a_{12}a_{2i}a_{35}a_{4j}a_{5k}$ 是五阶行列式 $|a_{ij}|$ $(i, j=1, 2, \cdots, 5)$ 中前面冠以负号的项，那么 i，j，k 的值可以是[　　].

(A) $i=1$，$j=4$，$k=3$　　(B) $i=4$，$j=1$，$k=3$

(C) $i=3$，$j=1$，$k=4$　　(D) $i=4$，$j=3$，$k=1$

解: (A) 若 $i=1$，$j=4$，$k=3$，则该项为 $a_{12}a_{21}a_{35}a_{44}a_{53}$，因 $N(21543)=4$，该项前面应冠以正号.

(B) 若 $i=4$，$j=1$，$k=3$，则该项为 $a_{12}a_{24}a_{35}a_{41}a_{53}$，因 $N(24513)=5$，该项前面应冠以负号.

故本题应选(B).

容易验证(C)，(D) 中项的前面均应冠以正号.

3. 已知 $f(x)=\begin{vmatrix} x & 1 & 1 & 2 \\ 1 & x & 1 & -1 \\ 3 & 2 & x & 1 \\ 1 & 1 & 2x & 1 \end{vmatrix}$，那么 $f(x)$ 中 x^3 项的系数是[　　].

(A) 1　　(B) -1　　(C) 2　　(D) -2

解: $f(x)$ 是 x 的一个多项式函数，最高次幂是 x^3，根据行列式的定义可知，在行列式的展开式中，含 x^3 的项只有两项，即 $(-1)^{N(1234)}a_{11}a_{22}a_{33}a_{44}=x\cdot x\cdot x\cdot 1=x^3$ 和 $(-1)^{N(1243)}a_{11}a_{22}a_{34}a_{43}=(-1)x\cdot x\cdot 2x\cdot 1=-2x^3$，故 $f(x)$ 中 x^3 项的系数为 $1+(-2)=-1$.

故本题应选(B).

4. 有四个行列式

(1) $D_1=\begin{vmatrix} 1 & 0 & \cdots & 0 & 0 \\ 0 & 2 & \cdots & 0 & 0 \\ \vdots & \vdots & & \vdots & \vdots \\ 0 & 0 & \cdots & n-1 & 0 \\ 0 & 0 & \cdots & 0 & n \end{vmatrix}$，　(2) $D_2=\begin{vmatrix} 0 & 0 & \cdots & 0 & 1 \\ 0 & 0 & \cdots & 2 & 0 \\ \vdots & \vdots & & \vdots & \vdots \\ 0 & n-1 & \cdots & 0 & 0 \\ n & 0 & \cdots & 0 & 0 \end{vmatrix}$，

$$(3)D_3=\begin{vmatrix}0&1&0&\cdots&0\\0&0&2&\cdots&0\\\vdots&\vdots&\vdots&&\vdots\\0&0&0&\cdots&n-1\\n&0&0&\cdots&0\end{vmatrix},\quad (4)\ D_4=\begin{vmatrix}0&\cdots&0&1&0\\0&\cdots&2&0&0\\\vdots&&\vdots&\vdots&\vdots\\n-1&\cdots&0&0&0\\0&\cdots&0&0&n\end{vmatrix}$$

及四个结果

(a) $n!$　　(b) $(-1)^{n-1}n!$　　(c) $(-1)^{\frac{n(n-1)}{2}}n!$　　(d) $(-1)^{\frac{(n-1)(n-2)}{2}}n!$

将行列式与其相应的结果用线连接起来，连线正确的选项是[　　].

(A) (1)—(a)　(2)╳(c)　(3)╳(b)　(4)—(d)

(B) (1)╳(b)　(2)╳(a)　(3)╳(d)　(4)╳(c)

(C) (1)—(d)　(2)—(c)　(3)—(b)　(4)—(a)

(D) (1)╳(b)　(2)╳(a)　(3)—(c)　(4)—(d)

解： D_1, D_2, D_3, D_4 中都只有一个非零项，这一项元素的连乘积为 $1\times2\times3\times\cdots\times n=n!$. 下面讨论在不同行列式中该项前面应冠以的符号.

设行标按自然顺序排列，该项符号取决于列标的逆序数.

D_1 中 $N(123\cdots n)=0$，故 $D_1=(-1)^0 n!=n!$，对应(a).

D_2 中 $N(n,\ n-1,\ \cdots,\ 2,\ 1)=\dfrac{n(n-1)}{2}$，故 $D_2=(-1)^{\frac{n(n-1)}{2}}n!$，对应(c).

D_3 中 $N(234\cdots n1)-n-1$，故 $D_3-(-1)^{n-1}n!$，对应(b).

D_4 中 $N(n-1,\ n-2,\ \cdots,\ 1,\ n)=n-2+n-3+\cdots+2+1=\dfrac{(n-1)(n-2)}{2}$，故 $D_4=(-1)^{\frac{(n-1)(n-2)}{2}}n!$，对应(d).

选项(A) 连线正确，故本题应选(A).

5. 已知多项式

$$f(x)=\begin{vmatrix}a_{11}+x&a_{12}+x&a_{13}+x&a_{14}+x\\a_{21}+x&a_{22}+x&a_{23}+x&a_{24}+x\\a_{31}+x&a_{32}+x&a_{33}+x&a_{34}+x\\a_{41}+x&a_{42}+x&a_{43}+x&a_{44}+x\end{vmatrix}$$

则 $f(x)$ 的次数至多是[　　].

(A) 4　　(B) 3　　(C) 2　　(D) 1

解：

$$f(x)=\begin{vmatrix}a_{11}+x&a_{12}+x&a_{13}+x&a_{14}+x\\a_{21}+x&a_{22}+x&a_{23}+x&a_{24}+x\\a_{31}+x&a_{32}+x&a_{33}+x&a_{34}+x\\a_{41}+x&a_{42}+x&a_{43}+x&a_{44}+x\end{vmatrix}$$

$\times(-1)$

$$
= \begin{vmatrix} a_{11}+x & a_{12}-a_{11} & a_{13}-a_{11} & a_{14}-a_{11} \\ a_{21}+x & a_{22}-a_{21} & a_{23}-a_{21} & a_{24}-a_{21} \\ a_{31}+x & a_{32}-a_{31} & a_{33}-a_{31} & a_{34}-a_{31} \\ a_{41}+x & a_{42}-a_{41} & a_{43}-a_{41} & a_{44}-a_{41} \end{vmatrix}
$$

只有第一列含有 x，其他列均为常数，展开行列式，每项只能取行列式第一列中的一个元素，故展开后得出的 $f(x)$ 的次数至多为一次.

故本题应选(D).

6. 设四阶行列式 $D=|a_{ij}|(i,j=1,2,3,4)$，则行列式

$$
D_1 = \begin{vmatrix} a_{11} & \frac{1}{2}a_{12} & \frac{1}{4}a_{13} & \frac{1}{8}a_{14} \\ 2a_{21} & a_{22} & \frac{1}{2}a_{23} & \frac{1}{4}a_{24} \\ 4a_{31} & 2a_{32} & a_{33} & \frac{1}{2}a_{34} \\ 8a_{41} & 4a_{42} & 2a_{43} & a_{44} \end{vmatrix} = [\quad].
$$

(A) D　　(B) $2D$　　(C) $8D$　　(D) $\dfrac{D}{8}$

解：
$$
D_1 = \begin{vmatrix} a_{11} & \frac{1}{2}a_{12} & \frac{1}{4}a_{13} & \frac{1}{8}a_{14} \\ 2a_{21} & a_{22} & \frac{1}{2}a_{23} & \frac{1}{4}a_{24} \\ 4a_{31} & 2a_{32} & a_{33} & \frac{1}{2}a_{34} \\ 8a_{41} & 4a_{42} & 2a_{43} & a_{44} \end{vmatrix}
$$

从第一列提出 8，从第二列提出 4，从第三列提出 2，并将它们放到行列式符号外，于是

$$
D_1 = 8\times4\times2\begin{vmatrix} \frac{1}{8}a_{11} & \frac{1}{8}a_{12} & \frac{1}{8}a_{13} & \frac{1}{8}a_{14} \\ \frac{1}{4}a_{21} & \frac{1}{4}a_{22} & \frac{1}{4}a_{23} & \frac{1}{4}a_{24} \\ \frac{1}{2}a_{31} & \frac{1}{2}a_{32} & \frac{1}{2}a_{33} & \frac{1}{2}a_{34} \\ a_{41} & a_{42} & a_{43} & a_{44} \end{vmatrix}
$$

从第一行提出 $\frac{1}{8}$，从第二行提出 $\frac{1}{4}$，从第三行提出 $\frac{1}{2}$，并将它们放到行列式符号外，于是

$$
D_1 = 8\times4\times2\times\frac{1}{8}\times\frac{1}{4}\times\frac{1}{2}\begin{vmatrix} a_{11} & a_{12} & a_{13} & a_{14} \\ a_{21} & a_{22} & a_{23} & a_{24} \\ a_{31} & a_{32} & a_{33} & a_{34} \\ a_{41} & a_{42} & a_{43} & a_{44} \end{vmatrix} = D
$$

故本题应选(A).

7. 设 $D=|a_{ij}|(i,j=1,2,\cdots,n)$，下列选项中的行列式的值不一定为零的是[　　].

(A) $a_{ij}=0\quad(j=1,2,\cdots,n)$

(B) $a_{ik}=a_{jk}\quad(i\neq j,k=1,2,\cdots,n)$

(C) $a_{ki}=ca_{ki}\quad(i\neq j,k=1,2,\cdots,n$，$c$ 为不等于零的常数)

(D) $a_{ii}=0\quad(i=1,2,\cdots,n)$

解: (A) D 中第 i 行元素全为 0，$D=0$.

(B) D 中第 i 行与第 j 行对应元素相等，$D=0$.

(C) D 中第 i 列与第 j 列对应元素成比例，$D=0$.

(D) D 中主对角线元素全为零，D 不一定为零，例如 $\begin{vmatrix}0&0&1\\1&0&1\\1&1&0\end{vmatrix}=1\neq 0$.

故本题应选(D).

8. 设 $\boldsymbol{A}_j$ 表示四阶行列式 $|a_{ij}|$ $(i,j=1,2,3,4)$ 的第 j 列 $(j=1,2,3,4)$，已知 $|a_{ij}|=-2$，那么 $|\boldsymbol{A}_3-2\boldsymbol{A}_1,3\boldsymbol{A}_2,\boldsymbol{A}_1,-\boldsymbol{A}_4|=$[　　].

(A) 3　　(B) 6　　(C) -6　　(D) -2

解: $|\boldsymbol{A}_3-2\boldsymbol{A}_1,3\boldsymbol{A}_2,\boldsymbol{A}_1,-\boldsymbol{A}_4|=|\boldsymbol{A}_3,3\boldsymbol{A}_2,\boldsymbol{A}_1,-\boldsymbol{A}_4|$ （第 3 列 $\times 2$ 加到第 1 列）

$=3\times(-1)|\boldsymbol{A}_3,\boldsymbol{A}_2,\boldsymbol{A}_1,\boldsymbol{A}_4|=-(-3)|\boldsymbol{A}_1,\boldsymbol{A}_2,\boldsymbol{A}_3,\boldsymbol{A}_4|$ （交换第 1 列与第 3 列）

$=3|a_{ij}|=3\times(-2)=-6$

故本题应选(C).

9. 行列式 $\begin{vmatrix}1&1&1&\cdots&1\\1&1-k_1&1&\cdots&1\\1&1&2-k_2&\cdots&1\\\vdots&\vdots&\vdots&&\vdots\\1&1&1&\cdots&n-1-k_{n-1}\end{vmatrix}\neq 0$ 的充分必要条件是[　　].

(A) $k_1\neq 1$ 且 $k_2\neq 2\cdots$ 且 $k_{n-1}\neq n-1$

(B) $k_1\neq 0$ 且 $k_2\neq 1\cdots$ 且 $k_{n-1}\neq n-2$

(C) $k_1=0$ 且 $k_2=1\cdots$ 且 $k_{n-1}=n-2$

(D) $k_1\neq 0$ 或 $k_2\neq 1\cdots$ 或 $k_{n-1}\neq n-2$

解: $\begin{vmatrix}1&1&1&\cdots&1\\1&1-k_1&1&\cdots&1\\1&1&2-k_2&\cdots&1\\\vdots&\vdots&\vdots&&\vdots\\1&1&1&\cdots&n-1-k_{n-1}\end{vmatrix}$ （第 1 行 $\times(-1)$ 分别加到第 2, 3, $\cdots$, n 行）

$$=\begin{vmatrix}1 & 1 & 1 & \cdots & 1\\ 0 & -k_1 & 0 & \cdots & 0\\ 0 & 0 & 1-k_2 & \cdots & 0\\ \vdots & \vdots & \vdots & & \vdots\\ 0 & 0 & 0 & \cdots & n-2-k_{n-1}\end{vmatrix}$$

$$=-k_1(1-k_2)\cdots(n-2-k_{n-1})$$

当且仅当 $k_1\neq 0$ 且 $k_2\neq 1\cdots$ 且 $k_{n-1}\neq n-2$ 时给定行列式不等于零.

故本题应选(B).

10. 设 $f(x)=\begin{vmatrix}x-2 & x-1 & x-2 & x-3\\ 2x-2 & 2x-1 & 2x-2 & 2x-3\\ 3x-3 & 3x-2 & 4x-5 & 3x-5\\ 4x & 4x-3 & 5x-7 & 4x-3\end{vmatrix}$，则方程 $f(x)=0$ 的根的个数为[　　].

(A) 4 个　　(B) 3 个　　(C) 2 个　　(D) 1 个

解: $f(x)=\begin{vmatrix}x-2 & x-1 & x-2 & x-3\\ 2x-2 & 2x-1 & 2x-2 & 2x-3\\ 3x-3 & 3x-2 & 4x-5 & 3x-5\\ 4x & 4x-3 & 5x-7 & 4x-3\end{vmatrix}$ （第1列 $\times(-1)$ 分别加到第2、3、4列）

$$=\begin{vmatrix}x-2 & 1 & 0 & -1\\ 2x-2 & 1 & 0 & -1\\ 3x-3 & 1 & x-2 & -2\\ 4x & -3 & x-7 & -3\end{vmatrix}$$ （第2行 $\times(-1)$ 加到第1行）

$$=\begin{vmatrix}-x & 0 & 0 & 0\\ 2x-2 & 1 & 0 & -1\\ 3x-3 & 1 & x-2 & -2\\ 4x & -3 & x-7 & -3\end{vmatrix}$$

$$=-x\begin{vmatrix}1 & 0 & -1\\ 1 & x-2 & -2\\ -3 & x-7 & -3\end{vmatrix}=-x\begin{vmatrix}1 & 0 & 0\\ 1 & x-2 & -1\\ -3 & x-7 & -6\end{vmatrix}$$ （第1列 $\times 1$ 加到第3列）

$$=-x\begin{vmatrix}x-2 & -1\\ x-7 & -6\end{vmatrix}=5x(x-1)$$

解 $f(x)=5x(x-1)=0$ 可得 $x=0$，$x=1$，$f(x)$ 有两个根.

故本题应选(C).

11. 有四个 $f(x)$：

$$(1)\ f(x)=\begin{vmatrix} a & -a & a & x-a \\ a & -a & x+a & -a \\ a & x-a & a & -a \\ x+a & -a & a & -a \end{vmatrix}$$

$$(2)\ f(x)=\begin{vmatrix} a_1+x & a_2+x & a_3+x \\ b_1+x & b_2+x & b_3+x \\ c_1+x & c_2+x & c_3+x \end{vmatrix}$$

$$(3)\ f(x)=\begin{vmatrix} x & 1 & 1 & 2 \\ 1 & x & 1 & -1 \\ 3 & 2 & x & 1 \\ 1 & 1 & 2x & 1 \end{vmatrix}$$

$$(4)\ f(x)=\begin{vmatrix} x-2 & x-1 & x-2 & x-3 \\ 2x-2 & 2x-1 & 2x-2 & 2x-3 \\ 3x-3 & 3x-2 & 4x-5 & 3x-5 \\ 4x & 4x-3 & 5x-7 & 4x-3 \end{vmatrix}$$

及四个 $f(x)$ 的最高次项的次数：(a) 1，(b) 2，(c) 3，(d) 4.

将 $f(x)$ 与它的最高次项的次数用线连接起来，连线正确的选项是[　　].

(A) (1)—(a)，(2)—(b)，(3)—(c)，(4)—(d)

(B) (1)—(b)，(2)—(a)，(3)—(d)，(4)—(c)

(C) (1)—(d)，(2)—(c)，(3)—(b)，(4)—(a)

(D) (1)—(c)，(2)—(a)，(3)—(b)，(4)—(d)

解：(1) $f(x)=\begin{vmatrix} a & -a & a & x-a \\ a & -a & x+a & -a \\ a & x-a & a & -a \\ x+a & -a & a & -a \end{vmatrix}$（第 2、3、4 列分别 $\times 1$ 加到第 1 列）

$$=\begin{vmatrix} x & -a & a & x-a \\ x & -a & x+a & -a \\ x & x-a & a & -a \\ x & -a & a & -a \end{vmatrix}$$（第 1 行 $\times(-1)$ 分别加到第 2、3、4 行）

$$=\begin{vmatrix} x & -a & a & x-a \\ 0 & 0 & x & -x \\ 0 & x & 0 & -x \\ 0 & 0 & 0 & -x \end{vmatrix}=x\begin{vmatrix} 0 & x & -x \\ x & 0 & -x \\ 0 & 0 & -x \end{vmatrix}=xx^3=x^4$$

故(1) 中 $f(x)$ 对应(d).

(2) $f(x)=\begin{vmatrix} a_1+x & a_2+x & a_3+x \\ b_1+x & b_2+x & b_3+x \\ c_1+x & c_2+x & c_3+x \end{vmatrix}=\begin{vmatrix} a_1+x & a_2-a_1 & a_3-a_1 \\ b_1+x & b_2-b_1 & b_3-b_1 \\ c_1+x & c_2-c_1 & c_3-c_1 \end{vmatrix}$

$\times(-1)$

按第一列展开，$f(x)$ 为一次多项式，故(2) 中 $f(x)$ 对应(a).

(3) $f(x)=\begin{vmatrix} x & 1 & 1 & 2 \\ 1 & x & 1 & -1 \\ 3 & 2 & x & 1 \\ 1 & 1 & 2x & 1 \end{vmatrix}$. 由行列式定义，可以判断 $f(x)$ 为三次多项式，故(3) 中 $f(x)$ 对应(c).

(4) $f(x)=\begin{vmatrix} x-2 & x-1 & x-2 & x-3 \\ 2x-2 & 2x-1 & 2x-2 & 2x-3 \\ 3x-3 & 3x-2 & 4x-5 & 3x-5 \\ 4x & 4x-3 & 5x-7 & 4x-3 \end{vmatrix}$ 为二次多项式(见本章参考题(B) 第10题)，故(4) 中 $f(x)$ 对应(b).

(D) 连线正确，故本题应选(D).

12. 若齐次线性方程组 $\begin{cases} ax_1+x_2 = 0 \\ 2x_1+ax_2+2x_3=0 \\ x_2+ax_3=0 \end{cases}$ 仅有零解，则 a 可以等于[　　].

(A) 0　　(B) 1　　(C) 2　　(D) -2

解: $D=\begin{vmatrix} a & 1 & 0 \\ 2 & a & 2 \\ 0 & 1 & a \end{vmatrix}=a^3-4a=a(a^2-4)$

若给定方程组仅有零解，则系数行列式 $D\neq 0$，即 $a\neq 0$ 且 $a\neq\pm 2$，因此(A)，(C)，(D) 均不能选. 只有选 $a=1$，才有 $D\neq 0$，此时方程组仅有零解.

故本题应选(B).

13. 若上题中的方程组有非零解，则 a 必须等于[　　].

(A) 0　　(B) 1　　(C) 2 或 -2　　(D) 0 或 2 或 -2

解: 若给定方程组有非零解，则系数行列式 $D=0$，即 $a=0$ 或 $a=\pm 2$.

故本题应选(D).

注释 不选(A) 或(C)，因为 $a=0$ 或 $a=\pm 2$ 均是方程组有非零解的充分条件，非必要条件.

14. 若线性方程组 $\begin{cases} kx_1 + 3x_4 = 0 \\ kx_2 + 2x_3 = 0 \\ 2x_2 + kx_3 = 0 \\ 3x_1 + kx_4 = 0 \end{cases}$ 有非零解，则 k 应满足[　　].

(A) $k \neq 2$ 且 $k \neq -2$ 且 $k \neq 3$ 且 $k \neq -3$

(B) $k \neq 2$ 或 $k \neq -2$ 或 $k \neq 3$ 或 $k \neq -3$

(C) $k^2 \neq 4$ 或 $k^2 \neq 9$

(D) $k = 2$ 或 $k = -2$ 或 $k = 3$ 或 $k = -3$

解: $D = \begin{vmatrix} k & 0 & 0 & 3 \\ 0 & k & 2 & 0 \\ 0 & 2 & k & 0 \\ 3 & 0 & 0 & k \end{vmatrix} = k\begin{vmatrix} k & 2 & 0 \\ 2 & k & 0 \\ 0 & 0 & k \end{vmatrix} - 3\begin{vmatrix} 0 & 0 & 3 \\ k & 2 & 0 \\ 2 & k & 0 \end{vmatrix}$

$= (k^2 - 4)(k^2 - 9)$

给定方程组有非零解，则 $D = 0$，从而 k 满足 $k = 2$ 或 $k = -2$ 或 $k = 3$ 或 $k = -3$，故本题应选(D).

15. 若上题中的方程组仅有零解，则 k 应满足[　　].

(A) $k \neq 2$ 且 $k \neq -2$ 且 $k \neq 3$ 且 $k \neq -3$

(B) $k \neq 2$ 或 $k \neq -2$ 或 $k \neq 3$ 或 $k \neq -3$

(C) $k^2 \neq 4$ 或 $k^2 \neq 9$

(D) $k = 2$ 或 $k = -2$ 或 $k = 3$ 或 $k = -3$

解: 若方程组仅有零解，则 $D \neq 0$，因此有 $k \neq 2$ 且 $k \neq -2$ 且 $k \neq 3$ 且 $k \neq -3$. 故本题应选(A).

16. 讨论齐次线性方程组 $\begin{cases} 2ax_1 + cx_2 = 0 \\ bx_2 + ax_3 = 0 \\ -bx_1 + cx_3 = 0 \end{cases}$ 的解，下面结论中不正确的是[　　].

(A) 当 $a = 0$ 或 $b = 0$ 或 $c = 0$ 时有非零解

(B) 当 $a = 0$ 且 $b = 0$ 且 $c = 0$ 时有非零解

(C) 当 $a \neq 0$ 且 $b \neq 0$ 且 $c \neq 0$ 时仅有零解

(D) 当 $a \neq 0$ 或 $b \neq 0$ 或 $c \neq 0$ 时仅有零解

解: $D = \begin{vmatrix} 2a & c & 0 \\ 0 & b & a \\ -b & 0 & c \end{vmatrix} = abc$

(A) 当 $a = 0$ 或 $b = 0$ 或 $c = 0$ 时，$D = 0$，方程组有非零解，故(A) 正确.

(B) 当 $a = 0$ 且 $b = 0$ 且 $c = 0$ 时，$D = 0$，方程组有非零解，故(B) 正确.

(C) 当 $a \neq 0$ 且 $b \neq 0$ 且 $c \neq 0$ 时，$D \neq 0$，方程组仅有零解，故(C) 正确.

(D) 当 $a \neq 0$ 或 $b \neq 0$ 或 $c \neq 0$ 时，D 可能等于零，可能不等于零，故不能得出仅有零解的结论.

故本题应选(D).

17. 若齐次线性方程组 $\begin{cases} x_1+ax_2+bx_3+cx_4=0 \\ ax_1+x_2=0 \\ bx_1+x_3=0 \\ cx_1+x_4=0 \end{cases}$ 仅有零解，a，b，c 必须满足[　　].

(A) $a=0$ 且 $b=0$ 且 $c=0$　　(B) $a\neq 0$ 且 $b\neq 0$ 且 $c\neq 0$

(C) $a^2+b^2+c^2=1$　　(D) $a^2+b^2+c^2\neq 1$

解: $D=\begin{vmatrix} 1 & a & b & c \\ a & 1 & 0 & 0 \\ b & 0 & 1 & 0 \\ c & 0 & 0 & 1 \end{vmatrix}=-c\begin{vmatrix} a & b & c \\ 1 & 0 & 0 \\ 0 & 1 & 0 \end{vmatrix}+\begin{vmatrix} 1 & a & b \\ a & 1 & 0 \\ b & 0 & 1 \end{vmatrix}=1-(a^2+b^2+c^2)$

若给定方程组仅有零解，则 $D\neq 0$，即 $a^2+b^2+c^2\neq 1$.

故本题应选(D).

注释　在第17题中，(A)当 $a=b=c=0$ 时 $D\neq 0$，给定方程组仅有零解，但 $a=0$ 且 $b=0$ 且 $c=0$ 是给定方程组仅有零解的充分条件，而不是必要条件.

(B) $a\neq 0$ 且 $b\neq 0$ 且 $c\neq 0$，既非给定方程组仅有零解的充分条件也非必要条件.

(C) 当且仅当 $a^2+b^2+c^2=1$ 时 $D=0$，故 $a^2+b^2+c^2=1$ 是给定方程组有非零解的充分必要条件.

18. 关于齐次线性方程组 $\begin{cases} ax_2+bx_3+cx_4=0 \\ ax_1+x_2=0 \\ bx_1+x_3=0 \\ cx_1+x_4=0 \end{cases}$ (a，b，c 为实数)，解的下列四种结论：

(1) 当 a，b，c 全为零时，仅有零解

(2) 当 a，b，c 全为零时，有非零解

(3) 当 a，b，c 不全为零时，仅有零解

(4) 当 a，b，c 全不为零时，有非零解

判断正确的选项是[　　].

(A) (1)，(3) 正确　　(B) (2)，(3) 正确

(C) (2)，(4) 正确　　(D) (2)，(3)，(4) 正确

解: $D=\begin{vmatrix} 0 & a & b & c \\ a & 1 & 0 & 0 \\ b & 0 & 1 & 0 \\ c & 0 & 0 & 1 \end{vmatrix}=-a\begin{vmatrix} a & 0 & 0 \\ b & 1 & 0 \\ c & 0 & 1 \end{vmatrix}+\begin{vmatrix} 0 & b & c \\ b & 1 & 0 \\ c & 0 & 1 \end{vmatrix}$

$=-(a^2+b^2+c^2)$

(1)，(2)：当 a，b，c 全为零时，$a^2+b^2+c^2=0$，$D=0$，给定方程组有非零解，故(1)错误，(2) 正确.

(3)，(4)：当 a，b，c 不全为零或全不为零时，$a^2+b^2+c^2\neq 0$，$D\neq 0$，给定方程组仅有零解，故(3) 正确，(4) 错误.

故本题应选(B).

第二章 矩 阵

(一)习题解答与注释

(A)

1. 计算：

(1) $\begin{pmatrix} 1 & 6 & 4 \\ -4 & 2 & 8 \end{pmatrix}+\begin{pmatrix} -2 & 0 & 1 \\ 2 & -3 & 4 \end{pmatrix}$ (2) $\begin{pmatrix} 1 & 2 \\ 0 & 1 \end{pmatrix}-\begin{pmatrix} 2 & -2 \\ 0 & 3 \end{pmatrix}$

(3) $2\begin{pmatrix} 1 & 0 \\ 0 & 0 \end{pmatrix}+4\begin{pmatrix} 0 & 1 \\ 0 & 0 \end{pmatrix}+6\begin{pmatrix} 0 & 0 \\ 1 & 0 \end{pmatrix}+8\begin{pmatrix} 0 & 0 \\ 0 & 1 \end{pmatrix}$

(4) $a\begin{pmatrix} 2 & 0 \\ 0 & 1 \\ 3 & -1 \end{pmatrix}-b\begin{pmatrix} 0 & 4 \\ 2 & -1 \\ 1 & 5 \end{pmatrix}+c\begin{pmatrix} 3 & 1 \\ -1 & 0 \\ 8 & 0 \end{pmatrix}$

解：(1) $\begin{pmatrix} 1 & 6 & 4 \\ -4 & 2 & 8 \end{pmatrix}+\begin{pmatrix} -2 & 0 & 1 \\ 2 & -3 & 4 \end{pmatrix}=\begin{pmatrix} 1-2 & 6+0 & 4+1 \\ -4+2 & 2-3 & 8+4 \end{pmatrix}$

$=\begin{pmatrix} -1 & 6 & 5 \\ -2 & -1 & 12 \end{pmatrix}$

(2) $\begin{pmatrix} 1 & 2 \\ 0 & 1 \end{pmatrix}-\begin{pmatrix} 2 & -2 \\ 0 & 3 \end{pmatrix}=\begin{pmatrix} 1-2 & 2-(-2) \\ 0-0 & 1-3 \end{pmatrix}=\begin{pmatrix} -1 & 4 \\ 0 & -2 \end{pmatrix}$

(3) $2\begin{pmatrix} 1 & 0 \\ 0 & 0 \end{pmatrix}+4\begin{pmatrix} 0 & 1 \\ 0 & 0 \end{pmatrix}+6\begin{pmatrix} 0 & 0 \\ 1 & 0 \end{pmatrix}+8\begin{pmatrix} 0 & 0 \\ 0 & 1 \end{pmatrix}$

$=\begin{pmatrix} 2 & 0 \\ 0 & 0 \end{pmatrix}+\begin{pmatrix} 0 & 4 \\ 0 & 0 \end{pmatrix}+\begin{pmatrix} 0 & 0 \\ 6 & 0 \end{pmatrix}+\begin{pmatrix} 0 & 0 \\ 0 & 8 \end{pmatrix}=\begin{pmatrix} 2 & 4 \\ 6 & 8 \end{pmatrix}$

(4) $a\begin{pmatrix}2&0\\0&1\\3&-1\end{pmatrix}-b\begin{pmatrix}0&4\\2&-1\\1&5\end{pmatrix}+c\begin{pmatrix}3&1\\-1&0\\8&0\end{pmatrix}$

$=\begin{pmatrix}2a&0\\0&a\\3a&-a\end{pmatrix}-\begin{pmatrix}0&4b\\2b&-b\\b&5b\end{pmatrix}+\begin{pmatrix}3c&c\\-c&0\\8c&0\end{pmatrix}$

$=\begin{pmatrix}2a+3c&-4b+c\\-2b-c&a+b\\3a-b+8c&-a-5b\end{pmatrix}$

2. 设

$$\boldsymbol{A}=\begin{pmatrix}1&2&1&2\\2&1&2&1\\1&2&3&4\end{pmatrix},\ \boldsymbol{B}=\begin{pmatrix}4&3&2&1\\-2&1&-2&1\\0&-1&0&-1\end{pmatrix}$$

(1) 求 $3\boldsymbol{A}-\boldsymbol{B}$.

(2) 求 $2\boldsymbol{A}+3\boldsymbol{B}$.

(3) 若 $\boldsymbol{X}$ 满足 $\boldsymbol{A}+\boldsymbol{X}=\boldsymbol{B}$, 求 $\boldsymbol{X}$.

(4) 若 $\boldsymbol{Y}$ 满足 $(2\boldsymbol{A}-\boldsymbol{Y})+2(\boldsymbol{B}-\boldsymbol{Y})=\boldsymbol{O}$, 求 $\boldsymbol{Y}$.

解: (1) $3\boldsymbol{A}-\boldsymbol{B}=3\begin{pmatrix}1&2&1&2\\2&1&2&1\\1&2&3&4\end{pmatrix}-\begin{pmatrix}4&3&2&1\\-2&1&-2&1\\0&-1&0&-1\end{pmatrix}$

$=\begin{pmatrix}3&6&3&6\\6&3&6&3\\3&6&9&12\end{pmatrix}-\begin{pmatrix}4&3&2&1\\-2&1&-2&1\\0&-1&0&-1\end{pmatrix}=\begin{pmatrix}-1&3&1&5\\8&2&8&2\\3&7&9&13\end{pmatrix}$

(2) $2\boldsymbol{A}+3\boldsymbol{B}=2\begin{pmatrix}1&2&1&2\\2&1&2&1\\1&2&3&4\end{pmatrix}+3\begin{pmatrix}4&3&2&1\\-2&1&-2&1\\0&-1&0&-1\end{pmatrix}$

$=\begin{pmatrix}2&4&2&4\\4&2&4&2\\2&4&6&8\end{pmatrix}+\begin{pmatrix}12&9&6&3\\-6&3&-6&3\\0&-3&0&-3\end{pmatrix}$

$=\begin{pmatrix}14&13&8&7\\-2&5&-2&5\\2&1&6&5\end{pmatrix}$

(3) 由 $\boldsymbol{A}+\boldsymbol{X}=\boldsymbol{B}$, 有 $\boldsymbol{X}=\boldsymbol{B}-\boldsymbol{A}$.

$\boldsymbol{X}=\boldsymbol{B}-\boldsymbol{A}=\begin{pmatrix}4&3&2&1\\-2&1&-2&1\\0&-1&0&-1\end{pmatrix}-\begin{pmatrix}1&2&1&2\\2&1&2&1\\1&2&3&4\end{pmatrix}$

$=\begin{pmatrix}3&1&1&-1\\-4&0&-4&0\\-1&-3&-3&-5\end{pmatrix}$

(4) 由$(2\boldsymbol{A}-\boldsymbol{Y})+2(\boldsymbol{B}-\boldsymbol{Y})=\boldsymbol{O}$有$2\boldsymbol{A}-\boldsymbol{Y}+2\boldsymbol{B}-2\boldsymbol{Y}=\boldsymbol{O}$，于是

$$\boldsymbol{Y}=\frac{2}{3}(\boldsymbol{A}+\boldsymbol{B})=\frac{2}{3}\left(\begin{pmatrix}1&2&1&2\\2&1&2&1\\1&2&3&4\end{pmatrix}+\begin{pmatrix}4&3&2&1\\-2&1&-2&1\\0&-1&0&-1\end{pmatrix}\right)$$

$$=\frac{2}{3}\begin{pmatrix}5&5&3&3\\0&2&0&2\\1&1&3&3\end{pmatrix}=\begin{pmatrix}\frac{10}{3}&\frac{10}{3}&2&2\\0&\frac{4}{3}&0&\frac{4}{3}\\\frac{2}{3}&\frac{2}{3}&2&2\end{pmatrix}$$

3. 设

$$\boldsymbol{A}=\begin{pmatrix}x&0\\7&y\end{pmatrix},\ \boldsymbol{B}=\begin{pmatrix}u&v\\y&2\end{pmatrix},\ \boldsymbol{C}=\begin{pmatrix}3&-4\\x&v\end{pmatrix}$$

且$\boldsymbol{A}+2\boldsymbol{B}-\boldsymbol{C}=\boldsymbol{O}$，求$x$，$y$，$u$，$v$的值.

解： 由$\boldsymbol{A}+2\boldsymbol{B}-\boldsymbol{C}=\boldsymbol{O}$，有

$$\begin{pmatrix}x&0\\7&y\end{pmatrix}+2\begin{pmatrix}u&v\\y&2\end{pmatrix}-\begin{pmatrix}3&-4\\x&v\end{pmatrix}=\begin{pmatrix}0&0\\0&0\end{pmatrix}$$

即
$$\begin{pmatrix}x+2u-3&2v+4\\7+2y-x&y+4-v\end{pmatrix}=\begin{pmatrix}0&0\\0&0\end{pmatrix}$$

于是有$\begin{cases}x+2u-3=0\\2v+4=0\\7+2y-x=0\\y+4-v=0\end{cases}$，解之得$x=-5$，$y=-6$，$u=4$，$v=-2$.

4. 设$\boldsymbol{A}=\begin{pmatrix}1&0\\2&1\end{pmatrix}$，$\boldsymbol{B}=\begin{pmatrix}1&1\\3&0\end{pmatrix}$，$\boldsymbol{C}=\begin{pmatrix}-1&0\\1&-1\end{pmatrix}$，$\boldsymbol{I}=\begin{pmatrix}1&0\\0&1\end{pmatrix}$，且$a\boldsymbol{A}+b\boldsymbol{B}+c\boldsymbol{C}=\boldsymbol{I}$，求$a$，$b$，$c$的值.

解： 由$a\boldsymbol{A}+b\boldsymbol{B}+c\boldsymbol{C}=\boldsymbol{I}$，有

$$a\begin{pmatrix}1&0\\2&1\end{pmatrix}+b\begin{pmatrix}1&1\\3&0\end{pmatrix}+c\begin{pmatrix}-1&0\\1&-1\end{pmatrix}=\begin{pmatrix}1&0\\0&1\end{pmatrix}$$

即
$$\begin{pmatrix}a+b-c&b\\2a+3b+c&a-c\end{pmatrix}=\begin{pmatrix}1&0\\0&1\end{pmatrix}$$

于是有$\begin{cases}a+b-c=1\\b=0\\2a+3b+c=0\\a-c=1\end{cases}$，解之得$a=\frac{1}{3}$，$b=0$，$c=-\frac{2}{3}$.

注释 (1) 要求参与加减的各矩阵行数和列数都相等，否则不能进行加(减)法，或说加(减)法不可行. “和(差)矩阵”与参与加(减)的矩阵的行数和列数都相等.

(2) 数乘矩阵时，“积矩阵”与参与运算的矩阵行数和列数都相等.

(3) 第3、4题两题运算的结果表现为两个矩阵相等的矩阵等式，两个 $m\times n$ 矩阵相等，按定义即 $m\times n$ 个对应元素相等，等价于 $m\times n$ 个等式，解之即可.

(4) 数乘 n 阶矩阵与数乘由该矩阵元素按原顺序构成的 n 阶行列式是两个根本不同的概念. 按数乘矩阵的定义，数乘矩阵是用该数乘矩阵的每一个元素；而数乘行列式是用该数乘行列式的某一行或某一列.

5. 计算：

(1) $\begin{pmatrix}3&-2\\5&-4\end{pmatrix}\begin{pmatrix}3&4\\2&5\end{pmatrix}$　　(2) $\begin{pmatrix}1&2&3\\-2&1&2\end{pmatrix}\begin{pmatrix}1&2&0\\0&1&1\\3&0&-1\end{pmatrix}$

(3) $\begin{pmatrix}1\\2\\3\end{pmatrix}(1\ \ 2\ \ 3)$ 与 $(1\ \ 2\ \ 3)\begin{pmatrix}1\\2\\3\end{pmatrix}$　　(4) $\begin{pmatrix}1&2\\0&1\end{pmatrix}\begin{pmatrix}3&1\\0&3\end{pmatrix}$ 与 $\begin{pmatrix}3&1\\0&3\end{pmatrix}\begin{pmatrix}1&2\\0&1\end{pmatrix}$

(5) $\begin{pmatrix}1&0&1\\0&1&0\end{pmatrix}\begin{pmatrix}1&0\\5&1\\6&3\end{pmatrix}$ 与 $\begin{pmatrix}1&0&1\\0&1&0\end{pmatrix}\begin{pmatrix}4&0\\5&1\\3&3\end{pmatrix}$

(6) $\begin{pmatrix}1&2&3\\2&4&6\\3&6&9\end{pmatrix}\begin{pmatrix}-1&-2&-4\\-1&-2&-4\\1&2&4\end{pmatrix}$

(7) $\begin{pmatrix}3&1&2&-1\\0&3&1&0\end{pmatrix}\begin{pmatrix}1&0&5\\0&2&0\\1&0&1\\0&3&0\end{pmatrix}\begin{pmatrix}-1&0\\1&5\\0&2\end{pmatrix}$

解：(1) $\begin{pmatrix}3&-2\\5&-4\end{pmatrix}\begin{pmatrix}3&4\\2&5\end{pmatrix}=\begin{pmatrix}3\times3+(-2)\times2&3\times4+(-2)\times5\\5\times3+(-4)\times2&5\times4+(-4)\times5\end{pmatrix}=\begin{pmatrix}5&2\\7&0\end{pmatrix}$

(2) $\begin{pmatrix}1&2&3\\-2&1&2\end{pmatrix}\begin{pmatrix}1&2&0\\0&1&1\\3&0&-1\end{pmatrix}=\begin{pmatrix}10&4&-1\\4&-3&-1\end{pmatrix}$

(3) $\begin{pmatrix}1\\2\\3\end{pmatrix}(1\ \ 2\ \ 3)=\begin{pmatrix}1&2&3\\2&4&6\\3&6&9\end{pmatrix}$，$(1\ \ 2\ \ 3)\begin{pmatrix}1\\2\\3\end{pmatrix}=14$

(4) $\begin{pmatrix}1&2\\0&1\end{pmatrix}\begin{pmatrix}3&1\\0&3\end{pmatrix}=\begin{pmatrix}3&7\\0&3\end{pmatrix}$，$\begin{pmatrix}3&1\\0&3\end{pmatrix}\begin{pmatrix}1&2\\0&1\end{pmatrix}=\begin{pmatrix}3&7\\0&3\end{pmatrix}$

(5) $\begin{pmatrix}1&0&1\\0&1&0\end{pmatrix}\begin{pmatrix}1&0\\5&1\\6&3\end{pmatrix}=\begin{pmatrix}7&3\\5&1\end{pmatrix}$，$\begin{pmatrix}1&0&1\\0&1&0\end{pmatrix}\begin{pmatrix}4&0\\5&1\\3&3\end{pmatrix}=\begin{pmatrix}7&3\\5&1\end{pmatrix}$

(6) $\begin{pmatrix}1&2&3\\2&4&6\\3&6&9\end{pmatrix}\begin{pmatrix}-1&-2&-4\\-1&-2&-4\\1&2&4\end{pmatrix}=\begin{pmatrix}0&0&0\\0&0&0\\0&0&0\end{pmatrix}$

(7) $\begin{pmatrix}3&1&2&-1\\0&3&1&0\end{pmatrix}\begin{pmatrix}1&0&5\\0&2&0\\1&0&1\\0&3&0\end{pmatrix}\begin{pmatrix}-1&0\\1&5\\0&2\end{pmatrix}$

$$=\begin{pmatrix}5&-1&17\\1&6&1\end{pmatrix}\begin{pmatrix}-1&0\\1&5\\0&2\end{pmatrix}=\begin{pmatrix}-6&29\\5&32\end{pmatrix}$$

注释 关于矩阵乘法，注意下列问题：

(1) 两矩阵相乘时左边矩阵的列数必须与右边矩阵的行数相等，矩阵乘法才可以进行，否则矩阵乘法不可行.

(2)“乘积矩阵”的行数等于左边矩阵的行数，“乘积矩阵”的列数等于右边矩阵的列数.

(3)“乘积矩阵”第 i 行第 j 列的元素等于左边矩阵第 i 行各元素与右边矩阵第 j 列各对应元素乘积的总和.

(4) 矩阵乘法不满足交换律，见题(3).

有时即使 $\boldsymbol{AB}$ 可行，$\boldsymbol{BA}$ 也不见得可行，见题(2).

设 $\boldsymbol{A}=\begin{pmatrix}1&2&3\\-2&1&2\end{pmatrix}$，$\boldsymbol{B}=\begin{pmatrix}1&2&0\\0&1&1\\3&0&-1\end{pmatrix}$.

$\boldsymbol{AB}$ 可行，但 $\boldsymbol{BA}$ 不可行，因 $\boldsymbol{B}$ 的列数不等于 $\boldsymbol{A}$ 的行数.

但也不是任意两矩阵相乘均不可交换，如题(4)中两矩阵相乘可交换. 但作为运算律，矩阵乘法不满足交换律.

(5) 矩阵乘法不满足消去律，见题(5).

设 $\boldsymbol{A}=\begin{pmatrix}1&0&1\\0&1&0\end{pmatrix}$，$\boldsymbol{B}=\begin{pmatrix}1&0\\5&1\\6&3\end{pmatrix}$，$\boldsymbol{C}=\begin{pmatrix}4&0\\5&1\\3&3\end{pmatrix}$，有 $\boldsymbol{AB}=\boldsymbol{AC}$，但 $\boldsymbol{B}\neq\boldsymbol{C}$，故由 $\boldsymbol{AB}=\boldsymbol{AC}$，且 $\boldsymbol{A}\neq\boldsymbol{O}$，一般不见得能推出 $\boldsymbol{B}=\boldsymbol{C}$. 在 §2.5 之后，我们将看到在一定条件下，若 $\boldsymbol{AB}=\boldsymbol{AC}$，且 $\boldsymbol{A}\neq\boldsymbol{O}$，则必有 $\boldsymbol{B}=\boldsymbol{C}$，但作为运算律，矩阵乘法不满足消去律.

(6) 两个非零矩阵相乘的结果可能是零矩阵，见题(6).

(7) 若干个矩阵相乘，“乘积矩阵”的行数等于最左边矩阵的行数，其列数等于最右边矩阵的列数，见题(7).

6. 设 $\boldsymbol{A}=\begin{pmatrix}a_{11}&a_{12}&a_{13}&a_{14}\\a_{21}&a_{22}&a_{23}&a_{24}\\a_{31}&a_{32}&a_{33}&a_{34}\end{pmatrix}$，计算：

(1) $\begin{pmatrix}1&0&0\\0&1&0\\0&0&1\end{pmatrix}\boldsymbol{A}$　(2) $\begin{pmatrix}0&0&1\\0&1&0\\1&0&0\end{pmatrix}\boldsymbol{A}$　(3) $\boldsymbol{A}\begin{pmatrix}1&0&0&0\\0&1&0&0\\0&0&1&0\\0&0&0&1\end{pmatrix}$

(4) $\begin{pmatrix}1&0&0\\0&0&1\\0&1&0\end{pmatrix}\boldsymbol{A}$　(5) $\boldsymbol{A}\begin{pmatrix}1&0&0&0\\0&1&0&0\\0&0&k&0\\0&0&0&1\end{pmatrix}$　(6) $\begin{pmatrix}k&0&0\\0&1&0\\0&0&1\end{pmatrix}\boldsymbol{A}$

(7) $\begin{pmatrix}1&0&0\\l&1&0\\0&0&1\end{pmatrix}\boldsymbol{A}$

解：(1) $\begin{pmatrix}1&0&0\\0&1&0\\0&0&1\end{pmatrix}\boldsymbol{A}=\begin{pmatrix}1&0&0\\0&1&0\\0&0&1\end{pmatrix}\begin{pmatrix}a_{11}&a_{12}&a_{13}&a_{14}\\a_{21}&a_{22}&a_{23}&a_{24}\\a_{31}&a_{32}&a_{33}&a_{34}\end{pmatrix}$

$$=\begin{pmatrix}a_{11}&a_{12}&a_{13}&a_{14}\\a_{21}&a_{22}&a_{23}&a_{24}\\a_{31}&a_{32}&a_{33}&a_{34}\end{pmatrix}=\boldsymbol{A}$$

(2) $\begin{pmatrix}0&0&1\\0&1&0\\1&0&0\end{pmatrix}\boldsymbol{A}=\begin{pmatrix}0&0&1\\0&1&0\\1&0&0\end{pmatrix}\begin{pmatrix}a_{11}&a_{12}&a_{13}&a_{14}\\a_{21}&a_{22}&a_{23}&a_{24}\\a_{31}&a_{32}&a_{33}&a_{34}\end{pmatrix}=\begin{pmatrix}a_{31}&a_{32}&a_{33}&a_{34}\\a_{21}&a_{22}&a_{23}&a_{24}\\a_{11}&a_{12}&a_{13}&a_{14}\end{pmatrix}$

(3) $\boldsymbol{A}\begin{pmatrix}1&0&0&0\\0&1&0&0\\0&0&1&0\\0&0&0&1\end{pmatrix}=\begin{pmatrix}a_{11}&a_{12}&a_{13}&a_{14}\\a_{21}&a_{22}&a_{23}&a_{24}\\a_{31}&a_{32}&a_{33}&a_{34}\end{pmatrix}\begin{pmatrix}1&0&0&0\\0&1&0&0\\0&0&1&0\\0&0&0&1\end{pmatrix}$

$$=\begin{pmatrix}a_{11}&a_{12}&a_{13}&a_{14}\\a_{21}&a_{22}&a_{23}&a_{24}\\a_{31}&a_{32}&a_{33}&a_{34}\end{pmatrix}=\boldsymbol{A}$$

(4) $\begin{pmatrix}1&0&0\\0&0&1\\0&1&0\end{pmatrix}\boldsymbol{A}=\begin{pmatrix}1&0&0\\0&0&1\\0&1&0\end{pmatrix}\begin{pmatrix}a_{11}&a_{12}&a_{13}&a_{14}\\a_{21}&a_{22}&a_{23}&a_{24}\\a_{31}&a_{32}&a_{33}&a_{34}\end{pmatrix}$

$$=\begin{pmatrix}a_{11}&a_{12}&a_{13}&a_{14}\\a_{31}&a_{32}&a_{33}&a_{34}\\a_{21}&a_{22}&a_{23}&a_{24}\end{pmatrix}$$

(5)$A\begin{pmatrix}1&0&0&0\\0&1&0&0\\0&0&k&0\\0&0&0&1\end{pmatrix}=\begin{pmatrix}a_{11}&a_{12}&a_{13}&a_{14}\\a_{21}&a_{22}&a_{23}&a_{24}\\a_{31}&a_{32}&a_{33}&a_{34}\end{pmatrix}\begin{pmatrix}1&0&0&0\\0&1&0&0\\0&0&k&0\\0&0&0&1\end{pmatrix}$

$=\begin{pmatrix}a_{11}&a_{12}&ka_{13}&a_{14}\\a_{21}&a_{22}&ka_{23}&a_{24}\\a_{31}&a_{32}&ka_{33}&a_{34}\end{pmatrix}$

(6)$\begin{pmatrix}k&0&0\\0&1&0\\0&0&1\end{pmatrix}A=\begin{pmatrix}k&0&0\\0&1&0\\0&0&1\end{pmatrix}\begin{pmatrix}a_{11}&a_{12}&a_{13}&a_{14}\\a_{21}&a_{22}&a_{23}&a_{24}\\a_{31}&a_{32}&a_{33}&a_{34}\end{pmatrix}$

$=\begin{pmatrix}ka_{11}&ka_{12}&ka_{13}&ka_{14}\\a_{21}&a_{22}&a_{23}&a_{24}\\a_{31}&a_{32}&a_{33}&a_{34}\end{pmatrix}$

(7)$\begin{pmatrix}1&0&0\\l&1&0\\0&0&1\end{pmatrix}A=\begin{pmatrix}1&0&0\\l&1&0\\0&0&1\end{pmatrix}\begin{pmatrix}a_{11}&a_{12}&a_{13}&a_{14}\\a_{21}&a_{22}&a_{23}&a_{24}\\a_{31}&a_{32}&a_{33}&a_{34}\end{pmatrix}$

$=\begin{pmatrix}a_{11}&a_{12}&a_{13}&a_{14}\\la_{11}+a_{21}&la_{12}+a_{22}&la_{13}+a_{23}&la_{14}+a_{24}\\a_{31}&a_{32}&a_{33}&a_{34}\end{pmatrix}$

7. 用矩阵乘法求连续施行下列线性变换的结果：

$$\begin{cases}x_1=y_1-y_2+2y_3\\x_2=y_1+3y_2\\x_3=4y_2-y_3\end{cases},\quad\begin{cases}y_1=z_1+z_3\\y_2=2z_2-5z_3\\y_3=3z_1+7z_2\end{cases}$$

解：将题中给定的线性变换表示成矩阵形式

$$\begin{pmatrix}x_1\\x_2\\x_3\end{pmatrix}=\begin{pmatrix}1&-1&2\\1&3&0\\0&4&-1\end{pmatrix}\begin{pmatrix}y_1\\y_2\\y_3\end{pmatrix}\tag{1}$$

$$\begin{pmatrix}y_1\\y_2\\y_3\end{pmatrix}=\begin{pmatrix}1&0&1\\0&2&-5\\3&7&0\end{pmatrix}\begin{pmatrix}z_1\\z_2\\z_3\end{pmatrix}\tag{2}$$

将式(2)中的$\begin{pmatrix}y_1\\y_2\\y_3\end{pmatrix}$代入式(1)，从而有

$$\begin{pmatrix}x_1\\x_2\\x_3\end{pmatrix}=\begin{pmatrix}1&-1&2\\1&3&0\\0&4&-1\end{pmatrix}\begin{pmatrix}1&0&1\\0&2&-5\\3&7&0\end{pmatrix}\begin{pmatrix}z_1\\z_2\\z_3\end{pmatrix}$$

$$=\begin{pmatrix}7&12&6\\1&6&-14\\-3&1&-20\end{pmatrix}\begin{pmatrix}z_1\\z_2\\z_3\end{pmatrix}=\begin{pmatrix}7z_1+12z_2+6z_3\\z_1+6z_2-14z_3\\-3z_1+z_2-20z_3\end{pmatrix}$$

即 $$\begin{cases} x_1 = 7z_1 + 12z_2 + 6z_3 \\ x_2 = z_1 + 6z_2 - 14z_3 \\ x_3 = -3z_1 + z_2 - 20z_3 \end{cases}$$

将下列第 8 ～ 10 题用矩阵表示，并用矩阵的运算求出各题要求的结果.

8. 某厂生产五种产品，1—3 月份的生产数量及产品的单位价格如表 2-1(教材中表 2-5) 所示：

表 2-1(教材中表 2-5)

产品 / 产量 / 月份	Ⅰ	Ⅱ	Ⅲ	Ⅳ	Ⅴ
1	50	30	25	10	5
2	30	60	25	20	10
3	50	60	0	25	5
单位价格(单位：万元)	0.95	1.2	2.35	3	5.2

(1) 作矩阵 $\boldsymbol{A} = (a_{ij})_{3\times5}$，$a_{ij}$ 表示 i 月份生产 j 种产品的数量；$\boldsymbol{B} = (b_j)_{5\times1}$，$b_j$ 表示 j 种产品的单位价格；计算该厂各月份的总产值.

(2) 作矩阵 $\boldsymbol{A}^{\mathrm{T}} = (a_{ji})_{5\times3}$，$a_{ji}$ 表示 i 月份生产 j 种产品的数量；$\boldsymbol{B}^{\mathrm{T}} = (b_j)_{1\times5}$，$b_j$ 表示 j 种产品的单位价格；计算该厂各月份的总产值.

解：(1) $$\boldsymbol{A} = \begin{pmatrix} 50 & 30 & 25 & 10 & 5 \\ 30 & 60 & 25 & 20 & 10 \\ 50 & 60 & 0 & 25 & 5 \end{pmatrix}, \quad \boldsymbol{B} = \begin{pmatrix} 0.95 \\ 1.2 \\ 2.35 \\ 3 \\ 5.2 \end{pmatrix}$$

各月份总产值矩阵是

$$\boldsymbol{AB} = \begin{pmatrix} 50 & 30 & 25 & 10 & 5 \\ 30 & 60 & 25 & 20 & 10 \\ 50 & 60 & 0 & 25 & 5 \end{pmatrix} \begin{pmatrix} 0.95 \\ 1.2 \\ 2.35 \\ 3 \\ 5.2 \end{pmatrix} = \begin{pmatrix} 198.25 \\ 271.25 \\ 220.5 \end{pmatrix}$$

即该厂 1，2，3 月份的总产值分别是 198.25，271.25，220.5.

(2) $$\boldsymbol{A}^{\mathrm{T}} = \begin{pmatrix} 50 & 30 & 50 \\ 30 & 60 & 60 \\ 25 & 25 & 0 \\ 10 & 20 & 25 \\ 5 & 10 & 5 \end{pmatrix}, \quad \boldsymbol{B}^{\mathrm{T}} = (0.95 \quad 1.2 \quad 2.35 \quad 3 \quad 5.2)$$

各月份总产值矩阵是

$$\boldsymbol{B}^{\mathrm{T}}\boldsymbol{A}^{\mathrm{T}} = (0.95 \quad 1.2 \quad 2.35 \quad 3 \quad 5.2) \begin{pmatrix} 50 & 30 & 50 \\ 30 & 60 & 60 \\ 25 & 25 & 0 \\ 10 & 20 & 25 \\ 5 & 10 & 5 \end{pmatrix}$$
$$= (198.25 \quad 271.25 \quad 220.5)$$

即该厂 1，2，3 月份的总产值分别是 198.25，271.25，220.5.

9. 某两种合金均含有某三种金属，其成分如表 2－2(教材中表 2－6) 所示：

表 2－2(教材中表 2－6)

含量比例 合金 \ 金属	Ⅰ	Ⅱ	Ⅲ
甲	0.8	0.1	0.1
乙	0.4	0.3	0.3

现有甲种合金 30 吨，乙种合金 20 吨，求三种金属的数量.

解： 用矩阵 $\boldsymbol{A}$ 表示甲、乙两种合金中 Ⅰ、Ⅱ、Ⅲ 三种金属的含量，用矩阵 $\boldsymbol{B}$ 表示甲、乙两种合金的数量，则有

$$\boldsymbol{A}=\begin{pmatrix}0.8 & 0.1 & 0.1\\ 0.4 & 0.3 & 0.3\end{pmatrix},\quad \boldsymbol{B}=(30\quad 20)$$

那么三种金属的数量为 $\boldsymbol{BA}=(30\quad 20)\begin{pmatrix}0.8 & 0.1 & 0.1\\ 0.4 & 0.3 & 0.3\end{pmatrix}=(32\quad 9\quad 9)$，即 Ⅰ，Ⅱ，Ⅲ 三种金属的数量分别是 32 吨、9 吨、9 吨.

10. 四个工厂均能生产甲、乙、丙三种产品，其单位成本如表 2－3(教材中表 2－7) 所示：

表 2－3(教材中表 2－7)

单位成本 工厂 \ 产品	甲	乙	丙
Ⅰ	3	5	6
Ⅱ	2	4	8
Ⅲ	4	5	5
Ⅳ	4	3	7

现要生产产品甲 600 件，产品乙 500 件，产品丙 200 件，问由哪个工厂生产成本最低?

解： 四个工厂、三种产品的单位成本矩阵用 $\boldsymbol{A}$ 表示，则

$$\boldsymbol{A}=\begin{pmatrix}3 & 5 & 6\\ 2 & 4 & 8\\ 4 & 5 & 5\\ 4 & 3 & 7\end{pmatrix}$$

三种产品的数量矩阵用 $\boldsymbol{B}$ 表示，则

$$\boldsymbol{B}=\begin{pmatrix}600\\ 500\\ 200\end{pmatrix}$$

那么四个工厂的生产成本矩阵为

$$AB=\begin{pmatrix}3&5&6\\2&4&8\\4&5&5\\4&3&7\end{pmatrix}\begin{pmatrix}600\\500\\200\end{pmatrix}=\begin{pmatrix}5\,500\\4\,800\\5\,900\\5\,300\end{pmatrix}$$

从四个工厂的生产成本来看，工厂 Ⅱ 的生产成本最低.

11. 甲，乙，丙三个书店均销售时下最畅销的四本书 A，B，C，D. 在某一段时间内，统计了其销售量及价格，见表 2－4(教材中表 2－8).

表 2－4(教材中表 2－8)

书 销售量(百本) 书店	A	B	C	D
甲	3	4	6	3
乙	3	5	5	4
丙	5	6	4	5
价格(元 / 本)	25	30	10	20

试计算在此统计期间内，在这四本书的销售上哪个书店收入最多？哪本书总销售收入最多？

解: 设三个书店的销售量矩阵为 $\boldsymbol{A}$，四本书的价格矩阵为 $\boldsymbol{P}$，那么有

$$\boldsymbol{A}=\begin{pmatrix}3&4&6&3\\3&5&5&4\\5&6&4&5\end{pmatrix},\quad \boldsymbol{P}=\begin{pmatrix}25\\30\\10\\20\end{pmatrix}$$

则三个书店的收入矩阵为 $\boldsymbol{AP}$：

$$\boldsymbol{AP}=\begin{pmatrix}3&4&6&3\\3&5&5&4\\5&6&4&5\end{pmatrix}\begin{pmatrix}25\\30\\10\\20\end{pmatrix}=\begin{pmatrix}75+120+60+60\\75+150+50+80\\125+180+40+100\end{pmatrix}=\begin{pmatrix}315\\355\\445\end{pmatrix}$$

可以看出，丙书店收入最多，为 44 500 元.

设四本书的收入矩阵为 $\boldsymbol{B}$，由题设可知

$$\boldsymbol{B}=\begin{pmatrix}(3+3+5)\times 25\\(4+5+6)\times 30\\(6+5+4)\times 10\\(3+4+5)\times 20\end{pmatrix}=\begin{pmatrix}275\\450\\150\\240\end{pmatrix}$$

B 书收入最多，为 45 000 元.

12. 解下列矩阵方程，求出未知矩阵 $\boldsymbol{X}$.

(1) $\begin{pmatrix}2&5\\1&3\end{pmatrix}\boldsymbol{X}=\begin{pmatrix}4&-6\\2&1\end{pmatrix}$

(2) $\boldsymbol{X}\begin{pmatrix}1&1&-1\\2&1&0\\1&-1&1\end{pmatrix}=\begin{pmatrix}1&1&3\\4&3&2\\1&2&5\end{pmatrix}$

(3) $\begin{pmatrix} 1 & 1 & -1 \\ -2 & 1 & 1 \\ 1 & 1 & 1 \end{pmatrix} \boldsymbol{X} = \begin{pmatrix} 2 \\ 3 \\ 6 \end{pmatrix}$

解: (1) 由给定方程可知 $\boldsymbol{X}$ 应为 2×2 矩阵.

设 $\boldsymbol{X} = \begin{pmatrix} x_{11} & x_{12} \\ x_{21} & x_{22} \end{pmatrix}$，那么有

$$\begin{pmatrix} 2 & 5 \\ 1 & 3 \end{pmatrix} \begin{pmatrix} x_{11} & x_{12} \\ x_{21} & x_{22} \end{pmatrix} = \begin{pmatrix} 4 & -6 \\ 2 & 1 \end{pmatrix}$$

即 $$\begin{pmatrix} 2x_{11} + 5x_{21} & 2x_{12} + 5x_{22} \\ x_{11} + 3x_{21} & x_{12} + 3x_{22} \end{pmatrix} = \begin{pmatrix} 4 & -6 \\ 2 & 1 \end{pmatrix}$$

从而有 $\begin{cases} 2x_{11} + 5x_{21} = 4 \\ x_{11} + 3x_{21} = 2 \end{cases}$ 及 $\begin{cases} 2x_{12} + 5x_{22} = -6 \\ x_{12} + 3x_{22} = 1 \end{cases}$

解之得 $x_{11} = 2$，$x_{12} = -23$，$x_{21} = 0$，$x_{22} = 8$

于是可得 $\boldsymbol{X} = \begin{pmatrix} 2 & -23 \\ 0 & 8 \end{pmatrix}$

(2) 由给定方程可知 $\boldsymbol{X}$ 应为 3×3 矩阵.

设 $\boldsymbol{X} = \begin{pmatrix} x_{11} & x_{12} & x_{13} \\ x_{21} & x_{22} & x_{23} \\ x_{31} & x_{32} & x_{33} \end{pmatrix}$，那么有

$$\begin{pmatrix} x_{11} & x_{12} & x_{13} \\ x_{21} & x_{22} & x_{23} \\ x_{31} & x_{32} & x_{33} \end{pmatrix} \begin{pmatrix} 1 & 1 & -1 \\ 2 & 1 & 0 \\ 1 & -1 & 1 \end{pmatrix} = \begin{pmatrix} 1 & 1 & 3 \\ 4 & 3 & 2 \\ 1 & 2 & 5 \end{pmatrix}$$

即 $$\begin{pmatrix} x_{11} + 2x_{12} + x_{13} & x_{11} + x_{12} - x_{13} & -x_{11} + x_{13} \\ x_{21} + 2x_{22} + x_{23} & x_{21} + x_{22} - x_{23} & -x_{21} + x_{23} \\ x_{31} + 2x_{32} + x_{33} & x_{31} + x_{32} - x_{33} & -x_{31} + x_{33} \end{pmatrix} = \begin{pmatrix} 1 & 1 & 3 \\ 4 & 3 & 2 \\ 1 & 2 & 5 \end{pmatrix}$$

从而有 $\begin{cases} x_{11} + 2x_{12} + x_{13} = 1 \\ x_{11} + x_{12} - x_{13} = 1 \\ -x_{11} + x_{13} = 3 \end{cases}$，$\begin{cases} x_{21} + 2x_{22} + x_{23} = 4 \\ x_{21} + x_{22} - x_{23} = 3 \\ -x_{21} + x_{23} = 2 \end{cases}$，$\begin{cases} x_{31} + 2x_{32} + x_{33} = 1 \\ x_{31} + x_{32} - x_{33} = 2 \\ -x_{31} + x_{33} = 5 \end{cases}$

解之得 $x_{11} = -5$，$x_{12} = 4$，$x_{13} = -2$，$x_{21} = -4$，$x_{22} = 5$，$x_{23} = -2$，$x_{31} = -9$，$x_{32} = 7$，$x_{33} = -4$. 于是可得

$$\boldsymbol{X} = \begin{pmatrix} -5 & 4 & -2 \\ -4 & 5 & -2 \\ -9 & 7 & -4 \end{pmatrix}$$

(3) 由给定方程可知 $\boldsymbol{X}$ 应为 3×1 矩阵.

设 $\boldsymbol{X} = \begin{pmatrix} x_1 \\ x_2 \\ x_3 \end{pmatrix}$，那么有

$$\begin{pmatrix} 1 & 1 & -1 \\ -2 & 1 & 1 \\ 1 & 1 & 1 \end{pmatrix}\begin{pmatrix} x_1 \\ x_2 \\ x_3 \end{pmatrix} = \begin{pmatrix} 2 \\ 3 \\ 6 \end{pmatrix}$$

即
$$\begin{pmatrix} x_1 + x_2 - x_3 \\ -2x_1 + x_2 + x_3 \\ x_1 + x_2 + x_3 \end{pmatrix} = \begin{pmatrix} 2 \\ 3 \\ 6 \end{pmatrix}$$

从而有
$$\begin{cases} x_1 + x_2 - x_3 = 2 \\ -2x_1 + x_2 + x_3 = 3 \\ x_1 + x_2 + x_3 = 6 \end{cases}$$

解之得 $x_1 = 1$，$x_2 = 3$，$x_3 = 2$，于是可得 $\boldsymbol{X} = \begin{pmatrix} 1 \\ 3 \\ 2 \end{pmatrix}$.

13. 设 $\begin{pmatrix} a & 2 & -1 \\ -1 & 0 & 1 \\ 0 & 3 & -2 \end{pmatrix}\begin{pmatrix} 3 \\ b \\ a \end{pmatrix} = \begin{pmatrix} a \\ b \\ -7 \end{pmatrix}$，求 a，b 的值.

解: $\begin{pmatrix} a & 2 & -1 \\ -1 & 0 & 1 \\ 0 & 3 & -2 \end{pmatrix}\begin{pmatrix} 3 \\ b \\ a \end{pmatrix} = \begin{pmatrix} 3a + 2b - a \\ -3 + a \\ 3b - 2a \end{pmatrix} = \begin{pmatrix} a \\ b \\ -7 \end{pmatrix}$

从而有 $\begin{cases} 2a + 2b = a \\ -3 + a = b \\ 3b - 2a = -7 \end{cases}$，即 $\begin{cases} a + 2b = 0 \\ a - b = 3 \\ 2a - 3b = 7 \end{cases}$

解之得 $a = 2$，$b = -1$.

14. 设 $\boldsymbol{A} = \begin{pmatrix} 1 & 1 \\ 0 & 1 \end{pmatrix}$，求所有与 $\boldsymbol{A}$ 可交换的矩阵.

解: 设与 $\boldsymbol{A}$ 可交换的矩阵为 $\boldsymbol{B} = \begin{pmatrix} a & b \\ c & d \end{pmatrix}$，那么

$$\boldsymbol{AB} = \begin{pmatrix} 1 & 1 \\ 0 & 1 \end{pmatrix}\begin{pmatrix} a & b \\ c & d \end{pmatrix} = \begin{pmatrix} a + c & b + d \\ c & d \end{pmatrix}$$

$$\boldsymbol{BA} = \begin{pmatrix} a & b \\ c & d \end{pmatrix}\begin{pmatrix} 1 & 1 \\ 0 & 1 \end{pmatrix} = \begin{pmatrix} a & a + b \\ c & c + d \end{pmatrix}$$

由 $\boldsymbol{AB} = \boldsymbol{BA}$，有

$$\begin{cases} a + c = a \\ b + d = a + b \\ c = c \\ c + d = d \end{cases}，即 \begin{cases} c = 0 \\ d = a \end{cases}$$

可见与 $\boldsymbol{A} = \begin{pmatrix} 1 & 1 \\ 0 & 1 \end{pmatrix}$ 可交换的矩阵为 $\begin{pmatrix} a & b \\ 0 & a \end{pmatrix}$（$a$，$b$ 为任意常数）.

注释 与矩阵 $\begin{pmatrix}1&1\\0&1\end{pmatrix}$ 可交换的矩阵不止一个. 形式为 $\begin{pmatrix}a&b\\0&a\end{pmatrix}$（其中 a, b 为任意数）的矩阵均与 $\begin{pmatrix}1&1\\0&1\end{pmatrix}$ 可交换.

15. 用矩阵 $\boldsymbol{A}=\begin{pmatrix}1&1\\0&3\end{pmatrix}$, $\boldsymbol{B}=\begin{pmatrix}1&0\\2&1\end{pmatrix}$, 验证 $(\boldsymbol{AB})^{\mathrm{T}}=\boldsymbol{B}^{\mathrm{T}}\boldsymbol{A}^{\mathrm{T}}$.

证: $\boldsymbol{AB}=\begin{pmatrix}1&1\\0&3\end{pmatrix}\begin{pmatrix}1&0\\2&1\end{pmatrix}=\begin{pmatrix}3&1\\6&3\end{pmatrix}$, $(\boldsymbol{AB})^{\mathrm{T}}=\begin{pmatrix}3&6\\1&3\end{pmatrix}$

$\boldsymbol{A}^{\mathrm{T}}=\begin{pmatrix}1&0\\1&3\end{pmatrix}$, $\boldsymbol{B}^{\mathrm{T}}=\begin{pmatrix}1&2\\0&1\end{pmatrix}$, $\boldsymbol{B}^{\mathrm{T}}\boldsymbol{A}^{\mathrm{T}}=\begin{pmatrix}1&2\\0&1\end{pmatrix}\begin{pmatrix}1&0\\1&3\end{pmatrix}=\begin{pmatrix}3&6\\1&3\end{pmatrix}$

可见 $(\boldsymbol{AB})^{\mathrm{T}}=\boldsymbol{B}^{\mathrm{T}}\boldsymbol{A}^{\mathrm{T}}$.

注释 矩阵的转置满足下列运算律：(1) $(\boldsymbol{A}^{\mathrm{T}})^{\mathrm{T}}=\boldsymbol{A}$，(2) $(\boldsymbol{A}+\boldsymbol{B})^{\mathrm{T}}=\boldsymbol{A}^{\mathrm{T}}+\boldsymbol{B}^{\mathrm{T}}$，(3) $(k\boldsymbol{A})^{\mathrm{T}}=k\boldsymbol{A}^{\mathrm{T}}$，(4) $(\boldsymbol{AB})^{\mathrm{T}}=\boldsymbol{B}^{\mathrm{T}}\boldsymbol{A}^{\mathrm{T}}$. (1)，(2)，(3) 均显然成立，要特别注意(4). 一般地，$(\boldsymbol{AB})^{\mathrm{T}}\neq\boldsymbol{A}^{\mathrm{T}}\boldsymbol{B}^{\mathrm{T}}$，而 $(\boldsymbol{AB})^{\mathrm{T}}=\boldsymbol{B}^{\mathrm{T}}\boldsymbol{A}^{\mathrm{T}}$.

16. 已知 $\boldsymbol{A}=(a_{ij})$ 为 n 阶矩阵，写出：

(1) $\boldsymbol{A}^2$ 的第 k 行第 l 列的元素；

(2) $\boldsymbol{AA}^{\mathrm{T}}$ 的第 k 行第 l 列的元素；

(3) $\boldsymbol{A}^{\mathrm{T}}\boldsymbol{A}$ 的第 k 行第 l 列的元素.

解: (1) $\boldsymbol{A}^2$ 的第 k 行第 l 列的元素是 $\boldsymbol{A}$ 的第 k 行各元素与 $\boldsymbol{A}$ 的第 l 列各对应元素的乘积之和，即

$$(a_{k1}\ a_{k2}\ \cdots\ a_{kn})\begin{pmatrix}a_{1l}\\a_{2l}\\\vdots\\a_{nl}\end{pmatrix}=\sum_{j=1}^{n}a_{kj}a_{jl}$$

(2) $\boldsymbol{AA}^{\mathrm{T}}$ 的第 k 行第 l 列的元素是 $\boldsymbol{A}$ 的第 k 行各元素与 $\boldsymbol{A}^{\mathrm{T}}$ 的第 l 列（即 $\boldsymbol{A}$ 的第 l 行）各对应元素的乘积之和，即

$$(a_{k1}\ a_{k2}\ \cdots\ a_{kn})\begin{pmatrix}a_{l1}\\a_{l2}\\\vdots\\a_{ln}\end{pmatrix}=\sum_{j=1}^{n}a_{kj}a_{lj}$$

(3) $\boldsymbol{A}^{\mathrm{T}}\boldsymbol{A}$ 的第 k 行第 l 列元素是 $\boldsymbol{A}^{\mathrm{T}}$ 的第 k 行（即 $\boldsymbol{A}$ 的第 k 列）各元素与 $\boldsymbol{A}$ 的第 l 列各对应元素的乘积之和，即

$$(a_{1k}\ a_{2k}\ \cdots\ a_{nk})\begin{pmatrix}a_{1l}\\a_{2l}\\\vdots\\a_{nl}\end{pmatrix}=\sum_{i=1}^{n}a_{ik}a_{il}$$

17. 计算下列矩阵的幂（其中 n 为正整数）：

(1) $\begin{pmatrix}1&1&1\\0&1&1\\0&0&1\end{pmatrix}^2$　　(2) $\begin{pmatrix}1&-2\\3&4\end{pmatrix}^3$　　(3) $\begin{pmatrix}1&1\\0&0\end{pmatrix}^n$

(4) $\begin{pmatrix}1&1\\0&1\end{pmatrix}^n$　　(5) $\begin{pmatrix}1&1\\1&1\end{pmatrix}^n$　　(6) $\begin{pmatrix}a&0&0\\0&b&0\\0&0&c\end{pmatrix}^n$

(7) $\begin{pmatrix}0&0&0\\a&0&0\\b&c&0\end{pmatrix}^5$

解：(1) $\begin{pmatrix}1&1&1\\0&1&1\\0&0&1\end{pmatrix}^2=\begin{pmatrix}1&1&1\\0&1&1\\0&0&1\end{pmatrix}\begin{pmatrix}1&1&1\\0&1&1\\0&0&1\end{pmatrix}=\begin{pmatrix}1&2&3\\0&1&2\\0&0&1\end{pmatrix}$

(2) $\begin{pmatrix}1&-2\\3&4\end{pmatrix}^3=\begin{pmatrix}1&-2\\3&4\end{pmatrix}\begin{pmatrix}1&-2\\3&4\end{pmatrix}\begin{pmatrix}1&-2\\3&4\end{pmatrix}$

$=\begin{pmatrix}-5&-10\\15&10\end{pmatrix}\begin{pmatrix}1&-2\\3&4\end{pmatrix}=\begin{pmatrix}-35&-30\\45&10\end{pmatrix}$

(3) $\begin{pmatrix}1&1\\0&0\end{pmatrix}^2=\begin{pmatrix}1&1\\0&0\end{pmatrix}\begin{pmatrix}1&1\\0&0\end{pmatrix}=\begin{pmatrix}1&1\\0&0\end{pmatrix}$

$\begin{pmatrix}1&1\\0&0\end{pmatrix}^3=\begin{pmatrix}1&1\\0&0\end{pmatrix}^2\begin{pmatrix}1&1\\0&0\end{pmatrix}=\begin{pmatrix}1&1\\0&0\end{pmatrix}\begin{pmatrix}1&1\\0&0\end{pmatrix}=\begin{pmatrix}1&1\\0&0\end{pmatrix}$

……

所以　$\begin{pmatrix}1&1\\0&0\end{pmatrix}^n=\begin{pmatrix}1&1\\0&0\end{pmatrix}$

(4) $\begin{pmatrix}1&1\\0&1\end{pmatrix}^2=\begin{pmatrix}1&1\\0&1\end{pmatrix}\begin{pmatrix}1&1\\0&1\end{pmatrix}=\begin{pmatrix}1&2\\0&1\end{pmatrix}$

用数学归纳法，设 $\begin{pmatrix}1&1\\0&1\end{pmatrix}^{n-1}=\begin{pmatrix}1&n-1\\0&1\end{pmatrix}$，则

$$\begin{pmatrix}1&1\\0&1\end{pmatrix}^n=\begin{pmatrix}1&1\\0&1\end{pmatrix}^{n-1}\begin{pmatrix}1&1\\0&1\end{pmatrix}=\begin{pmatrix}1&n-1\\0&1\end{pmatrix}\begin{pmatrix}1&1\\0&1\end{pmatrix}=\begin{pmatrix}1&n\\0&1\end{pmatrix}$$

故 $$\begin{pmatrix}1&1\\0&1\end{pmatrix}^n=\begin{pmatrix}1&n\\0&1\end{pmatrix}$$

(5) $$\begin{pmatrix}1&1\\1&1\end{pmatrix}^2=\begin{pmatrix}1&1\\1&1\end{pmatrix}\begin{pmatrix}1&1\\1&1\end{pmatrix}=\begin{pmatrix}2&2\\2&2\end{pmatrix}=2\begin{pmatrix}1&1\\1&1\end{pmatrix}$$

用数学归纳法，设$\begin{pmatrix}1&1\\1&1\end{pmatrix}^{n-1}=2^{n-2}\begin{pmatrix}1&1\\1&1\end{pmatrix}$，那么

$$\begin{pmatrix}1&1\\1&1\end{pmatrix}^n=\begin{pmatrix}1&1\\1&1\end{pmatrix}^{n-1}\begin{pmatrix}1&1\\1&1\end{pmatrix}=2^{n-2}\begin{pmatrix}1&1\\1&1\end{pmatrix}\begin{pmatrix}1&1\\1&1\end{pmatrix}=2^{n-1}\begin{pmatrix}1&1\\1&1\end{pmatrix}$$

故 $$\begin{pmatrix}1&1\\1&1\end{pmatrix}^n=2^{n-1}\begin{pmatrix}1&1\\1&1\end{pmatrix}$$

(6) $$\begin{pmatrix}a&0&0\\0&b&0\\0&0&c\end{pmatrix}^2=\begin{pmatrix}a&0&0\\0&b&0\\0&0&c\end{pmatrix}\begin{pmatrix}a&0&0\\0&b&0\\0&0&c\end{pmatrix}=\begin{pmatrix}a^2&0&0\\0&b^2&0\\0&0&c^2\end{pmatrix}$$

用数学归纳法，设$\begin{pmatrix}a&0&0\\0&b&0\\0&0&c\end{pmatrix}^{n-1}=\begin{pmatrix}a^{n-1}&0&0\\0&b^{n-1}&0\\0&0&c^{n-1}\end{pmatrix}$，那么

$$\begin{aligned}\begin{pmatrix}a&0&0\\0&b&0\\0&0&c\end{pmatrix}^n&=\begin{pmatrix}a&0&0\\0&b&0\\0&0&c\end{pmatrix}^{n-1}\begin{pmatrix}a&0&0\\0&b&0\\0&0&c\end{pmatrix}\\&=\begin{pmatrix}a^{n-1}&0&0\\0&b^{n-1}&0\\0&0&c^{n-1}\end{pmatrix}\begin{pmatrix}a&0&0\\0&b&0\\0&0&c\end{pmatrix}=\begin{pmatrix}a^n&0&0\\0&b^n&0\\0&0&c^n\end{pmatrix}\end{aligned}$$

故 $$\begin{pmatrix}a&0&0\\0&b&0\\0&0&c\end{pmatrix}^n=\begin{pmatrix}a^n&0&0\\0&b^n&0\\0&0&c^n\end{pmatrix}$$

(7) $$\begin{pmatrix}0&0&0\\a&0&0\\b&c&0\end{pmatrix}^2=\begin{pmatrix}0&0&0\\a&0&0\\b&c&0\end{pmatrix}\begin{pmatrix}0&0&0\\a&0&0\\b&c&0\end{pmatrix}=\begin{pmatrix}0&0&0\\0&0&0\\ac&0&0\end{pmatrix}$$

$$\begin{pmatrix}0&0&0\\a&0&0\\b&c&0\end{pmatrix}^3=\begin{pmatrix}0&0&0\\a&0&0\\b&c&0\end{pmatrix}^2\begin{pmatrix}0&0&0\\a&0&0\\b&c&0\end{pmatrix}=\begin{pmatrix}0&0&0\\0&0&0\\ac&0&0\end{pmatrix}\begin{pmatrix}0&0&0\\a&0&0\\b&c&0\end{pmatrix}=\begin{pmatrix}0&0&0\\0&0&0\\0&0&0\end{pmatrix}$$

$$\begin{pmatrix}0&0&0\\a&0&0\\b&c&0\end{pmatrix}^4=\begin{pmatrix}0&0&0\\a&0&0\\b&c&0\end{pmatrix}^3\begin{pmatrix}0&0&0\\a&0&0\\b&c&0\end{pmatrix}=\begin{pmatrix}0&0&0\\0&0&0\\0&0&0\end{pmatrix}\begin{pmatrix}0&0&0\\a&0&0\\b&c&0\end{pmatrix}=\begin{pmatrix}0&0&0\\0&0&0\\0&0&0\end{pmatrix}$$

$$\begin{pmatrix}0&0&0\\a&0&0\\b&c&0\end{pmatrix}^5=\begin{pmatrix}0&0&0\\a&0&0\\b&c&0\end{pmatrix}^4\begin{pmatrix}0&0&0\\a&0&0\\b&c&0\end{pmatrix}=\begin{pmatrix}0&0&0\\0&0&0\\0&0&0\end{pmatrix}\begin{pmatrix}0&0&0\\a&0&0\\b&c&0\end{pmatrix}=\begin{pmatrix}0&0&0\\0&0&0\\0&0&0\end{pmatrix}$$

18. 已知 $\boldsymbol{A}=\begin{pmatrix}1&0&3\\0&2&1\\0&0&1\end{pmatrix}$，$\boldsymbol{B}=\begin{pmatrix}1&0&0\\0&2&1\\3&0&1\end{pmatrix}$，求：

(1) $(\boldsymbol{A}+\boldsymbol{B})(\boldsymbol{A}-\boldsymbol{B})$　　　　(2) $\boldsymbol{A}^2-\boldsymbol{B}^2$

解：(1) $\boldsymbol{A}+\boldsymbol{B}=\begin{pmatrix}2&0&3\\0&4&2\\3&0&2\end{pmatrix}$，　$\boldsymbol{A}-\boldsymbol{B}=\begin{pmatrix}0&0&3\\0&0&0\\-3&0&0\end{pmatrix}$

$$(\boldsymbol{A}+\boldsymbol{B})(\boldsymbol{A}-\boldsymbol{B})=\begin{pmatrix}2&0&3\\0&4&2\\3&0&2\end{pmatrix}\begin{pmatrix}0&0&3\\0&0&0\\-3&0&0\end{pmatrix}=\begin{pmatrix}-9&0&6\\-6&0&0\\-6&0&9\end{pmatrix}$$

(2) $\boldsymbol{A}^2=\begin{pmatrix}1&0&6\\0&4&3\\0&0&1\end{pmatrix}$，$\boldsymbol{B}^2=\begin{pmatrix}1&0&0\\3&4&3\\6&0&1\end{pmatrix}$

$$\boldsymbol{A}^2-\boldsymbol{B}^2=\begin{pmatrix}0&0&6\\-3&0&0\\-6&0&0\end{pmatrix}$$

注释　从第 18 题中可以看到 $\boldsymbol{A}^2-\boldsymbol{B}^2\neq(\boldsymbol{A}+\boldsymbol{B})(\boldsymbol{A}-\boldsymbol{B})$.

19. 设矩阵 $\boldsymbol{A}=\begin{pmatrix}1&1\\-1&0\end{pmatrix}$，$\boldsymbol{B}=\begin{pmatrix}1&-1\\-1&1\end{pmatrix}$，求 $(\boldsymbol{AB})^2$ 与 $\boldsymbol{A}^2\boldsymbol{B}^2$.

解：$\boldsymbol{AB}=\begin{pmatrix}1&1\\-1&0\end{pmatrix}\begin{pmatrix}1&-1\\-1&1\end{pmatrix}=\begin{pmatrix}0&0\\-1&1\end{pmatrix}$

$$(\boldsymbol{AB})^2=(\boldsymbol{AB})(\boldsymbol{AB})=\begin{pmatrix}0&0\\-1&1\end{pmatrix}\begin{pmatrix}0&0\\-1&1\end{pmatrix}=\begin{pmatrix}0&0\\-1&1\end{pmatrix}$$

$$\boldsymbol{A}^2=\begin{pmatrix}1&1\\-1&0\end{pmatrix}\begin{pmatrix}1&1\\-1&0\end{pmatrix}=\begin{pmatrix}0&1\\-1&-1\end{pmatrix}$$

$$\boldsymbol{B}^2=\begin{pmatrix}1&-1\\-1&1\end{pmatrix}\begin{pmatrix}1&-1\\-1&1\end{pmatrix}=\begin{pmatrix}2&-2\\-2&2\end{pmatrix}$$

$$\boldsymbol{A}^2\boldsymbol{B}^2=\begin{pmatrix}0&1\\-1&-1\end{pmatrix}\begin{pmatrix}2&-2\\-2&2\end{pmatrix}=\begin{pmatrix}-2&2\\0&0\end{pmatrix}$$

注释　从第 19 题中可以看到 $(\boldsymbol{AB})^2\neq\boldsymbol{A}^2\boldsymbol{B}^2$.

20. 设有 n 阶矩阵 $\boldsymbol{A}$ 与 $\boldsymbol{B}$，证明 $(\boldsymbol{A}+\boldsymbol{B})(\boldsymbol{A}-\boldsymbol{B})=\boldsymbol{A}^2-\boldsymbol{B}^2$ 的充要条件是 $\boldsymbol{AB}=\boldsymbol{BA}$.

证：$(\boldsymbol{A}+\boldsymbol{B})(\boldsymbol{A}-\boldsymbol{B})=\boldsymbol{A}^2+\boldsymbol{BA}-\boldsymbol{AB}-\boldsymbol{B}^2$　　　　(＊)

必要条件:若$(\boldsymbol{A}+\boldsymbol{B})(\boldsymbol{A}-\boldsymbol{B})=\boldsymbol{A}^2-\boldsymbol{B}^2$,则由式(∗)必有$\boldsymbol{BA}-\boldsymbol{AB}=\boldsymbol{O}$,即$\boldsymbol{AB}=\boldsymbol{BA}$.

充分条件:若$\boldsymbol{AB}=\boldsymbol{BA}$,则由式(∗)必有$(\boldsymbol{A}+\boldsymbol{B})(\boldsymbol{A}-\boldsymbol{B})=\boldsymbol{A}^2-\boldsymbol{B}^2$.

注释 $\boldsymbol{A},\boldsymbol{B}$为$n$阶矩阵时

(1) 因矩阵乘法不满足交换律,故一般地,有

$$(\boldsymbol{A}\pm\boldsymbol{B})^2\neq\boldsymbol{A}^2\pm2\boldsymbol{AB}+\boldsymbol{B}^2,\ \boldsymbol{A}^2-\boldsymbol{B}^2\neq(\boldsymbol{A}+\boldsymbol{B})(\boldsymbol{A}-\boldsymbol{B})$$

只有当$\boldsymbol{AB}=\boldsymbol{BA}$时,上述等式才成立.

(2) 一般地,有

$$(\boldsymbol{AB})^k\neq\boldsymbol{A}^k\boldsymbol{B}^k\quad(k\text{ 为正整数})$$

21. 设$\boldsymbol{A}$为三阶矩阵,若已知$|\boldsymbol{A}|=m$,求$|-m\boldsymbol{A}|$.

解: $|-m\boldsymbol{A}|=(-m)^3|\boldsymbol{A}|=(-m)^3m=-m^4$

22. 设$\boldsymbol{A}$为n阶矩阵,若已知$|\boldsymbol{A}|=m$,求$|2|\boldsymbol{A}|\boldsymbol{A}^{\mathrm{T}}|$.

解: $|2|\boldsymbol{A}|\boldsymbol{A}^{\mathrm{T}}|=2^nm^n|\boldsymbol{A}^{\mathrm{T}}|=2^nm^n m=2^nm^{n+1}$

23. 证明数量矩阵与同阶矩阵相乘,满足交换律,且乘积等于数量矩阵中的数乘该矩阵.

证: 设$\boldsymbol{A}$为n阶矩阵,$\boldsymbol{I}$为n阶单位矩阵,$k\neq0$,$k\boldsymbol{I}$为n阶数量矩阵.

单位矩阵与同阶矩阵相乘可交换,即

$$\boldsymbol{IA}=\boldsymbol{AI}=\boldsymbol{A}$$

那么 $$(k\boldsymbol{I})\boldsymbol{A}=k(\boldsymbol{IA})=k\boldsymbol{A}$$

$$\boldsymbol{A}(k\boldsymbol{I})=k(\boldsymbol{AI})=k\boldsymbol{A}$$

因此有 $$(k\boldsymbol{I})\boldsymbol{A}=\boldsymbol{A}(k\boldsymbol{I})=k\boldsymbol{A}$$

即$k\boldsymbol{I}$与$\boldsymbol{A}$相乘可交换,且乘积等于$k\boldsymbol{A}$.

于是可得,数量矩阵与同阶矩阵相乘满足交换律,且乘积等于数量矩阵中的数乘该矩阵.

24. 已知$\boldsymbol{A}=\begin{pmatrix}2&3\\1&4\end{pmatrix}$,$\boldsymbol{B}=\begin{pmatrix}0&1\\1&0\end{pmatrix}$,求$\boldsymbol{B}^{10}\boldsymbol{AB}^{11}$.

解: $\boldsymbol{B}\cdot\boldsymbol{B}=\boldsymbol{B}^2=\begin{pmatrix}0&1\\1&0\end{pmatrix}\begin{pmatrix}0&1\\1&0\end{pmatrix}=\begin{pmatrix}1&0\\0&1\end{pmatrix}=\boldsymbol{I}$

那么 $$\boldsymbol{B}^{10}\boldsymbol{AB}^{11}=(\boldsymbol{B}^2)^5\boldsymbol{A}(\boldsymbol{B}^2)^5\boldsymbol{B}=\boldsymbol{I}^5\boldsymbol{AI}^5\boldsymbol{B}=\boldsymbol{AB}$$

$$=\begin{pmatrix}2&3\\1&4\end{pmatrix}\begin{pmatrix}0&1\\1&0\end{pmatrix}=\begin{pmatrix}3&2\\4&1\end{pmatrix}$$

25. 设$f(x)=ax^2+bx+c$,$\boldsymbol{A}$为n阶矩阵,$\boldsymbol{I}$为n阶单位矩阵. 定义$f(\boldsymbol{A})=a\boldsymbol{A}^2+b\boldsymbol{A}+c\boldsymbol{I}$.

(1) 已知$f(x)=x^2-x-1$,$\boldsymbol{A}=\begin{pmatrix}3&1&1\\3&1&2\\1&-1&0\end{pmatrix}$,求$f(\boldsymbol{A})$.

(2) 已知 $f(x)=x^2-5x+3$，$\boldsymbol{A}=\begin{pmatrix}2&-1\\-3&3\end{pmatrix}$，求 $f(\boldsymbol{A})$.

解：(1) $f(\boldsymbol{A})=\boldsymbol{A}^2-\boldsymbol{A}-\boldsymbol{I}=\begin{pmatrix}3&1&1\\3&1&2\\1&-1&0\end{pmatrix}^2-\begin{pmatrix}3&1&1\\3&1&2\\1&-1&0\end{pmatrix}-\begin{pmatrix}1&0&0\\0&1&0\\0&0&1\end{pmatrix}$

$$=\begin{pmatrix}13&3&5\\14&2&5\\0&0&-1\end{pmatrix}-\begin{pmatrix}3&1&1\\3&1&2\\1&-1&0\end{pmatrix}-\begin{pmatrix}1&0&0\\0&1&0\\0&0&1\end{pmatrix}=\begin{pmatrix}9&2&4\\11&0&3\\-1&1&-2\end{pmatrix}$$

(2) $f(\boldsymbol{A})=\boldsymbol{A}^2-5\boldsymbol{A}+3\boldsymbol{I}=\begin{pmatrix}2&-1\\-3&3\end{pmatrix}^2-5\begin{pmatrix}2&-1\\-3&3\end{pmatrix}+3\begin{pmatrix}1&0\\0&1\end{pmatrix}$

$$=\begin{pmatrix}7&-5\\-15&12\end{pmatrix}-\begin{pmatrix}10&-5\\-15&15\end{pmatrix}+\begin{pmatrix}3&0\\0&3\end{pmatrix}=\begin{pmatrix}0&0\\0&0\end{pmatrix}$$

注释 第 25 题中 $f(\boldsymbol{A})$ 为矩阵多项式，若给定矩阵 $\boldsymbol{A}$，求 $f(\boldsymbol{A})$，即求给定 $f(\boldsymbol{A})$ 矩阵多项式结构中有关矩阵 $\boldsymbol{A}$ 的运算.

26. 验证：

(1) 设 $\boldsymbol{A}=\begin{pmatrix}1&1\\1&1\end{pmatrix}$，用 $\boldsymbol{A}$ 验证：

$$(2\boldsymbol{A}^2-\boldsymbol{A}+\boldsymbol{I})(\boldsymbol{A}-\boldsymbol{I})=(\boldsymbol{A}-\boldsymbol{I})(2\boldsymbol{A}^2-\boldsymbol{A}+\boldsymbol{I})$$

(2) 设 $\boldsymbol{A}=\begin{pmatrix}1&1\\1&1\end{pmatrix}$，$\boldsymbol{B}=\begin{pmatrix}1&1\\0&1\end{pmatrix}$，用 $\boldsymbol{A}$，$\boldsymbol{B}$ 验证：

$$\boldsymbol{A}^2(\boldsymbol{B}+\boldsymbol{I})\neq(\boldsymbol{B}+\boldsymbol{I})\boldsymbol{A}^2$$

证：(1) $\boldsymbol{A}^2=\begin{pmatrix}2&2\\2&2\end{pmatrix}$

$$(2\boldsymbol{A}^2-\boldsymbol{A}+\boldsymbol{I})(\boldsymbol{A}-\boldsymbol{I})=\begin{pmatrix}4&3\\3&4\end{pmatrix}\begin{pmatrix}0&1\\1&0\end{pmatrix}=\begin{pmatrix}3&4\\4&3\end{pmatrix}$$

$$(\boldsymbol{A}-\boldsymbol{I})(2\boldsymbol{A}^2-\boldsymbol{A}+\boldsymbol{I})=\begin{pmatrix}0&1\\1&0\end{pmatrix}\begin{pmatrix}4&3\\3&4\end{pmatrix}=\begin{pmatrix}3&4\\4&3\end{pmatrix}$$

可见 $(2\boldsymbol{A}^2-\boldsymbol{A}+\boldsymbol{I})(\boldsymbol{A}-\boldsymbol{I})=(\boldsymbol{A}-\boldsymbol{I})(2\boldsymbol{A}^2-\boldsymbol{A}+\boldsymbol{I})$

注释 题 (1) 中的结论对任意的 n 阶矩阵 $\boldsymbol{A}$ 均成立.

因为 $(2\boldsymbol{A}^2-\boldsymbol{A}+\boldsymbol{I})(\boldsymbol{A}-\boldsymbol{I})=2\boldsymbol{A}^3-\boldsymbol{A}^2+\boldsymbol{A}-2\boldsymbol{A}^2+\boldsymbol{A}-\boldsymbol{I}=2\boldsymbol{A}^3-3\boldsymbol{A}^2+2\boldsymbol{A}-\boldsymbol{I}$

$(\boldsymbol{A}-\boldsymbol{I})(2\boldsymbol{A}^2-\boldsymbol{A}+\boldsymbol{I})=2\boldsymbol{A}^3-2\boldsymbol{A}^2-\boldsymbol{A}^2+\boldsymbol{A}+\boldsymbol{A}-\boldsymbol{I}=2\boldsymbol{A}^3-3\boldsymbol{A}^2+2\boldsymbol{A}-\boldsymbol{I}$

所以 $(2\boldsymbol{A}^2-\boldsymbol{A}+\boldsymbol{I})(\boldsymbol{A}-\boldsymbol{I})=(\boldsymbol{A}-\boldsymbol{I})(2\boldsymbol{A}^2-\boldsymbol{A}+\boldsymbol{I})$

(2) $\boldsymbol{A}^2=\begin{pmatrix}2&2\\2&2\end{pmatrix}$，$\boldsymbol{B}+\boldsymbol{I}=\begin{pmatrix}2&1\\0&2\end{pmatrix}$

$$\boldsymbol{A}^2(\boldsymbol{B}+\boldsymbol{I})=\begin{pmatrix}2&2\\2&2\end{pmatrix}\begin{pmatrix}2&1\\0&2\end{pmatrix}=\begin{pmatrix}4&6\\4&6\end{pmatrix}$$

$$(\boldsymbol{B}+\boldsymbol{I})\boldsymbol{A}^2=\begin{pmatrix}2&1\\0&2\end{pmatrix}\begin{pmatrix}2&2\\2&2\end{pmatrix}=\begin{pmatrix}6&6\\4&4\end{pmatrix}$$

可见 $\boldsymbol{A}^2(\boldsymbol{B}+\boldsymbol{I})\neq(\boldsymbol{B}+\boldsymbol{I})\boldsymbol{A}^2$

注释 事实上

$$\boldsymbol{A}^2(\boldsymbol{B}+\boldsymbol{I})=\boldsymbol{A}^2\boldsymbol{B}+\boldsymbol{A}^2\boldsymbol{I}=\boldsymbol{A}^2\boldsymbol{B}+\boldsymbol{A}^2$$
$$(\boldsymbol{B}+\boldsymbol{I})\boldsymbol{A}^2=\boldsymbol{B}\boldsymbol{A}^2+\boldsymbol{I}\boldsymbol{A}^2=\boldsymbol{B}\boldsymbol{A}^2+\boldsymbol{A}^2$$

一般情况下，$\boldsymbol{A}^2\boldsymbol{B}\neq\boldsymbol{B}\boldsymbol{A}^2$，所以 $\boldsymbol{A}^2(\boldsymbol{B}+\boldsymbol{I})\neq(\boldsymbol{B}+\boldsymbol{I})\boldsymbol{A}^2$.

注释 若已知 $f(x)$，$g(x)$ 都是 x 的多项式，$\boldsymbol{A}$ 是 n 阶矩阵，则

$$f(\boldsymbol{A})g(\boldsymbol{A})=g(\boldsymbol{A})f(\boldsymbol{A}) \qquad \text{(见题(1))}$$

若 $\boldsymbol{A}$，$\boldsymbol{B}$ 都是 n 阶矩阵，则一般情况下，$f(\boldsymbol{A})g(\boldsymbol{B})\neq g(\boldsymbol{B})f(\boldsymbol{A})$. (见题(2))

27. 设 $\boldsymbol{A}$，$\boldsymbol{B}$ 均为 n 阶矩阵，且 $\boldsymbol{A}=\frac{1}{2}(\boldsymbol{B}+\boldsymbol{I})$，证明：$\boldsymbol{A}^2=\boldsymbol{A}$，当且仅当 $\boldsymbol{B}^2=\boldsymbol{I}$ 时.

证：当 $\boldsymbol{B}^2=\boldsymbol{I}$ 时，由 $\boldsymbol{A}=\frac{1}{2}(\boldsymbol{B}+\boldsymbol{I})$ 有

$$\boldsymbol{A}^2=\left(\frac{1}{2}(\boldsymbol{B}+\boldsymbol{I})\right)^2=\frac{1}{4}(\boldsymbol{B}^2+2\boldsymbol{B}+\boldsymbol{I})=\frac{1}{4}(\boldsymbol{I}+2\boldsymbol{B}+\boldsymbol{I})$$
$$=\frac{1}{2}(\boldsymbol{B}+\boldsymbol{I})=\boldsymbol{A}$$

当 $\boldsymbol{A}^2=\boldsymbol{A}$ 时，由 $\boldsymbol{A}=\frac{1}{2}(\boldsymbol{B}+\boldsymbol{I})$ 有

$$\left(\frac{1}{2}(\boldsymbol{B}+\boldsymbol{I})\right)^2=\frac{1}{2}(\boldsymbol{B}+\boldsymbol{I})$$

即 $$\frac{1}{4}(\boldsymbol{B}^2+2\boldsymbol{B}+\boldsymbol{I})=\frac{1}{2}(\boldsymbol{B}+\boldsymbol{I})$$

整理得 $\boldsymbol{B}^2=\boldsymbol{I}$

28. 设 $\boldsymbol{A}=\begin{pmatrix}a_{11}&a_{12}&a_{13}\\&a_{22}&a_{23}\\&&a_{33}\end{pmatrix}$，$\boldsymbol{B}=\begin{pmatrix}b_{11}&b_{12}&b_{13}\\&b_{22}&b_{23}\\&&b_{33}\end{pmatrix}$，验证 $a\boldsymbol{A}$（a 为常数），$\boldsymbol{A}+\boldsymbol{B}$，$\boldsymbol{AB}$ 仍为同阶同结构的上三角形矩阵.

证：$a\boldsymbol{A}=a\begin{pmatrix}a_{11}&a_{12}&a_{13}\\&a_{22}&a_{23}\\&&a_{33}\end{pmatrix}=\begin{pmatrix}aa_{11}&aa_{12}&aa_{13}\\&aa_{22}&aa_{23}\\&&aa_{33}\end{pmatrix}$

$$\boldsymbol{A}+\boldsymbol{B}=\begin{pmatrix}a_{11} & a_{12} & a_{13}\\ & a_{22} & a_{23}\\ & & a_{33}\end{pmatrix}+\begin{pmatrix}b_{11} & b_{12} & b_{13}\\ & b_{22} & b_{23}\\ & & b_{33}\end{pmatrix}$$

$$=\begin{pmatrix}a_{11}+b_{11} & a_{12}+b_{12} & a_{13}+b_{13}\\ & a_{22}+b_{22} & a_{23}+b_{23}\\ & & a_{33}+b_{33}\end{pmatrix}$$

$$\boldsymbol{AB}=\begin{pmatrix}a_{11} & a_{12} & a_{13}\\ & a_{22} & a_{23}\\ & & a_{33}\end{pmatrix}\begin{pmatrix}b_{11} & b_{12} & b_{13}\\ & b_{22} & b_{23}\\ & & b_{33}\end{pmatrix}$$

$$=\begin{pmatrix}a_{11}b_{11} & a_{11}b_{12}+a_{12}b_{22} & a_{11}b_{13}+a_{12}b_{23}+a_{13}b_{33}\\ & a_{22}b_{22} & a_{22}b_{23}+a_{23}b_{33}\\ & & a_{33}b_{33}\end{pmatrix}$$

可见，$a\boldsymbol{A}$，$\boldsymbol{A}+\boldsymbol{B}$，$\boldsymbol{AB}$ 仍是与 $\boldsymbol{A}$ 和 $\boldsymbol{B}$ 同阶同结构的上三角形矩阵.

29. 证明：对任意 $m\times n$ 矩阵 $\boldsymbol{A}$，$\boldsymbol{A}^{\mathrm{T}}\boldsymbol{A}$ 及 $\boldsymbol{A}\boldsymbol{A}^{\mathrm{T}}$ 都是对称矩阵.

证：由转置矩阵的性质，有

$$(\boldsymbol{A}^{\mathrm{T}}\boldsymbol{A})^{\mathrm{T}}=\boldsymbol{A}^{\mathrm{T}}(\boldsymbol{A}^{\mathrm{T}})^{\mathrm{T}}=\boldsymbol{A}^{\mathrm{T}}\boldsymbol{A}$$

及

$$(\boldsymbol{A}\boldsymbol{A}^{\mathrm{T}})^{\mathrm{T}}=(\boldsymbol{A}^{\mathrm{T}})^{\mathrm{T}}\boldsymbol{A}^{\mathrm{T}}=\boldsymbol{A}\boldsymbol{A}^{\mathrm{T}}$$

根据对称矩阵的定义，$\boldsymbol{A}^{\mathrm{T}}\boldsymbol{A}$ 及 $\boldsymbol{A}\boldsymbol{A}^{\mathrm{T}}$ 都是对称矩阵.

30. 设 $\boldsymbol{A}$，$\boldsymbol{B}$ 均为 n 阶反对称矩阵(即 $\boldsymbol{A}^{\mathrm{T}}=-\boldsymbol{A}$，$\boldsymbol{B}^{\mathrm{T}}=-\boldsymbol{B}$)，证明当且仅当 $\boldsymbol{AB}=-\boldsymbol{BA}$ 时，$\boldsymbol{AB}$ 是反对称矩阵.

证：设 $\boldsymbol{A}$，$\boldsymbol{B}$ 是 n 阶反对称矩阵，则有

$$\boldsymbol{A}^{\mathrm{T}}=-\boldsymbol{A},\ \boldsymbol{B}^{\mathrm{T}}=-\boldsymbol{B}$$

若 $\boldsymbol{AB}=-\boldsymbol{BA}$，则有

$$(\boldsymbol{AB})^{\mathrm{T}}=\boldsymbol{B}^{\mathrm{T}}\boldsymbol{A}^{\mathrm{T}}=-\boldsymbol{B}(-\boldsymbol{A})=\boldsymbol{BA}=-\boldsymbol{AB}$$

即 $\boldsymbol{AB}$ 是反对称矩阵.

若 $\boldsymbol{AB}$ 是反对称矩阵，则有

$$(\boldsymbol{AB})^{\mathrm{T}}=-\boldsymbol{AB}$$

即 $\boldsymbol{AB}=-(\boldsymbol{AB})^{\mathrm{T}}=-\boldsymbol{B}^{\mathrm{T}}\boldsymbol{A}^{\mathrm{T}}=-(-\boldsymbol{B})(-\boldsymbol{A})=-\boldsymbol{BA}$.

31. 证明：对任意的 n 阶矩阵 $\boldsymbol{A}$，$\boldsymbol{A}+\boldsymbol{A}^{\mathrm{T}}$ 为对称矩阵，$\boldsymbol{A}-\boldsymbol{A}^{\mathrm{T}}$ 为反对称矩阵.

证：$(\boldsymbol{A}+\boldsymbol{A}^{\mathrm{T}})^{\mathrm{T}}=\boldsymbol{A}^{\mathrm{T}}+(\boldsymbol{A}^{\mathrm{T}})^{\mathrm{T}}=\boldsymbol{A}^{\mathrm{T}}+\boldsymbol{A}=\boldsymbol{A}+\boldsymbol{A}^{\mathrm{T}}$

所以 $\boldsymbol{A}+\boldsymbol{A}^{\mathrm{T}}$ 为对称矩阵.

$$(\boldsymbol{A}-\boldsymbol{A}^{\mathrm{T}})^{\mathrm{T}}=\boldsymbol{A}^{\mathrm{T}}-(\boldsymbol{A}^{\mathrm{T}})^{\mathrm{T}}=\boldsymbol{A}^{\mathrm{T}}-\boldsymbol{A}=-(\boldsymbol{A}-\boldsymbol{A}^{\mathrm{T}})$$

所以 $\boldsymbol{A}-\boldsymbol{A}^{\mathrm{T}}$ 为反对称矩阵.

32. 按指定分块的方法，用分块矩阵乘法求下列矩阵的乘积.

(1) $\left(\begin{array}{cc:c}1 & -2 & 0\\ -1 & 1 & 1\\ \hdashline 0 & 3 & 2\end{array}\right)\left(\begin{array}{c:c}0 & 1\\ 1 & 0\\ \hdashline 0 & -1\end{array}\right)$　　(2) $\left(\begin{array}{ccc}2 & 1 & -1\\ \hdashline 3 & 0 & -2\\ \hdashline 1 & -1 & 1\end{array}\right)\left(\begin{array}{c:c:c}1 & 1 & 0\\ 0 & 0 & -1\\ -1 & 2 & 1\end{array}\right)$

(3) $\left(\begin{array}{cc:cc} a & 0 & 0 & 0 \\ 0 & a & 0 & 0 \\ \hdashline 1 & 0 & b & 0 \\ 0 & 1 & 0 & b \end{array}\right)\left(\begin{array}{cc:cc} 1 & 0 & c & 0 \\ 0 & 1 & 0 & c \\ \hdashline 0 & 0 & d & 0 \\ 0 & 0 & 0 & d \end{array}\right)$

解:(1) 令 $\boldsymbol{C}=\left(\begin{array}{cc:c} 1 & -2 & 0 \\ -1 & 1 & 1 \\ \hdashline 0 & 3 & 2 \end{array}\right)\left(\begin{array}{c:c} 0 & 1 \\ 1 & 0 \\ \hdashline 0 & -1 \end{array}\right)=\left(\begin{array}{c:c} \boldsymbol{A}_{11} & \boldsymbol{A}_{12} \\ \hdashline \boldsymbol{A}_{21} & \boldsymbol{A}_{22} \end{array}\right)\left(\begin{array}{c:c} \boldsymbol{B}_{11} & \boldsymbol{B}_{12} \\ \hdashline \boldsymbol{B}_{21} & \boldsymbol{B}_{22} \end{array}\right)$

$$=\begin{pmatrix} \boldsymbol{C}_{11} & \boldsymbol{C}_{12} \\ \boldsymbol{C}_{21} & \boldsymbol{C}_{22} \end{pmatrix}$$

那么 $\boldsymbol{C}_{11}=\boldsymbol{A}_{11}\boldsymbol{B}_{11}+\boldsymbol{A}_{12}\boldsymbol{B}_{21}=\begin{pmatrix} 1 & -2 \\ -1 & 1 \end{pmatrix}\begin{pmatrix} 0 \\ 1 \end{pmatrix}+\begin{pmatrix} 0 \\ 1 \end{pmatrix}\times 0$

$$=\begin{pmatrix} -2 \\ 1 \end{pmatrix}+\begin{pmatrix} 0 \\ 0 \end{pmatrix}=\begin{pmatrix} -2 \\ 1 \end{pmatrix}$$

$$\boldsymbol{C}_{12}=\boldsymbol{A}_{11}\boldsymbol{B}_{12}+\boldsymbol{A}_{12}\boldsymbol{B}_{22}=\begin{pmatrix} 1 & -2 \\ -1 & 1 \end{pmatrix}\begin{pmatrix} 1 \\ 0 \end{pmatrix}+\begin{pmatrix} 0 \\ 1 \end{pmatrix}(-1)=\begin{pmatrix} 1 \\ -1 \end{pmatrix}+\begin{pmatrix} 0 \\ -1 \end{pmatrix}$$

$$=\begin{pmatrix} 1 \\ -2 \end{pmatrix}$$

$$\boldsymbol{C}_{21}=\boldsymbol{A}_{21}\boldsymbol{B}_{11}+\boldsymbol{A}_{22}\boldsymbol{B}_{21}=(0 \quad 3)\begin{pmatrix} 0 \\ 1 \end{pmatrix}+2\times 0=3$$

$$\boldsymbol{C}_{22}=\boldsymbol{A}_{21}\boldsymbol{B}_{12}+\boldsymbol{A}_{22}\boldsymbol{B}_{22}=(0 \quad 3)\begin{pmatrix} 1 \\ 0 \end{pmatrix}+2\times(-1)=0+(-2)=-2$$

所以 $\boldsymbol{C}=\begin{pmatrix} \boldsymbol{C}_{11} & \boldsymbol{C}_{12} \\ \boldsymbol{C}_{21} & \boldsymbol{C}_{22} \end{pmatrix}=\left(\begin{array}{c:c} -2 & 1 \\ 1 & -2 \\ \hdashline 3 & -2 \end{array}\right)$

即 $\begin{pmatrix} 1 & -2 & 0 \\ -1 & 1 & 1 \\ 0 & 3 & 2 \end{pmatrix}\begin{pmatrix} 0 & 1 \\ 1 & 0 \\ 0 & -1 \end{pmatrix}=\begin{pmatrix} -2 & 1 \\ 1 & -2 \\ 3 & -2 \end{pmatrix}$

(2) 令 $\boldsymbol{C}=\left(\begin{array}{ccc} 2 & 1 & -1 \\ \hdashline 3 & 0 & -2 \\ \hdashline 1 & -1 & 1 \end{array}\right)\left(\begin{array}{c:c:c} 1 & 1 & 0 \\ 0 & 0 & -1 \\ -1 & 2 & 1 \end{array}\right)=\begin{pmatrix} \boldsymbol{A}_{11} \\ \boldsymbol{A}_{21} \\ \boldsymbol{A}_{31} \end{pmatrix}(\boldsymbol{B}_{11} \quad \boldsymbol{B}_{12} \quad \boldsymbol{B}_{13})$

$$=\begin{pmatrix} \boldsymbol{C}_{11} & \boldsymbol{C}_{12} & \boldsymbol{C}_{13} \\ \boldsymbol{C}_{21} & \boldsymbol{C}_{22} & \boldsymbol{C}_{23} \\ \boldsymbol{C}_{31} & \boldsymbol{C}_{32} & \boldsymbol{C}_{33} \end{pmatrix}$$

那么 $\boldsymbol{C}_{11}=\boldsymbol{A}_{11}\boldsymbol{B}_{11}=(2 \quad 1 \quad -1)\begin{pmatrix} 1 \\ 0 \\ -1 \end{pmatrix}=3$

$$C_{12}=A_{11}B_{12}=(2\quad 1\quad -1)\begin{pmatrix}1\\0\\2\end{pmatrix}=0$$

$$C_{13}=A_{11}B_{13}=(2\quad 1\quad -1)\begin{pmatrix}0\\-1\\1\end{pmatrix}=-2$$

$$C_{21}=A_{21}B_{11}=(3\quad 0\quad -2)\begin{pmatrix}1\\0\\-1\end{pmatrix}=5$$

$$C_{22}=A_{21}B_{12}=(3\quad 0\quad -2)\begin{pmatrix}1\\0\\2\end{pmatrix}=-1$$

$$C_{23}=A_{21}B_{13}=(3\quad 0\quad -2)\begin{pmatrix}0\\-1\\1\end{pmatrix}=-2$$

$$C_{31}=A_{31}B_{11}=(1\quad -1\quad 1)\begin{pmatrix}1\\0\\-1\end{pmatrix}=0$$

$$C_{32}=A_{31}B_{12}=(1\quad -1\quad 1)\begin{pmatrix}1\\0\\2\end{pmatrix}=3$$

$$C_{33}=A_{31}B_{13}=(1\quad -1\quad 1)\begin{pmatrix}0\\-1\\1\end{pmatrix}=2$$

所以 $$C=\begin{pmatrix}C_{11}&C_{12}&C_{13}\\C_{21}&C_{22}&C_{23}\\C_{31}&C_{32}&C_{33}\end{pmatrix}=\begin{pmatrix}3&0&-2\\5&-1&-2\\0&3&2\end{pmatrix}$$

即 $$\begin{pmatrix}2&1&-1\\3&0&-2\\1&-1&1\end{pmatrix}\begin{pmatrix}1&1&0\\0&0&-1\\-1&2&1\end{pmatrix}=\begin{pmatrix}3&0&-2\\5&-1&-2\\0&3&2\end{pmatrix}$$

(3) 令 $$X=\left(\begin{array}{cc:cc}a&0&0&0\\0&a&0&0\\\hdashline 1&0&b&0\\0&1&0&b\end{array}\right)\left(\begin{array}{cc:cc}1&0&c&0\\0&1&0&c\\\hdashline 0&0&d&0\\0&0&0&d\end{array}\right)=\left(\begin{array}{c:c}A&O\\\hdashline I&B\end{array}\right)\left(\begin{array}{c:c}I&C\\\hdashline O&D\end{array}\right)=\begin{pmatrix}X_{11}&X_{12}\\X_{21}&X_{22}\end{pmatrix}$$

那么 $$X_{11}=AI=\begin{pmatrix}a&0\\0&a\end{pmatrix}$$

$$X_{12}=AC=\begin{pmatrix}a&0\\0&a\end{pmatrix}\begin{pmatrix}c&0\\0&c\end{pmatrix}=\begin{pmatrix}ac&0\\0&ac\end{pmatrix}$$

$$X_{21}=I=\begin{pmatrix}1&0\\0&1\end{pmatrix}$$

$$X_{22}=C+BD=\begin{pmatrix}c&0\\0&c\end{pmatrix}+\begin{pmatrix}b&0\\0&b\end{pmatrix}\begin{pmatrix}d&0\\0&d\end{pmatrix}=\begin{pmatrix}c&0\\0&c\end{pmatrix}+\begin{pmatrix}bd&0\\0&bd\end{pmatrix}$$

$$=\begin{pmatrix}c+bd&0\\0&c+bd\end{pmatrix}$$

所以 $$X=\begin{pmatrix}X_{11}&X_{12}\\X_{21}&X_{22}\end{pmatrix}=\left(\begin{array}{cc:cc}a&0&ac&0\\0&a&0&ac\\\hdashline 1&0&c+bd&0\\0&1&0&c+bd\end{array}\right)$$

即 $$\begin{pmatrix}a&0&0&0\\0&a&0&0\\1&0&b&0\\0&1&0&b\end{pmatrix}\begin{pmatrix}1&0&c&0\\0&1&0&c\\0&0&d&0\\0&0&0&d\end{pmatrix}=\begin{pmatrix}a&0&ac&0\\0&a&0&ac\\1&0&c+bd&0\\0&1&0&c+bd\end{pmatrix}$$

注释 题(3)按如下写法更简便

$$\left(\begin{array}{cc:cc}a&0&0&0\\0&a&0&0\\\hdashline 1&0&b&0\\0&1&0&b\end{array}\right)\left(\begin{array}{cc:cc}1&0&c&0\\0&1&0&c\\\hdashline 0&0&d&0\\0&0&0&d\end{array}\right)=\left(\begin{array}{c:c}aI&O\\\hdashline I&bI\end{array}\right)\left(\begin{array}{c:c}I&cI\\\hdashline O&dI\end{array}\right)$$

$$=\begin{pmatrix}aI&acI\\I&cI+bdI\end{pmatrix}=\begin{pmatrix}a&0&ac&0\\0&a&0&ac\\1&0&c+bd&0\\0&1&0&c+bd\end{pmatrix}$$

33. 设有矩阵 $A=\begin{pmatrix}-1&0&2&0\\0&-1&0&2\\0&0&4&3\end{pmatrix}$，$B=\begin{pmatrix}2&0&-1\\1&1&0\\0&1&0\\0&0&1\end{pmatrix}$，用分块矩阵乘法求 AB.

解: 按如下方法分块. 设 $A=\left(\begin{array}{cc:cc}-1&0&2&0\\0&-1&0&2\\\hdashline 0&0&4&3\end{array}\right)=\begin{pmatrix}-I&2I\\O&A_1\end{pmatrix}$，其中 $A_1=(4\quad 3)$.

$$B=\left(\begin{array}{c:cc}2&0&-1\\1&1&0\\\hdashline 0&1&0\\0&0&1\end{array}\right)=\begin{pmatrix}B_1&B_2\\O&I\end{pmatrix}$$，其中 $B_1=\begin{pmatrix}2\\1\end{pmatrix}$，$B_2=\begin{pmatrix}0&-1\\1&0\end{pmatrix}$，那么

$$AB=\begin{pmatrix}-I&2I\\O&A_1\end{pmatrix}\begin{pmatrix}B_1&B_2\\O&I\end{pmatrix}=\begin{pmatrix}-B_1&-B_2+2I\\O&A_1\end{pmatrix}$$

其中 $$-B_2+2I=\begin{pmatrix}0&1\\-1&0\end{pmatrix}+\begin{pmatrix}2&0\\0&2\end{pmatrix}=\begin{pmatrix}2&1\\-1&2\end{pmatrix}$$

所以可得 $AB=\begin{pmatrix}-2&2&1\\-1&-1&2\\0&4&3\end{pmatrix}$.

注释 分块矩阵运算时，以所分子块为元素，因此要求所分的子块的行数与列数使运算可以进行.

34. 设 A 为 3×3 矩阵，且 $|A|=1$，把 A 按列分块为 $A=(A_1, A_2, A_3)$，求 $|A_3, 4A_1, -2A_2-A_3|$.

解: $$|A_3, 4A_1, -2A_2-A_3|=-|4A_1, A_3, -2A_2-A_3|$$
$$=(-1)\times(-1)|4A_1, -2A_2-A_3, A_3|=|4A_1, -2A_2, A_3|$$
$$=4\times(-2)|A_1, A_2, A_3|=-8|A|=-8\times 1=-8$$

35. 判断下列矩阵是否可逆，如可逆，求其逆矩阵.

(1) $\begin{pmatrix}2&1\\3&4\end{pmatrix}$ (2) $\begin{pmatrix}a&b\\c&d\end{pmatrix}(ad-bc\neq 0)$

(3) $\begin{pmatrix}1&0&0\\1&2&0\\1&2&3\end{pmatrix}$ (4) $\begin{pmatrix}2&2&3\\1&-1&0\\-1&2&1\end{pmatrix}$

(5) $\begin{pmatrix}1&2&3&4\\0&1&2&3\\0&0&1&2\\0&0&0&1\end{pmatrix}$ (6) $\begin{pmatrix}a_1&&&\\&a_2&&\\&&\ddots&\\&&&a_n\end{pmatrix}(a_i\neq 0, i=1, 2, \cdots, n)$

解: (1) $\begin{vmatrix}2&1\\3&4\end{vmatrix}=5\neq 0$，所以 $\begin{pmatrix}2&1\\3&4\end{pmatrix}$ 可逆. 可以求得

$$\begin{pmatrix}2&1\\3&4\end{pmatrix}^{-1}=\frac{1}{5}\begin{pmatrix}4&-1\\-3&2\end{pmatrix}=\begin{pmatrix}\frac{4}{5}&-\frac{1}{5}\\-\frac{3}{5}&\frac{2}{5}\end{pmatrix}$$

(2) $\begin{vmatrix}a&b\\c&d\end{vmatrix}=ad-bc\neq 0$，所以 $\begin{pmatrix}a&b\\c&d\end{pmatrix}$ 可逆. 可以求得

$$\begin{vmatrix}a&b\\c&d\end{vmatrix}^{-1}=\frac{1}{ad-bc}\begin{pmatrix}d&-b\\-c&a\end{pmatrix}=\begin{pmatrix}\frac{d}{ad-bc}&\frac{-b}{ad-bc}\\\frac{-c}{ad-bc}&\frac{a}{ad-bc}\end{pmatrix}$$

(3) $\begin{vmatrix}1&0&0\\1&2&0\\1&2&3\end{vmatrix}=6\neq 0$，所以$\begin{pmatrix}1&0&0\\1&2&0\\1&2&3\end{pmatrix}$可逆.

设$\boldsymbol{A}=\begin{pmatrix}1&0&0\\1&2&0\\1&2&3\end{pmatrix}$，$|\boldsymbol{A}|=6$.

$$A_{11}=\begin{vmatrix}2&0\\2&3\end{vmatrix}=6,\quad A_{12}=-\begin{vmatrix}1&0\\1&3\end{vmatrix}=-3,\ A_{13}=\begin{vmatrix}1&2\\1&2\end{vmatrix}=0$$

$$A_{21}=-\begin{vmatrix}0&0\\2&3\end{vmatrix}=0,A_{22}=\begin{vmatrix}1&0\\1&3\end{vmatrix}=3,\quad A_{23}=-\begin{vmatrix}1&0\\1&2\end{vmatrix}=-2$$

$$A_{31}=\begin{vmatrix}0&0\\2&0\end{vmatrix}=0,\quad A_{32}=-\begin{vmatrix}1&0\\1&0\end{vmatrix}=0,A_{33}=\begin{vmatrix}1&0\\1&2\end{vmatrix}=2$$

可以求得$\begin{pmatrix}1&0&0\\1&2&0\\1&2&3\end{pmatrix}^{-1}=\dfrac{1}{6}\begin{pmatrix}6&0&0\\-3&3&0\\0&-2&2\end{pmatrix}=\begin{pmatrix}1&0&0\\-\dfrac{1}{2}&\dfrac{1}{2}&0\\0&-\dfrac{1}{3}&\dfrac{1}{3}\end{pmatrix}$.

(4) $\begin{vmatrix}2&2&3\\1&-1&0\\-1&2&1\end{vmatrix}=-1\neq 0$，所以$\begin{pmatrix}2&2&3\\1&-1&0\\-1&2&1\end{pmatrix}$可逆.

设$\boldsymbol{A}=\begin{pmatrix}2&2&3\\1&-1&0\\-1&2&1\end{pmatrix}$，$|\boldsymbol{A}|=-1$

$A_{11}=-1$，$A_{12}=-1$，$A_{13}=1$
$A_{21}=4$，$A_{22}=5$，$A_{23}=-6$
$A_{31}=3$，$A_{32}=3$，$A_{33}=-4$

可以求得$\begin{pmatrix}2&2&3\\1&-1&0\\-1&2&1\end{pmatrix}^{-1}=\dfrac{1}{-1}\begin{pmatrix}-1&4&3\\-1&5&3\\1&-6&-4\end{pmatrix}=\begin{pmatrix}1&-4&-3\\1&-5&-3\\-1&6&4\end{pmatrix}$.

(5) $\begin{vmatrix}1&2&3&4\\0&1&2&3\\0&0&1&2\\0&0&0&1\end{vmatrix}=1\neq 0$，所以$\begin{pmatrix}1&2&3&4\\0&1&2&3\\0&0&1&2\\0&0&0&1\end{pmatrix}$可逆.

设$\boldsymbol{A}=\begin{pmatrix}1&2&3&4\\0&1&2&3\\0&0&1&2\\0&0&0&1\end{pmatrix}$，$|\boldsymbol{A}|=1$

$A_{11}=1$，$A_{12}=0$，$A_{13}=0$，$A_{14}=0$
$A_{21}=-2$，$A_{22}=1$，$A_{23}=0$，$A_{24}=0$
$A_{31}=1$，$A_{32}=-2$，$A_{33}=1$，$A_{34}=0$
$A_{41}=0$，$A_{42}=1$，$A_{43}=-2$，$A_{44}=1$

可以求得$\begin{pmatrix}1&2&3&4\\0&1&2&3\\0&0&1&2\\0&0&0&1\end{pmatrix}^{-1}=\begin{pmatrix}1&-2&1&0\\0&1&-2&1\\0&0&1&-2\\0&0&0&1\end{pmatrix}$.

(6) $\begin{vmatrix}a_1&&&\\&a_2&&\\&&\ddots&\\&&&a_n\end{vmatrix}=a_1a_2\cdots a_n\neq 0$，所以$\begin{pmatrix}a_1&&&\\&a_2&&\\&&\ddots&\\&&&a_n\end{pmatrix}$可逆.

设 $\boldsymbol{A}=\begin{pmatrix}a_1&&&\\&a_2&&\\&&\ddots&\\&&&a_n\end{pmatrix}$，$|\boldsymbol{A}|=a_1a_2\cdots a_n$

$$A_{11}=\begin{vmatrix}a_2&&&\\&a_3&&\\&&\ddots&\\&&&a_n\end{vmatrix}=a_2a_3\cdots a_n,\ A_{22}=\begin{vmatrix}a_1&&&\\&a_3&&\\&&\ddots&\\&&&a_n\end{vmatrix}=a_1a_3\cdots a_n$$

……

$$A_{nn}=\begin{vmatrix}a_1&&&\\&a_2&&\\&&\ddots&\\&&&a_{n-1}\end{vmatrix}=a_1a_2\cdots a_{n-1}$$

其他代数余子式 $A_{ij}=0$，$i\neq j$. 可以求得

$$\boldsymbol{A}^{-1}=\frac{1}{a_1a_2\cdots a_n}\begin{pmatrix}a_2a_3\cdots a_n&&&\\&a_1a_3\cdots a_n&&\\&&\ddots&\\&&&a_1a_2\cdots a_{n-1}\end{pmatrix}$$

$$=\begin{pmatrix}\frac{1}{a_1}&&&\\&\frac{1}{a_2}&&\\&&\ddots&\\&&&\frac{1}{a_n}\end{pmatrix}$$

36. 当 a 为何值时，矩阵 $\boldsymbol{A}=\begin{pmatrix}a&-1&1\\0&1&2\\1&0&3\end{pmatrix}$可逆？并在可逆时，求 $\boldsymbol{A}^{-1}$.

解： $|\boldsymbol{A}|=\begin{vmatrix}a&-1&1\\0&1&2\\1&0&3\end{vmatrix}=3a-2-1=3(a-1)$

当 $a\neq 1$ 时 $|\boldsymbol{A}|\neq 0$，此时 $\boldsymbol{A}$ 可逆.

$A_{11}=3$，$A_{12}=2$，$A_{13}=-1$

$A_{21}=3$，$A_{22}=3a-1$，$A_{23}=-1$

$A_{31}=-3$，$A_{32}=-2a$，$A_{33}=a$

可以求得 $A^{-1}=\frac{1}{3(a-1)}\begin{pmatrix}3&3&-3\\2&3a-1&-2a\\-1&-1&a\end{pmatrix}\quad(a\neq 1).$

37. 讨论矩阵 $A=\begin{pmatrix}-1&0&1\\a&3&b\\2&0&-2\end{pmatrix}$ 的可逆性.

解: $|A|=\begin{vmatrix}-1&0&1\\a&3&b\\2&0&-2\end{vmatrix}=6-6=0$

$|A|=0$，A 为奇异矩阵，故不论 a，b 为何值，A 均不可逆.

n 阶矩阵 A 可逆的充分必要条件是 A 非奇异，即 $|A|\neq 0$.

38. 用分块矩阵求矩阵 $\begin{pmatrix}2&1&0&0\\1&1&0&0\\0&0&2&5\\0&0&1&3\end{pmatrix}$ 的逆矩阵.

解: 用下列方法将给定矩阵分块.

$$\left(\begin{array}{cc:cc}2&1&0&0\\1&1&0&0\\\hdashline 0&0&2&5\\0&0&1&3\end{array}\right)=\begin{pmatrix}A&O\\O&B\end{pmatrix}，其中 A=\begin{pmatrix}2&1\\1&1\end{pmatrix}，B=\begin{pmatrix}2&5\\1&3\end{pmatrix}.$$

$|A|=1\neq 0$，$|B|=1\neq 0$，所以 A，B 均可逆，可以求出 $A^{-1}=\begin{pmatrix}1&-1\\-1&2\end{pmatrix}$，$B^{-1}=\begin{pmatrix}3&-5\\-1&2\end{pmatrix}$，于是可得

$$\begin{pmatrix}2&1&0&0\\1&1&0&0\\0&0&2&5\\0&0&1&3\end{pmatrix}=\begin{pmatrix}A&O\\O&B\end{pmatrix}^{-1}=\begin{pmatrix}A^{-1}&O\\O&B^{-1}\end{pmatrix}=\begin{pmatrix}1&-1&0&0\\-1&2&0&0\\0&0&3&-5\\0&0&-1&2\end{pmatrix}$$

39. 按下列不同的分块方法，求下列矩阵的逆矩阵.

(1) $\left(\begin{array}{cc:cc}1&2&3&4\\0&1&2&3\\\hdashline 0&0&1&2\\0&0&0&1\end{array}\right)$　　(2) $\left(\begin{array}{ccc:c}1&2&3&4\\0&1&2&3\\0&0&1&2\\\hdashline 0&0&0&1\end{array}\right)$

解: (1) $\left(\begin{array}{cc:cc}1&2&3&4\\0&1&2&3\\\hdashline 0&0&1&2\\0&0&0&1\end{array}\right)=\begin{pmatrix}A&C\\O&B\end{pmatrix}$，其中 $A=\begin{pmatrix}1&2\\0&1\end{pmatrix}$，$B=\begin{pmatrix}1&2\\0&1\end{pmatrix}$，$C=\begin{pmatrix}3&4\\2&3\end{pmatrix}$，

$|\boldsymbol{A}|\neq 0$，$|\boldsymbol{B}|\neq 0$，$\boldsymbol{A}$，$\boldsymbol{B}$ 可逆.

根据 $\begin{pmatrix}\boldsymbol{A} & \boldsymbol{C}\\ \boldsymbol{O} & \boldsymbol{B}\end{pmatrix}^{-1}=\begin{pmatrix}\boldsymbol{A}^{-1} & -\boldsymbol{A}^{-1}\boldsymbol{C}\boldsymbol{B}^{-1}\\ \boldsymbol{O} & \boldsymbol{B}^{-1}\end{pmatrix}$，可以求出

$$\boldsymbol{A}^{-1}=\begin{pmatrix}1 & -2\\ 0 & 1\end{pmatrix},\quad \boldsymbol{B}^{-1}=\begin{pmatrix}1 & -2\\ 0 & 1\end{pmatrix}$$

$$-\boldsymbol{A}^{-1}\boldsymbol{C}\boldsymbol{B}^{-1}=-\begin{pmatrix}1 & -2\\ 0 & 1\end{pmatrix}\begin{pmatrix}3 & 4\\ 2 & 3\end{pmatrix}\begin{pmatrix}1 & -2\\ 0 & 1\end{pmatrix}=\begin{pmatrix}1 & 0\\ -2 & 1\end{pmatrix}$$

于是可得 $\begin{pmatrix}\boldsymbol{A} & \boldsymbol{C}\\ \boldsymbol{O} & \boldsymbol{B}\end{pmatrix}^{-1}=\begin{pmatrix}1 & -2 & 1 & 0\\ 0 & 1 & -2 & 1\\ 0 & 0 & 1 & -2\\ 0 & 0 & 0 & 1\end{pmatrix}$，即

$$\begin{pmatrix}1 & 2 & 3 & 4\\ 0 & 1 & 2 & 3\\ 0 & 0 & 1 & 2\\ 0 & 0 & 0 & 1\end{pmatrix}^{-1}=\begin{pmatrix}1 & -2 & 1 & 0\\ 0 & 1 & -2 & 1\\ 0 & 0 & 1 & -2\\ 0 & 0 & 0 & 1\end{pmatrix}$$

(2) $\left(\begin{array}{ccc:c}1 & 2 & 3 & 4\\ 0 & 1 & 2 & 3\\ 0 & 0 & 1 & 2\\ \hdashline 0 & 0 & 0 & 1\end{array}\right)=\begin{pmatrix}\boldsymbol{A} & \boldsymbol{C}\\ \boldsymbol{O} & \boldsymbol{B}\end{pmatrix}$

其中 $\boldsymbol{A}=\begin{pmatrix}1 & 2 & 3\\ 0 & 1 & 2\\ 0 & 0 & 1\end{pmatrix}$，$\boldsymbol{B}=(1)$，$\boldsymbol{C}=\begin{pmatrix}4\\ 3\\ 2\end{pmatrix}$.

$|\boldsymbol{A}|\neq 0$，$|\boldsymbol{B}|\neq 0$，$\boldsymbol{A}$，$\boldsymbol{B}$ 均可逆.

根据 $\begin{pmatrix}\boldsymbol{A} & \boldsymbol{C}\\ \boldsymbol{O} & \boldsymbol{B}\end{pmatrix}^{-1}=\begin{pmatrix}\boldsymbol{A}^{-1} & -\boldsymbol{A}^{-1}\boldsymbol{C}\boldsymbol{B}^{-1}\\ \boldsymbol{O} & \boldsymbol{B}^{-1}\end{pmatrix}$，可以求出

$$\boldsymbol{A}^{-1}=\begin{pmatrix}1 & -2 & 1\\ 0 & 1 & -2\\ 0 & 0 & 1\end{pmatrix},\ \boldsymbol{B}^{-1}=(1)$$

$$-\boldsymbol{A}^{-1}\boldsymbol{C}\boldsymbol{B}^{-1}=-\begin{pmatrix}1 & -2 & 1\\ 0 & 1 & -2\\ 0 & 0 & 1\end{pmatrix}\begin{pmatrix}4\\ 3\\ 2\end{pmatrix}\cdot(1)=\begin{pmatrix}0\\ 1\\ -2\end{pmatrix}$$

于是可得 $\begin{pmatrix}\boldsymbol{A} & \boldsymbol{C}\\ \boldsymbol{O} & \boldsymbol{B}\end{pmatrix}^{-1}=\begin{pmatrix}1 & -2 & 1 & 0\\ 0 & 1 & -2 & 1\\ 0 & 0 & 1 & -2\\ 0 & 0 & 0 & 1\end{pmatrix}$，即

$$\begin{pmatrix}1 & 2 & 3 & 4\\ 0 & 1 & 2 & 3\\ 0 & 0 & 1 & 2\\ 0 & 0 & 0 & 1\end{pmatrix}^{-1}=\begin{pmatrix}1 & -2 & 1 & 0\\ 0 & 1 & -2 & 1\\ 0 & 0 & 1 & -2\\ 0 & 0 & 0 & 1\end{pmatrix}$$

40. 用分块矩阵求矩阵 $\begin{pmatrix}4&0&0&0&0\\0&1&2&0&0\\0&1&1&0&0\\0&0&0&3&1\\0&0&0&5&2\end{pmatrix}$ 的逆矩阵.

解: 用下列方法将给定矩阵分块.

$$\left(\begin{array}{c|cc|cc}4&0&0&0&0\\\hline 0&1&2&0&0\\0&1&1&0&0\\\hline 0&0&0&3&1\\0&0&0&5&2\end{array}\right)=\begin{pmatrix}\boldsymbol{A}_1&\boldsymbol{O}&\boldsymbol{O}\\\boldsymbol{O}&\boldsymbol{A}_2&\boldsymbol{O}\\\boldsymbol{O}&\boldsymbol{O}&\boldsymbol{A}_3\end{pmatrix}$$

其中 $\boldsymbol{A}_1=(4)$, $\boldsymbol{A}_2=\begin{pmatrix}1&2\\1&1\end{pmatrix}$, $\boldsymbol{A}_3=\begin{pmatrix}3&1\\5&2\end{pmatrix}$, 显然 $\boldsymbol{A}_1$, $\boldsymbol{A}_2$, $\boldsymbol{A}_3$ 均可逆, 可以求出

$$\boldsymbol{A}_1^{-1}=\left(\frac{1}{4}\right),\quad \boldsymbol{A}_2^{-1}=\begin{pmatrix}-1&2\\1&-1\end{pmatrix},\quad \boldsymbol{A}_3^{-1}=\begin{pmatrix}2&-1\\-5&3\end{pmatrix}$$

于是可得 $$\begin{pmatrix}4&0&0&0&0\\0&1&2&0&0\\0&1&1&0&0\\0&0&0&3&1\\0&0&0&5&2\end{pmatrix}^{-1}=\begin{pmatrix}\boldsymbol{A}_1^{-1}&\boldsymbol{O}&\boldsymbol{O}\\\boldsymbol{O}&\boldsymbol{A}_2^{-1}&\boldsymbol{O}\\\boldsymbol{O}&\boldsymbol{O}&\boldsymbol{A}_3^{-1}\end{pmatrix}=\begin{pmatrix}\frac{1}{4}&0&0&0&0\\0&-1&2&0&0\\0&1&-1&0&0\\0&0&0&2&-1\\0&0&0&-5&3\end{pmatrix}.$$

注释 用分块矩阵求逆矩阵, 常用到以下类型.

设 $\boldsymbol{A}$, $\boldsymbol{B}$, $\boldsymbol{A}_1$, $\boldsymbol{A}_2$, $\cdots$, $\boldsymbol{A}_n$ 可逆

$$\begin{pmatrix}\boldsymbol{A}&\boldsymbol{O}\\\boldsymbol{O}&\boldsymbol{B}\end{pmatrix}^{-1}=\begin{pmatrix}\boldsymbol{A}^{-1}&\boldsymbol{O}\\\boldsymbol{O}&\boldsymbol{B}^{-1}\end{pmatrix},\begin{pmatrix}\boldsymbol{O}&\boldsymbol{A}\\\boldsymbol{B}&\boldsymbol{O}\end{pmatrix}^{-1}=\begin{pmatrix}\boldsymbol{O}&\boldsymbol{B}^{-1}\\\boldsymbol{A}^{-1}&\boldsymbol{O}\end{pmatrix}$$

$$\begin{pmatrix}\boldsymbol{A}&\boldsymbol{C}\\\boldsymbol{O}&\boldsymbol{B}\end{pmatrix}^{-1}=\begin{pmatrix}\boldsymbol{A}^{-1}&-\boldsymbol{A}^{-1}\boldsymbol{C}\boldsymbol{B}^{-1}\\\boldsymbol{O}&\boldsymbol{B}^{-1}\end{pmatrix},\begin{pmatrix}\boldsymbol{A}&\boldsymbol{O}\\\boldsymbol{C}&\boldsymbol{B}\end{pmatrix}^{-1}=\begin{pmatrix}\boldsymbol{A}^{-1}&\boldsymbol{O}\\-\boldsymbol{B}^{-1}\boldsymbol{C}\boldsymbol{A}^{-1}&\boldsymbol{B}^{-1}\end{pmatrix}$$

$$\begin{pmatrix}\boldsymbol{O}&\boldsymbol{A}\\\boldsymbol{B}&\boldsymbol{C}\end{pmatrix}^{-1}=\begin{pmatrix}-\boldsymbol{B}^{-1}\boldsymbol{C}\boldsymbol{A}^{-1}&\boldsymbol{B}^{-1}\\\boldsymbol{A}^{-1}&\boldsymbol{O}\end{pmatrix},\begin{pmatrix}\boldsymbol{C}&\boldsymbol{A}\\\boldsymbol{B}&\boldsymbol{O}\end{pmatrix}^{-1}=\begin{pmatrix}\boldsymbol{O}&\boldsymbol{B}^{-1}\\\boldsymbol{A}^{-1}&-\boldsymbol{A}^{-1}\boldsymbol{C}\boldsymbol{B}^{-1}\end{pmatrix}$$

$$\begin{pmatrix}\boldsymbol{A}_1&&&\\&\boldsymbol{A}_2&&\\&&\ddots&\\&&&\boldsymbol{A}_n\end{pmatrix}^{-1}=\begin{pmatrix}\boldsymbol{A}_1^{-1}&&&\\&\boldsymbol{A}_2^{-1}&&\\&&\ddots&\\&&&\boldsymbol{A}_n^{-1}\end{pmatrix}$$

41. 用逆矩阵解矩阵方程:

(1) $\begin{pmatrix}2&5\\1&3\end{pmatrix}\boldsymbol{X}=\begin{pmatrix}4&-6\\2&1\end{pmatrix}$

(2) $X\begin{pmatrix}1 & 1 & -1\\2 & 1 & 0\\1 & -1 & 1\end{pmatrix}=\begin{pmatrix}1 & 1 & 3\\4 & 3 & 2\\1 & 2 & 5\end{pmatrix}$

(3) $\begin{pmatrix}1 & 1 & -1\\-2 & 1 & 1\\1 & 1 & 1\end{pmatrix}X=\begin{pmatrix}2\\3\\6\end{pmatrix}$

解：(1) $\begin{vmatrix}2 & 5\\1 & 3\end{vmatrix}\neq 0$，所以$\begin{pmatrix}2 & 5\\1 & 3\end{pmatrix}$可逆.

可以求出$\begin{pmatrix}2 & 5\\1 & 3\end{pmatrix}^{-1}=\begin{pmatrix}3 & -5\\-1 & 2\end{pmatrix}$，于是可得

$$X=\begin{pmatrix}2 & 5\\1 & 3\end{pmatrix}^{-1}\begin{pmatrix}4 & -6\\2 & 1\end{pmatrix}=\begin{pmatrix}3 & -5\\-1 & 2\end{pmatrix}\begin{pmatrix}4 & -6\\2 & 1\end{pmatrix}=\begin{pmatrix}2 & -23\\0 & 8\end{pmatrix}$$

(2) $\begin{vmatrix}1 & 1 & -1\\2 & 1 & 0\\1 & -1 & 1\end{vmatrix}=2\neq 0$，所以$\begin{pmatrix}1 & 1 & -1\\2 & 1 & 0\\1 & -1 & 1\end{pmatrix}$可逆，可以求出

$$\begin{pmatrix}1 & 1 & -1\\2 & 1 & 0\\1 & -1 & 1\end{pmatrix}^{-1}=\frac{1}{2}\begin{pmatrix}1 & 0 & 1\\-2 & 2 & -2\\-3 & 2 & -1\end{pmatrix}=\begin{pmatrix}\frac{1}{2} & 0 & \frac{1}{2}\\-1 & 1 & -1\\-\frac{3}{2} & 1 & -\frac{1}{2}\end{pmatrix}$$

于是可得 $X=\begin{pmatrix}1 & 1 & 3\\4 & 3 & 2\\1 & 2 & 5\end{pmatrix}\begin{pmatrix}1 & 1 & -1\\2 & 1 & 0\\1 & -1 & 1\end{pmatrix}^{-1}=\begin{pmatrix}1 & 1 & 3\\4 & 3 & 2\\1 & 2 & 5\end{pmatrix}\begin{pmatrix}\frac{1}{2} & 0 & \frac{1}{2}\\-1 & 1 & -1\\-\frac{3}{2} & 1 & -\frac{1}{2}\end{pmatrix}$

$$=\begin{pmatrix}-5 & 4 & -2\\-4 & 5 & -2\\-9 & 7 & -4\end{pmatrix}$$

(3) $\begin{vmatrix}1 & 1 & -1\\-2 & 1 & 1\\1 & 1 & 1\end{vmatrix}=6\neq 0$，所以$\begin{pmatrix}1 & 1 & -1\\-2 & 1 & 1\\1 & 1 & 1\end{pmatrix}$可逆.

可以求出$\begin{pmatrix}1 & 1 & -1\\-2 & 1 & 1\\1 & 1 & 1\end{pmatrix}^{-1}=\begin{pmatrix}0 & -\frac{1}{3} & \frac{1}{3}\\\frac{1}{2} & \frac{1}{3} & \frac{1}{6}\\-\frac{1}{2} & 0 & \frac{1}{2}\end{pmatrix}$，于是可得

$$X=\begin{pmatrix}1 & 1 & -1\\-2 & 1 & 1\\1 & 1 & 1\end{pmatrix}^{-1}\begin{pmatrix}2\\3\\6\end{pmatrix}=\begin{pmatrix}0 & -\frac{1}{3} & \frac{1}{3}\\\frac{1}{2} & \frac{1}{3} & \frac{1}{6}\\-\frac{1}{2} & 0 & \frac{1}{2}\end{pmatrix}\begin{pmatrix}2\\3\\6\end{pmatrix}=\begin{pmatrix}1\\3\\2\end{pmatrix}$$

42. 解矩阵方程 $\boldsymbol{AX}+\boldsymbol{B}=\boldsymbol{X}$，其中 $\boldsymbol{A}=\begin{pmatrix}0&1&0\\-1&1&1\\-1&0&-1\end{pmatrix}$，$\boldsymbol{B}=\begin{pmatrix}1&-1\\2&0\\5&-3\end{pmatrix}$.

解：由 $\boldsymbol{AX}+\boldsymbol{B}=\boldsymbol{X}$，有

$$(\boldsymbol{A}-\boldsymbol{I})\boldsymbol{X}=-\boldsymbol{B}$$

$$\boldsymbol{A}-\boldsymbol{I}=\begin{pmatrix}-1&1&0\\-1&0&1\\-1&0&-2\end{pmatrix},\ |\boldsymbol{A}-\boldsymbol{I}|=\begin{vmatrix}-1&1&0\\-1&0&1\\-1&0&-2\end{vmatrix}=-3\neq 0$$

所以 $\boldsymbol{A}-\boldsymbol{I}$ 可逆.

可以求出 $(\boldsymbol{A}-\boldsymbol{I})^{-1}=-\dfrac{1}{3}\begin{pmatrix}0&2&1\\-3&2&1\\0&-1&1\end{pmatrix}$. 由 $(\boldsymbol{A}-\boldsymbol{I})\boldsymbol{X}=-\boldsymbol{B}$，有

$$\boldsymbol{X}=-(\boldsymbol{A}-\boldsymbol{I})^{-1}\boldsymbol{B}=\frac{1}{3}\begin{pmatrix}0&2&1\\-3&2&1\\0&-1&1\end{pmatrix}\begin{pmatrix}1&-1\\2&0\\5&-3\end{pmatrix}=\begin{pmatrix}3&-1\\2&0\\1&-1\end{pmatrix}$$

于是得出 $\boldsymbol{X}=\begin{pmatrix}3&-1\\2&0\\1&-1\end{pmatrix}$.

注释 用逆矩阵解矩阵方程有以下常用结论. 设 $\boldsymbol{A}$，$\boldsymbol{B}$ 可逆.

若 $\boldsymbol{AX}=\boldsymbol{B}$，则有 $\boldsymbol{X}=\boldsymbol{A}^{-1}\boldsymbol{B}$.
若 $\boldsymbol{XA}=\boldsymbol{B}$，则有 $\boldsymbol{X}=\boldsymbol{BA}^{-1}$.
若 $\boldsymbol{AXB}=\boldsymbol{C}$，则有 $\boldsymbol{X}=\boldsymbol{A}^{-1}\boldsymbol{CB}^{-1}$.

43. 设矩阵 $\boldsymbol{A}=\begin{pmatrix}1&0&-1\\1&3&0\\0&2&1\end{pmatrix}$，$\boldsymbol{X}$ 为三阶矩阵，且满足矩阵方程 $\boldsymbol{AX}+\boldsymbol{I}=\boldsymbol{A}^2+\boldsymbol{X}$，求矩阵 $\boldsymbol{X}$.

解：由 $\boldsymbol{AX}+\boldsymbol{I}=\boldsymbol{A}^2+\boldsymbol{X}$，有 $\boldsymbol{AX}-\boldsymbol{X}=\boldsymbol{A}^2-\boldsymbol{I}$，即

$$(\boldsymbol{A}-\boldsymbol{I})\boldsymbol{X}=\boldsymbol{A}^2-\boldsymbol{I}$$

$$\boldsymbol{A}-\boldsymbol{I}=\begin{pmatrix}1&0&-1\\1&3&0\\0&2&1\end{pmatrix}-\begin{pmatrix}1&0&0\\0&1&0\\0&0&1\end{pmatrix}=\begin{pmatrix}0&0&-1\\1&2&0\\0&2&0\end{pmatrix}$$

$$|\boldsymbol{A}-\boldsymbol{I}|=\begin{vmatrix}0&0&-1\\1&2&0\\0&2&0\end{vmatrix}=-2\neq 0，因此\ \boldsymbol{A}-\boldsymbol{I}\ 可逆.$$

由$(\boldsymbol{A}-\boldsymbol{I})\boldsymbol{X}=\boldsymbol{A}^2-\boldsymbol{I}$可得

$$\boldsymbol{X}=(\boldsymbol{A}-\boldsymbol{I})^{-1}(\boldsymbol{A}-\boldsymbol{I})(\boldsymbol{A}+\boldsymbol{I})=\boldsymbol{A}+\boldsymbol{I}$$

于是可以求出$\boldsymbol{X}=\begin{pmatrix}1&0&-1\\1&3&0\\0&2&1\end{pmatrix}+\begin{pmatrix}1&0&0\\0&1&0\\0&0&1\end{pmatrix}=\begin{pmatrix}2&0&-1\\1&4&0\\0&2&2\end{pmatrix}$.

44. 设$\boldsymbol{A}$，$\boldsymbol{B}$，$\boldsymbol{C}$为同阶矩阵，且$\boldsymbol{C}$非奇异，满足$\boldsymbol{C}^{-1}\boldsymbol{A}\boldsymbol{C}=\boldsymbol{B}$，求证：$\boldsymbol{C}^{-1}\boldsymbol{A}^m\boldsymbol{C}=\boldsymbol{B}^m$（$m$是正整数）.

证：因$\boldsymbol{B}=\boldsymbol{C}^{-1}\boldsymbol{A}\boldsymbol{C}$，于是可得

$$\begin{aligned}\boldsymbol{B}^m&=(\boldsymbol{C}^{-1}\boldsymbol{A}\boldsymbol{C})^m=\underbrace{(\boldsymbol{C}^{-1}\boldsymbol{A}\boldsymbol{C})(\boldsymbol{C}^{-1}\boldsymbol{A}\boldsymbol{C})\cdots(\boldsymbol{C}^{-1}\boldsymbol{A}\boldsymbol{C})}_{m\text{个}}\\&=\boldsymbol{C}^{-1}\boldsymbol{A}(\boldsymbol{C}\boldsymbol{C}^{-1})\boldsymbol{A}(\boldsymbol{C}\boldsymbol{C}^{-1})\cdots(\boldsymbol{C}\boldsymbol{C}^{-1})\boldsymbol{A}\boldsymbol{C}\\&=\boldsymbol{C}^{-1}\boldsymbol{A}\boldsymbol{I}\boldsymbol{A}\boldsymbol{I}\cdots\boldsymbol{I}\boldsymbol{A}\boldsymbol{C}\\&=\boldsymbol{C}^{-1}\underbrace{\boldsymbol{A}\boldsymbol{A}\cdots\boldsymbol{A}}_{m\text{个}}\boldsymbol{C}=\boldsymbol{C}^{-1}\boldsymbol{A}^m\boldsymbol{C}\end{aligned}$$

45. 若$\boldsymbol{A}^k=\boldsymbol{O}$（$k$是正整数），求证：$(\boldsymbol{I}-\boldsymbol{A})^{-1}=\boldsymbol{I}+\boldsymbol{A}+\boldsymbol{A}^2+\cdots+\boldsymbol{A}^{k-1}$.

证：

$$\begin{aligned}&(\boldsymbol{I}-\boldsymbol{A})(\boldsymbol{I}+\boldsymbol{A}+\boldsymbol{A}^2+\cdots+\boldsymbol{A}^{k-1})\\&=\boldsymbol{I}+\boldsymbol{A}+\boldsymbol{A}^2+\cdots+\boldsymbol{A}^{k-1}-\boldsymbol{A}-\boldsymbol{A}^2-\cdots-\boldsymbol{A}^k\\&=\boldsymbol{I}-\boldsymbol{A}^k\end{aligned}$$

因$\boldsymbol{A}^k=\boldsymbol{O}$，从而有$(\boldsymbol{I}-\boldsymbol{A})(\boldsymbol{I}+\boldsymbol{A}+\boldsymbol{A}^2+\cdots+\boldsymbol{A}^{k-1})=\boldsymbol{I}$. 所以

$$(\boldsymbol{I}-\boldsymbol{A})^{-1}=\boldsymbol{I}+\boldsymbol{A}+\boldsymbol{A}^2+\cdots+\boldsymbol{A}^{k-1}$$

46. 若n阶矩阵$\boldsymbol{A}$满足$\boldsymbol{A}^2-2\boldsymbol{A}-4\boldsymbol{I}=\boldsymbol{O}$，试证$\boldsymbol{A}+\boldsymbol{I}$可逆，并求$(\boldsymbol{A}+\boldsymbol{I})^{-1}$.

名师解题

证：由$\boldsymbol{A}^2-2\boldsymbol{A}-4\boldsymbol{I}=\boldsymbol{O}$，有

$$\boldsymbol{A}^2-2\boldsymbol{A}-3\boldsymbol{I}=\boldsymbol{I}，即(\boldsymbol{A}+\boldsymbol{I})(\boldsymbol{A}-3\boldsymbol{I})=\boldsymbol{I}$$

由此可知$\boldsymbol{A}+\boldsymbol{I}$可逆，且$(\boldsymbol{A}+\boldsymbol{I})^{-1}=\boldsymbol{A}-3\boldsymbol{I}$.

47. 若n阶矩阵$\boldsymbol{A}$满足$\boldsymbol{A}^3=3\boldsymbol{A}(\boldsymbol{A}-\boldsymbol{I})$，试证$\boldsymbol{I}-\boldsymbol{A}$可逆，并求$(\boldsymbol{I}-\boldsymbol{A})^{-1}$.

证：由$\boldsymbol{A}^3=3\boldsymbol{A}(\boldsymbol{A}-\boldsymbol{I})$有$3\boldsymbol{A}^2-3\boldsymbol{A}-\boldsymbol{A}^3=\boldsymbol{O}$，即$\boldsymbol{I}-3\boldsymbol{A}+3\boldsymbol{A}^2-\boldsymbol{A}^3=\boldsymbol{I}$，从而有$(\boldsymbol{I}-\boldsymbol{A})^3=\boldsymbol{I}$，亦即$(\boldsymbol{I}-\boldsymbol{A})(\boldsymbol{I}-\boldsymbol{A})^2=\boldsymbol{I}$，由此可知$\boldsymbol{I}-\boldsymbol{A}$可逆，且$(\boldsymbol{I}-\boldsymbol{A})^{-1}=(\boldsymbol{I}-\boldsymbol{A})^2$.

48. 已知矩阵$\boldsymbol{A}=\begin{pmatrix}1&1&-1\\0&1&1\\0&0&-1\end{pmatrix}$，$\boldsymbol{B}$为三阶矩阵，且满足$\boldsymbol{A}^2-\boldsymbol{A}\boldsymbol{B}=\boldsymbol{I}$，求矩阵$\boldsymbol{B}$.

解：$|\boldsymbol{A}|=\begin{vmatrix}1&1&-1\\0&1&1\\0&0&-1\end{vmatrix}=-1\neq 0$，所以$\boldsymbol{A}$可逆，可以求出$\boldsymbol{A}^{-1}=\begin{pmatrix}1&-1&-2\\0&1&1\\0&0&-1\end{pmatrix}$.

由$\boldsymbol{A}^2-\boldsymbol{A}\boldsymbol{B}=\boldsymbol{I}$有$\boldsymbol{A}(\boldsymbol{A}-\boldsymbol{B})=\boldsymbol{I}$，可知$\boldsymbol{A}^{-1}=\boldsymbol{A}-\boldsymbol{B}$，从而有$\boldsymbol{B}=\boldsymbol{A}-\boldsymbol{A}^{-1}$，所以可得

$$\boldsymbol{B}=\boldsymbol{A}-\boldsymbol{A}^{-1}=\begin{pmatrix}1&1&-1\\0&1&1\\0&0&-1\end{pmatrix}-\begin{pmatrix}1&-1&-2\\0&1&1\\0&0&-1\end{pmatrix}=\begin{pmatrix}0&2&1\\0&0&0\\0&0&0\end{pmatrix}$$

49. 已知矩阵$\boldsymbol{A}=\begin{pmatrix}3&-1&0\\0&4&5\\2&1&2\end{pmatrix}$，$\boldsymbol{B}$为三阶矩阵，且满足$\boldsymbol{A}^2+3\boldsymbol{B}=\boldsymbol{AB}+9\boldsymbol{I}$，求矩阵$\boldsymbol{B}$.

解：由$\boldsymbol{A}^2+3\boldsymbol{B}=\boldsymbol{AB}+9\boldsymbol{I}$有

$$\boldsymbol{A}^2-9\boldsymbol{I}=\boldsymbol{AB}-3\boldsymbol{B}$$

从而有 $(\boldsymbol{A}-3\boldsymbol{I})(\boldsymbol{A}+3\boldsymbol{I})=(\boldsymbol{A}-3\boldsymbol{I})\boldsymbol{B}$

$$\boldsymbol{A}-3\boldsymbol{I}=\begin{pmatrix}3&-1&0\\0&4&5\\2&1&2\end{pmatrix}-\begin{pmatrix}3&0&0\\0&3&0\\0&0&3\end{pmatrix}=\begin{pmatrix}0&-1&0\\0&1&5\\2&1&-1\end{pmatrix}$$

$|\boldsymbol{A}-3\boldsymbol{I}|=\begin{vmatrix}0&-1&0\\0&1&5\\2&1&-1\end{vmatrix}=-10\neq0$，故$\boldsymbol{A}-3\boldsymbol{I}$可逆. 于是有

$$(\boldsymbol{A}-3\boldsymbol{I})^{-1}(\boldsymbol{A}-3\boldsymbol{I})(\boldsymbol{A}+3\boldsymbol{I})=(\boldsymbol{A}-3\boldsymbol{I})^{-1}(\boldsymbol{A}-3\boldsymbol{I})\boldsymbol{B}$$

即 $\boldsymbol{B}=\boldsymbol{A}+3\boldsymbol{I}$

所以可得$\boldsymbol{B}=\begin{pmatrix}3&-1&0\\0&4&5\\2&1&2\end{pmatrix}+\begin{pmatrix}3&0&0\\0&3&0\\0&0&3\end{pmatrix}=\begin{pmatrix}6&-1&0\\0&7&5\\2&1&5\end{pmatrix}$.

50. 设$\boldsymbol{A}$是n $(n\geqslant 2)$阶可逆矩阵，$\boldsymbol{A}^*$是$\boldsymbol{A}$的伴随矩阵，证明：(1) $(\boldsymbol{A}^*)^{-1}=(\boldsymbol{A}^{-1})^*$. (2)$(\boldsymbol{A}^*)^*=|\boldsymbol{A}|^{n-2}\boldsymbol{A}$.

名师解题

证：(1) 由$\boldsymbol{A}^{-1}=\dfrac{1}{|\boldsymbol{A}|}\boldsymbol{A}^*$有

$$\boldsymbol{A}^*=|\boldsymbol{A}|\boldsymbol{A}^{-1}$$

那么 $(\boldsymbol{A}^*)^{-1}=(|\boldsymbol{A}|\boldsymbol{A}^{-1})^{-1}=\dfrac{1}{|\boldsymbol{A}|}(\boldsymbol{A}^{-1})^{-1}=\dfrac{1}{|\boldsymbol{A}|}\boldsymbol{A}$

$$(\boldsymbol{A}^{-1})^*=|\boldsymbol{A}^{-1}|(\boldsymbol{A}^{-1})^{-1}=\frac{1}{|\boldsymbol{A}|}\boldsymbol{A}$$

所以 $(\boldsymbol{A}^{-1})^*=(\boldsymbol{A}^*)^{-1}$

(2) 因$\boldsymbol{A}$可逆，故$|\boldsymbol{A}|\neq0$，且$\boldsymbol{A}^*=|\boldsymbol{A}|\boldsymbol{A}^{-1}$. 因此$|\boldsymbol{A}^*|=||\boldsymbol{A}|\boldsymbol{A}^{-1}|=|\boldsymbol{A}|^n|\boldsymbol{A}^{-1}|=|\boldsymbol{A}|^{n-1}\neq0$，所以$\boldsymbol{A}^*$可逆，将$\boldsymbol{A}^*=|\boldsymbol{A}|\boldsymbol{A}^{-1}$中的$\boldsymbol{A}$替换为$\boldsymbol{A}^*$，则有$(\boldsymbol{A}^*)^*=|\boldsymbol{A}^*|(\boldsymbol{A}^*)^{-1}$.

从(1)中可以得出$(\boldsymbol{A}^*)^{-1}=\dfrac{1}{|\boldsymbol{A}|}\boldsymbol{A}$，于是有

$$(\boldsymbol{A}^*)^*=|\boldsymbol{A}^*|\frac{1}{|\boldsymbol{A}|}\boldsymbol{A}=|\boldsymbol{A}|^{n-1}\frac{1}{|\boldsymbol{A}|}\boldsymbol{A}=|\boldsymbol{A}|^{n-2}\boldsymbol{A}$$

注释 注意下面一些关系不要混淆.

(1) $\boldsymbol{A}^{-1}=\dfrac{1}{|\boldsymbol{A}|}\boldsymbol{A}^*$　　(2) $\boldsymbol{A}^*=|\boldsymbol{A}|\boldsymbol{A}^{-1}$　　(3) $(\boldsymbol{A}^{-1})^*=\dfrac{1}{|\boldsymbol{A}|}\boldsymbol{A}$

(4) $(\boldsymbol{A}^*)^{-1}=\frac{1}{|\boldsymbol{A}|}\boldsymbol{A}$　　(5) $(\boldsymbol{A}^*)^*=|\boldsymbol{A}|^{n-2}\boldsymbol{A}$　　(6) $|\boldsymbol{A}^*|=A^{n-1}$

(7) $|\boldsymbol{A}^{-1}|=\frac{1}{|\boldsymbol{A}|}$　　(8) $(k\boldsymbol{A})^{-1}=\frac{1}{k}\boldsymbol{A}^{-1}$ $(k\neq 0)$

51. 设 $\boldsymbol{A}$，$\boldsymbol{B}$ 均为 n 阶可逆矩阵，证明：$(\boldsymbol{AB})^*=\boldsymbol{B}^*\boldsymbol{A}^*$.

证：$\boldsymbol{A}$，$\boldsymbol{B}$ 可逆，由逆矩阵的性质知 $\boldsymbol{AB}$ 可逆，那么根据 $\boldsymbol{XX}^*=|\boldsymbol{X}|\boldsymbol{I}$ ($\boldsymbol{X}$ 为 n 阶可逆矩阵) 有

$$(\boldsymbol{AB})(\boldsymbol{AB})^*=|\boldsymbol{AB}|\boldsymbol{I}$$

所以

$$\begin{aligned}(\boldsymbol{AB})^*&=(\boldsymbol{AB})^{-1}|\boldsymbol{AB}|\boldsymbol{I}=|\boldsymbol{AB}|(\boldsymbol{AB})^{-1}\\&=|\boldsymbol{A}||\boldsymbol{B}|\boldsymbol{B}^{-1}\boldsymbol{A}^{-1}=|\boldsymbol{B}|\boldsymbol{B}^{-1}|\boldsymbol{A}|\boldsymbol{A}^{-1}\\&=|\boldsymbol{B}|\frac{\boldsymbol{B}^*}{|\boldsymbol{B}|}|\boldsymbol{A}|\frac{\boldsymbol{A}^*}{|\boldsymbol{A}|}=\boldsymbol{B}^*\boldsymbol{A}^*\end{aligned}$$

52. 设 $\boldsymbol{A}$ 为三阶矩阵，且 $|\boldsymbol{A}|=\frac{1}{2}$，求 $|(3\boldsymbol{A})^{-1}-2\boldsymbol{A}^*|$ 的值.

解：$(3\boldsymbol{A})^{-1}=\frac{1}{3}\boldsymbol{A}^{-1}$，$\boldsymbol{A}^*=|\boldsymbol{A}|\boldsymbol{A}^{-1}$

于是

$$|(3\boldsymbol{A})^{-1}-2\boldsymbol{A}^*|=\left|\frac{1}{3}\boldsymbol{A}^{-1}-2|\boldsymbol{A}|\boldsymbol{A}^{-1}\right|=\left|\frac{1}{3}\boldsymbol{A}^{-1}-2\times\frac{1}{2}\boldsymbol{A}^{-1}\right|$$

$$=\left|-\frac{2}{3}\boldsymbol{A}^{-1}\right|=\left(-\frac{2}{3}\right)^3|\boldsymbol{A}^{-1}|=-\frac{8}{27}\frac{1}{|\boldsymbol{A}|}=-\frac{16}{27}$$

注释　第52题的解法是将所求行列式符号内所含的 $\boldsymbol{A}^*$ 根据 $\boldsymbol{A}^*=|\boldsymbol{A}|\boldsymbol{A}^{-1}$ 化为 $\boldsymbol{A}^{-1}$ 的关系式求解. 也可以将 $\boldsymbol{A}^{-1}$ 根据 $\boldsymbol{A}^{-1}=\frac{1}{|\boldsymbol{A}|}\boldsymbol{A}^*$ 化为 $\boldsymbol{A}^*$ 的关系式求解，做法如下：

$$|(3\boldsymbol{A})^{-1}-2\boldsymbol{A}^*|=\left|\frac{2}{3}\boldsymbol{A}^*-2\boldsymbol{A}^*\right|=\left|-\frac{4}{3}\boldsymbol{A}^*\right|=\left(-\frac{4}{3}\right)^3|\boldsymbol{A}^*|$$

$$=-\frac{64}{27}|\boldsymbol{A}|^{3-1}=-\frac{64}{27}\frac{1}{4}=-\frac{16}{27}$$

53. 设 $\boldsymbol{A}$，$\boldsymbol{B}$ 为三阶矩阵，且 $|\boldsymbol{A}|=2$，$|\boldsymbol{B}|=3$，求 $|-2(\boldsymbol{A}^{\mathrm{T}}\boldsymbol{B}^{-1})^{-1}|$.

解：$|-2(\boldsymbol{A}^{\mathrm{T}}\boldsymbol{B}^{-1})^{-1}|=(-2)^3|(\boldsymbol{A}^{\mathrm{T}}\boldsymbol{B}^{-1})^{-1}|=-8|(\boldsymbol{B}^{-1})^{-1}(\boldsymbol{A}^{\mathrm{T}})^{-1}|$

$$=-8|\boldsymbol{B}(\boldsymbol{A}^{-1})^{\mathrm{T}}|=-8|\boldsymbol{B}||\boldsymbol{A}^{-1}|=-8\times 3\times\frac{1}{2}=-12$$

54. 用初等变换将下列矩阵化为矩阵 $\boldsymbol{D}=\begin{pmatrix}\boldsymbol{I}_r&\boldsymbol{O}\\\boldsymbol{O}&\boldsymbol{O}\end{pmatrix}$ 的标准形式.

(1) $\begin{pmatrix}1&-1\\3&2\end{pmatrix}$　　(2) $\begin{pmatrix}0&-1\\3&2\end{pmatrix}$　　(3) $\begin{pmatrix}1&-1&2\\3&2&1\\1&-2&0\end{pmatrix}$

(4) $\begin{pmatrix} 1 & -1 & 2 \\ 3 & -3 & 1 \\ -2 & 2 & -4 \end{pmatrix}$　　(5) $\begin{pmatrix} 1 & -1 & 2 \\ 3 & -3 & 1 \end{pmatrix}$　　(6) $\begin{pmatrix} 1 & 3 \\ -1 & -3 \\ 2 & 1 \end{pmatrix}$

解：(1)
$$\begin{pmatrix} 1 & -1 \\ 3 & 2 \end{pmatrix}\begin{matrix}\times(-3)\\ \ \end{matrix} \longrightarrow \begin{pmatrix} 1 & -1 \\ 0 & 5 \end{pmatrix}\begin{matrix}\ \\ \times\frac{1}{5}\end{matrix} \longrightarrow \begin{pmatrix} 1 & -1 \\ 0 & 1 \end{pmatrix}\begin{matrix}\ \\ \times 1\end{matrix} \longrightarrow \begin{pmatrix} 1 & 0 \\ 0 & 1 \end{pmatrix}$$

(2)
$$\begin{pmatrix} 0 & -1 \\ 3 & 2 \end{pmatrix} \longrightarrow \begin{pmatrix} 3 & 2 \\ 0 & -1 \end{pmatrix}\begin{matrix}\ \\ \times 2\end{matrix} \longrightarrow \begin{pmatrix} 3 & 0 \\ 0 & -1 \end{pmatrix}\begin{matrix}\times\frac{1}{3} \\ \times(-1)\end{matrix} \longrightarrow \begin{pmatrix} 1 & 0 \\ 0 & 1 \end{pmatrix}$$

(3)
$$\begin{pmatrix} 1 & -1 & 2 \\ 3 & 2 & 1 \\ 1 & -2 & 0 \end{pmatrix}\begin{matrix}\times(-3)\ \times(-1)\\ \ \\ \ \end{matrix} \longrightarrow \begin{pmatrix} 1 & -1 & 2 \\ 0 & 5 & -5 \\ 0 & -1 & -2 \end{pmatrix}\begin{matrix}\ \\ \times\frac{1}{5} \\ \times(-1)\end{matrix}$$

$$\longrightarrow \begin{pmatrix} 1 & 0 & 4 \\ 0 & 1 & -1 \\ 0 & -1 & -2 \end{pmatrix}\begin{matrix}\ \\ \times 1 \\ \ \end{matrix} \longrightarrow \begin{pmatrix} 1 & 0 & 4 \\ 0 & 1 & -1 \\ 0 & 0 & -3 \end{pmatrix}\begin{matrix}\ \\ \ \\ \times\left(-\frac{1}{3}\right)\end{matrix}$$

$$\longrightarrow \begin{pmatrix} 1 & 0 & 4 \\ 0 & 1 & -1 \\ 0 & 0 & 1 \end{pmatrix}\begin{matrix}\ \\ \ \\ \times 1\ \ \times(-4)\end{matrix} \longrightarrow \begin{pmatrix} 1 & 0 & 0 \\ 0 & 1 & 0 \\ 0 & 0 & 1 \end{pmatrix}$$

(4)
$$\begin{pmatrix} 1 & -1 & 2 \\ 3 & -3 & 1 \\ -2 & 2 & -4 \end{pmatrix}\begin{matrix}\times(-3)\ \times 2\\ \ \\ \ \end{matrix} \longrightarrow \begin{pmatrix} 1 & -1 & 2 \\ 0 & 0 & -5 \\ 0 & 0 & 0 \end{pmatrix} \begin{matrix}\times 1 \\ \times(-2)\end{matrix}$$

$$\longrightarrow \begin{pmatrix} 1 & 0 & 0 \\ 0 & 0 & -5 \\ 0 & 0 & 0 \end{pmatrix} \longrightarrow \begin{pmatrix} 1 & 0 & 0 \\ 0 & -5 & 0 \\ 0 & 0 & 0 \end{pmatrix}\times\left(-\frac{1}{5}\right) \longrightarrow \begin{pmatrix} 1 & 0 & 0 \\ 0 & 1 & 0 \\ 0 & 0 & 0 \end{pmatrix}$$

(5)
$$\begin{pmatrix} 1 & -1 & 2 \\ 3 & -3 & 1 \end{pmatrix}\begin{matrix}\times(-3)\\ \ \end{matrix} = \begin{pmatrix} 1 & -1 & 2 \\ 0 & 0 & -5 \end{pmatrix} \begin{matrix}\times 1 \\ \times(-2)\end{matrix}$$

$$\longrightarrow \begin{pmatrix} 1 & 0 & 0 \\ 0 & 0 & -5 \end{pmatrix} \longrightarrow \begin{pmatrix} 1 & 0 & 0 \\ 0 & -5 & 0 \end{pmatrix}\times\left(-\frac{1}{5}\right) \longrightarrow \begin{pmatrix} 1 & 0 & 0 \\ 0 & 1 & 0 \end{pmatrix}$$

(6)
$$\begin{pmatrix} 1 & 3 \\ -1 & -3 \\ 2 & 1 \end{pmatrix}\begin{matrix}\times 1\ \ \times(-2)\\ \ \\ \ \end{matrix} \longrightarrow \begin{pmatrix} 1 & 3 \\ 0 & 0 \\ 0 & -5 \end{pmatrix}\begin{matrix}\times(-3)\end{matrix} \longrightarrow \begin{pmatrix} 1 & 0 \\ 0 & 0 \\ 0 & -5 \end{pmatrix}$$

$$\longrightarrow\begin{pmatrix}1&0\\0&-5\\0&0\end{pmatrix}\times(-\frac{1}{5})\longrightarrow\begin{pmatrix}1&0\\0&1\\0&0\end{pmatrix}$$

注释 所谓矩阵的标准形$\begin{bmatrix}\boldsymbol{I}_r&\boldsymbol{O}\\\boldsymbol{O}&\boldsymbol{O}\end{bmatrix}$，指矩阵的第一行到第 r 行以及第一列到第 r 列交叉的左上角为单位矩阵，其他元素皆为 0，任何矩阵均可通过初等变换化为标准形.

55. 用初等变换判定下列矩阵是否可逆，如可逆，求其逆矩阵.

(1) $\begin{pmatrix}2&2&3\\1&-1&0\\-1&2&1\end{pmatrix}$　　(2) $\begin{pmatrix}a&b\\c&d\end{pmatrix}$　$(ad-bc\neq0)$

(3) $\begin{pmatrix}1&1&1&1\\-1&1&1&1\\-1&-1&1&1\\-1&-1&-1&1\end{pmatrix}$　　(4) $\begin{pmatrix}1&3&-5&7\\0&1&2&3\\0&0&1&2\\0&0&0&1\end{pmatrix}$

(5) $\begin{pmatrix}a_1&&&\\&a_2&&\\&&\ddots&\\&&&a_n\end{pmatrix}$　$(a_i\neq0,\ i=1,\ 2,\ \cdots,\ n)$

(6) $\begin{pmatrix}0&a_1&0&\cdots&0\\0&0&a_2&\cdots&0\\\vdots&\vdots&\vdots&&\vdots\\0&0&0&\cdots&a_{n-1}\\a_n&0&0&\cdots&0\end{pmatrix}$　$(a_i\neq0,\ i=1,\ 2,\ \cdots,\ n)$

(7) $\begin{pmatrix}1&0&3&1\\0&1&6&2\\0&0&3&1\\1&-1&0&0\end{pmatrix}$

注释 用初等变换判断 n 阶矩阵$\boldsymbol{A}$是否可逆，若可逆，求$\boldsymbol{A}^{-1}$的方法是：将$\boldsymbol{A}$与同阶单位矩阵$\boldsymbol{I}$合成 $n\times2n$ 矩阵 $(\boldsymbol{A}\,\vdots\,\boldsymbol{I})$，对其作仅限于行的初等变换，若能将$\boldsymbol{A}$化为$\boldsymbol{I}$，则$\boldsymbol{I}$即化为$\boldsymbol{A}^{-1}$，若$\boldsymbol{A}$不能化为$\boldsymbol{I}$，则$\boldsymbol{A}$不可逆. 因此采用上述方法，可以判断$\boldsymbol{A}$是否可逆，且如果可逆，同时也就求出了$\boldsymbol{A}^{-1}$.

解：(1) $\left(\begin{array}{ccc:ccc}2&2&3&1&0&0\\1&-1&0&0&1&0\\-1&2&1&0&0&1\end{array}\right)$（交换第 1、2 行）

$$\to\left(\begin{array}{ccc:ccc}1&-1&0&0&1&0\\2&2&3&1&0&0\\-1&2&1&0&0&1\end{array}\right)\begin{matrix}\times(-2)\ \ \times 1\\ \\ \\ \end{matrix}$$

$$\to\left(\begin{array}{ccc:ccc}1&-1&0&0&1&0\\0&4&3&1&-2&0\\0&1&1&0&1&1\end{array}\right)$$

$$\to\left(\begin{array}{ccc:ccc}1&-1&0&0&1&0\\0&1&1&0&1&1\\0&4&3&1&-2&0\end{array}\right)\begin{matrix}\\ \times 1\ \ \times(-4)\\ \\ \end{matrix}$$

$$\to\left(\begin{array}{ccc:ccc}1&0&1&0&2&1\\0&1&1&0&1&1\\0&0&-1&1&-6&-4\end{array}\right)\begin{matrix}\\ \\ \times 1\end{matrix}$$

$$\to\left(\begin{array}{ccc:ccc}1&0&0&1&-4&-3\\0&1&0&1&-5&-3\\0&0&-1&1&-6&-4\end{array}\right)_{\times(-1)}\to\left(\begin{array}{ccc:ccc}1&0&0&1&-4&-3\\0&1&0&1&-5&-3\\0&0&1&-1&6&4\end{array}\right)$$

所以给定矩阵可逆，而且可得 $\begin{pmatrix}2&2&3\\1&-1&0\\-1&2&1\end{pmatrix}^{-1}=\begin{pmatrix}1&-4&-3\\1&-5&-3\\-1&6&4\end{pmatrix}$.

(2) $\left(\begin{array}{cc:cc}a&b&1&0\\c&d&0&1\end{array}\right)^{\times\frac{1}{a}}\to\left(\begin{array}{cc:cc}1&\frac{b}{a}&\frac{1}{a}&0\\c&d&0&1\end{array}\right)\begin{matrix}\times(-c)\\ \\ \end{matrix}$

$$\to\left(\begin{array}{cc:cc}1&\frac{b}{a}&\frac{1}{a}&0\\0&\frac{ad-bc}{a}&-\frac{c}{a}&1\end{array}\right)_{\times\frac{a}{ad-bc}}$$

$$\to\left(\begin{array}{cc:cc}1&\frac{b}{a}&\frac{1}{a}&0\\0&1&-\frac{c}{ad-bc}&\frac{a}{ad-bc}\end{array}\right)\begin{matrix}\\ \times\left(-\frac{b}{a}\right)\end{matrix}$$

$$\to\left(\begin{array}{cc:cc}1&0&\frac{d}{ad-bc}&\frac{-b}{ad-bc}\\0&1&\frac{-c}{ad-bc}&\frac{a}{ad-bc}\end{array}\right)$$

所以给定矩阵可逆，而且可得 $\begin{pmatrix}a&b\\c&d\end{pmatrix}^{-1}=\begin{pmatrix}\frac{d}{ad-bc}&\frac{-b}{ad-bc}\\\frac{-c}{ad-bc}&\frac{a}{ad-bc}\end{pmatrix}$.

(3) $\left(\begin{array}{cccc:cccc}1&1&1&1&1&0&0&0\\-1&1&1&1&0&1&0&0\\-1&-1&1&1&0&0&1&0\\-1&-1&-1&1&0&0&0&1\end{array}\right)\begin{matrix}\times 1\\ \\ \\ \\ \end{matrix}$

$$\longrightarrow\left(\begin{array}{cccc:cccc}1&1&1&1&1&0&0&0\\0&2&2&2&1&1&0&0\\0&0&2&2&1&0&1&0\\0&0&0&2&1&0&0&1\end{array}\right)\begin{array}{l}\\ \times(-\frac{1}{2})\\ \times(-1)\\ \times(-1)\end{array}$$

$$\longrightarrow\left(\begin{array}{cccc:cccc}1&0&0&0&\frac{1}{2}&-\frac{1}{2}&0&0\\0&2&0&0&0&1&-1&0\\0&0&2&0&0&0&1&-1\\0&0&0&2&1&0&0&1\end{array}\right)\begin{array}{l}\\ \times\frac{1}{2}\\ \times\frac{1}{2}\\ \times\frac{1}{2}\end{array}$$

$$\longrightarrow\left(\begin{array}{cccc:cccc}1&0&0&0&\frac{1}{2}&-\frac{1}{2}&0&0\\0&1&0&0&0&\frac{1}{2}&-\frac{1}{2}&0\\0&0&1&0&0&0&\frac{1}{2}&-\frac{1}{2}\\0&0&0&1&\frac{1}{2}&0&0&\frac{1}{2}\end{array}\right)$$

所以给定矩阵可逆，而且可得 $\begin{pmatrix}1&1&1&1\\-1&1&1&1\\-1&-1&1&1\\-1&-1&-1&1\end{pmatrix}^{-1}=\begin{pmatrix}\frac{1}{2}&-\frac{1}{2}&0&0\\0&\frac{1}{2}&-\frac{1}{2}&0\\0&0&\frac{1}{2}&-\frac{1}{2}\\\frac{1}{2}&0&0&\frac{1}{2}\end{pmatrix}$.

(4) $\left(\begin{array}{cccc:cccc}1&3&-5&7&1&0&0&0\\0&1&2&3&0&1&0&0\\0&0&1&2&0&0&1&0\\0&0&0&1&0&0&0&1\end{array}\right)\times(-2)\quad\times(-3)\quad\times(-7)$

$$\longrightarrow\left(\begin{array}{cccc:cccc}1&3&-5&0&1&0&0&-7\\0&1&2&0&0&1&0&-3\\0&0&1&0&0&0&1&-2\\0&0&0&1&0&0&0&1\end{array}\right)\begin{array}{l}\\ \\ \times(-2)\quad\times5\\ \\ \end{array}$$

$$\longrightarrow\left(\begin{array}{cccc:cccc}1&3&0&0&1&0&5&-17\\0&1&0&0&0&1&-2&1\\0&0&1&0&0&0&1&-2\\0&0&0&1&0&0&0&1\end{array}\right)\begin{array}{l}\\ \times(-3)\\ \\ \\ \end{array}$$

$$\longrightarrow\left(\begin{array}{cccc:cccc}1&0&0&0&1&-3&11&-20\\0&1&0&0&0&1&-2&1\\0&0&1&0&0&0&1&-2\\0&0&0&1&0&0&0&1\end{array}\right)$$

所以给定矩阵可逆，而且可得 $\begin{pmatrix}1&3&-5&7\\0&1&2&3\\0&0&1&2\\0&0&0&1\end{pmatrix}^{-1}=\begin{pmatrix}1&-3&11&-20\\0&1&-2&1\\0&0&1&-2\\0&0&0&1\end{pmatrix}$.

(5) $$\left(\begin{array}{cccc|cccc}a_1&0&\cdots&0&1&0&\cdots&0\\0&a_2&\cdots&0&0&1&\cdots&0\\\vdots&\vdots&&\vdots&\vdots&\vdots&&\vdots\\0&0&\cdots&a_n&0&0&\cdots&1\end{array}\right)\begin{matrix}\times\frac{1}{a_1}\\\times\frac{1}{a_2}\\\\\times\frac{1}{a_n}\end{matrix}$$

$$\longrightarrow\left(\begin{array}{cccc|cccc}1&0&\cdots&0&\frac{1}{a_1}&0&\cdots&0\\0&1&\cdots&0&0&\frac{1}{a_2}&\cdots&0\\\vdots&\vdots&&\vdots&\vdots&\vdots&&\vdots\\0&0&\cdots&1&0&0&\cdots&\frac{1}{a_n}\end{array}\right)$$

所以给定矩阵可逆，而且可得 $\begin{pmatrix}a_1&&&\\&a_2&&\\&&\ddots&\\&&&a_n\end{pmatrix}^{-1}=\begin{pmatrix}\frac{1}{a_1}&&&\\&\frac{1}{a_2}&&\\&&\ddots&\\&&&\frac{1}{a_n}\end{pmatrix}$.

(6) $$\left(\begin{array}{ccccc|cccccc}0&a_1&0&\cdots&0&1&0&0&\cdots&0&0\\0&0&a_2&\cdots&0&0&1&0&\cdots&0&0\\\vdots&\vdots&\vdots&&\vdots&\vdots&\vdots&\vdots&&\vdots&\vdots\\0&0&0&\cdots&a_{n-1}&0&0&0&\cdots&1&0\\a_n&0&0&\cdots&0&0&0&0&\cdots&0&1\end{array}\right)\begin{matrix}\times\frac{1}{a_1}\\\times\frac{1}{a_2}\\\vdots\\\times\frac{1}{a_{n-1}}\\\times\frac{1}{a_n}\end{matrix}$$

$$\longrightarrow\left(\begin{array}{ccccc|cccccc}0&1&0&\cdots&0&\frac{1}{a_1}&0&0&\cdots&0&0\\0&0&1&\cdots&0&0&\frac{1}{a_2}&0&\cdots&0&0\\\vdots&\vdots&\vdots&&\vdots&\vdots&\vdots&\vdots&&\vdots&\vdots\\0&0&0&\cdots&1&0&0&0&\cdots&\frac{1}{a_{n-1}}&0\\1&0&0&\cdots&0&0&0&0&\cdots&0&\frac{1}{a_n}\end{array}\right)$$

将第 n 行逐次与第 $n-1$ 行，第 $n-2$ 行，…，第一行互换，则

$$\text{原式}\longrightarrow\left(\begin{array}{ccccc:ccccc}1&0&0&\cdots&0&0&0&\cdots&0&\frac{1}{a_n}\\0&1&0&\cdots&0&\frac{1}{a_1}&0&\cdots&0&0\\\vdots&\vdots&\vdots&&\vdots&\vdots&\vdots&&\vdots&\vdots\\0&0&0&\cdots&1&0&0&\cdots&\frac{1}{a_{n-1}}&0\end{array}\right)$$

所以给定矩阵可逆，而且可得 $\begin{pmatrix}0&a_1&0&\cdots&0\\0&0&a_2&\cdots&0\\\vdots&\vdots&\vdots&&\vdots\\0&0&0&\cdots&a_{n-1}\\a_n&0&0&\cdots&0\end{pmatrix}^{-1}=\begin{pmatrix}0&0&\cdots&0&\frac{1}{a_n}\\\frac{1}{a_1}&0&\cdots&0&0\\\vdots&\vdots&&\vdots&\vdots\\0&0&\cdots&\frac{1}{a_{n-1}}&0\end{pmatrix}$.

(7) $$\left(\begin{array}{cccc:cccc}1&0&3&1&1&0&0&0\\0&1&6&2&0&1&0&0\\0&0&3&1&0&0&1&0\\1&-1&0&0&0&0&0&1\end{array}\right)\begin{matrix}\times(-1)\\ \\ \\ \end{matrix}$$

$$\longrightarrow\left(\begin{array}{cccc:cccc}1&0&3&1&1&0&0&0\\0&1&6&2&0&1&0&0\\0&0&3&1&0&0&1&0\\0&-1&-3&-1&-1&0&0&1\end{array}\right)\begin{matrix}\\ \times1\\ \\ \end{matrix}$$

$$\longrightarrow\left(\begin{array}{cccc:cccc}1&0&3&1&1&0&0&0\\0&1&6&2&0&1&0&0\\0&0&3&1&0&0&1&0\\0&0&3&1&-1&1&0&1\end{array}\right)\begin{matrix}\\ \\ \times(-1)\\ \end{matrix}$$

$$\longrightarrow\left(\begin{array}{cccc:cccc}1&0&3&1&1&0&0&0\\0&1&6&2&0&1&0&0\\0&0&3&1&0&0&1&0\\0&0&0&0&-1&1&-1&1\end{array}\right)$$

在所构造的分块矩阵 $(\boldsymbol{A}\vdots\boldsymbol{I})$ 中，子块 $\boldsymbol{A}$ 的第四行元素全为0，即 $\boldsymbol{A}$ 不能化成单位矩阵 $\boldsymbol{I}$，故给定矩阵 $\boldsymbol{A}$ 不可逆，即 $\begin{pmatrix}1&0&3&1\\0&1&6&2\\0&0&3&1\\1&-1&0&0\end{pmatrix}$ 不可逆.

注释 设 $\boldsymbol{A}$ 为 n 阶矩阵，$\boldsymbol{I}$ 为 n 阶单位矩阵. 用初等变换的方法，判断其是否可逆，如可逆，求其逆矩阵 $\boldsymbol{A}^{-1}$ 的方法如下：

构造 $n\times 2n$ 分块矩阵 $(\boldsymbol{A}\,\vdots\,\boldsymbol{I})$，对 $(\boldsymbol{A}\,\vdots\,\boldsymbol{I})$ 施行一系列初等行变换，将子块 $\boldsymbol{A}$ 化为 $\boldsymbol{I}$，此时子块 $\boldsymbol{I}$ 就化为 $\boldsymbol{A}^{-1}$ 了，即

$$(\boldsymbol{A}\,\vdots\,\boldsymbol{I})\xrightarrow{\text{初等行变换}}(\boldsymbol{I}\,\vdots\,\boldsymbol{A}^{-1})$$

注意 对 $(\boldsymbol{A}\,\vdots\,\boldsymbol{I})$ 施行的一系列初等变换，只限于初等行变换，不得出现初等列变换.

如果子块 $\boldsymbol{A}$ 中出现一行元素全为零，则矩阵 $\boldsymbol{A}$ 不可逆.

同理构造 $2n\times n$ 分块矩阵 $\begin{pmatrix}\boldsymbol{A}\\ \cdots\\ \boldsymbol{I}\end{pmatrix}$，对 $\begin{pmatrix}\boldsymbol{A}\\ \cdots\\ \boldsymbol{I}\end{pmatrix}$ 施行一系列初等列变换，亦可判断 $\boldsymbol{A}$ 是否可逆，如可逆，可求出其逆.

56. 用初等变换解下列矩阵方程 $\boldsymbol{AX}=\boldsymbol{B}$.

(1) $\boldsymbol{A}=\begin{pmatrix}4&1\\6&1\end{pmatrix}$，$\boldsymbol{B}=\begin{pmatrix}5&4\\5&8\end{pmatrix}$

(2) $\boldsymbol{A}=\begin{pmatrix}1&1&-1\\0&2&-5\\1&0&1\end{pmatrix}$，$\boldsymbol{B}=\begin{pmatrix}1\\2\\3\end{pmatrix}$

解： 利用初等变换 $(\boldsymbol{A}\,\vdots\,\boldsymbol{B})\xrightarrow{\text{初等行变换}}(\boldsymbol{I}\,\vdots\,\boldsymbol{A}^{-1}\boldsymbol{B})=(\boldsymbol{I}\,\vdots\,\boldsymbol{X})$

(1) $$(\boldsymbol{A}\,\vdots\,\boldsymbol{B})=\left(\begin{array}{cc|cc}4&1&5&4\\6&1&5&8\end{array}\right)\begin{matrix}\times\frac{1}{4}\\ \times\frac{1}{6}\end{matrix}\longrightarrow\left(\begin{array}{cc|cc}1&\frac{1}{4}&\frac{5}{4}&1\\1&\frac{1}{6}&\frac{5}{6}&\frac{8}{6}\end{array}\right)\begin{matrix}\times(-1)\\ \leftarrow\end{matrix}$$

$$\longrightarrow\left(\begin{array}{cc|cc}1&\frac{1}{4}&\frac{5}{4}&1\\0&-\frac{1}{12}&-\frac{5}{12}&\frac{2}{6}\end{array}\right)\begin{matrix}\leftarrow\\ \times 3\end{matrix}\longrightarrow\left(\begin{array}{cc|cc}1&0&0&2\\0&-\frac{1}{12}&-\frac{5}{12}&\frac{2}{6}\end{array}\right)\begin{matrix}\\ \times(-12)\end{matrix}$$

$$\longrightarrow\left(\begin{array}{cc|cc}1&0&0&2\\0&1&5&-4\end{array}\right)$$

所以可得 $\boldsymbol{X}=\begin{pmatrix}0&2\\5&-4\end{pmatrix}$.

(2) $$(\boldsymbol{A}\,\vdots\,\boldsymbol{B})=\left(\begin{array}{ccc|c}1&1&-1&1\\0&2&-5&2\\1&0&1&3\end{array}\right)\begin{matrix}\times(-1)\\ \\ \leftarrow\end{matrix}\longrightarrow\left(\begin{array}{ccc|c}1&1&-1&1\\0&2&-5&2\\0&-1&2&2\end{array}\right)\begin{matrix}\\ \leftarrow\\ \leftarrow\end{matrix}$$

$$\longrightarrow \left(\begin{array}{ccc:c} 1 & 1 & -1 & 1 \\ 0 & -1 & 2 & 2 \\ 0 & 2 & -5 & 2 \end{array}\right) \begin{array}{l} \\ \times 1 \quad \times 2 \\ \\ \end{array}$$

$$\longrightarrow \left(\begin{array}{ccc:c} 1 & 0 & 1 & 3 \\ 0 & -1 & 2 & 2 \\ 0 & 0 & -1 & 6 \end{array}\right) \begin{array}{l} \\ \\ \times 2 \quad \times 1 \end{array}$$

$$\longrightarrow \left(\begin{array}{ccc:c} 1 & 0 & 0 & 9 \\ 0 & -1 & 0 & 14 \\ 0 & 0 & -1 & 6 \end{array}\right) \begin{array}{l} \\ \times(-1) \\ \times(-1) \end{array} \longrightarrow \left(\begin{array}{ccc:c} 1 & 0 & 0 & 9 \\ 0 & 1 & 0 & -14 \\ 0 & 0 & 1 & -6 \end{array}\right)$$

所以可得 $\boldsymbol{X}=\begin{pmatrix} 9 \\ -14 \\ -6 \end{pmatrix}$.

注释 用初等变换解矩阵方程 $\boldsymbol{AX}=\boldsymbol{B}$，如 $\boldsymbol{A}$ 可逆，则 $\boldsymbol{X}=\boldsymbol{A}^{-1}\boldsymbol{B}$.

构造分块矩阵 $(\boldsymbol{A} \vdots \boldsymbol{B})$，对 $(\boldsymbol{A} \vdots \boldsymbol{B})$ 施行一系列初等行变换，不得出现列变换，使子块 $\boldsymbol{A}$ 化为 $\boldsymbol{I}$，则子块 $\boldsymbol{B}$ 即化为 $\boldsymbol{A}^{-1}\boldsymbol{B}$ 了，于是就求出了矩阵方程的解 $\boldsymbol{X}=\boldsymbol{A}^{-1}\boldsymbol{B}$.

这是因为：若 $\boldsymbol{A}$ 是 n 阶可逆矩阵，对 $(\boldsymbol{A} \vdots \boldsymbol{B})$ 施行一系列初等行变换，则存在若干相应的初等矩阵 $\boldsymbol{P}_1$，$\boldsymbol{P}_2$，…，$\boldsymbol{P}_t$，使

$$\begin{aligned} (\boldsymbol{A} \vdots \boldsymbol{B}) &\longrightarrow (\boldsymbol{P}_t\cdots\boldsymbol{P}_2\boldsymbol{P}_1\boldsymbol{A} \vdots \boldsymbol{P}_t\cdots\boldsymbol{P}_2\boldsymbol{P}_1\boldsymbol{B}) \\ &= (\boldsymbol{A}^{-1}\boldsymbol{A} \vdots \boldsymbol{A}^{-1}\boldsymbol{B}) = (\boldsymbol{I} \vdots \boldsymbol{A}^{-1}\boldsymbol{B}) = (\boldsymbol{I} \vdots \boldsymbol{X}) \end{aligned}$$

即

$$(\boldsymbol{A} \vdots \boldsymbol{B}) \xrightarrow{\text{初等行变换}} (\boldsymbol{I} \vdots \boldsymbol{A}^{-1}\boldsymbol{B}) = (\boldsymbol{I} \vdots \boldsymbol{X})$$

同理，可以解矩阵方程 $\boldsymbol{XA}=\boldsymbol{B}$.

构造分块矩阵 $\begin{pmatrix} \boldsymbol{A} \\ \cdots \\ \boldsymbol{B} \end{pmatrix}$，对 $\begin{pmatrix} \boldsymbol{A} \\ \cdots \\ \boldsymbol{B} \end{pmatrix}$ 施行一系列初等列变换，则有

$$\begin{pmatrix} \boldsymbol{A} \\ \cdots \\ \boldsymbol{B} \end{pmatrix} \xrightarrow{\text{初等列变换}} \begin{pmatrix} \boldsymbol{I} \\ \cdots\cdots \\ \boldsymbol{BA}^{-1} \end{pmatrix} = \begin{pmatrix} \boldsymbol{I} \\ \cdots \\ \boldsymbol{X} \end{pmatrix}$$

57. 设 $\boldsymbol{A}=\begin{pmatrix} 3 & 0 & 1 \\ 1 & 1 & 0 \\ 0 & 1 & 4 \end{pmatrix}$，且满足 $\boldsymbol{AB}=\boldsymbol{A}+2\boldsymbol{B}$，求矩阵 $\boldsymbol{B}$.

解： 由 $\boldsymbol{AB}=\boldsymbol{A}+2\boldsymbol{B}$ 可得 $(\boldsymbol{A}-2\boldsymbol{I})\boldsymbol{B}=\boldsymbol{A}$. 如果 $\boldsymbol{A}-2\boldsymbol{I}$ 可逆，则 $\boldsymbol{B}=(\boldsymbol{A}-2\boldsymbol{I})^{-1}\boldsymbol{A}$.

$$\boldsymbol{A}-2\boldsymbol{I}=\begin{pmatrix} 3 & 0 & 1 \\ 1 & 1 & 0 \\ 0 & 1 & 4 \end{pmatrix}-2\begin{pmatrix} 1 & 0 & 0 \\ 0 & 1 & 0 \\ 0 & 0 & 1 \end{pmatrix}=\begin{pmatrix} 1 & 0 & 1 \\ 1 & -1 & 0 \\ 0 & 1 & 2 \end{pmatrix}$$

用初等变换判断 $\boldsymbol{A}-2\boldsymbol{I}$ 是否可逆，如可逆，求 $(\boldsymbol{A}-2\boldsymbol{I})^{-1}$.

$$(\boldsymbol{A}-2\boldsymbol{I} \vdots \boldsymbol{I})=\left(\begin{array}{ccc:ccc}1 & 0 & 1 & 1 & 0 & 0\\ 1 & -1 & 0 & 0 & 1 & 0\\ 0 & 1 & 2 & 0 & 0 & 1\end{array}\right)$$

$$\longrightarrow\left(\begin{array}{ccc:ccc}1 & 0 & 1 & 1 & 0 & 0\\ 0 & -1 & -1 & -1 & 1 & 0\\ 0 & 1 & 2 & 0 & 0 & 1\end{array}\right)$$

$$\longrightarrow\left(\begin{array}{ccc:ccc}1 & 0 & 1 & 1 & 0 & 0\\ 0 & -1 & -1 & -1 & 1 & 0\\ 0 & 0 & 1 & -1 & 1 & 1\end{array}\right)$$

$$\longrightarrow\left(\begin{array}{ccc:ccc}1 & 0 & 0 & 2 & -1 & -1\\ 0 & -1 & 0 & -2 & 2 & 1\\ 0 & 0 & 1 & -1 & 1 & 1\end{array}\right)$$

$$\longrightarrow\left(\begin{array}{ccc:ccc}1 & 0 & 0 & 2 & -1 & -1\\ 0 & 1 & 0 & 2 & -2 & -1\\ 0 & 0 & 1 & -1 & 1 & 1\end{array}\right)$$

所以可得 $(\boldsymbol{A}-2\boldsymbol{I})^{-1}=\begin{pmatrix}2 & -1 & -1\\ 2 & -2 & -1\\ -1 & 1 & 1\end{pmatrix}$. 从而得出

$$\boldsymbol{B}=(\boldsymbol{A}-2\boldsymbol{I})^{-1}\boldsymbol{A}=\begin{pmatrix}2 & -1 & -1\\ 2 & -2 & -1\\ -1 & 1 & 1\end{pmatrix}\begin{pmatrix}3 & 0 & 1\\ 1 & 1 & 0\\ 0 & 1 & 4\end{pmatrix}=\begin{pmatrix}5 & -2 & -2\\ 4 & -3 & -2\\ -2 & 2 & 3\end{pmatrix}.$$

58. 求下列矩阵的秩.

(1) $\begin{pmatrix}1 & 2 & 3 & 4\\ 1 & -2 & 4 & 5\\ 1 & 10 & 1 & 2\end{pmatrix}$

(2) $\begin{pmatrix}0 & 1 & 1 & -1 & 2\\ 0 & 2 & 2 & 2 & 0\\ 0 & -1 & -1 & 1 & 1\\ 1 & 1 & 0 & 0 & -1\end{pmatrix}$

(3) $\begin{pmatrix}1 & -1 & 2 & 1 & 0\\ 2 & -2 & 4 & 2 & 0\\ 3 & 0 & 6 & -1 & 1\\ 0 & 3 & 0 & 0 & 1\end{pmatrix}$

(4) $\begin{pmatrix}1 & 0 & 0 & 1 & 4\\ 0 & 1 & 0 & 2 & 5\\ 0 & 0 & 1 & 3 & 6\\ 1 & 2 & 3 & 14 & 32\\ 4 & 5 & 6 & 32 & 77\end{pmatrix}$

(5) $\begin{pmatrix}2 & 4 & 1 & 0\\ 1 & 0 & 3 & 2\\ -1 & 5 & -3 & 1\\ 0 & 1 & 0 & 2\end{pmatrix}$

解: 设各题中给定矩阵为 $\boldsymbol{A}$.

(1) $\boldsymbol{A}=\begin{pmatrix}1 & 2 & 3 & 4\\ 1 & -2 & 4 & 5\\ 1 & 10 & 1 & 2\end{pmatrix}$

$$\longrightarrow\begin{pmatrix}1&2&3&4\\0&-4&1&1\\0&8&-2&-2\end{pmatrix}\begin{matrix}\\ \times 2\\ \\ \end{matrix}\longrightarrow\begin{pmatrix}1&2&3&4\\0&-4&1&1\\0&0&0&0\end{pmatrix}$$

所以 $r(\boldsymbol{A})=2$.

(2) $\boldsymbol{A}=\begin{pmatrix}0&1&1&-1&2\\0&2&2&2&0\\0&-1&-1&1&1\\1&1&0&0&-1\end{pmatrix}$(第四行逐次与第三行、第二行、第一行交换)

$$\longrightarrow\begin{pmatrix}1&1&0&0&-1\\0&1&1&-1&2\\0&2&2&2&0\\0&-1&-1&1&1\end{pmatrix}\begin{matrix}\\ \times(-2)\ \ \times 1\\ \\ \\ \end{matrix}$$

$$\longrightarrow\begin{pmatrix}1&1&0&0&-1\\0&1&1&-1&2\\0&0&0&4&-4\\0&0&0&0&3\end{pmatrix}$$

所以 $r(\boldsymbol{A})=4$.

(3) $\boldsymbol{A}=\begin{pmatrix}1&-1&2&1&0\\2&-2&4&2&0\\3&0&6&-1&1\\0&3&0&0&1\end{pmatrix}\begin{matrix}\times(-2)\ \ \times(-3)\\ \\ \\ \\ \end{matrix}$

$$\longrightarrow\begin{pmatrix}1&-1&2&1&0\\0&0&0&0&0\\0&3&0&-4&1\\0&3&0&0&1\end{pmatrix}\longrightarrow\begin{pmatrix}1&-1&2&1&0\\0&3&0&0&1\\0&3&0&-4&1\\0&0&0&0&0\end{pmatrix}\begin{matrix}\\ \times(-1)\\ \\ \\ \end{matrix}$$

$$\longrightarrow\begin{pmatrix}1&-1&2&1&0\\0&3&0&0&1\\0&0&0&-4&0\\0&0&0&0&0\end{pmatrix}$$

所以 $r(\boldsymbol{A})=3$.

(4) $\boldsymbol{A}=\begin{pmatrix}1&0&0&1&4\\0&1&0&2&5\\0&0&1&3&6\\1&2&3&14&32\\4&5&6&32&77\end{pmatrix}\begin{matrix}\times(-1)\ \ \times(-4)\\ \\ \\ \\ \\ \end{matrix}$

$$\longrightarrow\begin{pmatrix}1&0&0&1&4\\0&1&0&2&5\\0&0&1&3&6\\0&2&3&13&28\\0&5&6&28&61\end{pmatrix}\begin{matrix}\\ \times(-2)\ \ \times(-5)\\ \\ \\ \\ \end{matrix}$$

$$\longrightarrow \begin{pmatrix} 1 & 0 & 0 & 1 & 4 \\ 0 & 1 & 0 & 2 & 5 \\ 0 & 0 & 1 & 3 & 6 \\ 0 & 0 & 3 & 9 & 18 \\ 0 & 0 & 6 & 18 & 36 \end{pmatrix} \begin{matrix} \\ \\ \times(-3) \quad \times(-6) \\ \\ \\ \end{matrix}$$

$$\longrightarrow \begin{pmatrix} 1 & 0 & 0 & 1 & 4 \\ 0 & 1 & 0 & 2 & 5 \\ 0 & 0 & 1 & 3 & 6 \\ 0 & 0 & 0 & 0 & 0 \\ 0 & 0 & 0 & 0 & 0 \end{pmatrix}$$

所以 $r(\boldsymbol{A}) = 3$.

(5) $$\boldsymbol{A} = \begin{pmatrix} 2 & 4 & 1 & 0 \\ 1 & 0 & 3 & 2 \\ -1 & 5 & -3 & 1 \\ 0 & 1 & 0 & 2 \end{pmatrix} \longrightarrow \begin{pmatrix} 1 & 0 & 3 & 2 \\ 2 & 4 & 1 & 0 \\ -1 & 5 & -3 & 1 \\ 0 & 1 & 0 & 2 \end{pmatrix} \begin{matrix} \times(-2) \quad \times 1 \\ \\ \\ \\ \end{matrix}$$

$$\longrightarrow \begin{pmatrix} 1 & 0 & 3 & 2 \\ 0 & 4 & -5 & -4 \\ 0 & 5 & 0 & 3 \\ 0 & 1 & 0 & 2 \end{pmatrix} \longrightarrow \begin{pmatrix} 1 & 0 & 3 & 2 \\ 0 & 1 & 0 & 2 \\ 0 & 5 & 0 & 3 \\ 0 & 4 & -5 & -4 \end{pmatrix} \begin{matrix} \\ \times(-5) \quad \times(-4) \\ \\ \\ \end{matrix}$$

$$\longrightarrow \begin{pmatrix} 1 & 0 & 3 & 2 \\ 0 & 1 & 0 & 2 \\ 0 & 0 & 0 & -7 \\ 0 & 0 & -5 & -12 \end{pmatrix} \longrightarrow \begin{pmatrix} 1 & 0 & 3 & 2 \\ 0 & 1 & 0 & 2 \\ 0 & 0 & -5 & -12 \\ 0 & 0 & 0 & -7 \end{pmatrix}$$

所以 $r(\boldsymbol{A}) = 4$.

59. 已知矩阵 $\boldsymbol{A} = \begin{pmatrix} 1 & 1 & 1 \\ 1 & 2 & 1 \\ 2 & 3 & \lambda+1 \end{pmatrix}$ 的秩 $r(\boldsymbol{A}) = 2$，求 λ.

解： 方法1 $$\boldsymbol{A} = \begin{pmatrix} 1 & 1 & 1 \\ 1 & 2 & 1 \\ 2 & 3 & \lambda+1 \end{pmatrix} \begin{matrix} \times(-1) \quad \times(-2) \\ \\ \\ \end{matrix}$$

$$\longrightarrow \begin{pmatrix} 1 & 1 & 1 \\ 0 & 1 & 0 \\ 0 & 1 & \lambda-1 \end{pmatrix} \begin{matrix} \\ \times(-1) \\ \\ \end{matrix} \longrightarrow \begin{pmatrix} 1 & 1 & 1 \\ 0 & 1 & 0 \\ 0 & 0 & \lambda-1 \end{pmatrix}$$

若 $r(\boldsymbol{A}) = 2$，则必有一行元素全为零，第一、二行的元素不全为0，故第三行元素应全为0，因此 $\lambda = 1$.

方法2 $\begin{vmatrix} 1 & 1 \\ 1 & 2 \end{vmatrix} = 1 \neq 0$，二阶子式不全为0，若 $r(\boldsymbol{A}) = 2$，则必有 $\begin{vmatrix} 1 & 1 & 1 \\ 1 & 2 & 1 \\ 2 & 3 & \lambda+1 \end{vmatrix} = 0$. 而

$$\begin{vmatrix}1&1&1\\1&2&1\\2&3&\lambda+1\end{vmatrix}=\begin{vmatrix}1&1&0\\0&1&0\\0&0&\lambda-1\end{vmatrix}=\lambda-1$$

$|\boldsymbol{A}|=0$，则 $\lambda=1$.

故若 $\mathrm{r}(\boldsymbol{A})=2$，则 $\lambda=1$.

注释 (1) 用初等行变换求矩阵的秩时，化给定矩阵为阶梯形矩阵，其非零行(元素不全为 0 的行) 的行数即为矩阵的秩.

(2) 用子式求矩阵的秩时，矩阵中不全为 0 的子式的最高阶数即为矩阵的秩. 设矩阵 $\boldsymbol{A}$ 中存在 r 阶子式不为零，而任何 $r+1$ 阶子式全为零，则 $\mathrm{r}(\boldsymbol{A})=r$.

60. 已知矩阵 $\boldsymbol{A}=\begin{pmatrix}1&1&1\\1&1&2\\a+1&2&3\end{pmatrix}$，问 a 为何值时，$\mathrm{r}(\boldsymbol{A})=2$? a 为何值时，$\mathrm{r}(\boldsymbol{A})=3$?

解: $|\boldsymbol{A}|=\begin{vmatrix}1&1&1\\1&1&2\\a+1&2&3\end{vmatrix}=a-1$

当 $a=1$ 时 $|\boldsymbol{A}|=0$，且有 $\begin{vmatrix}1&1\\1&2\end{vmatrix}\neq0$，所以 $\mathrm{r}(\boldsymbol{A})=2$.

当 $a\neq1$ 时 $|\boldsymbol{A}|\neq0$，$\mathrm{r}(\boldsymbol{A})=3$.

61. 设 $\boldsymbol{A}=\begin{pmatrix}1&-1&2&1\\-1&a&2&1\\3&1&b&-1\end{pmatrix}$，$\mathrm{r}(\boldsymbol{A})=2$，求 a，b 的值.

解: $\boldsymbol{A}=\begin{pmatrix}1&-1&2&1\\-1&a&2&1\\3&1&b&-1\end{pmatrix}\begin{matrix}\times1\ \times(-3)\\ \\ \\ \end{matrix}$

$$\longrightarrow\begin{pmatrix}1&-1&2&1\\0&a-1&4&2\\0&4&b-6&-4\end{pmatrix}\times2\longrightarrow\begin{pmatrix}1&-1&2&1\\0&a-1&4&2\\0&2a+2&b+2&0\end{pmatrix}$$

第一、二行已不可能全为 0，若 $\mathrm{r}(\boldsymbol{A})=2$，则第三行必全为 0，即必有 $2a+2=0$，$b+2=0$，即 $a=-1$，$b=-2$.

(B)

1. 有矩阵 $\boldsymbol{A}_{3\times2}$，$\boldsymbol{B}_{2\times3}$，$\boldsymbol{C}_{3\times3}$，下列矩阵运算可行的是[　　].

(A) $\boldsymbol{AC}$　　(B) $\boldsymbol{ABC}$　　(C) $\boldsymbol{BAC}$　　(D) $\boldsymbol{AB}-\boldsymbol{BC}$

解: (A) $\boldsymbol{A}$ 的列数不等于 $\boldsymbol{C}$ 的行数，故 $\boldsymbol{AC}$ 不可行.

(B) $\boldsymbol{A}$ 的列数与 $\boldsymbol{B}$ 的行数相等，所以 $\boldsymbol{AB}$ 可行，$\boldsymbol{AB}$ 的列数为 3，与 $\boldsymbol{C}$ 的行数相等，故

$\boldsymbol{ABC}$ 可行.

故本题应选(B).

(C) $\boldsymbol{B}$ 的列数与 $\boldsymbol{A}$ 的行数相等，故 $\boldsymbol{BA}$ 可行. $\boldsymbol{BA}$ 的列数为 2，与 $\boldsymbol{C}$ 的行数 3 不等，故 $\boldsymbol{BAC}$ 不可行.

(D) $\boldsymbol{AB}$ 为 3×3 矩阵，$\boldsymbol{BC}$ 为 2×3 矩阵，故 $\boldsymbol{AB}-\boldsymbol{BC}$ 不可行.

2. $\boldsymbol{A}$，$\boldsymbol{B}$ 均为 n 阶矩阵，若 $(\boldsymbol{A}+\boldsymbol{B})(\boldsymbol{A}-\boldsymbol{B})=\boldsymbol{A}^2-\boldsymbol{B}^2$ 成立，则 $\boldsymbol{A}$，$\boldsymbol{B}$ 必须满足[　　].

(A) $\boldsymbol{A}=\boldsymbol{I}$ 或 $\boldsymbol{B}=\boldsymbol{I}$　　(B) $\boldsymbol{A}=\boldsymbol{O}$ 或 $\boldsymbol{B}=\boldsymbol{O}$

(C) $\boldsymbol{A}=\boldsymbol{B}$　　(D) $\boldsymbol{AB}=\boldsymbol{BA}$

解：$(\boldsymbol{A}+\boldsymbol{B})(\boldsymbol{A}-\boldsymbol{B})=\boldsymbol{A}^2+\boldsymbol{BA}-\boldsymbol{AB}-\boldsymbol{B}^2$

若 $(\boldsymbol{A}+\boldsymbol{B})(\boldsymbol{A}-\boldsymbol{B})=\boldsymbol{A}^2-\boldsymbol{B}^2$，则有 $\boldsymbol{BA}-\boldsymbol{AB}=\boldsymbol{O}$，即 $\boldsymbol{BA}=\boldsymbol{AB}$.

故本题应选(D).

第 2 题中(A)，(B)，(C)，(D) 的条件均可使 $(\boldsymbol{A}+\boldsymbol{B})(\boldsymbol{A}-\boldsymbol{B})=\boldsymbol{A}^2-\boldsymbol{B}^2$ 成立，但(A)，(B)，(C) 中的条件只是该式成立的充分条件，非必要条件，只有(D) 中的条件是充分必要条件，第 2 题要求的是必要条件，故只能选(D).

3. 下列命题一定成立的是[　　].

(A) 若 $\boldsymbol{AB}=\boldsymbol{AC}$，则 $\boldsymbol{B}=\boldsymbol{C}$

(B) 若 $\boldsymbol{AB}=\boldsymbol{O}$，则 $\boldsymbol{A}=\boldsymbol{O}$ 或 $\boldsymbol{B}=\boldsymbol{O}$

(C) 若 $\boldsymbol{A}\neq\boldsymbol{O}$，则 $|\boldsymbol{A}|\neq0$

(D) 若 $|\boldsymbol{A}|\neq0$，则 $\boldsymbol{A}\neq\boldsymbol{O}$

解：(A) 反例：设 $\boldsymbol{A}=\begin{pmatrix}1&1\\1&1\end{pmatrix}$，$\boldsymbol{B}=\begin{pmatrix}2&1\\1&0\end{pmatrix}$，$\boldsymbol{C}=\begin{pmatrix}1&1\\2&0\end{pmatrix}$.

$\boldsymbol{AB}=\begin{pmatrix}1&1\\1&1\end{pmatrix}\begin{pmatrix}2&1\\1&0\end{pmatrix}=\begin{pmatrix}3&1\\3&1\end{pmatrix}$，$\boldsymbol{AC}=\begin{pmatrix}1&1\\1&1\end{pmatrix}\begin{pmatrix}1&1\\2&0\end{pmatrix}=\begin{pmatrix}3&1\\3&1\end{pmatrix}$

$\boldsymbol{AB}=\boldsymbol{AC}$，但 $\boldsymbol{B}\neq\boldsymbol{C}$.

(B) 反例：设 $\boldsymbol{A}=\begin{pmatrix}1&0\\1&0\end{pmatrix}$，$\boldsymbol{B}=\begin{pmatrix}0&0\\1&1\end{pmatrix}$.

$\boldsymbol{AB}=\begin{pmatrix}1&0\\1&0\end{pmatrix}\begin{pmatrix}0&0\\1&1\end{pmatrix}=\begin{pmatrix}0&0\\0&0\end{pmatrix}$，$\boldsymbol{AB}=\boldsymbol{O}$，但 $\boldsymbol{A}\neq\boldsymbol{O}$，$\boldsymbol{B}\neq\boldsymbol{O}$.

(C) 反例：设 $\boldsymbol{A}=\begin{pmatrix}1&0\\1&0\end{pmatrix}$，$\boldsymbol{A}\neq\boldsymbol{O}$，但 $\begin{vmatrix}1&0\\1&0\end{vmatrix}=0$.

(D) 反证，若 $\boldsymbol{A}=\boldsymbol{O}$，则 $|\boldsymbol{A}|=0$，与 $|\boldsymbol{A}|\neq0$ 矛盾，所以 $\boldsymbol{A}\neq\boldsymbol{O}$.

故本题应选(D).

4. 设 $\boldsymbol{A}$，$\boldsymbol{B}$，$\boldsymbol{C}$ 均为 n 阶矩阵，且 $\boldsymbol{AB}=\boldsymbol{BA}$，$\boldsymbol{AC}=\boldsymbol{CA}$，则 $\boldsymbol{ABC}=$[　　].

(A) $\boldsymbol{ACB}$　　(B) $\boldsymbol{CBA}$　　(C) $\boldsymbol{BCA}$　　(D) $\boldsymbol{CAB}$

解：$\boldsymbol{ABC}=(\boldsymbol{AB})\boldsymbol{C}=(\boldsymbol{BA})\boldsymbol{C}=\boldsymbol{B}(\boldsymbol{AC})=\boldsymbol{BCA}$

故本题应选(C).

5. 设 $\boldsymbol{A}=\begin{pmatrix}1&2\\4&3\end{pmatrix}$，$\boldsymbol{B}=\begin{pmatrix}x&1\\2&y\end{pmatrix}$，则 $\boldsymbol{A}$ 与 $\boldsymbol{B}$ 可交换的充分必要条件是[　　].

(A) $x-y=1$　　(B) $x-y=-1$　　(C) $x=y$　　(D) $x=2y$

解： $\boldsymbol{AB}=\begin{pmatrix}1&2\\4&3\end{pmatrix}\begin{pmatrix}x&1\\2&y\end{pmatrix}=\begin{pmatrix}x+4&1+2y\\4x+6&4+3y\end{pmatrix}$

$\boldsymbol{BA}=\begin{pmatrix}x&1\\2&y\end{pmatrix}\begin{pmatrix}1&2\\4&3\end{pmatrix}=\begin{pmatrix}x+4&2x+3\\2+4y&4+3y\end{pmatrix}$

$\boldsymbol{A}$ 与 $\boldsymbol{B}$ 可交换，即 $\boldsymbol{AB}=\boldsymbol{BA}$，那么应有

$$\begin{cases}x+4=x+4\\1+2y=2x+3\\4x+6=2+4y\\4+3y=4+3y\end{cases}$$，整理得 $x-y=-1$

当且仅当 $x-y=-1$ 时，$\boldsymbol{AB}=\boldsymbol{BA}$，故本题应选(B).

6. 满足矩阵方程 $\begin{bmatrix}1&2&0\\1&-1&2\\1&0&1\end{bmatrix}\boldsymbol{X}=\begin{bmatrix}2&1\\1&0\\0&2\end{bmatrix}$ 的矩阵 $\boldsymbol{X}=$[　　].

(A) $\begin{bmatrix}3\\2\\0\end{bmatrix}$　　(B) $\begin{bmatrix}-4&7\\3&-3\\4&-5\end{bmatrix}$　　(C) $\begin{bmatrix}1&2&3\\0&1&4\\1&-1&0\end{bmatrix}$　　(D) $\begin{bmatrix}2&0\\-1&3\\1&1\end{bmatrix}$

解： $\boldsymbol{X}$ 的行数必须等于 $\begin{bmatrix}1&2&0\\1&-1&2\\1&0&1\end{bmatrix}$ 的列数，故 $\boldsymbol{X}$ 的行数为 3；$\boldsymbol{X}$ 的列数必须等于 $\begin{bmatrix}2&1\\1&0\\0&2\end{bmatrix}$ 的列数，故 $\boldsymbol{X}$ 的列数为 2. 因此 $\boldsymbol{X}$ 为 3×2 矩阵，因此可排除(A)与(C). 经验证 $\boldsymbol{X}=\begin{bmatrix}-4&7\\3&-3\\4&-5\end{bmatrix}$ 可使给定的矩阵方程成立，而 $\boldsymbol{X}=\begin{bmatrix}2&0\\-1&3\\1&1\end{bmatrix}$ 时矩阵方程不成立.

故本题应选(B).

7. 设 $\boldsymbol{C}$ 是 $m\times n$ 矩阵，若有矩阵 $\boldsymbol{A}$，$\boldsymbol{B}$，使 $\boldsymbol{AC}=\boldsymbol{C}^{\mathrm{T}}\boldsymbol{B}$，则 $\boldsymbol{A}$ 的行数 × 列数为[　　].

(A) $m\times n$　　(B) $n\times m$　　(C) $m\times m$　　(D) $n\times n$

解： 由 $\boldsymbol{AC}$ 乘法可行，可知 $\boldsymbol{A}$ 的列数等于 $\boldsymbol{C}$ 的行数，$\boldsymbol{C}$ 的行数为 m，所以 $\boldsymbol{A}$ 的列数为 m. $\boldsymbol{AC}$ 的行数等于 $\boldsymbol{A}$ 的行数，$\boldsymbol{C}^{\mathrm{T}}\boldsymbol{B}$ 的行数等于 $\boldsymbol{C}^{\mathrm{T}}$ 的行数，由 $\boldsymbol{AC}=\boldsymbol{C}^{\mathrm{T}}\boldsymbol{B}$ 可得 $\boldsymbol{A}$ 的行数等于 $\boldsymbol{C}^{\mathrm{T}}$ 的行数，$\boldsymbol{C}$ 为 $m\times n$ 矩阵，那么 $\boldsymbol{C}^{\mathrm{T}}$ 为 $n\times m$ 矩阵，即 $\boldsymbol{C}^{\mathrm{T}}$ 的行数为 n，于是可知 $\boldsymbol{A}$ 的行数为 n，故 $\boldsymbol{A}$ 为 $n\times m$ 矩阵.

故本题应选(B).

8. 设有矩阵 $\boldsymbol{A}_{m\times l}$，$\boldsymbol{B}_{l\times n}$，$\boldsymbol{C}_{m\times n}$，则下列运算可行的是[　　].

(A) $\boldsymbol{ABC}$　　(B) $\boldsymbol{A}^{\mathrm{T}}\boldsymbol{CB}$　　(C) $\boldsymbol{ABC}^{\mathrm{T}}$　　(D) $\boldsymbol{CB}^{\mathrm{T}}\boldsymbol{A}$

解：(A) $\boldsymbol{A}_{m\times l}\boldsymbol{B}_{l\times n}$ 可行，但$(\boldsymbol{AB})_{m\times n}\boldsymbol{C}_{m\times n}$ 不可行.

(B) $\boldsymbol{A}_{l\times m}^{\mathrm{T}}\boldsymbol{C}_{m\times n}$ 可行，但$(\boldsymbol{A}^{\mathrm{T}}\boldsymbol{C})_{l\times n}\boldsymbol{B}_{l\times n}$ 不可行.

(C) $\boldsymbol{A}_{m\times l}\boldsymbol{B}_{l\times n}$ 可行，$(\boldsymbol{A}_{m\times l}\boldsymbol{B}_{l\times n})_{m\times n}\boldsymbol{C}_{n\times m}^{\mathrm{T}}$ 可行.

故本题应选(C).

(D) $\boldsymbol{C}_{m\times n}\boldsymbol{B}_{n\times l}^{\mathrm{T}}$ 可行，但$(\boldsymbol{C}_{m\times n}\boldsymbol{B}_{n\times l}^{\mathrm{T}})_{m\times l}\boldsymbol{A}_{m\times l}$ 不可行.

9. 设 $\boldsymbol{A}$，$\boldsymbol{B}$ 均为 n 阶矩阵，下列关系一定成立的是[　　].

(A) $(\boldsymbol{AB})^2=\boldsymbol{A}^2\boldsymbol{B}^2$　　　　(B) $(\boldsymbol{AB})^{\mathrm{T}}=\boldsymbol{A}^{\mathrm{T}}\boldsymbol{B}^{\mathrm{T}}$

(C) $|\boldsymbol{A}+\boldsymbol{B}|=|\boldsymbol{A}|+|\boldsymbol{B}|$　　　　(D) $|\boldsymbol{AB}|=|\boldsymbol{BA}|$

解：设 $\boldsymbol{A}=\begin{pmatrix}1&0\\1&1\end{pmatrix}$，　$\boldsymbol{B}=\begin{pmatrix}1&0\\1&0\end{pmatrix}$.

(A) $\boldsymbol{A}^2=\begin{pmatrix}1&0\\2&1\end{pmatrix}$，$\boldsymbol{B}^2=\begin{pmatrix}1&0\\1&0\end{pmatrix}$，$\boldsymbol{AB}=\begin{pmatrix}1&0\\2&0\end{pmatrix}$

$\boldsymbol{A}^2\boldsymbol{B}^2=\begin{pmatrix}1&0\\3&0\end{pmatrix}$，$(\boldsymbol{AB})^2=\begin{pmatrix}1&0\\2&0\end{pmatrix}$. 可见$(\boldsymbol{AB})^2\neq\boldsymbol{A}^2\boldsymbol{B}^2$，否定(A).

(B) $\boldsymbol{A}^{\mathrm{T}}=\begin{pmatrix}1&1\\0&1\end{pmatrix}$，$\boldsymbol{B}^{\mathrm{T}}=\begin{pmatrix}1&1\\0&0\end{pmatrix}$，$\boldsymbol{A}^{\mathrm{T}}\boldsymbol{B}^{\mathrm{T}}=\begin{pmatrix}1&1\\0&0\end{pmatrix}$，$(\boldsymbol{AB})^{\mathrm{T}}=\begin{pmatrix}1&2\\0&0\end{pmatrix}$

可见，$(\boldsymbol{AB})^{\mathrm{T}}\neq\boldsymbol{A}^{\mathrm{T}}\boldsymbol{B}^{\mathrm{T}}$，否定(B).

(C) $|\boldsymbol{A}|=\begin{vmatrix}1&0\\1&1\end{vmatrix}=1$，$|\boldsymbol{B}|=\begin{vmatrix}1&0\\1&0\end{vmatrix}=0$，$|\boldsymbol{A}+\boldsymbol{B}|=\begin{vmatrix}2&0\\2&1\end{vmatrix}=2$，

$|\boldsymbol{A}|+|\boldsymbol{B}|=1+0=1$

可见$|\boldsymbol{A}+\boldsymbol{B}|\neq|\boldsymbol{A}|+|\boldsymbol{B}|$，否定(C).

(D) $|\boldsymbol{AB}|=|\boldsymbol{A}||\boldsymbol{B}|=|\boldsymbol{B}||\boldsymbol{A}|=|\boldsymbol{BA}|$

故本题应选(D).

10. 设 $\boldsymbol{A}$ 为 n 阶矩阵，下列命题成立的是[　　].

(A) 若 $\boldsymbol{A}^2=\boldsymbol{O}$，则 $\boldsymbol{A}=\boldsymbol{O}$　　　　(B) 若 $\boldsymbol{A}^2=\boldsymbol{A}$，则 $\boldsymbol{A}=\boldsymbol{O}$ 或 $\boldsymbol{A}=\boldsymbol{I}$

(C) 若 $\boldsymbol{A}\neq\boldsymbol{O}$，则 $|\boldsymbol{A}|\neq0$　　　　(D) 若 $|\boldsymbol{A}|\neq0$，则 $\boldsymbol{A}\neq\boldsymbol{O}$

解：(A) 反例：设 $\boldsymbol{A}=\begin{pmatrix}0&1\\0&0\end{pmatrix}$，$\boldsymbol{A}^2=\begin{pmatrix}0&1\\0&0\end{pmatrix}\begin{pmatrix}0&1\\0&0\end{pmatrix}=\begin{pmatrix}0&0\\0&0\end{pmatrix}$，但 $\boldsymbol{A}\neq\boldsymbol{O}$.

(B) 反例：设 $\boldsymbol{A}=\begin{pmatrix}1&1\\0&0\end{pmatrix}$.

$$\boldsymbol{A}^2=\begin{pmatrix}1&1\\0&0\end{pmatrix}\begin{pmatrix}1&1\\0&0\end{pmatrix}=\begin{pmatrix}1&1\\0&0\end{pmatrix}=\boldsymbol{A}，但\ \boldsymbol{A}\neq\boldsymbol{O},\ \boldsymbol{A}\neq\boldsymbol{I}$$

(C) 反例：设 $\boldsymbol{A}=\begin{pmatrix}1&1\\0&0\end{pmatrix}$，$\boldsymbol{A}\neq\boldsymbol{O}$，但 $|\boldsymbol{A}|=\begin{vmatrix}1&1\\0&0\end{vmatrix}=0$.

(D) 证：若 $\boldsymbol{A}=\boldsymbol{O}$，则 $|\boldsymbol{A}|=0$，与假设 $|\boldsymbol{A}|\neq0$ 矛盾，故 $\boldsymbol{A}\neq\boldsymbol{O}$.

故本题应选(D).

11. $\boldsymbol{I}$ 为四阶单位矩阵，下列选项中的矩阵 $\boldsymbol{A}$，不满足 $\boldsymbol{A}^2=\boldsymbol{I}$ 的是[　　].

(A) $A=\begin{pmatrix}0&0&0&1\\0&0&1&0\\0&1&0&0\\1&0&0&0\end{pmatrix}$ (B) $A=\begin{pmatrix}0&0&1&0\\0&0&0&1\\1&0&0&0\\0&1&0&0\end{pmatrix}$

(C) $A=\begin{pmatrix}0&1&0&0\\1&0&0&0\\0&0&-1&0\\0&0&0&-1\end{pmatrix}$ (D) $A=\begin{pmatrix}1&1&1&1\\1&1&1&1\\1&1&1&1\\1&1&1&1\end{pmatrix}$

解: (A) $A^2=\begin{pmatrix}0&0&0&1\\0&0&1&0\\0&1&0&0\\1&0&0&0\end{pmatrix}\begin{pmatrix}0&0&0&1\\0&0&1&0\\0&1&0&0\\1&0&0&0\end{pmatrix}=\begin{pmatrix}1&0&0&0\\0&1&0&0\\0&0&1&0\\0&0&0&1\end{pmatrix}=I$

(B) $A^2=\begin{pmatrix}0&0&1&0\\0&0&0&1\\1&0&0&0\\0&1&0&0\end{pmatrix}\begin{pmatrix}0&0&1&0\\0&0&0&1\\1&0&0&0\\0&1&0&0\end{pmatrix}=\begin{pmatrix}1&0&0&0\\0&1&0&0\\0&0&1&0\\0&0&0&1\end{pmatrix}=I$

(C) $A^2=\begin{pmatrix}0&1&0&0\\1&0&0&0\\0&0&-1&0\\0&0&0&-1\end{pmatrix}\begin{pmatrix}0&1&0&0\\1&0&0&0\\0&0&-1&0\\0&0&0&-1\end{pmatrix}=\begin{pmatrix}1&0&0&0\\0&1&0&0\\0&0&1&0\\0&0&0&1\end{pmatrix}=I$

(D) $A^2=\begin{pmatrix}1&1&1&1\\1&1&1&1\\1&1&1&1\\1&1&1&1\end{pmatrix}\begin{pmatrix}1&1&1&1\\1&1&1&1\\1&1&1&1\\1&1&1&1\end{pmatrix}=\begin{pmatrix}4&4&4&4\\4&4&4&4\\4&4&4&4\\4&4&4&4\end{pmatrix}=4I$

故本题应选(D).

12. 设 A, B, C 均为 n 阶矩阵, I 为 n 阶单位矩阵, 则下列结论错误的是[　　].

(A) $I-A^2=(I+A)(I-A)$

(B) 如果 $A^2=B^2$, 则 $A=B$ 或 $A=-B$

(C) $|(AB)^k|=|A|^k|B|^k$

(D) $|A^T+B^T|=|A+B|$

解: (A) 因 I 与 A 可交换, 故 $(I+A)(I-A)=I^2+AI-IA-A^2=I^2-A^2$. (A) 正确.

(B) 反例: 设 $A=\begin{pmatrix}1&1\\-1&-1\end{pmatrix}$, $B=\begin{pmatrix}2&2\\-2&-2\end{pmatrix}$, 则 $A^2=\begin{pmatrix}0&0\\0&0\end{pmatrix}$, $B^2=\begin{pmatrix}0&0\\0&0\end{pmatrix}$, $A^2=B^2$ 但 $A\neq B$, $A\neq -B$. 故本题应选(B).

(C) $|(AB)^k|=|(AB)(AB)\cdots(AB)|=\underbrace{|AB|\,|AB|\cdots|AB|}_{k个}=|A|\cdot|B|\cdot|A|\cdot|B|\cdots|A|\cdot|B|=|A|^k\cdot|B|^k$. (C) 正确.

(D) $|A^T+B^T|=|(A+B)^T|=|A+B|$. (D) 正确.

13. 设 $\boldsymbol{A}$ 为 n 阶可逆矩阵，下列结论错误的是[　　].

(A) $[(\boldsymbol{A}^{-1})^{-1}]^{\mathrm{T}} = [(\boldsymbol{A}^{\mathrm{T}})^{-1}]^{-1}$　　(B) $[(\boldsymbol{A}^{\mathrm{T}})^{\mathrm{T}}]^{-1} = [(\boldsymbol{A}^{-1})^{-1}]^{\mathrm{T}}$

(C) $(\boldsymbol{A}^{k})^{-1} = (\boldsymbol{A}^{-1})^{k}$ (k 为正整数)　　(D) $|\boldsymbol{A}^{-1}| = |\boldsymbol{A}|^{-1}$

解：(A) $[(\boldsymbol{A}^{-1})^{-1}]^{\mathrm{T}} = \boldsymbol{A}^{\mathrm{T}}$，$[(\boldsymbol{A}^{\mathrm{T}})^{-1}]^{-1} = \boldsymbol{A}^{\mathrm{T}}$，(A) 成立.

(B) $[(\boldsymbol{A}^{\mathrm{T}})^{\mathrm{T}}]^{-1} = \boldsymbol{A}^{-1}$，$[(\boldsymbol{A}^{-1})^{-1}]^{\mathrm{T}} = \boldsymbol{A}^{\mathrm{T}}$，(B) 不成立.

故本题应选(B).

(C) $(\boldsymbol{A}^{k})^{-1} = (\underbrace{\boldsymbol{A}\boldsymbol{A}\cdots\boldsymbol{A}}_{k\text{个}})^{-1} = \underbrace{\boldsymbol{A}^{-1}\boldsymbol{A}^{-1}\cdots\boldsymbol{A}^{-1}}_{k\text{个}} = (\boldsymbol{A}^{-1})^{k}$，(C) 成立.

(D) $\boldsymbol{A}\boldsymbol{A}^{-1} = \boldsymbol{I}$，$|\boldsymbol{A}\boldsymbol{A}^{-1}| = |\boldsymbol{A}|\cdot|\boldsymbol{A}|^{-1} = 1$，所以 $|\boldsymbol{A}^{-1}| = \dfrac{1}{|\boldsymbol{A}|} = |\boldsymbol{A}|^{-1}$，(D) 成立.

14. 设 $\boldsymbol{A}$ 为非零 n 阶矩阵，则下列矩阵中不是对称矩阵的是[　　].

(A) $\boldsymbol{A}\boldsymbol{A}^{\mathrm{T}}$　　(B) $\boldsymbol{A}^{\mathrm{T}}\boldsymbol{A}$

(C) $\boldsymbol{A}-\boldsymbol{A}^{\mathrm{T}}$　　(D) $\boldsymbol{A}+\boldsymbol{A}^{\mathrm{T}}$

解：(A) $(\boldsymbol{A}\boldsymbol{A}^{\mathrm{T}})^{\mathrm{T}} = (\boldsymbol{A}^{\mathrm{T}})^{\mathrm{T}}\boldsymbol{A}^{\mathrm{T}} = \boldsymbol{A}\boldsymbol{A}^{\mathrm{T}}$，$\boldsymbol{A}\boldsymbol{A}^{\mathrm{T}}$ 是对称矩阵.

(B) $(\boldsymbol{A}^{\mathrm{T}}\boldsymbol{A})^{\mathrm{T}} = \boldsymbol{A}^{\mathrm{T}}(\boldsymbol{A}^{\mathrm{T}})^{\mathrm{T}} = \boldsymbol{A}^{\mathrm{T}}\boldsymbol{A}$，$\boldsymbol{A}^{\mathrm{T}}\boldsymbol{A}$ 是对称矩阵.

(C) $(\boldsymbol{A}-\boldsymbol{A}^{\mathrm{T}})^{\mathrm{T}} = \boldsymbol{A}^{\mathrm{T}}-(\boldsymbol{A}^{\mathrm{T}})^{\mathrm{T}} = \boldsymbol{A}^{\mathrm{T}}-\boldsymbol{A} = -(\boldsymbol{A}-\boldsymbol{A}^{\mathrm{T}})$

$\boldsymbol{A}-\boldsymbol{A}^{\mathrm{T}}$ 不是对称矩阵. 故本题应选(C).

(D) $(\boldsymbol{A}+\boldsymbol{A}^{\mathrm{T}})^{\mathrm{T}} = \boldsymbol{A}^{\mathrm{T}}+(\boldsymbol{A}^{\mathrm{T}})^{\mathrm{T}} = \boldsymbol{A}^{\mathrm{T}}+\boldsymbol{A} = \boldsymbol{A}+\boldsymbol{A}^{\mathrm{T}}$，$\boldsymbol{A}+\boldsymbol{A}^{\mathrm{T}}$ 是对称矩阵.

15. 设 $\boldsymbol{A}, \boldsymbol{B}, \boldsymbol{C}$ 均为 n 阶矩阵，若由 $\boldsymbol{AB}=\boldsymbol{AC}$ 能推出 $\boldsymbol{B}=\boldsymbol{C}$，则 $\boldsymbol{A}$ 应满足[　　].

(A) $\boldsymbol{A}\neq\boldsymbol{O}$　　(B) $\boldsymbol{A}=\boldsymbol{O}$　　(C) $|\boldsymbol{A}|\neq 0$　　(D) $|\boldsymbol{A}|=0$

解：(A) 反例：设 $\boldsymbol{A}=\begin{pmatrix}1&1\\0&0\end{pmatrix}$，$\boldsymbol{B}=\begin{pmatrix}1&0\\0&2\end{pmatrix}$，$\boldsymbol{C}=\begin{pmatrix}1&1\\0&1\end{pmatrix}$，$\boldsymbol{AB}=\begin{pmatrix}1&2\\0&0\end{pmatrix}$，$\boldsymbol{AC}=\begin{pmatrix}1&2\\0&0\end{pmatrix}$，$\boldsymbol{A}=\begin{pmatrix}1&1\\0&0\end{pmatrix}\neq\boldsymbol{O}$，$\boldsymbol{AB}=\boldsymbol{AC}$，但 $\boldsymbol{B}\neq\boldsymbol{C}$.

(B) 反例：设 $\boldsymbol{B}=\begin{pmatrix}1&2\\3&4\end{pmatrix}$，$\boldsymbol{C}=\begin{pmatrix}1&1\\0&1\end{pmatrix}$，$\boldsymbol{A}=\begin{pmatrix}0&0\\0&0\end{pmatrix}$，$\boldsymbol{AB}=\boldsymbol{AC}=\begin{pmatrix}0&0\\0&0\end{pmatrix}$，但 $\boldsymbol{B}\neq\boldsymbol{C}$.

(C) $|\boldsymbol{A}|\neq 0$，则 $\boldsymbol{A}$ 可逆，那么有 $\boldsymbol{A}^{-1}\boldsymbol{AB}=\boldsymbol{A}^{-1}\boldsymbol{AC}$，即 $\boldsymbol{B}=\boldsymbol{C}$.

故本题应选(C).

(D) 反例：设 $\boldsymbol{A}=\begin{pmatrix}0&0\\0&0\end{pmatrix}$，$\boldsymbol{B}=\begin{pmatrix}1&2\\3&4\end{pmatrix}$，$\boldsymbol{C}=\begin{pmatrix}2&1\\1&0\end{pmatrix}$，$|\boldsymbol{A}|=0$，$\boldsymbol{AB}=\boldsymbol{AC}$ 但 $\boldsymbol{B}\neq\boldsymbol{C}$.

16. 矩阵 $\boldsymbol{A}=\begin{pmatrix}1&4&0&2\\0&1&-1&x\\3&10&y&4\\2&7&1&3\end{pmatrix}$ 可逆的充分必要条件是[　　].

(A) $x\neq 1$ 或 $y\neq 2$　　(B) $x\neq 1$ 且 $y\neq 2$

(C) $x=1$ 或 $y=2$　　(D) $x=1$ 且 $y=2$

解：$|\boldsymbol{A}|=\begin{vmatrix}1&4&0&2\\0&1&-1&x\\3&10&y&4\\2&7&1&3\end{vmatrix}$ （第1行 $\times(-3)$ 加到第3行，$\times(-2)$ 加到第4行）

$=\begin{vmatrix}1&4&0&2\\0&1&-1&x\\0&-2&y&-2\\0&-1&1&-1\end{vmatrix}$ （第2行 $\times 2$ 加到第3行，$\times 1$ 加到第4行）

$=\begin{vmatrix}1&4&0&2\\0&1&-1&x\\0&0&y-2&2x-2\\0&0&0&x-1\end{vmatrix}=(y-2)(x-1)$

矩阵 $\boldsymbol{A}$ 可逆的充分必要条件是 $|\boldsymbol{A}|\neq 0$，当且仅当 $y\neq 2$ 且 $x\neq 1$ 时，$|\boldsymbol{A}|\neq 0$.

故本题应选(B).

17. 设 $\boldsymbol{A}$，$\boldsymbol{B}$ 为同阶可逆矩阵，则下列结论错误的是[　　].

(A) $(k\boldsymbol{A})^{-1}=k^{-1}\boldsymbol{A}^{-1}$（$k$ 为不等于零的数）

(B) $|\boldsymbol{A}^{-1}|=|\boldsymbol{A}|^{-1}$

(C) $\boldsymbol{A}+\boldsymbol{B}$ 可逆，且 $(\boldsymbol{A}+\boldsymbol{B})^{-1}=\boldsymbol{A}^{-1}+\boldsymbol{B}^{-1}$

(D) $(\boldsymbol{A}+\boldsymbol{B})$ 不一定可逆，即使 $\boldsymbol{A}+\boldsymbol{B}$ 可逆，一般地，$(\boldsymbol{A}+\boldsymbol{B})^{-1}\neq\boldsymbol{A}^{-1}+\boldsymbol{B}^{-1}$

解：(A) $k\boldsymbol{A}\cdot k^{-1}\boldsymbol{A}^{-1}=k\cdot\dfrac{1}{k}\boldsymbol{A}\boldsymbol{A}^{-1}=1$，所以 $(k\boldsymbol{A})^{-1}=k^{-1}\boldsymbol{A}^{-1}$，(A) 成立.

(B) 由 $\boldsymbol{A}\boldsymbol{A}^{-1}=\boldsymbol{I}$ 有 $|\boldsymbol{A}|\cdot|\boldsymbol{A}^{-1}|=1$，所以 $|\boldsymbol{A}^{-1}|=\dfrac{1}{|\boldsymbol{A}|}=|\boldsymbol{A}|^{-1}$，(B) 成立.

(C) 反例：$\boldsymbol{A}=\begin{pmatrix}3&0\\0&1\end{pmatrix}$，$\boldsymbol{B}=\begin{pmatrix}1&0\\0&-1\end{pmatrix}$，$|\boldsymbol{A}|=3\neq 0$，$|\boldsymbol{B}|=-1\neq 0$.

$\boldsymbol{A}+\boldsymbol{B}=\begin{pmatrix}3&0\\0&1\end{pmatrix}+\begin{pmatrix}1&0\\0&-1\end{pmatrix}=\begin{pmatrix}4&0\\0&0\end{pmatrix}$，$\begin{vmatrix}4&0\\0&0\end{vmatrix}=0$，$\boldsymbol{A}+\boldsymbol{B}$ 不可逆，所以即使 $\boldsymbol{A}$，$\boldsymbol{B}$ 可逆，$\boldsymbol{A}+\boldsymbol{B}$ 也不一定可逆，(C) 不成立.

故本题应选(C).

(D) 由(C)知，$\boldsymbol{A}$，$\boldsymbol{B}$ 可逆时 $\boldsymbol{A}+\boldsymbol{B}$ 不一定可逆. 即使 $\boldsymbol{A}+\boldsymbol{B}$ 可逆，例如，设 $\boldsymbol{A}=\begin{pmatrix}3&0\\0&1\end{pmatrix}$，$\boldsymbol{B}=\begin{pmatrix}1&0\\0&2\end{pmatrix}$，则 $\boldsymbol{A}+\boldsymbol{B}=\begin{pmatrix}4&0\\0&3\end{pmatrix}$，因 $\begin{vmatrix}4&0\\0&3\end{vmatrix}\neq 0$，故 $\boldsymbol{A}+\boldsymbol{B}$ 可逆，但 $(\boldsymbol{A}+\boldsymbol{B})^{-1}=\dfrac{1}{12}\begin{pmatrix}3&0\\0&4\end{pmatrix}$.

而 $\boldsymbol{A}^{-1}+\boldsymbol{B}^{-1}=\dfrac{1}{3}\begin{pmatrix}1&0\\0&3\end{pmatrix}+\dfrac{1}{2}\begin{pmatrix}2&0\\0&1\end{pmatrix}=\dfrac{1}{12}\begin{pmatrix}16&0\\0&18\end{pmatrix}$. 所以 $(\boldsymbol{A}+\boldsymbol{B})^{-1}\neq\boldsymbol{A}^{-1}+\boldsymbol{B}^{-1}$，(D) 成立.

18. 设 $\boldsymbol{A}$，$\boldsymbol{B}$，$\boldsymbol{C}$ 均为 n 阶矩阵，$\boldsymbol{I}$ 为 n 阶单位矩阵，且 $\boldsymbol{ABC}=\boldsymbol{I}$，则下列矩阵乘积一定等于 $\boldsymbol{I}$ 的是[　　].

(A) ACB　　(B) BAC　　(C) CAB　　(D) CBA

解: 由 $ABC=I$ 可知，A，C 可逆且 $A^{-1}=BC$，$C^{-1}=AB$，因此有 $BCA=I$ 及 $CAB=I$，所以(C) 成立.

故本题应选(C).

注释　可以验证第18题中(A)，(B)，(D) 中的矩阵乘积均不一定等于 I. 例如 $ACB=(BC)^{-1}CB$，如 B，C 可交换，则 $ACB=I$，但 BC 不一定等于 CB，故 ACB 不一定等于 I.

19. A，B 为 n 阶可逆矩阵，O 为 n 阶零矩阵，则 $\begin{pmatrix} O & A \\ B & O \end{pmatrix}^{-1}=$[　　].

(A) $\begin{pmatrix} O & A^{-1} \\ B^{-1} & O \end{pmatrix}$　　(B) $\begin{pmatrix} O & B^{-1} \\ A^{-1} & O \end{pmatrix}$

(C) $\begin{pmatrix} O & -B^{-1} \\ -A^{-1} & O \end{pmatrix}$　　(D) $\begin{pmatrix} A^{-1} & O \\ O & B^{-1} \end{pmatrix}$

解: (A) $\begin{pmatrix} O & A \\ B & O \end{pmatrix}\begin{pmatrix} O & A^{-1} \\ B^{-1} & O \end{pmatrix}=\begin{pmatrix} AB^{-1} & O \\ O & BA^{-1} \end{pmatrix}$

(B) $\begin{pmatrix} O & A \\ B & O \end{pmatrix}\begin{pmatrix} O & B^{-1} \\ A^{-1} & O \end{pmatrix}=\begin{pmatrix} AA^{-1} & O \\ O & BB^{-1} \end{pmatrix}=\begin{pmatrix} I & O \\ O & I \end{pmatrix}=I$

故本题应选(B).

(C) $\begin{pmatrix} O & A \\ B & O \end{pmatrix}\begin{pmatrix} O & -B^{-1} \\ -A^{-1} & O \end{pmatrix}=\begin{pmatrix} -AA^{-1} & O \\ O & -BB^{-1} \end{pmatrix}=\begin{pmatrix} -I & O \\ O & -I \end{pmatrix}$

(D) $\begin{pmatrix} O & A \\ B & O \end{pmatrix}\begin{pmatrix} A^{-1} & O \\ O & B^{-1} \end{pmatrix}=\begin{pmatrix} O & AB^{-1} \\ BA^{-1} & O \end{pmatrix}$

20. 设 A，B 为 n 阶可逆矩阵，O 为 n 阶零矩阵，则 $\left|-2\begin{pmatrix} A^{\mathrm{T}} & O \\ O & B^{-1} \end{pmatrix}\right|=$[　　].

(A) $\dfrac{4^n|A|}{|B|}$　　(B) $\dfrac{(-2)^n|A|}{|B|}$

(C) $4^n|A||B|$　　(D) $(-2)^n|A||B|$

解: $\left|-2\begin{pmatrix} A^{\mathrm{T}} & O \\ O & B^{-1} \end{pmatrix}\right|=(-2)^{2n}|A^{\mathrm{T}}B^{-1}|=4^n|A^{\mathrm{T}}||B^{-1}|=\dfrac{4^n|A|}{|B|}$

故本题应选(A).

$\begin{pmatrix} A^{\mathrm{T}} & O \\ O & B^{-1} \end{pmatrix}$ 为 $2n$ 阶矩阵.

21. $\boldsymbol{A}$，$\boldsymbol{B}$，$\boldsymbol{X}$ 为同阶矩阵，且 $\boldsymbol{A}$，$\boldsymbol{B}$ 可逆，则下列结论错误的是[　　].

(A) 若 $\boldsymbol{AX}=\boldsymbol{B}$，则 $\boldsymbol{X}=\boldsymbol{A}^{-1}\boldsymbol{B}$

(B) 若 $\boldsymbol{XA}=\boldsymbol{B}$，则 $\boldsymbol{X}=\boldsymbol{BA}^{-1}$

(C) 若 $\boldsymbol{AXB}=\boldsymbol{C}$，则 $\boldsymbol{X}=\boldsymbol{A}^{-1}\boldsymbol{CB}^{-1}$

(D) 若 $\boldsymbol{ABX}=\boldsymbol{C}$，则 $\boldsymbol{X}=\boldsymbol{A}^{-1}\boldsymbol{B}^{-1}\boldsymbol{C}$

解：(A) $\boldsymbol{AX}=\boldsymbol{B}$，$\boldsymbol{A}^{-1}\boldsymbol{AX}=\boldsymbol{A}^{-1}\boldsymbol{B}$，即 $\boldsymbol{X}=\boldsymbol{A}^{-1}\boldsymbol{B}$.

(B) 若 $\boldsymbol{XA}=\boldsymbol{B}$，$\boldsymbol{XAA}^{-1}=\boldsymbol{BA}^{-1}$，即 $\boldsymbol{X}=\boldsymbol{BA}^{-1}$.

(C) 若 $\boldsymbol{AXB}=\boldsymbol{C}$，$\boldsymbol{A}^{-1}\boldsymbol{AXBB}^{-1}=\boldsymbol{A}^{-1}\boldsymbol{CB}^{-1}$，即 $\boldsymbol{X}=\boldsymbol{A}^{-1}\boldsymbol{CB}^{-1}$.

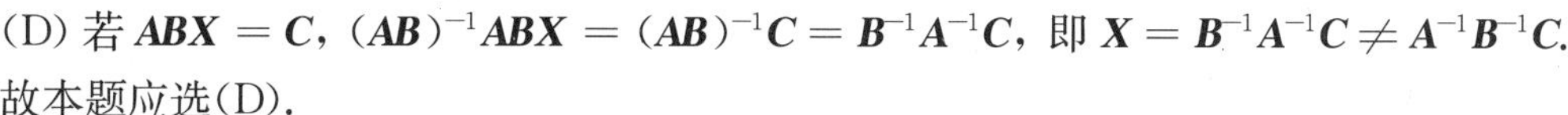

(D) 若 $\boldsymbol{ABX}=\boldsymbol{C}$，$(\boldsymbol{AB})^{-1}\boldsymbol{ABX}=(\boldsymbol{AB})^{-1}\boldsymbol{C}=\boldsymbol{B}^{-1}\boldsymbol{A}^{-1}\boldsymbol{C}$，即 $\boldsymbol{X}=\boldsymbol{B}^{-1}\boldsymbol{A}^{-1}\boldsymbol{C}\neq\boldsymbol{A}^{-1}\boldsymbol{B}^{-1}\boldsymbol{C}$.

故本题应选(D).

22. 设 $\boldsymbol{A}$ 为 n 阶可逆矩阵，$\boldsymbol{A}^*$ 是 $\boldsymbol{A}$ 的伴随矩阵，则 $|\boldsymbol{A}^*|=$[　　].

(A) $|\boldsymbol{A}|$　　(B) $\dfrac{1}{|\boldsymbol{A}|}$　　(C) $|\boldsymbol{A}|^{n-1}$　　(D) $|\boldsymbol{A}|^{n}$

解：由 $\boldsymbol{AA}^*=|\boldsymbol{A}|\boldsymbol{I}$ 有

$$|\boldsymbol{AA}^*|=||\boldsymbol{A}|\boldsymbol{I}|$$

$$|\boldsymbol{A}||\boldsymbol{A}^*|=|\boldsymbol{A}|^n|\boldsymbol{I}|$$

$$|\boldsymbol{A}^*|=|\boldsymbol{A}|^{n-1}$$

故本题应选(C).

23. 下列矩阵不是初等矩阵的是[　　].

(A) $\begin{pmatrix}1&0&0\\0&0&1\\0&1&0\end{pmatrix}$　　(B) $\begin{pmatrix}0&0&1\\0&-1&0\\1&0&0\end{pmatrix}$

(C) $\begin{pmatrix}1&0&0\\0&-\frac{1}{2}&0\\0&0&1\end{pmatrix}$　　(D) $\begin{pmatrix}1&0&0\\0&1&-4\\0&0&1\end{pmatrix}$

解：(A) $\begin{pmatrix}1&0&0\\0&1&0\\0&0&1\end{pmatrix}\begin{matrix}\\ \leftarrow\\ \leftarrow\end{matrix}\longrightarrow\begin{pmatrix}1&0&0\\0&0&1\\0&1&0\end{pmatrix}$

(B) $\begin{pmatrix}1&0&0\\0&1&0\\0&0&1\end{pmatrix}\begin{matrix}\leftarrow\\ \\ \leftarrow\end{matrix}\longrightarrow\begin{pmatrix}0&0&1\\0&1&0\\1&0&0\end{pmatrix}\times(-1)\longrightarrow\begin{pmatrix}0&0&1\\0&-1&0\\1&0&0\end{pmatrix}$

初等矩阵是对单位矩阵施以一次初等变换得到的矩阵，因此(B)不是初等矩阵.

故本题应选(B).

(C) $\begin{pmatrix}1&0&0\\0&1&0\\0&0&1\end{pmatrix}\times\left(-\frac{1}{2}\right)\longrightarrow\begin{pmatrix}1&0&0\\0&-\frac{1}{2}&0\\0&0&1\end{pmatrix}$

(D) $\begin{pmatrix}1&0&0\\0&1&0\\0&0&1\end{pmatrix}$ (第三行 $\times(-4)$ 加到第二行) $\longrightarrow \begin{pmatrix}1&0&0\\0&1&-4\\0&0&1\end{pmatrix}$

24. 已知 $\boldsymbol{A}\begin{pmatrix}a_{11}&a_{12}&a_{13}\\a_{21}&a_{22}&a_{23}\\a_{31}&a_{32}&a_{33}\end{pmatrix}=\begin{pmatrix}a_{11}-3a_{31}&a_{12}-3a_{32}&a_{13}-3a_{33}\\a_{21}&a_{22}&a_{23}\\a_{31}&a_{32}&a_{33}\end{pmatrix}$，则 $\boldsymbol{A}=$[　　].

(A) $\begin{pmatrix}1&0&0\\0&0&1\\-3&0&1\end{pmatrix}$　　(B) $\begin{pmatrix}1&0&-3\\0&1&0\\0&0&1\end{pmatrix}$

(C) $\begin{pmatrix}0&0&-3\\0&1&0\\1&0&1\end{pmatrix}$　　(D) $\begin{pmatrix}1&0&0\\0&1&0\\0&0&-3\end{pmatrix}$

解：给定的矩阵等式右边的矩阵是将矩阵 $\begin{pmatrix}a_{11}&a_{12}&a_{13}\\a_{21}&a_{22}&a_{23}\\a_{31}&a_{32}&a_{33}\end{pmatrix}$ 的第三行乘以(−3)加于第一行所得到的，它等于用 $\boldsymbol{I}(1\ 3(-3))$ 左乘 $\begin{pmatrix}a_{11}&a_{12}&a_{13}\\a_{21}&a_{22}&a_{23}\\a_{31}&a_{32}&a_{33}\end{pmatrix}$，$\boldsymbol{I}(1\ 3(-3))$ 是将 $\boldsymbol{I}$ 的第三行乘以(−3)加于第一行而形成的初等矩阵 $\begin{pmatrix}1&0&-3\\0&1&0\\0&0&1\end{pmatrix}$.

故本题应选(B).

25. 下列矩阵中与矩阵 $\boldsymbol{A}=\begin{pmatrix}1&3&0\\2&1&2\\4&0&1\end{pmatrix}$ 同秩的矩阵是[　　].

(A) $(3\quad 1\quad 6)$　　(B) $\begin{pmatrix}2&4&0\\1&5&-1\end{pmatrix}$

(C) $\begin{pmatrix}1&1&0\\1&0&3\\0&-1&3\end{pmatrix}$　　(D) $\begin{pmatrix}2&1&0\\1&0&3\\0&-1&2\end{pmatrix}$

解：$|\boldsymbol{A}|=\begin{vmatrix}1&3&0\\2&1&2\\4&0&1\end{vmatrix}=1+24-6=19\neq 0$，所以 $\mathrm{r}(\boldsymbol{A})=3$.

(A) 中矩阵 $(3\quad 1\quad 6)$ 和(B) 中矩阵 $\begin{pmatrix}2&4&0\\1&5&-1\end{pmatrix}$ 的秩显然小于 3，故排除(A)，(B).

(C) $\begin{vmatrix}1&1&0\\1&0&3\\0&-1&3\end{vmatrix}=3-3=0$，$\begin{vmatrix}1&1\\1&0\end{vmatrix}\neq 0$，所以矩阵 $\begin{pmatrix}1&1&0\\1&0&3\\0&-1&3\end{pmatrix}$ 的秩为 2.

(D) $\begin{vmatrix} 2 & 1 & 0 \\ 1 & 0 & 3 \\ 0 & -1 & 2 \end{vmatrix} = 6-2=4\neq 0$，所以矩阵 $\begin{pmatrix} 2 & 1 & 0 \\ 1 & 0 & 3 \\ 0 & -1 & 2 \end{pmatrix}$ 的秩为3，即(D)中矩阵与$\boldsymbol{A}$同秩.

故本题应选(D).

26. 已知矩阵 $\boldsymbol{A}=\begin{pmatrix} 2 & 1 & 1 \\ 4 & 2 & a+1 \\ 2 & 1 & 1 \end{pmatrix}$，且 $r(\boldsymbol{A})=2$，则 $a\neq$[　　].

(A) 1　　(B) -1　　(C) 0　　(D) 2

解： $\boldsymbol{A}=\begin{pmatrix} 2 & 1 & 1 \\ 4 & 2 & a+1 \\ 2 & 1 & 1 \end{pmatrix} \xrightarrow[\times(-1)]{\times(-2)} \begin{pmatrix} 2 & 1 & 1 \\ 0 & 0 & a-1 \\ 0 & 0 & 0 \end{pmatrix}$

若 $a=1$，则 $\boldsymbol{A}\longrightarrow\begin{pmatrix} 2 & 1 & 1 \\ 0 & 0 & 0 \\ 0 & 0 & 0 \end{pmatrix}$. 此时，不全为零行的行数为1. 所以 $r(\boldsymbol{A})=1$，与题设 $r(\boldsymbol{A})=2$ 矛盾. 故 $a\neq 1$.

故本题应选(A).

27. 设 $m\times n$ 矩阵 $\boldsymbol{A}$ 的秩等于 n，则必有[　　].

(A) $m=n$　　(B) $m<n$　　(C) $m>n$　　(D) $m\geqslant n$

解： 矩阵的秩是不等于零的子式的最高阶数，矩阵 $\boldsymbol{A}$ 的秩为 n，故 $\boldsymbol{A}$ 为满秩矩阵，最高阶不等于0的子式为 n 阶子式，因此 m 不可能小于 n，只能等于 n 或大于 n.

故本题应选(D).

(二) 参考题(附解答)

(A)

1. 求所有与 $\boldsymbol{A}=\begin{pmatrix} 1 & 1 & 0 \\ 0 & 1 & 1 \\ 0 & 0 & 1 \end{pmatrix}$ 可交换的矩阵.

解： 设与 $\boldsymbol{A}$ 可交换的矩阵为 $\boldsymbol{B}=\begin{pmatrix} x_{11} & x_{12} & x_{13} \\ x_{21} & x_{22} & x_{23} \\ x_{31} & x_{32} & x_{33} \end{pmatrix}$，那么

$$\boldsymbol{AB}=\begin{pmatrix} 1 & 1 & 0 \\ 0 & 1 & 1 \\ 0 & 0 & 1 \end{pmatrix}\begin{pmatrix} x_{11} & x_{12} & x_{13} \\ x_{21} & x_{22} & x_{23} \\ x_{31} & x_{32} & x_{33} \end{pmatrix}=\begin{pmatrix} x_{11}+x_{21} & x_{12}+x_{22} & x_{13}+x_{23} \\ x_{21}+x_{31} & x_{22}+x_{32} & x_{23}+x_{33} \\ x_{31} & x_{32} & x_{33} \end{pmatrix}$$

$$BA=\begin{pmatrix}x_{11}&x_{12}&x_{13}\\x_{21}&x_{22}&x_{23}\\x_{31}&x_{32}&x_{33}\end{pmatrix}\begin{pmatrix}1&1&0\\0&1&1\\0&0&1\end{pmatrix}=\begin{pmatrix}x_{11}&x_{11}+x_{12}&x_{12}+x_{13}\\x_{21}&x_{21}+x_{22}&x_{22}+x_{23}\\x_{31}&x_{31}+x_{32}&x_{32}+x_{33}\end{pmatrix}$$

由 $\boldsymbol{AB}=\boldsymbol{BA}$，有下列联立方程

$$x_{11}+x_{21}=x_{11},\ x_{12}+x_{22}=x_{11}+x_{12},\ x_{13}+x_{23}=x_{12}+x_{13}$$
$$x_{21}+x_{31}=x_{21},\ x_{22}+x_{32}=x_{21}+x_{22},\ x_{23}+x_{33}=x_{22}+x_{23}$$
$$x_{31}=x_{31},\quad x_{32}=x_{31}+x_{32},\quad x_{33}=x_{32}+x_{33}$$

解得 $\quad x_{21}=x_{31}=x_{32}=0,\ x_{11}=x_{22}=x_{33},\ x_{12}=x_{23}$

设 $\quad x_{11}=x_{22}=x_{33}=a,\ x_{12}=x_{23}=b,\ x_{13}=c$

则得 $\quad \boldsymbol{B}=\begin{pmatrix}a&b&c\\0&a&b\\0&0&a\end{pmatrix}$ （a，b，c 为任意常数）

即与已知矩阵 $\boldsymbol{A}$ 可交换的所有矩阵是结构为 $\boldsymbol{B}$ 的矩阵.

2. 设矩阵

$$\boldsymbol{A}=\begin{pmatrix}a&b&c&d\\-b&a&-d&c\\-c&d&a&-b\\-d&-c&b&a\end{pmatrix}\quad (a,\ b,\ c,\ d \text{ 均为实数})$$

(1) 求 $\boldsymbol{AA}^{\mathrm{T}}$.

(2) 计算 $|\boldsymbol{A}|$.

解：(1)
$$\boldsymbol{AA}^{\mathrm{T}}=\begin{pmatrix}a&b&c&d\\-b&a&-d&c\\-c&d&a&-b\\-d&-c&b&a\end{pmatrix}\begin{pmatrix}a&-b&-c&-d\\b&a&d&-c\\c&-d&a&b\\d&c&-b&a\end{pmatrix}$$
$$=\begin{pmatrix}a^2+b^2+c^2+d^2&0&0&0\\0&a^2+b^2+c^2+d^2&0&0\\0&0&a^2+b^2+c^2+d^2&0\\0&0&0&a^2+b^2+c^2+d^2\end{pmatrix}$$

(2) $|\boldsymbol{AA}^{\mathrm{T}}|=|\boldsymbol{A}||\boldsymbol{A}^{\mathrm{T}}|=|\boldsymbol{A}||\boldsymbol{A}|=|\boldsymbol{A}|^2$

因 $\quad |\boldsymbol{AA}^{\mathrm{T}}|=(a^2+b^2+c^2+d^2)^4$

即 $\quad |\boldsymbol{A}|^2=(a^2+b^2+c^2+d^2)^4$

从而有 $\quad |\boldsymbol{A}|=\pm(a^2+b^2+c^2+d^2)^2$

$(a^2+b^2+c^2+d^2)^4$ 开方应为 $\pm(a^2+b^2+c^2+d^2)^2$，但因在 $|\boldsymbol{A}|$ 的展开式中 a^4 这一项来自 $\boldsymbol{A}$ 的主对角线上 4 个 a 连乘，该项符号为正，故取正号. 所以

$$|\boldsymbol{A}|=(a^2+b^2+c^2+d^2)^2$$

3. 已知 $\boldsymbol{A}$，$\boldsymbol{B}$ 为 n 阶矩阵，且满足 $\boldsymbol{A}^2=\boldsymbol{A}$，$\boldsymbol{B}^2=\boldsymbol{B}$ 及 $(\boldsymbol{A}-\boldsymbol{B})^2=\boldsymbol{A}+\boldsymbol{B}$，证明：$\boldsymbol{AB}=\boldsymbol{BA}=\boldsymbol{O}$.

证：$(\boldsymbol{A}-\boldsymbol{B})^2=(\boldsymbol{A}-\boldsymbol{B})(\boldsymbol{A}-\boldsymbol{B})=\boldsymbol{A}^2-\boldsymbol{AB}-\boldsymbol{BA}+\boldsymbol{B}^2$

由$(\boldsymbol{A}-\boldsymbol{B})^2=\boldsymbol{A}+\boldsymbol{B}$及$\boldsymbol{A}^2=\boldsymbol{A}$，$\boldsymbol{B}^2=\boldsymbol{B}$，有

$$\boldsymbol{A}+\boldsymbol{B}=\boldsymbol{A}-\boldsymbol{AB}-\boldsymbol{BA}+\boldsymbol{B}$$

可得 $-\boldsymbol{AB}-\boldsymbol{BA}=\boldsymbol{O}$，即 $\boldsymbol{AB}=-\boldsymbol{BA}$ (1)

式(1)左乘$\boldsymbol{A}$，有$\boldsymbol{A}^2\boldsymbol{B}=-\boldsymbol{ABA}$，即$\boldsymbol{AB}=-\boldsymbol{ABA}$，$\boldsymbol{ABA}=-\boldsymbol{AB}$.

式(1)右乘$\boldsymbol{A}$，有$\boldsymbol{ABA}=-\boldsymbol{BA}^2$，即$\boldsymbol{ABA}=-\boldsymbol{BA}$.

于是得出$\boldsymbol{AB}=\boldsymbol{BA}$. (2)

再由式(1)、式(2)得出$\boldsymbol{BA}=-\boldsymbol{BA}$，即$\boldsymbol{BA}=\boldsymbol{O}$，所以可得

$$\boldsymbol{AB}=\boldsymbol{BA}=\boldsymbol{O}.$$

4. 设$\boldsymbol{A}$为n阶矩阵，满足$\boldsymbol{A}^2=\boldsymbol{A}$，证明$(\boldsymbol{A}+\boldsymbol{I})^n=\boldsymbol{I}+(2^n-1)\boldsymbol{A}$($n$为正整数).

证：用数学归纳法.

当$n=1$时，结论显然成立.

当$n=2$时，$(\boldsymbol{A}+\boldsymbol{I})^2=\boldsymbol{A}^2+2\boldsymbol{A}+\boldsymbol{I}=\boldsymbol{A}+2\boldsymbol{A}+\boldsymbol{I}=\boldsymbol{I}+3\boldsymbol{A}=\boldsymbol{I}+(2^2-1)\boldsymbol{A}$. 结论成立.

设当$n=k-1$时，结论成立，即有

$$(\boldsymbol{A}+\boldsymbol{I})^{k-1}=\boldsymbol{I}+(2^{k-1}-1)\boldsymbol{A}$$

那么
$$\begin{aligned}(\boldsymbol{A}+\boldsymbol{I})^k&=(\boldsymbol{A}+\boldsymbol{I})^{k-1}(\boldsymbol{A}+\boldsymbol{I})=[\boldsymbol{I}+(2^{k-1}-1)\boldsymbol{A}](\boldsymbol{A}+\boldsymbol{I})\\&=\boldsymbol{A}+\boldsymbol{I}+(2^{k-1}-1)\boldsymbol{A}^2+(2^{k-1}-1)\boldsymbol{A}\\&=\boldsymbol{I}+[\boldsymbol{A}+2(2^{k-1}-1)\boldsymbol{A}]\\&=\boldsymbol{I}+(\boldsymbol{A}+2^k\boldsymbol{A}-2\boldsymbol{A})\\&=\boldsymbol{I}+(2^k-1)\boldsymbol{A}\qquad(\text{结论成立})\end{aligned}$$

所以，当n为任意正整数时$(\boldsymbol{A}+\boldsymbol{I})^n=\boldsymbol{I}+(2^n-1)\boldsymbol{A}$成立.

5. 设$\boldsymbol{A}=\begin{pmatrix}0&1&0&0\\0&0&1&0\\0&0&0&1\\1&0&0&0\end{pmatrix}$，求$\boldsymbol{A}^n$.

解：先求$\boldsymbol{A}^2$，$\boldsymbol{A}^3$，$\boldsymbol{A}^4$.

$$\boldsymbol{A}^2=\boldsymbol{A}\cdot\boldsymbol{A}=\begin{pmatrix}0&1&0&0\\0&0&1&0\\0&0&0&1\\1&0&0&0\end{pmatrix}\begin{pmatrix}0&1&0&0\\0&0&1&0\\0&0&0&1\\1&0&0&0\end{pmatrix}=\begin{pmatrix}0&0&1&0\\0&0&0&1\\1&0&0&0\\0&1&0&0\end{pmatrix}$$

$$\boldsymbol{A}^3=\boldsymbol{A}^2\boldsymbol{A}=\begin{pmatrix}0&0&1&0\\0&0&0&1\\1&0&0&0\\0&1&0&0\end{pmatrix}\begin{pmatrix}0&1&0&0\\0&0&1&0\\0&0&0&1\\1&0&0&0\end{pmatrix}=\begin{pmatrix}0&0&0&1\\1&0&0&0\\0&1&0&0\\0&0&1&0\end{pmatrix}$$

$$A^4=A^3A=\begin{pmatrix}0&0&0&1\\1&0&0&0\\0&1&0&0\\0&0&1&0\end{pmatrix}\begin{pmatrix}0&1&0&0\\0&0&1&0\\0&0&0&1\\1&0&0&0\end{pmatrix}=\begin{pmatrix}1&0&0&0\\0&1&0&0\\0&0&1&0\\0&0&0&1\end{pmatrix}=I$$

因此可知 $A^{4k}=I=\begin{pmatrix}1&0&0&0\\0&1&0&0\\0&0&1&0\\0&0&0&1\end{pmatrix}$($k$ 为正整数).

依次计算 $A^{4k+1}=IA=A=\begin{pmatrix}0&1&0&0\\0&0&1&0\\0&0&0&1\\1&0&0&0\end{pmatrix}$

$$A^{4k+2}=IA^2=A^2=\begin{pmatrix}0&0&1&0\\0&0&0&1\\1&0&0&0\\0&1&0&0\end{pmatrix}$$

$$A^{4k+3}=IA^3=A^3=\begin{pmatrix}0&0&0&1\\1&0&0&0\\0&1&0&0\\0&0&1&0\end{pmatrix}$$

6. 用分块矩阵乘法，计算下列矩阵乘积 AB.

$$A=\begin{pmatrix}1&0&0&0&0\\0&1&0&0&0\\1&1&1&0&0\\0&2&0&1&0\\1&-1&0&0&1\end{pmatrix},\ B=\begin{pmatrix}1&1&1&1&0\\0&0&0&0&1\\3&0&0&0&0\\0&3&0&0&0\\0&0&3&0&0\end{pmatrix}$$

解：将 A 按下面的方法分块.

$$A=\left(\begin{array}{cc:ccc}1&0&0&0&0\\0&1&0&0&0\\\hdashline 1&1&1&0&0\\0&2&0&1&0\\1&-1&0&0&1\end{array}\right)=\begin{pmatrix}I_2&O_{2\times3}\\A_{3\times2}&I_3\end{pmatrix}$$

为使子块运算可行，需要注意 B 的分块方法，B 的行的分法要与 A 的列的分法一致，故将 B 按下面的方法分块.

$$B=\left(\begin{array}{ccc:cc}1&1&1&1&0\\0&0&0&0&1\\\hdashline 3&0&0&0&0\\0&3&0&0&0\\0&0&3&0&0\end{array}\right)=\begin{pmatrix}B_{2\times3}&I_2\\3I_3&O_{3\times2}\end{pmatrix}$$

于是 $$\boldsymbol{AB}=\begin{pmatrix}\boldsymbol{I}_2 & \boldsymbol{O}_{2\times3}\\ \boldsymbol{A}_{3\times2} & \boldsymbol{I}_3\end{pmatrix}\begin{pmatrix}\boldsymbol{B}_{2\times3} & \boldsymbol{I}_2\\ 3\boldsymbol{I}_3 & \boldsymbol{O}_{3\times2}\end{pmatrix}=\begin{pmatrix}\boldsymbol{B}_{2\times3} & \boldsymbol{I}_2\\ \boldsymbol{A}_{3\times2}\boldsymbol{B}_{2\times3}+3\boldsymbol{I}_3 & \boldsymbol{A}_{3\times2}\end{pmatrix}$$

其中 $$\boldsymbol{A}_{3\times2}=\begin{pmatrix}1 & 1\\ 0 & 2\\ 1 & -1\end{pmatrix},\ \boldsymbol{B}_{2\times3}=\begin{pmatrix}1 & 1 & 1\\ 0 & 0 & 0\end{pmatrix}$$

$$\boldsymbol{A}_{3\times2}\boldsymbol{B}_{2\times3}+3\boldsymbol{I}_3=\begin{pmatrix}1 & 1\\ 0 & 2\\ 1 & -1\end{pmatrix}\begin{pmatrix}1 & 1 & 1\\ 0 & 0 & 0\end{pmatrix}+\begin{pmatrix}3 & 0 & 0\\ 0 & 3 & 0\\ 0 & 0 & 3\end{pmatrix}=\begin{pmatrix}4 & 1 & 1\\ 0 & 3 & 0\\ 1 & 1 & 4\end{pmatrix}$$

于是可得 $$\boldsymbol{AB}=\begin{pmatrix}1 & 1 & 1 & 1 & 0\\ 0 & 0 & 0 & 0 & 1\\ 4 & 1 & 1 & 1 & 1\\ 0 & 3 & 0 & 0 & 2\\ 1 & 1 & 4 & 1 & -1\end{pmatrix}.$$

7. 三阶矩阵 $\boldsymbol{A}$，$\boldsymbol{B}$ 满足 $\boldsymbol{A}^{-1}\boldsymbol{BA}=6\boldsymbol{A}+\boldsymbol{BA}$，已知 $\boldsymbol{A}=\begin{pmatrix}\frac{1}{3} & & \\ & \frac{1}{4} & \\ & & \frac{1}{7}\end{pmatrix}$，求矩阵 $\boldsymbol{B}$.

解：由 $\boldsymbol{A}^{-1}\boldsymbol{BA}=6\boldsymbol{A}+\boldsymbol{BA}$，有

$$(\boldsymbol{A}^{-1}-\boldsymbol{I})\boldsymbol{BA}=6\boldsymbol{A}$$

如果 $\boldsymbol{A}^{-1}-\boldsymbol{I}$ 可逆，则 $\boldsymbol{BA}=6(\boldsymbol{A}^{-1}-\boldsymbol{I})^{-1}\boldsymbol{A}$，即$\boldsymbol{B}=6(\boldsymbol{A}^{-1}-\boldsymbol{I})^{-1}$. 可以求得

$$\boldsymbol{A}^{-1}=\begin{pmatrix}3 & & \\ & 4 & \\ & & 7\end{pmatrix},\ \boldsymbol{A}^{-1}-\boldsymbol{I}=\begin{pmatrix}2 & & \\ & 3 & \\ & & 6\end{pmatrix}$$

从而可得 $$(\boldsymbol{A}^{-1}-\boldsymbol{I})^{-1}=\begin{pmatrix}\frac{1}{2} & & \\ & \frac{1}{3} & \\ & & \frac{1}{6}\end{pmatrix}.$$

于是得出 $$\boldsymbol{B}=6\begin{pmatrix}\frac{1}{2} & & \\ & \frac{1}{3} & \\ & & \frac{1}{6}\end{pmatrix}=\begin{pmatrix}3 & & \\ & 2 & \\ & & 1\end{pmatrix}.$$

8. n 阶矩阵 $\boldsymbol{A}$ 满足 $\boldsymbol{A}^2-3\boldsymbol{A}-10\boldsymbol{I}=\boldsymbol{O}$，证明 $\boldsymbol{A}$ 与 $\boldsymbol{A}-4\boldsymbol{I}$ 皆可逆，并求其逆.

证：由 $\boldsymbol{A}^2-3\boldsymbol{A}-10\boldsymbol{I}=\boldsymbol{O}$ 有

$$A(A-3I)=10I$$

即 $$A\left(\frac{1}{10}(A-3I)\right)=I$$

由此可知 A 可逆，且 $A^{-1}=\frac{1}{10}(A-3I)$.

再由 $A^2-3A-10I=O$ 有

$$(A+I)(A-4I)=6I$$

即 $$\frac{1}{6}(A+I)(A-4I)=I$$

由此可知 $A-4I$ 可逆，且 $(A-4I)^{-1}=\frac{1}{6}(A+I)$.

9. 设 n 阶矩阵 A 满足 $A^3+A^2-A-I=O$，且 $|A-I|\neq 0$，证明 A 可逆，且 $A^{-1}=-(A+2I)$.

证：由 $A^3+A^2-A-I=O$，有

$$(A^2+2A+I)(A-I)=O$$

根据题设 $|A-I|\neq 0$，可知 $A-I$ 可逆. 用 $(A-I)^{-1}$ 右乘上式，得

$$A^2+2A+I=O$$

即 $$A(A+3I)=A-I$$

$$|A||A+3I|=|A-I|$$

因 $|A-I|\neq 0$，所以 $|A|\neq 0$，故 A 可逆.

用 A^{-1} 左乘 $A^2+2A+I=O$，有

$$A+2I+A^{-1}=O$$

由此可得 $A^{-1}=-(A+2I)$.

10. 设矩阵 $A=\begin{pmatrix}3&0&1\\1&1&0\\0&1&4\end{pmatrix}$，满足 $AB=A+2B$，求矩阵 B.

解：由 $AB=A+2B$ 有 $(A-2I)B=A$，若 $A-2I$ 可逆，则

$$B=(A-2I)^{-1}A$$

$$A-2I=\begin{pmatrix}1&0&1\\1&-1&0\\0&1&2\end{pmatrix}$$

$$(A-2I\ \vdots\ I)=\left(\begin{array}{ccc:ccc}1&0&1&1&0&0\\1&-1&0&0&1&0\\0&1&2&0&0&1\end{array}\right)\begin{array}{l}\times(-1)\\ \leftarrow\\ \end{array}$$

$$\rightarrow\left(\begin{array}{ccc:ccc}1&0&1&1&0&0\\0&-1&-1&-1&1&0\\0&1&2&0&0&1\end{array}\right)\begin{matrix}\\ \times 1\\ \\ \end{matrix}\rightarrow\left(\begin{array}{ccc:ccc}1&0&1&1&0&0\\0&-1&-1&-1&1&0\\0&0&1&-1&1&1\end{array}\right)\begin{matrix}\\ \times(-1)\\ \\ \end{matrix}$$

$$\rightarrow\left(\begin{array}{ccc:ccc}1&0&1&1&0&0\\0&1&1&1&-1&0\\0&0&1&-1&1&1\end{array}\right)\begin{matrix}\\ \\ \times(-1)\end{matrix}\rightarrow\left(\begin{array}{ccc:ccc}1&0&0&2&-1&-1\\0&1&0&2&-2&-1\\0&0&1&-1&1&1\end{array}\right)$$

因此 $\boldsymbol{A}-2\boldsymbol{I}$ 可逆，且$(\boldsymbol{A}-2\boldsymbol{I})^{-1}=\begin{pmatrix}2&-1&-1\\2&-2&-1\\-1&1&1\end{pmatrix}$. 于是可得

$$\boldsymbol{B}=(\boldsymbol{A}-2\boldsymbol{I})^{-1}\boldsymbol{A}=\begin{pmatrix}2&-1&-1\\2&-2&-1\\-1&1&1\end{pmatrix}\begin{pmatrix}3&0&1\\1&1&0\\0&1&4\end{pmatrix}$$

$$=\begin{pmatrix}5&-2&-2\\4&-3&-2\\-2&2&3\end{pmatrix}$$

11. 设 $\boldsymbol{A}$, $\boldsymbol{B}$ 均为 n 阶矩阵，且满足 $\boldsymbol{AB}=\boldsymbol{A}+\boldsymbol{B}$，试证：

(1) $\boldsymbol{A}-\boldsymbol{I}$ 与 $\boldsymbol{B}-\boldsymbol{I}$ 均可逆.

(2) $\boldsymbol{AB}=\boldsymbol{BA}$.

证：(1) 由 $\boldsymbol{AB}=\boldsymbol{A}+\boldsymbol{B}$ 有

$$\boldsymbol{AB}-\boldsymbol{A}-\boldsymbol{B}+\boldsymbol{I}=\boldsymbol{I}$$

即 $$(\boldsymbol{A}-\boldsymbol{I})(\boldsymbol{B}-\boldsymbol{I})=\boldsymbol{I}$$

故 $\boldsymbol{A}-\boldsymbol{I}$ 与 $\boldsymbol{B}-\boldsymbol{I}$ 均可逆.

(2) 由 $\boldsymbol{A}-\boldsymbol{I}$ 与 $\boldsymbol{B}-\boldsymbol{I}$ 均可逆，且互为逆矩阵，有

$$(\boldsymbol{A}-\boldsymbol{I})(\boldsymbol{B}-\boldsymbol{I})=\boldsymbol{I}$$

$$(\boldsymbol{B}-\boldsymbol{I})(\boldsymbol{A}-\boldsymbol{I})=\boldsymbol{I}$$

即 $$(\boldsymbol{A}-\boldsymbol{I})(\boldsymbol{B}-\boldsymbol{I})=(\boldsymbol{B}-\boldsymbol{I})(\boldsymbol{A}-\boldsymbol{I})$$

亦即 $$\boldsymbol{AB}-\boldsymbol{B}-\boldsymbol{A}+\boldsymbol{I}=\boldsymbol{BA}-\boldsymbol{A}-\boldsymbol{B}+\boldsymbol{I}$$

故有 $$\boldsymbol{AB}=\boldsymbol{BA}$$

12. 设 $\boldsymbol{A}$, $\boldsymbol{B}$, $\boldsymbol{C}$ 均为 n 阶矩阵，如果 $\boldsymbol{C}=\boldsymbol{A}+\boldsymbol{CA}$, $\boldsymbol{B}=\boldsymbol{I}+\boldsymbol{AB}$，证明 $\boldsymbol{B}-\boldsymbol{C}=\boldsymbol{I}$.

证：由 $\boldsymbol{B}=\boldsymbol{I}+\boldsymbol{AB}$ 有$(\boldsymbol{I}-\boldsymbol{A})\boldsymbol{B}=\boldsymbol{I}$，所以 $\boldsymbol{I}-\boldsymbol{A}$ 与 $\boldsymbol{B}$ 均可逆，且 $\boldsymbol{B}=(\boldsymbol{I}-\boldsymbol{A})^{-1}$.

又由 $\boldsymbol{C}=\boldsymbol{A}+\boldsymbol{CA}$ 有

$$\boldsymbol{C}(\boldsymbol{I}-\boldsymbol{A})=\boldsymbol{A}$$

从而有 $$\boldsymbol{C}=\boldsymbol{A}(\boldsymbol{I}-\boldsymbol{A})^{-1}$$

因此
$$\begin{aligned}\boldsymbol{B}-\boldsymbol{C}&=(\boldsymbol{I}-\boldsymbol{A})^{-1}-\boldsymbol{A}(\boldsymbol{I}-\boldsymbol{A})^{-1}\\&=(\boldsymbol{I}-\boldsymbol{A})(\boldsymbol{I}-\boldsymbol{A})^{-1}\\&=\boldsymbol{I}\end{aligned}$$

13. 设 $\boldsymbol{A}$, $\boldsymbol{B}$ 均为三阶矩阵，且满足 $3\boldsymbol{I}-\boldsymbol{B}=\boldsymbol{A}^{-1}\boldsymbol{B}$. 若已知 $\boldsymbol{A}=\begin{pmatrix}1&0&0\\0&2&0\\0&0&2\end{pmatrix}$，求 $\boldsymbol{B}$.

解：由 $3\boldsymbol{I}-\boldsymbol{B}=\boldsymbol{A}^{-1}\boldsymbol{B}$，有

$$(\boldsymbol{A}^{-1}+\boldsymbol{I})\boldsymbol{B}=3\boldsymbol{I}$$

若 $\boldsymbol{A}^{-1}+\boldsymbol{I}$ 可逆，则 $\boldsymbol{B}=3(\boldsymbol{A}^{-1}+\boldsymbol{I})^{-1}$.

$$\boldsymbol{A}^{-1}=\begin{pmatrix}1&0&0\\0&\frac{1}{2}&0\\0&0&\frac{1}{2}\end{pmatrix},\ \boldsymbol{A}^{-1}+\boldsymbol{I}=\begin{pmatrix}2&0&0\\0&\frac{3}{2}&0\\0&0&\frac{3}{2}\end{pmatrix}$$

$|\boldsymbol{A}^{-1}+\boldsymbol{I}|=\frac{9}{2}\neq 0$，所以 $\boldsymbol{A}^{-1}+\boldsymbol{I}$ 可逆，且 $(\boldsymbol{A}^{-1}+\boldsymbol{I})^{-1}=\begin{pmatrix}\frac{1}{2}&0&0\\0&\frac{2}{3}&0\\0&0&\frac{2}{3}\end{pmatrix}$. 所以

$$\boldsymbol{B}=3\begin{pmatrix}\frac{1}{2}&0&0\\0&\frac{2}{3}&0\\0&0&\frac{2}{3}\end{pmatrix}=\begin{pmatrix}\frac{3}{2}&0&0\\0&2&0\\0&0&2\end{pmatrix}$$

14. 求满足 $\boldsymbol{A}^2=\boldsymbol{I}$ 的所有二阶矩阵.

解：设 $\boldsymbol{A}=\begin{pmatrix}x_{11}&x_{12}\\x_{21}&x_{22}\end{pmatrix}$.

由 $\boldsymbol{A}^2=\boldsymbol{I}$ 有 $|\boldsymbol{A}^2|=|\boldsymbol{I}|$，即 $|\boldsymbol{A}|^2=1$，$|\boldsymbol{A}|=\pm 1$.

由 $\boldsymbol{A}^2=\boldsymbol{I}$ 可知 $\boldsymbol{A}=\boldsymbol{A}^{-1}$.

当 $|\boldsymbol{A}|=1$ 时，$\boldsymbol{A}^{-1}=\begin{pmatrix}x_{22}&-x_{12}\\-x_{21}&x_{11}\end{pmatrix}$.

由 $\boldsymbol{A}=\boldsymbol{A}^{-1}$ 有 $x_{11}=x_{22}$，$x_{12}=-x_{12}$，$x_{21}=-x_{21}$，即 $x_{12}=x_{21}=0$，设 $x_{11}=x_{22}=a$. 所以可得 $\boldsymbol{A}=\begin{pmatrix}a&0\\0&a\end{pmatrix}$，其中 a 满足 $\begin{vmatrix}a&0\\0&a\end{vmatrix}=1$，即 $a^2=1$.

当 $|\boldsymbol{A}|=-1$ 时，$\boldsymbol{A}^{-1}=-\begin{pmatrix} x_{22} & -x_{12} \\ -x_{21} & x_{11} \end{pmatrix}=\begin{pmatrix} -x_{22} & x_{12} \\ x_{21} & -x_{11} \end{pmatrix}$.

由 $\boldsymbol{A}=\boldsymbol{A}^{-1}$ 有 $x_{11}=-x_{22}$，x_{12}，x_{21} 为任意数. 设 $x_{11}=a$，$x_{12}=b$，$x_{21}=c$，$x_{22}=-a$.
所以可得 $\boldsymbol{A}=\begin{pmatrix} a & b \\ c & -a \end{pmatrix}$，其中 a，b，c 满足 $\begin{vmatrix} a & b \\ c & -a \end{vmatrix}=-1$，即$a^2+bc=1$.

15. 设 $\boldsymbol{A}$，$\boldsymbol{B}$，$\boldsymbol{C}$ 均为三阶矩阵，满足 $\boldsymbol{C}(\boldsymbol{I}-\boldsymbol{B}^{-1}\boldsymbol{A})^{\mathrm{T}}\boldsymbol{B}^{\mathrm{T}}=\boldsymbol{I}$，已知 $\boldsymbol{A}=\begin{pmatrix} 1 & -1 & 0 \\ 0 & 1 & -1 \\ 0 & 0 & 1 \end{pmatrix}$，
$\boldsymbol{B}=\begin{pmatrix} 2 & 1 & 3 \\ 0 & 2 & 1 \\ 0 & 0 & 2 \end{pmatrix}$，求 $\boldsymbol{C}$.

解：方法 1

$$\boldsymbol{C}(\boldsymbol{I}-\boldsymbol{B}^{-1}\boldsymbol{A})^{\mathrm{T}}\boldsymbol{B}^{\mathrm{T}}=\boldsymbol{C}[\boldsymbol{B}(\boldsymbol{I}-\boldsymbol{B}^{-1}\boldsymbol{A})]^{\mathrm{T}}=\boldsymbol{C}(\boldsymbol{B}-\boldsymbol{A})^{\mathrm{T}}=\boldsymbol{I}$$

所以 $$\boldsymbol{C}=[(\boldsymbol{B}-\boldsymbol{A})^{\mathrm{T}}]^{-1}$$

$$\boldsymbol{B}-\boldsymbol{A}=\begin{pmatrix} 1 & 2 & 3 \\ 0 & 1 & 2 \\ 0 & 0 & 1 \end{pmatrix},\ (\boldsymbol{B}-\boldsymbol{A})^{\mathrm{T}}=\begin{pmatrix} 1 & 0 & 0 \\ 2 & 1 & 0 \\ 3 & 2 & 1 \end{pmatrix}$$

于是可以求出 $\boldsymbol{C}=[(\boldsymbol{B}-\boldsymbol{A})^{\mathrm{T}}]^{-1}=\begin{pmatrix} 1 & 0 & 0 \\ 2 & 1 & 0 \\ 3 & 2 & 1 \end{pmatrix}^{-1}=\begin{pmatrix} 1 & 0 & 0 \\ -2 & 1 & 0 \\ 1 & -2 & 1 \end{pmatrix}$.

方法 2

由题设 $\boldsymbol{C}(\boldsymbol{I}-\boldsymbol{B}^{-1}\boldsymbol{A})^{\mathrm{T}}\boldsymbol{B}^{\mathrm{T}}=\boldsymbol{I}$，两边转置，有

$$\boldsymbol{B}(\boldsymbol{I}-\boldsymbol{B}^{-1}\boldsymbol{A})\boldsymbol{C}^{\mathrm{T}}=\boldsymbol{I}，即(\boldsymbol{B}-\boldsymbol{A})\boldsymbol{C}^{\mathrm{T}}=\boldsymbol{I}.$$

所以 $\boldsymbol{C}^{\mathrm{T}}=(\boldsymbol{B}-\boldsymbol{A})^{-1}$，那么 $\boldsymbol{C}=[(\boldsymbol{B}-\boldsymbol{A})^{-1}]^{\mathrm{T}}$. 于是可以求出

$$\boldsymbol{C}=[(\boldsymbol{B}-\boldsymbol{A})^{-1}]^{\mathrm{T}}=\left(\begin{pmatrix} 1 & 2 & 3 \\ 0 & 1 & 2 \\ 0 & 0 & 1 \end{pmatrix}^{-1}\right)^{\mathrm{T}}$$

$$=\begin{pmatrix} 1 & -2 & 1 \\ 0 & 1 & -2 \\ 0 & 0 & 1 \end{pmatrix}^{\mathrm{T}}=\begin{pmatrix} 1 & 0 & 0 \\ -2 & 1 & 0 \\ 1 & -2 & 1 \end{pmatrix}$$

16. 设 $\boldsymbol{A}$，$\boldsymbol{B}$，$\boldsymbol{C}$ 均为三阶矩阵，且满足 $\boldsymbol{C}(2\boldsymbol{A}-\boldsymbol{B})=\boldsymbol{A}$. 已知 $\boldsymbol{B}=\begin{pmatrix} 1 & 2 & 3 \\ 0 & 1 & 2 \\ 0 & 0 & 1 \end{pmatrix}$，$\boldsymbol{C}=$
$\begin{pmatrix} 1 & -2 & 4 \\ 0 & 1 & -2 \\ 0 & 0 & 1 \end{pmatrix}$，求 $\boldsymbol{A}$.

解：由 $\boldsymbol{C}(2\boldsymbol{A}-\boldsymbol{B})=\boldsymbol{A}$ 可得 $(2\boldsymbol{C}-\boldsymbol{I})\boldsymbol{A}=\boldsymbol{C}\boldsymbol{B}$.

$2\boldsymbol{C}-\boldsymbol{I}=\begin{pmatrix}1&-4&8\\0&1&-4\\0&0&1\end{pmatrix}$，$|2\boldsymbol{C}-\boldsymbol{I}|=1\neq 0$，故 $2\boldsymbol{C}-\boldsymbol{I}$ 可逆. 因此有

$$\boldsymbol{A}=(2\boldsymbol{C}-\boldsymbol{I})^{-1}\boldsymbol{C}\boldsymbol{B}$$

可以求出 $(2\boldsymbol{C}-\boldsymbol{I})^{-1}=\begin{pmatrix}1&4&8\\0&1&4\\0&0&1\end{pmatrix}$.

于是有 $$\boldsymbol{A}=(2\boldsymbol{C}-\boldsymbol{I})^{-1}\boldsymbol{C}\boldsymbol{B}=\begin{pmatrix}1&4&8\\0&1&4\\0&0&1\end{pmatrix}\begin{pmatrix}1&-2&4\\0&1&-2\\0&0&1\end{pmatrix}\begin{pmatrix}1&2&3\\0&1&2\\0&0&1\end{pmatrix}$$

$$=\begin{pmatrix}1&2&4\\0&1&2\\0&0&1\end{pmatrix}\begin{pmatrix}1&2&3\\0&1&2\\0&0&1\end{pmatrix}=\begin{pmatrix}1&4&11\\0&1&4\\0&0&1\end{pmatrix}$$

17. 用初等变换解矩阵方程 $\boldsymbol{AXB}=\boldsymbol{C}$，其中

$$\boldsymbol{A}=\begin{pmatrix}1&2&3\\2&1&2\\1&3&4\end{pmatrix},\quad \boldsymbol{B}=\begin{pmatrix}7&9\\4&5\end{pmatrix},\quad \boldsymbol{C}=\begin{pmatrix}1&2\\1&0\\2&3\end{pmatrix}$$

解：$|\boldsymbol{A}|=\begin{vmatrix}1&2&3\\2&1&2\\1&3&4\end{vmatrix}=1\neq 0$，$|\boldsymbol{B}|=\begin{vmatrix}7&9\\4&5\end{vmatrix}=-1\neq 0$

所以 $\boldsymbol{A}$，$\boldsymbol{B}$ 均可逆.

根据 $(\boldsymbol{A}\vdots\boldsymbol{C})\xrightarrow{\text{初等行变换}}(\boldsymbol{I}\vdots\boldsymbol{A}^{-1}\boldsymbol{C})$，求 $\boldsymbol{A}^{-1}\boldsymbol{C}$.

$$\left(\begin{array}{ccc:cc}1&2&3&1&2\\2&1&2&1&0\\1&3&4&2&3\end{array}\right)\begin{matrix}\times(-2)\ \times(-1)\\ \\ \\\end{matrix}\to\left(\begin{array}{ccc:cc}1&2&3&1&2\\0&-3&-4&-1&-4\\0&1&1&1&1\end{array}\right)$$

$$\to\left(\begin{array}{ccc:cc}1&2&3&1&2\\0&1&1&1&1\\0&-3&-4&-1&-4\end{array}\right)\times 3\to\left(\begin{array}{ccc:cc}1&2&3&1&2\\0&1&1&1&1\\0&0&-1&2&-1\end{array}\right)\begin{matrix}\\ \times(-2)\\ \times(-1)\end{matrix}$$

$$\to\left(\begin{array}{ccc:cc}1&0&1&-1&0\\0&1&1&1&1\\0&0&1&-2&1\end{array}\right)\times(-1)\to\left(\begin{array}{ccc:cc}1&0&0&1&-1\\0&1&0&3&0\\0&0&1&-2&1\end{array}\right)=(\boldsymbol{I}\vdots\boldsymbol{A}^{-1}\boldsymbol{C})$$

因此得到 $\boldsymbol{A}^{-1}\boldsymbol{C}=\begin{pmatrix}1&-1\\3&0\\-2&1\end{pmatrix}$.

根据 $\begin{pmatrix} \boldsymbol{B} \\ \hdashline \boldsymbol{A}^{-1}\boldsymbol{C} \end{pmatrix} \xrightarrow{\text{初等列变换}} \begin{pmatrix} \boldsymbol{I} \\ \hdashline \boldsymbol{A}^{-1}\boldsymbol{C}\boldsymbol{B}^{-1} \end{pmatrix}$，求 $\boldsymbol{A}^{-1}\boldsymbol{C}\boldsymbol{B}^{-1}$.

$$\underset{\times\frac{1}{7}\qquad\quad}{\left(\begin{array}{cc} 7 & 9 \\ 4 & 5 \\ \hdashline 1 & -1 \\ 3 & 0 \\ -2 & 1 \end{array}\right)} \to \underset{\times(-9)}{\left(\begin{array}{cc} 1 & 9 \\ \frac{4}{7} & 5 \\ \hdashline \frac{1}{7} & -1 \\ \frac{3}{7} & 0 \\ \frac{-2}{7} & 1 \end{array}\right)} \to \underset{\qquad\quad\times(-7)}{\left(\begin{array}{cc} 1 & 0 \\ \frac{4}{7} & -\frac{1}{7} \\ \hdashline \frac{1}{7} & -\frac{16}{7} \\ \frac{3}{7} & -\frac{27}{7} \\ -\frac{2}{7} & \frac{25}{7} \end{array}\right)} \to \underset{\qquad\quad\times\left(-\frac{4}{7}\right)}{\left(\begin{array}{cc} 1 & 0 \\ \frac{4}{7} & 1 \\ \hdashline \frac{1}{7} & 16 \\ \frac{3}{7} & 27 \\ -\frac{2}{7} & -25 \end{array}\right)}$$

$$\to \left(\begin{array}{cc} 1 & 0 \\ 0 & 1 \\ \hdashline -9 & 16 \\ -15 & 27 \\ 14 & -25 \end{array}\right) \to \begin{pmatrix} \boldsymbol{I} \\ \hdashline \boldsymbol{A}^{-1}\boldsymbol{C}\boldsymbol{B}^{-1} \end{pmatrix}$$

因此得到

$$\boldsymbol{X} = \begin{pmatrix} -9 & 16 \\ -15 & 27 \\ 14 & -25 \end{pmatrix}$$

注释 第 17 题亦可用

$$(\boldsymbol{A} \vdots \boldsymbol{I}) \to \cdots \to (\boldsymbol{I} \vdots \boldsymbol{A}^{-1}) \qquad \text{及} \qquad (\boldsymbol{B} \vdots \boldsymbol{I}) \to \cdots \to (\boldsymbol{I} \vdots \boldsymbol{B}^{-1})$$

求出 $\boldsymbol{A}^{-1} = \begin{pmatrix} -2 & 1 & 1 \\ -6 & 1 & 4 \\ 5 & -1 & -3 \end{pmatrix}$，$\boldsymbol{B}^{-1} = \begin{pmatrix} -5 & 9 \\ 4 & -7 \end{pmatrix}$.

由 $\boldsymbol{X} = \boldsymbol{A}^{-1}\boldsymbol{C}\boldsymbol{B}^{-1}$ 有

$$\boldsymbol{X} = \boldsymbol{A}^{-1}\boldsymbol{C}\boldsymbol{B}^{-1} = \begin{pmatrix} -2 & 1 & 1 \\ -6 & 1 & 4 \\ 5 & -1 & -3 \end{pmatrix}\begin{pmatrix} 1 & 2 \\ 1 & 0 \\ 2 & 3 \end{pmatrix}\begin{pmatrix} -5 & 9 \\ 4 & -7 \end{pmatrix}$$

$$= \begin{pmatrix} 1 & -1 \\ 3 & 0 \\ -2 & 1 \end{pmatrix}\begin{pmatrix} -5 & 9 \\ 4 & -7 \end{pmatrix} = \begin{pmatrix} -9 & 16 \\ -15 & 27 \\ 14 & -25 \end{pmatrix}$$

18. 设矩阵 $\boldsymbol{A}=\begin{pmatrix}1&2&-1&\lambda\\2&5&\lambda&-1\\1&1&-6&10\\-1&-3&-4&4\end{pmatrix}$，已知 $\mathrm{r}(\boldsymbol{A})=2$，求 λ.

解:

$$\boldsymbol{A}=\begin{pmatrix}1&2&-1&\lambda\\2&5&\lambda&-1\\1&1&-6&10\\-1&-3&-4&4\end{pmatrix}\begin{matrix}\times(-2),\ \times(-1),\ \times 1\end{matrix}$$

$$\to\begin{pmatrix}1&2&-1&\lambda\\0&1&\lambda+2&-2\lambda-1\\0&-1&-5&10-\lambda\\0&-1&-5&4+\lambda\end{pmatrix}\times 1$$

$$\to\begin{pmatrix}1&2&-1&\lambda\\0&1&\lambda+2&-2\lambda-1\\0&0&\lambda-3&9-3\lambda\\0&0&\lambda-3&-\lambda+3\end{pmatrix}\times(-1)$$

$$\to\begin{pmatrix}1&2&-1&\lambda\\0&1&\lambda+2&-2\lambda-1\\0&0&\lambda-3&9-3\lambda\\0&0&0&2\lambda-6\end{pmatrix}$$

因 $\mathrm{r}(\boldsymbol{A})=2$，非零行的行数应为2，因此第三、四行必须全为0，故必有 $2\lambda-6=0$，$\lambda-3=0$，$9-3\lambda=0$，即 $\lambda=3$.

19. 已知三阶矩阵 $\boldsymbol{A}=\begin{pmatrix}1&1&\lambda\\1&\lambda&1\\\lambda&1&1\end{pmatrix}$，就 λ 的值讨论矩阵 $\boldsymbol{A}$ 的秩 $\mathrm{r}(\boldsymbol{A})$.

解: 方法 1

$$|\boldsymbol{A}|=\begin{vmatrix}1&1&\lambda\\1&\lambda&1\\\lambda&1&1\end{vmatrix}=3\lambda-\lambda^3-2=-(\lambda+2)(\lambda-1)^2$$

(1) 当 $\lambda\neq1$ 且 $\lambda\neq-2$ 时 $|\boldsymbol{A}|\neq0$，则 $\mathrm{r}(\boldsymbol{A})=3$.

(2) 当 $\lambda=1$ 时 $|\boldsymbol{A}|=0$，且所有二阶子式都为零，一阶子式不为零，故 $\mathrm{r}(\boldsymbol{A})=1$.

(3) 当 $\lambda=-2$ 时 $|\boldsymbol{A}|=0$，但有二阶子式不为零，例如 $\begin{vmatrix}1&1\\1&-2\end{vmatrix}\neq0$，故 $\mathrm{r}(\boldsymbol{A})=2$.

方法 2

$$\boldsymbol{A}=\begin{pmatrix}1&1&\lambda\\1&\lambda&1\\\lambda&1&1\end{pmatrix}\begin{matrix}\times(-1),\ \times(-\lambda)\end{matrix}\to\begin{pmatrix}1&1&\lambda\\0&\lambda-1&1-\lambda\\0&1-\lambda&1-\lambda^2\end{pmatrix}\times 1$$

$$\to\begin{pmatrix}1 & 1 & \lambda \\ 0 & \lambda-1 & 1-\lambda \\ 0 & 0 & -(\lambda-1)(\lambda+2)\end{pmatrix}$$

(1) 当 $\lambda\neq1$ 且 $\lambda\neq-2$ 时，$\boldsymbol{A}$ 为满秩矩阵，故 $\mathrm{r}(\boldsymbol{A})=3$.

(2) 当 $\lambda=1$ 时有 $\boldsymbol{A}\to\begin{pmatrix}1 & 1 & 1\\ 0 & 0 & 0\\ 0 & 0 & 0\end{pmatrix}$，非零行的行数为 1，故 $\mathrm{r}(\boldsymbol{A})=1$.

(3) 当 $\lambda=-2$ 时，有 $\boldsymbol{A}\to\begin{pmatrix}1 & 1 & -2\\ 0 & -3 & 3\\ 0 & 0 & 0\end{pmatrix}$，非零行的行数为 2，故$\mathrm{r}(\boldsymbol{A})=2$.

20. 就 a，b 的取值，讨论 $\boldsymbol{A}=\begin{pmatrix}1 & 1 & 1 & 1\\ 0 & 1 & -1 & b\\ 2 & 3 & a & 4\\ 3 & 5 & 1 & 7\end{pmatrix}$的秩 $\mathrm{r}(\boldsymbol{A})$.

解： $$\boldsymbol{A}=\begin{pmatrix}1 & 1 & 1 & 1\\ 0 & 1 & -1 & b\\ 2 & 3 & a & 4\\ 3 & 5 & 1 & 7\end{pmatrix}\begin{matrix}\times(-2)\ \times(-3)\\ \\ \leftarrow\qquad\\ \leftarrow\qquad\end{matrix}$$

$$\to\begin{pmatrix}1 & 1 & 1 & 1\\ 0 & 1 & -1 & b\\ 0 & 1 & a-2 & 2\\ 0 & 2 & -2 & 4\end{pmatrix}\begin{matrix}\\ \times(-1)\ \times(-2)\\ \leftarrow\qquad\\ \leftarrow\qquad\end{matrix}$$

$$\to\begin{pmatrix}1 & 1 & 1 & 1\\ 0 & 1 & -1 & b\\ 0 & 0 & a-1 & 2-b\\ 0 & 0 & 0 & 4-2b\end{pmatrix}$$

结论：

(1) 当 $a\neq1$ 且 $b\neq2$ 时，非零行的行数等于 4，故 $\mathrm{r}(\boldsymbol{A})=4$.

(2) 当 $a\neq1$ 且 $b=2$ 时，有

$$\boldsymbol{A}\to\begin{pmatrix}1 & 1 & 1 & 1\\ 0 & 1 & -1 & 2\\ 0 & 0 & a-1 & 0\\ 0 & 0 & 0 & 0\end{pmatrix}$$

非零行的行数为 3，故 $\mathrm{r}(\boldsymbol{A})=3$.

(3) 当 $a=1$ 且 $b\neq2$ 时，有

$$
\boldsymbol{A}\to\begin{pmatrix}1&1&1&1\\0&1&-1&b\\0&0&0&2-b\\0&0&0&4-2b\end{pmatrix}\begin{array}{l}\\ \\ \times(-2)\urcorner\\ \leftarrow\!\lrcorner\end{array}\to\begin{pmatrix}1&1&1&1\\0&1&-1&b\\0&0&0&2-b\\0&0&0&0\end{pmatrix}
$$

非零行的行数为 3，故 $\mathrm{r}(\boldsymbol{A})=3$.

(4) 当 $a=1$ 且 $b=2$ 时，有

$$
\boldsymbol{A}\to\begin{pmatrix}1&1&1&1\\0&1&-1&2\\0&0&0&0\\0&0&0&0\end{pmatrix}
$$

非零行的行数为 2，故 $\mathrm{r}(\boldsymbol{A})=2$.

21. 设 $n\ (n\geqslant 3)$ 阶矩阵 $\boldsymbol{A}=\begin{pmatrix}1&a&a&\cdots&a\\a&1&a&\cdots&a\\a&a&1&\cdots&a\\\vdots&\vdots&\vdots&&\vdots\\a&a&a&\cdots&1\end{pmatrix}$ 的秩为 $n-1$，求 a.

解：

$$
|\boldsymbol{A}|=\begin{array}{c}\begin{vmatrix}1&a&a&\cdots&a\\a&1&a&\cdots&a\\a&a&1&\cdots&a\\\vdots&\vdots&\vdots&&\vdots\\a&a&a&\cdots&1\end{vmatrix}\\ \begin{array}{ccccc}\uparrow&\times1&\times1&\cdots&\times1\end{array}\end{array}=[1+(n-1)a]\begin{vmatrix}1&a&a&\cdots&a\\1&1&a&\cdots&a\\1&a&1&\cdots&a\\\vdots&\vdots&\vdots&&\vdots\\1&a&a&\cdots&1\end{vmatrix}\begin{array}{l}\times(-1)\\ \leftarrow\\ \leftarrow\\ \\ \leftarrow\end{array}
$$

$$
=[1+(n-1)a]\begin{vmatrix}1&a&a&\cdots&a\\0&1-a&0&\cdots&0\\0&0&1-a&\cdots&0\\0&0&0&\cdots&1-a\end{vmatrix}
$$

$$
=[1+(n-1)a](1-a)^{n-1}
$$

已知 $\mathrm{r}(\boldsymbol{A})=n-1$，则 $|\boldsymbol{A}|=0$，那么 $a=\dfrac{1}{1-n}$ 或 $a=1$. 当 $a=1$ 时，所有二阶以上子式皆为 0，即 $\mathrm{r}(\boldsymbol{A})=1$，这与题设 $\mathrm{r}(\boldsymbol{A})=n-1$ 矛盾，故 a 不能等于 1，因此，只能是 $a=\dfrac{1}{1-n}$.

22. 设矩阵 $\boldsymbol{A}=\begin{pmatrix}k&1&1&1\\1&k&1&1\\1&1&k&1\\1&1&1&k\end{pmatrix}$，已知 $\mathrm{r}(\boldsymbol{A})=3$，求 k.

解：$|A|=\begin{vmatrix}k&1&1&1\\1&k&1&1\\1&1&k&1\\1&1&1&k\end{vmatrix}=(k+3)\begin{vmatrix}1&1&1&1\\1&k&1&1\\1&1&k&1\\1&1&1&k\end{vmatrix}$

（第一个行列式：第2、3、4列各 ×1 加到第1列；第二个行列式：第1行 ×(−1) 分别加到第2、3、4行）

$$=(k+3)\begin{vmatrix}1&1&1&1\\0&k-1&0&0\\0&0&k-1&0\\0&0&0&k-1\end{vmatrix}=(k+3)(k-1)^3$$

已知 $r(A)=3$，则 $|A|=0$，那么 $k=-3$ 或 $k=1$. 当 $k=1$ 时，$A=\begin{pmatrix}1&1&1&1\\0&0&0&0\\0&0&0&0\\0&0&0&0\end{pmatrix}$，$|A|=0$，且所有二阶以上子式皆为 0，故 $r(A)=1$，这与题设 $r(A)=3$ 矛盾，故 $k\neq1$.

当 $k=-3$ 时，$A=\begin{pmatrix}-3&1&1&1\\1&-3&1&1\\1&1&-3&1\\1&1&1&-3\end{pmatrix}$，$|A|=0$，但有三阶子式 $\begin{vmatrix}1&1&1\\1&-3&1\\1&1&-3\end{vmatrix}\neq0$，$r(A)=3$，与题设相符，所以可得 $k=-3$.

(B)

1. 设 A，B 是 n 阶矩阵，则下列结论正确的是[　　].

(A) $AB\neq O$ 的充分必要条件是 $A\neq O$ 且 $B\neq O$

(B) $|A|=0$ 的充分必要条件是 $A=O$

(C) $|AB|=0$ 的充分必要条件是 $|A|=0$ 或 $|B|=0$

(D) $A=I$ 的充分必要条件是 $|A|=1$

解：(A) $A\neq O$ 且 $B\neq O$ 只是 $AB\neq O$ 的必要非充分条件.

反例：设 $A=\begin{pmatrix}1&0\\0&0\end{pmatrix}$，$B=\begin{pmatrix}0&0\\1&0\end{pmatrix}$，$AB=\begin{pmatrix}0&0\\0&0\end{pmatrix}$，$A\neq O$，$B\neq O$，但 $AB=O$.

(B) $A=O$ 只是 $|A|=0$ 的充分非必要条件.

反例：设 $A=\begin{pmatrix}1&1\\1&1\end{pmatrix}$，$|A|=0$ 但 $A\neq O$.

(C) 因 $|AB|=|A||B|$，所以 $|AB|=0$，即 $|A||B|=0$，当且仅当 $|A|=0$ 或 $|B|=0$ 时.

故本题应选(C).

(D) $|\boldsymbol{A}|=1$ 是 $\boldsymbol{A}=\boldsymbol{I}$ 的必要非充分条件.

反例：设 $\boldsymbol{A}=\begin{pmatrix}3&1\\2&1\end{pmatrix}$，$|\boldsymbol{A}|=1$，但 $\boldsymbol{A}\neq\boldsymbol{I}$.

2. 下列结论不一定正确的是[　　].

(A) 设 $\boldsymbol{A}$ 为 n 阶矩阵，$\boldsymbol{I}$ 为 n 阶单位矩阵，则 $(\boldsymbol{A}+\boldsymbol{I})(\boldsymbol{A}-\boldsymbol{I})=\boldsymbol{A}^2-\boldsymbol{I}$

(B) 设 $\boldsymbol{A}$，$\boldsymbol{B}$ 均为 $n\times1$ 矩阵，则 $\boldsymbol{A}^{\mathrm{T}}\boldsymbol{B}=\boldsymbol{B}^{\mathrm{T}}\boldsymbol{A}$

(C) 设 $\boldsymbol{A}$，$\boldsymbol{B}$ 均为 n 阶矩阵，且满足 $\boldsymbol{AB}=\boldsymbol{O}$，则 $(\boldsymbol{A}+\boldsymbol{B})^2=\boldsymbol{A}^2+\boldsymbol{B}^2$

(D) 设 $\boldsymbol{A}$，$\boldsymbol{B}$ 均为 n 阶矩阵，且满足 $\boldsymbol{AB}=\boldsymbol{O}$，则 $(\boldsymbol{A}+\boldsymbol{B})^2=\boldsymbol{A}^2+\boldsymbol{BA}+\boldsymbol{B}^2$

解：(A) $(\boldsymbol{A}+\boldsymbol{I})(\boldsymbol{A}-\boldsymbol{I})=\boldsymbol{A}^2+\boldsymbol{IA}-\boldsymbol{AI}-\boldsymbol{I}^2=\boldsymbol{A}^2-\boldsymbol{I}$，(A) 正确.

(B) $\boldsymbol{A}^{\mathrm{T}}\boldsymbol{B}$，$\boldsymbol{B}^{\mathrm{T}}\boldsymbol{A}$ 均为一阶矩阵，一阶矩阵转置仍为其本身，即

$$(\boldsymbol{A}^{\mathrm{T}}\boldsymbol{B})^{\mathrm{T}}=\boldsymbol{A}^{\mathrm{T}}\boldsymbol{B}$$

又因 $$(\boldsymbol{A}^{\mathrm{T}}\boldsymbol{B})^{\mathrm{T}}=\boldsymbol{B}^{\mathrm{T}}\boldsymbol{A}$$

所以 $\boldsymbol{A}^{\mathrm{T}}\boldsymbol{B}=\boldsymbol{B}^{\mathrm{T}}\boldsymbol{A}$. (B) 正确.

(C)，(D)：$\boldsymbol{AB}=\boldsymbol{O}$，$\boldsymbol{BA}$ 不一定等于 $\boldsymbol{O}$.

例如 $$\boldsymbol{A}=\begin{pmatrix}1&1\\-1&-1\end{pmatrix},\ \boldsymbol{B}=\begin{pmatrix}1&-1\\-1&1\end{pmatrix}$$

$$\boldsymbol{AB}=\begin{pmatrix}1&1\\-1&-1\end{pmatrix}\begin{pmatrix}1&-1\\-1&1\end{pmatrix}=\begin{pmatrix}0&0\\0&0\end{pmatrix}=\boldsymbol{O}$$

$$\boldsymbol{BA}=\begin{pmatrix}1&-1\\-1&1\end{pmatrix}\begin{pmatrix}1&1\\-1&-1\end{pmatrix}=\begin{pmatrix}2&2\\-2&-2\end{pmatrix}\neq\boldsymbol{O}$$

$(\boldsymbol{A}+\boldsymbol{B})^2=\boldsymbol{A}^2+\boldsymbol{BA}+\boldsymbol{AB}+\boldsymbol{B}^2$. 因 $\boldsymbol{AB}=\boldsymbol{O}$，所以 $(\boldsymbol{A}+\boldsymbol{B})^2=\boldsymbol{A}^2+\boldsymbol{BA}+\boldsymbol{B}^2$ 成立，而 $(\boldsymbol{A}+\boldsymbol{B})^2=\boldsymbol{A}^2+\boldsymbol{B}^2$ 不一定成立，故(D) 正确，(C) 不一定正确.

故本题应选(C).

3. 设 $\boldsymbol{A}=(a_1\ \ a_2\ \ a_3)^{\mathrm{T}}$，$\boldsymbol{B}=(b_1\ \ b_2\ \ b_3)^{\mathrm{T}}$，已知 $\boldsymbol{AB}^{\mathrm{T}}=\begin{pmatrix}2&1&1\\8&4&4\\2&1&1\end{pmatrix}$，则 $\boldsymbol{B}^{\mathrm{T}}\boldsymbol{A}=$[　　].

(A) 5　　(B) 7　　(C) $\boldsymbol{BA}^{\mathrm{T}}$　　(D) $\boldsymbol{AB}^{\mathrm{T}}$

解：$$\boldsymbol{AB}^{\mathrm{T}}=\begin{pmatrix}a_1\\a_2\\a_3\end{pmatrix}(b_1\ \ b_2\ \ b_3)=\begin{pmatrix}a_1b_1&a_1b_2&a_1b_3\\a_2b_1&a_2b_2&a_2b_3\\a_3b_1&a_3b_2&a_3b_3\end{pmatrix}=\begin{pmatrix}2&1&1\\8&4&4\\2&1&1\end{pmatrix}$$

$$\boldsymbol{B}^{\mathrm{T}}\boldsymbol{A}=(b_1\ \ b_2\ \ b_3)\begin{pmatrix}a_1\\a_2\\a_3\end{pmatrix}=a_1b_1+a_2b_2+a_3b_3$$

由矩阵 $\boldsymbol{AB}^{\mathrm{T}}$ 可知 $a_1b_1=2$，$a_2b_2=4$，$a_3b_3=1$，从而可得 $\boldsymbol{B}^{\mathrm{T}}\boldsymbol{A}=2+4+1=7$.

故本题应选(B).

4. 设 $\boldsymbol{A}, \boldsymbol{B}, \boldsymbol{C}$ 均为 n 阶矩阵，且 $\boldsymbol{AB}=\boldsymbol{BC}=\boldsymbol{CA}=\boldsymbol{I}$，则 $\boldsymbol{A}^2+\boldsymbol{B}^2+\boldsymbol{C}^2=$[　　].

(A) $3\boldsymbol{I}$　　(B) $2\boldsymbol{I}$　　(C) $\boldsymbol{I}$　　(D) $\boldsymbol{O}$

解： $\boldsymbol{A}^2=\boldsymbol{A}(\boldsymbol{BC})\boldsymbol{A}=(\boldsymbol{AB})(\boldsymbol{CA})=\boldsymbol{I}$

同理　$\boldsymbol{B}^2=\boldsymbol{I}, \boldsymbol{C}^2=\boldsymbol{I}$

所以　$\boldsymbol{A}^2+\boldsymbol{B}^2+\boldsymbol{C}^2=3\boldsymbol{I}$

故本题应选(A).

5. 已知 $\boldsymbol{A}=\begin{pmatrix}1&1&1\\1&1&1\\2&2&2\end{pmatrix}$，则 $\boldsymbol{A}^k=$[　　](k 为正整数).

(A) $2^k\boldsymbol{A}$　　(B) $4^k\boldsymbol{A}$　　(C) $4^{k-1}\boldsymbol{A}$　　(D) $4^{k+1}\boldsymbol{A}$

解： $\boldsymbol{A}^2=\begin{pmatrix}1&1&1\\1&1&1\\2&2&2\end{pmatrix}\begin{pmatrix}1&1&1\\1&1&1\\2&2&2\end{pmatrix}=\begin{pmatrix}4&4&4\\4&4&4\\8&8&8\end{pmatrix}=4\begin{pmatrix}1&1&1\\1&1&1\\2&2&2\end{pmatrix}=4\boldsymbol{A}$

$\boldsymbol{A}^3=\boldsymbol{A}^2\boldsymbol{A}=4\boldsymbol{AA}=4\cdot\boldsymbol{A}^2=4\cdot4\boldsymbol{A}=4^2\boldsymbol{A}$

$\boldsymbol{A}^4=\boldsymbol{A}^3\boldsymbol{A}=4^2\boldsymbol{AA}=4^2\boldsymbol{A}^2=4^2\cdot4\boldsymbol{A}=4^3\boldsymbol{A}$

……

$\boldsymbol{A}^k=4^{k-1}\boldsymbol{A}$

故本题应选(C).

6. 设 $\boldsymbol{A}=\begin{pmatrix}1&-1&-1&-1\\-1&1&-1&-1\\-1&-1&1&-1\\-1&-1&-1&1\end{pmatrix}$，则 $\boldsymbol{A}^n=$[　　].

(A) $2^n\boldsymbol{I}$　　(B) $2^n\boldsymbol{A}$　　(C) $2^{n-1}\boldsymbol{A}$　　(D) $\begin{cases}2^n\boldsymbol{I}, & n\text{ 为偶数}\\2^{n-1}\boldsymbol{A}, & n\text{ 为奇数}\end{cases}$

解： $\boldsymbol{A}^2=\begin{pmatrix}1&-1&-1&-1\\-1&1&-1&-1\\-1&-1&1&-1\\-1&-1&-1&1\end{pmatrix}\begin{pmatrix}1&-1&-1&-1\\-1&1&-1&-1\\-1&-1&1&-1\\-1&-1&-1&1\end{pmatrix}$

$$=\begin{pmatrix}4&0&0&0\\0&4&0&0\\0&0&4&0\\0&0&0&4\end{pmatrix}=2^2\begin{pmatrix}1&0&0&0\\0&1&0&0\\0&0&1&0\\0&0&0&1\end{pmatrix}=2^2\boldsymbol{I}$$

$\boldsymbol{A}^3=\boldsymbol{A}^2\boldsymbol{A}=2^2\boldsymbol{IA}=2^2\boldsymbol{A}$

$\boldsymbol{A}^4=\boldsymbol{A}^3\boldsymbol{A}=2^2\boldsymbol{AA}=2^2\boldsymbol{A}^2=2^2 2^2\boldsymbol{I}=2^4\boldsymbol{I}$

$\boldsymbol{A}^5=\boldsymbol{A}^4\boldsymbol{A}=2^4\boldsymbol{IA}=2^4\boldsymbol{A}$

当 n 为偶数时，$\boldsymbol{A}^n=2^n\boldsymbol{I}$.

当 n 为奇数时，$\boldsymbol{A}^n=2^{n-1}\boldsymbol{A}$.

故本题应选(D).

7. $\boldsymbol{A}$，$\boldsymbol{B}$ 均为 n 阶矩阵，$\boldsymbol{I}$ 为 n 阶单位矩阵，则下列关系必然成立的是[　　].

(A) $(\boldsymbol{A}+\boldsymbol{B})(\boldsymbol{A}-\boldsymbol{B})=(\boldsymbol{A}-\boldsymbol{B})(\boldsymbol{A}+\boldsymbol{B})$

(B) $(\boldsymbol{A}^2-3\boldsymbol{A}+\boldsymbol{I})(\boldsymbol{A}-\boldsymbol{I})=(\boldsymbol{A}-\boldsymbol{I})(\boldsymbol{A}^2-3\boldsymbol{A}+\boldsymbol{I})$

(C) $(\boldsymbol{B}+\boldsymbol{I})(2\boldsymbol{A}-\boldsymbol{I})=(2\boldsymbol{A}-\boldsymbol{I})(\boldsymbol{B}+\boldsymbol{I})$

(D) $(\boldsymbol{B}+\boldsymbol{A})(\boldsymbol{A}-2\boldsymbol{B})=(\boldsymbol{A}-2\boldsymbol{B})(\boldsymbol{B}+\boldsymbol{A})$

解：(A) $(\boldsymbol{A}+\boldsymbol{B})(\boldsymbol{A}-\boldsymbol{B})=\boldsymbol{A}^2+\boldsymbol{BA}-\boldsymbol{AB}-\boldsymbol{B}^2$

$$(\boldsymbol{A}-\boldsymbol{B})(\boldsymbol{A}+\boldsymbol{B})=\boldsymbol{A}^2-\boldsymbol{BA}+\boldsymbol{AB}-\boldsymbol{B}^2$$

因此一般情况下 $(\boldsymbol{A}+\boldsymbol{B})(\boldsymbol{A}-\boldsymbol{B})\neq(\boldsymbol{A}-\boldsymbol{B})(\boldsymbol{A}+\boldsymbol{B})$.

(B)
$$\begin{aligned}(\boldsymbol{A}^2-3\boldsymbol{A}+\boldsymbol{I})(\boldsymbol{A}-\boldsymbol{I})&=\boldsymbol{A}^3-3\boldsymbol{A}^2+\boldsymbol{A}-\boldsymbol{A}^2+3\boldsymbol{A}-\boldsymbol{I}\\&=\boldsymbol{A}^3-4\boldsymbol{A}^2+4\boldsymbol{A}-\boldsymbol{I}\\(\boldsymbol{A}-\boldsymbol{I})(\boldsymbol{A}^2-3\boldsymbol{A}+\boldsymbol{I})&=\boldsymbol{A}^3-3\boldsymbol{A}^2+\boldsymbol{A}-\boldsymbol{A}^2+3\boldsymbol{A}-\boldsymbol{I}\\&=\boldsymbol{A}^3-4\boldsymbol{A}^2+4\boldsymbol{A}-\boldsymbol{I}\end{aligned}$$

因此
$$(\boldsymbol{A}^2-3\boldsymbol{A}+\boldsymbol{I})(\boldsymbol{A}-\boldsymbol{I})=(\boldsymbol{A}-\boldsymbol{I})(\boldsymbol{A}^2-3\boldsymbol{A}+\boldsymbol{I})$$

故本题应选(B).

(C) $(\boldsymbol{B}+\boldsymbol{I})(2\boldsymbol{A}-\boldsymbol{I})=2\boldsymbol{BA}+2\boldsymbol{A}-\boldsymbol{B}-\boldsymbol{I}$

$$(2\boldsymbol{A}-\boldsymbol{I})(\boldsymbol{B}+\boldsymbol{I})=2\boldsymbol{AB}-\boldsymbol{B}+2\boldsymbol{A}-\boldsymbol{I}$$

因此一般情况下$(\boldsymbol{B}+\boldsymbol{I})(2\boldsymbol{A}-\boldsymbol{I})\neq(2\boldsymbol{A}-\boldsymbol{I})(\boldsymbol{B}+\boldsymbol{I})$.

(D) $(\boldsymbol{B}+\boldsymbol{A})(\boldsymbol{A}-2\boldsymbol{B})=\boldsymbol{BA}+\boldsymbol{A}^2-2\boldsymbol{B}^2-2\boldsymbol{AB}$

$$(\boldsymbol{A}-2\boldsymbol{B})(\boldsymbol{B}+\boldsymbol{A})=\boldsymbol{AB}-2\boldsymbol{B}^2+\boldsymbol{A}^2-2\boldsymbol{BA}$$

因此一般情况下 $(\boldsymbol{B}+\boldsymbol{A})(\boldsymbol{A}-2\boldsymbol{B})\neq(\boldsymbol{A}-2\boldsymbol{B})(\boldsymbol{B}+\boldsymbol{A})$.

8. 设 1×4 矩阵 $\boldsymbol{C}=(1\quad0\quad0\quad1)$，$\boldsymbol{A}=\boldsymbol{I}+\boldsymbol{C}^{\mathrm{T}}\boldsymbol{C}$，$\boldsymbol{B}=\boldsymbol{I}-\boldsymbol{C}^{\mathrm{T}}\boldsymbol{C}$，$\boldsymbol{I}$ 为四阶单位矩阵，则 $\boldsymbol{AB}=$[　　].

(A) $\boldsymbol{C}^{\mathrm{T}}\boldsymbol{C}$　　(B) $\boldsymbol{I}+\boldsymbol{C}^{\mathrm{T}}\boldsymbol{C}$　　(C) $\boldsymbol{I}-\boldsymbol{C}^{\mathrm{T}}\boldsymbol{C}$　　(D) $\boldsymbol{I}-2\boldsymbol{C}^{\mathrm{T}}\boldsymbol{C}$

解：
$$\begin{aligned}\boldsymbol{AB}&=(\boldsymbol{I}+\boldsymbol{C}^{\mathrm{T}}\boldsymbol{C})(\boldsymbol{I}-\boldsymbol{C}^{\mathrm{T}}\boldsymbol{C})=\boldsymbol{I}^2-\boldsymbol{C}^{\mathrm{T}}\boldsymbol{C}+\boldsymbol{C}^{\mathrm{T}}\boldsymbol{C}-(\boldsymbol{C}^{\mathrm{T}}\boldsymbol{C})^2\\&=\boldsymbol{I}-(\boldsymbol{C}^{\mathrm{T}}\boldsymbol{C})^2\end{aligned}$$

$$\boldsymbol{C}=(1\quad0\quad0\quad1),\ \boldsymbol{C}^{\mathrm{T}}=\begin{pmatrix}1\\0\\0\\1\end{pmatrix}$$

$$\boldsymbol{C}^{\mathrm{T}}\boldsymbol{C}=\begin{pmatrix}1\\0\\0\\1\end{pmatrix}(1\quad0\quad0\quad1)=\begin{pmatrix}1&0&0&1\\0&0&0&0\\0&0&0&0\\1&0&0&1\end{pmatrix}$$

$$(\boldsymbol{C}^{\mathrm{T}}\boldsymbol{C})^2=\begin{pmatrix}1&0&0&1\\0&0&0&0\\0&0&0&0\\1&0&0&1\end{pmatrix}\begin{pmatrix}1&0&0&1\\0&0&0&0\\0&0&0&0\\1&0&0&1\end{pmatrix}=\begin{pmatrix}2&0&0&2\\0&0&0&0\\0&0&0&0\\2&0&0&2\end{pmatrix}$$

$$= 2\begin{pmatrix} 1 & 0 & 0 & 1 \\ 0 & 0 & 0 & 0 \\ 0 & 0 & 0 & 0 \\ 1 & 0 & 0 & 1 \end{pmatrix}$$

$$= 2\boldsymbol{C}^{\mathrm{T}}\boldsymbol{C}$$

因此 $\boldsymbol{AB} = \boldsymbol{I} - (\boldsymbol{C}^{\mathrm{T}}\boldsymbol{C})^2 = \boldsymbol{I} - 2\boldsymbol{C}^{\mathrm{T}}\boldsymbol{C}$.

故本题应选(D).

注释 在第 8 题求解的过程中，如果按下列变换，运算将更简便.

$$\boldsymbol{AB} = \boldsymbol{I} - (\boldsymbol{C}^{\mathrm{T}}\boldsymbol{C})^2 = \boldsymbol{I} - \boldsymbol{C}^{\mathrm{T}}\boldsymbol{C}\boldsymbol{C}^{\mathrm{T}}\boldsymbol{C} = \boldsymbol{I} - \boldsymbol{C}^{\mathrm{T}}(\boldsymbol{C}\boldsymbol{C}^{\mathrm{T}})\boldsymbol{C}$$

而 $$\boldsymbol{C}\boldsymbol{C}^{\mathrm{T}} = (1\ \ 0\ \ 0\ \ 1)\begin{pmatrix} 1 \\ 0 \\ 0 \\ 1 \end{pmatrix} = 2$$

所以 $$\boldsymbol{AB} = \boldsymbol{I} - 2\boldsymbol{C}^{\mathrm{T}}\boldsymbol{C}$$

9. 设 $\boldsymbol{A} = \begin{pmatrix} a_{11} & a_{12} & a_{13} & a_{14} \\ a_{21} & a_{22} & a_{23} & a_{24} \\ a_{31} & a_{32} & a_{33} & a_{34} \end{pmatrix}$，按下面的方法分块为 $\boldsymbol{A} = \left(\begin{array}{c|cc|c} a_{11} & a_{12} & a_{13} & a_{14} \\ \hline a_{21} & a_{22} & a_{23} & a_{24} \\ a_{31} & a_{32} & a_{33} & a_{34} \end{array}\right) = \begin{pmatrix} \boldsymbol{A}_{11} & \boldsymbol{A}_{12} & \boldsymbol{A}_{13} \\ \boldsymbol{A}_{21} & \boldsymbol{A}_{22} & \boldsymbol{A}_{23} \end{pmatrix}$，则 $\boldsymbol{A}^{\mathrm{T}} = [\quad]$.

(A) $\begin{pmatrix} \boldsymbol{A}_{11} & \boldsymbol{A}_{12} & \boldsymbol{A}_{13} \\ \boldsymbol{A}_{21} & \boldsymbol{A}_{22} & \boldsymbol{A}_{23} \end{pmatrix}$　　(B) $\begin{pmatrix} \boldsymbol{A}_{11}^{\mathrm{T}} & \boldsymbol{A}_{12}^{\mathrm{T}} & \boldsymbol{A}_{13}^{\mathrm{T}} \\ \boldsymbol{A}_{21}^{\mathrm{T}} & \boldsymbol{A}_{22}^{\mathrm{T}} & \boldsymbol{A}_{23}^{\mathrm{T}} \end{pmatrix}$

(C) $\begin{pmatrix} \boldsymbol{A}_{11} & \boldsymbol{A}_{21} \\ \boldsymbol{A}_{12} & \boldsymbol{A}_{22} \\ \boldsymbol{A}_{13} & \boldsymbol{A}_{23} \end{pmatrix}$　　(D) $\begin{pmatrix} \boldsymbol{A}_{11}^{\mathrm{T}} & \boldsymbol{A}_{21}^{\mathrm{T}} \\ \boldsymbol{A}_{12}^{\mathrm{T}} & \boldsymbol{A}_{22}^{\mathrm{T}} \\ \boldsymbol{A}_{13}^{\mathrm{T}} & \boldsymbol{A}_{23}^{\mathrm{T}} \end{pmatrix}$

解:按题中给定的分块方法，其中

$$\boldsymbol{A}_{11} = (a_{11}),\ \boldsymbol{A}_{12} = (a_{12}\ \ a_{13}),\ \boldsymbol{A}_{13} = (a_{14})$$

$$\boldsymbol{A}_{21} = \begin{pmatrix} a_{21} \\ a_{31} \end{pmatrix},\ \boldsymbol{A}_{22} = \begin{pmatrix} a_{22} & a_{23} \\ a_{32} & a_{33} \end{pmatrix},\ \boldsymbol{A}_{23} = \begin{pmatrix} a_{24} \\ a_{34} \end{pmatrix}$$

可知 $$\boldsymbol{A}_{11}^{\mathrm{T}} = (a_{11}),\ \boldsymbol{A}_{12}^{\mathrm{T}} = \begin{pmatrix} a_{12} \\ a_{13} \end{pmatrix},\ \boldsymbol{A}_{13}^{\mathrm{T}} = (a_{14})$$

$$\boldsymbol{A}_{21}^{\mathrm{T}} = (a_{21}\ \ a_{31}),\ \boldsymbol{A}_{22}^{\mathrm{T}} = \begin{pmatrix} a_{22} & a_{32} \\ a_{23} & a_{33} \end{pmatrix},\ \boldsymbol{A}_{23}^{\mathrm{T}} = (a_{24}\ \ a_{34})$$

(A) 中矩阵即矩阵 $\boldsymbol{A}$，非 $\boldsymbol{A}^{\mathrm{T}}$. 按(B)，(C) 的结构代入子块均不能形成 $\boldsymbol{A}^{\mathrm{T}}$. 将子块代入(D) 中矩阵，得

$$\begin{pmatrix} A_{11}^{\mathrm{T}} & A_{21}^{\mathrm{T}} \\ A_{12}^{\mathrm{T}} & A_{22}^{\mathrm{T}} \\ A_{13}^{\mathrm{T}} & A_{23}^{\mathrm{T}} \end{pmatrix} = \begin{pmatrix} a_{11} & a_{21} & a_{31} \\ a_{12} & a_{22} & a_{32} \\ a_{13} & a_{23} & a_{33} \\ a_{14} & a_{24} & a_{34} \end{pmatrix} = A^{\mathrm{T}}$$

故本题应选(D).

10. 设 A 为 r 阶矩阵，B 为 s 阶矩阵，下列结果不一定成立的是[　　].

(A) $\begin{vmatrix} A & O \\ O & B \end{vmatrix} = |A| \cdot |B|$　　(B) $\begin{vmatrix} A & C \\ O & B \end{vmatrix} = |A| \cdot |B|$

(C) $\begin{vmatrix} C & A \\ B & O \end{vmatrix} = (-1)^{rs} |A| \cdot |B|$　　(D) $\begin{vmatrix} A & D \\ C & B \end{vmatrix} = |A| \cdot |B| - |C| \cdot |D|$

解：(A) $\begin{vmatrix} A & O \\ O & B \end{vmatrix} = | AB | = | A | \cdot | B |$

(B) $\begin{vmatrix} A & C \\ O & B \end{vmatrix} = |AB| = |A| \cdot |B|$

(C) $\begin{vmatrix} C & A \\ B & O \end{vmatrix} = (-1)^{rs} \begin{vmatrix} A & C \\ O & B \end{vmatrix} = (-1)^{rs} | AB | = (-1)^{rs} |A| \cdot |B|$

(D) 反例：设 $A = \begin{pmatrix} 1 & 0 \\ 0 & 1 \end{pmatrix}$，$B = \begin{pmatrix} 3 & 1 \\ 4 & 2 \end{pmatrix}$，$C = \begin{pmatrix} 0 & 1 \\ 0 & 0 \end{pmatrix}$，$D = \begin{pmatrix} 0 & 1 \\ 1 & 0 \end{pmatrix}$

$$\begin{vmatrix} A & D \\ C & B \end{vmatrix} = \begin{vmatrix} 1 & 0 & 0 & 1 \\ 0 & 1 & 1 & 0 \\ 0 & 1 & 3 & 1 \\ 0 & 0 & 4 & 2 \end{vmatrix} = \begin{vmatrix} 1 & 1 & 0 \\ 1 & 3 & 1 \\ 0 & 4 & 2 \end{vmatrix} = 0$$

而
$$|A| \cdot |B| - |C| \cdot |D| = \begin{vmatrix} 1 & 0 \\ 0 & 1 \end{vmatrix} \begin{vmatrix} 3 & 1 \\ 4 & 2 \end{vmatrix} - \begin{vmatrix} 0 & 1 \\ 0 & 0 \end{vmatrix} \begin{vmatrix} 0 & 1 \\ 1 & 0 \end{vmatrix}$$
$$= 1 \times 2 - 0 \times (-1) = 2$$

可见
$$\begin{vmatrix} A & D \\ C & B \end{vmatrix} \neq |A| \cdot |B| - |C| \cdot |D|$$

故本题应选(D).

11. 设 A，B 均为 n 阶矩阵，I 为 n 阶单位矩阵，在下列情况下，能推出 $A = I$ 的是[　　].

(A) $AB = B$　　(B) $AB = BA$

(C) $A^2 = I$　　(D) $A^{-1} = I$

解：(A)，(B) 若 $B = O$，则对任意 n 阶方阵 A 均成立，推不出 $A = I$.

(C) 反例：设 $A = \begin{pmatrix} 0 & 1 \\ 1 & 0 \end{pmatrix}$，$A^2 = I$，但 $A \neq I$.

(D) 若 $A^{-1} = I$，则 $AA^{-1} = AI$，所以有 $A = I$.

故本题应选(D).

12. 矩阵 $\boldsymbol{A}=\begin{pmatrix}1&-4&0&2\\-2&7&1&3\\0&1&-1&a\\1&-5&b&4\end{pmatrix}$ 可逆的充分必要条件是[　　].

(A) $a\neq -7$　　(B) $b\neq 1$

(C) $a\neq -7$ 且 $b\neq 1$　　(D) $a\neq -7$ 或 $b\neq 1$

解: $|\boldsymbol{A}|=\begin{vmatrix}1&-4&0&2\\-2&7&1&3\\0&1&-1&a\\1&-5&b&4\end{vmatrix}$ (第1行 $\times 2$ 加到第2行，第1行 $\times(-1)$ 加到第4行)

$$=\begin{vmatrix}1&-4&0&2\\0&-1&1&7\\0&1&-1&a\\0&-1&b&2\end{vmatrix}$$ (第2行 $\times 1$ 加到第3行，第2行 $\times(-1)$ 加到第4行)

$$=\begin{vmatrix}1&-4&0&2\\0&-1&1&7\\0&0&0&a+7\\0&0&b-1&-5\end{vmatrix}=-\begin{vmatrix}1&-4&0&2\\0&-1&1&7\\0&0&b-1&-5\\0&0&0&a+7\end{vmatrix}$$

$$=(b-1)(a+7)$$

矩阵 $\boldsymbol{A}$ 可逆的充分必要条件是 $|\boldsymbol{A}|\neq 0$，当且仅当 $b\neq 1$ 且 $a\neq -7$ 时 $|\boldsymbol{A}|\neq 0$. 故本题应选(C).

注释 (A)，(B)，(D) 都是 $\boldsymbol{A}$ 可逆的必要条件，非充分条件.

13. 设 $\boldsymbol{A},\boldsymbol{B},\boldsymbol{A}+\boldsymbol{B},\boldsymbol{A}^{-1}+\boldsymbol{B}^{-1}$ 均为 n 阶可逆矩阵，则 $(\boldsymbol{A}^{-1}+\boldsymbol{B}^{-1})^{-1}=$[　　].

(A) $\boldsymbol{A}+\boldsymbol{B}$　　(B) $\boldsymbol{A}^{-1}+\boldsymbol{B}^{-1}$

(C) $(\boldsymbol{A}+\boldsymbol{B})^{-1}$　　(D) $\boldsymbol{A}(\boldsymbol{A}+\boldsymbol{B})^{-1}\boldsymbol{B}$

解: (A)，(B) 反例:设 $\boldsymbol{A}=\boldsymbol{B}=\boldsymbol{I}$($\boldsymbol{I}$ 为 n 阶单位矩阵).

$$(\boldsymbol{A}^{-1}+\boldsymbol{B}^{-1})^{-1}=(\boldsymbol{I}+\boldsymbol{I})^{-1}=(2\boldsymbol{I})^{-1}=\frac{1}{2}\boldsymbol{I}$$

$$\boldsymbol{A}+\boldsymbol{B}=2\boldsymbol{I},\ \boldsymbol{A}^{-1}+\boldsymbol{B}^{-1}=2\boldsymbol{I}$$

所以 $$(\boldsymbol{A}^{-1}+\boldsymbol{B}^{-1})^{-1}\neq\boldsymbol{A}+\boldsymbol{B},\ (\boldsymbol{A}^{-1}+\boldsymbol{B}^{-1})^{-1}\neq\boldsymbol{A}^{-1}+\boldsymbol{B}^{-1}$$

(C) 反例:设 $\boldsymbol{A}=\boldsymbol{I},\boldsymbol{B}=2\boldsymbol{I}$.

$$(\boldsymbol{A}^{-1}+\boldsymbol{B}^{-1})^{-1}=\left(\boldsymbol{I}+\frac{1}{2}\boldsymbol{I}\right)^{-1}=\left(\frac{3}{2}\boldsymbol{I}\right)^{-1}=\frac{2}{3}\boldsymbol{I}$$

$$(\boldsymbol{A}+\boldsymbol{B})^{-1}=(\boldsymbol{I}+2\boldsymbol{I})^{-1}=(3\boldsymbol{I})^{-1}=\frac{1}{3}\boldsymbol{I}$$

所以 $(\boldsymbol{A}^{-1}+\boldsymbol{B}^{-1})^{-1}\neq(\boldsymbol{A}+\boldsymbol{B})^{-1}$

(D):$(\boldsymbol{A}^{-1}+\boldsymbol{B}^{-1})\boldsymbol{A}(\boldsymbol{A}+\boldsymbol{B})^{-1}\boldsymbol{B}=(\boldsymbol{A}^{-1}\boldsymbol{A}+\boldsymbol{B}^{-1}\boldsymbol{A})(\boldsymbol{A}+\boldsymbol{B})^{-1}\boldsymbol{B}$

$=(\boldsymbol{I}+\boldsymbol{B}^{-1}\boldsymbol{A})(\boldsymbol{A}+\boldsymbol{B})^{-1}\boldsymbol{B}=(\boldsymbol{B}^{-1}\boldsymbol{B}+\boldsymbol{B}^{-1}\boldsymbol{A})(\boldsymbol{A}+\boldsymbol{B})^{-1}\boldsymbol{B}$

$=\boldsymbol{B}^{-1}(\boldsymbol{B}+\boldsymbol{A})(\boldsymbol{A}+\boldsymbol{B})^{-1}\boldsymbol{B}=\boldsymbol{B}^{-1}\boldsymbol{I}\boldsymbol{B}=\boldsymbol{B}^{-1}\boldsymbol{B}=\boldsymbol{I}$

因此

$$(\boldsymbol{A}^{-1}+\boldsymbol{B}^{-1})^{-1}=\boldsymbol{A}(\boldsymbol{A}+\boldsymbol{B})^{-1}\boldsymbol{B}$$

故本题应选(D).

14. 设有 n 阶矩阵 $\boldsymbol{A}=\begin{pmatrix}a_{11}&a_{12}&\cdots&a_{1n}\\a_{21}&a_{22}&\cdots&a_{2n}\\\vdots&\vdots&&\vdots\\a_{n1}&a_{n2}&\cdots&a_{nn}\end{pmatrix}$, $\boldsymbol{B}=\begin{pmatrix}A_{11}&A_{12}&\cdots&A_{1n}\\A_{21}&A_{22}&\cdots&A_{2n}\\\vdots&\vdots&&\vdots\\A_{n1}&A_{n2}&\cdots&A_{nn}\end{pmatrix}$, A_{ij} 是 $\boldsymbol{A}$ 中元素 a_{ij} 的代数余子式 $(i,j=1,2,\cdots,n)$,若 $|\boldsymbol{A}|=1$,则下列等式中不成立的是[　　].

(A) $\boldsymbol{A}^{-1}=\boldsymbol{B}$　　(B) $(\boldsymbol{A}^{\mathrm{T}})^{-1}=\boldsymbol{B}$

(C) $\boldsymbol{A}^{\mathrm{T}}=\boldsymbol{B}^{-1}$　　(D) $\boldsymbol{A}^{-1}=\boldsymbol{B}^{\mathrm{T}}$

解: $|\boldsymbol{A}|=1\neq0$, $\boldsymbol{A}$ 可逆.

由 $\boldsymbol{B}^{\mathrm{T}}=\boldsymbol{A}^*$,有 $\boldsymbol{A}^{-1}=\dfrac{1}{|\boldsymbol{A}|}\boldsymbol{A}^*=\boldsymbol{B}^{\mathrm{T}}$,故(A) 不成立,(D) 成立.

故本题应选(A).

$\boldsymbol{A}\boldsymbol{A}^*=|\boldsymbol{A}|\boldsymbol{I}=\boldsymbol{I}$,由于 $\boldsymbol{A}^*=\boldsymbol{B}^{\mathrm{T}}$,因此有 $\boldsymbol{A}\boldsymbol{B}^{\mathrm{T}}=\boldsymbol{I}$,两边转置有 $\boldsymbol{B}\boldsymbol{A}^{\mathrm{T}}=\boldsymbol{I}$. 于是可知 $\boldsymbol{B}^{-1}=\boldsymbol{A}^{\mathrm{T}}$, $(\boldsymbol{A}^{\mathrm{T}})^{-1}=\boldsymbol{B}$,所以(B),(C) 成立.

15. $\boldsymbol{A}$, $\boldsymbol{B}$, $\boldsymbol{C}$ 均为 n 阶矩阵,$\boldsymbol{A}$, $\boldsymbol{B}$ 可逆,$\boldsymbol{O}$ 为 n 阶零矩阵,给出了六个等式,要求判断其对错,判断正确的选项是[　　].

(1) $\begin{pmatrix}\boldsymbol{A}&\boldsymbol{O}\\\boldsymbol{O}&\boldsymbol{B}\end{pmatrix}^{-1}=\begin{pmatrix}\boldsymbol{A}^{-1}&\boldsymbol{O}\\\boldsymbol{O}&\boldsymbol{B}^{-1}\end{pmatrix}$　　(2) $\begin{pmatrix}\boldsymbol{O}&\boldsymbol{A}\\\boldsymbol{B}&\boldsymbol{C}\end{pmatrix}^{-1}=\begin{pmatrix}\boldsymbol{O}&\boldsymbol{A}^{-1}\\\boldsymbol{B}^{-1}&\boldsymbol{O}\end{pmatrix}$

(3) $\begin{pmatrix}\boldsymbol{O}&\boldsymbol{A}\\\boldsymbol{B}&\boldsymbol{O}\end{pmatrix}^{-1}=\begin{pmatrix}\boldsymbol{O}&\boldsymbol{B}^{-1}\\\boldsymbol{A}^{-1}&\boldsymbol{O}\end{pmatrix}$　　(4) $\begin{pmatrix}\boldsymbol{A}&\boldsymbol{C}\\\boldsymbol{O}&\boldsymbol{B}\end{pmatrix}^{-1}=\begin{pmatrix}\boldsymbol{A}^{-1}&\boldsymbol{C}^{-1}\\\boldsymbol{O}&\boldsymbol{B}^{-1}\end{pmatrix}$

(5) $\begin{pmatrix}\boldsymbol{A}&\boldsymbol{C}\\\boldsymbol{O}&\boldsymbol{B}\end{pmatrix}^{-1}=\begin{pmatrix}\boldsymbol{A}^{-1}&-\boldsymbol{A}^{-1}\boldsymbol{C}\boldsymbol{B}^{-1}\\\boldsymbol{O}&\boldsymbol{B}^{-1}\end{pmatrix}$　　(6) $\begin{pmatrix}\boldsymbol{A}&\boldsymbol{O}\\\boldsymbol{C}&\boldsymbol{B}\end{pmatrix}^{-1}=\begin{pmatrix}\boldsymbol{A}^{-1}&\boldsymbol{O}\\\boldsymbol{A}^{-1}\boldsymbol{C}\boldsymbol{B}^{-1}&\boldsymbol{B}^{-1}\end{pmatrix}$

(A) (1), (2), (5) 正确　　(B) (1), (3), (5) 正确

(C) (1), (3), (5), (6) 正确　　(D) 全正确

解:(1) 正确;(2) 错误;(3) 正确;(4) 错误;(5) 正确;(6) 错误. 正确的应该是

$$\begin{pmatrix}\boldsymbol{A}&\boldsymbol{O}\\\boldsymbol{C}&\boldsymbol{B}\end{pmatrix}^{-1}=\begin{pmatrix}\boldsymbol{A}^{-1}&\boldsymbol{O}\\-\boldsymbol{B}^{-1}\boldsymbol{C}\boldsymbol{A}^{-1}&\boldsymbol{B}^{-1}\end{pmatrix}$$

故本题应选(B).

16. $\begin{pmatrix}0&0&1\\0&1&0\\1&0&0\end{pmatrix}^2\begin{pmatrix}a_{11}&a_{12}&a_{13}\\a_{21}&a_{22}&a_{23}\\a_{31}&a_{32}&a_{33}\end{pmatrix}\begin{pmatrix}0&0&1\\0&1&0\\1&0&0\end{pmatrix}^3=$[　　].

(A) $\begin{pmatrix} a_{11} & a_{12} & a_{13} \\ a_{21} & a_{22} & a_{23} \\ a_{31} & a_{32} & a_{33} \end{pmatrix}$　　(B) $\begin{pmatrix} a_{31} & a_{32} & a_{33} \\ a_{21} & a_{22} & a_{23} \\ a_{11} & a_{12} & a_{13} \end{pmatrix}$

(C) $\begin{pmatrix} a_{13} & a_{12} & a_{11} \\ a_{23} & a_{22} & a_{21} \\ a_{33} & a_{32} & a_{31} \end{pmatrix}$　　(D) $\begin{pmatrix} a_{33} & a_{32} & a_{31} \\ a_{23} & a_{22} & a_{21} \\ a_{13} & a_{12} & a_{11} \end{pmatrix}$

解：设 $\boldsymbol{A}=\begin{pmatrix} a_{11} & a_{12} & a_{13} \\ a_{21} & a_{22} & a_{23} \\ a_{31} & a_{32} & a_{33} \end{pmatrix}$，用 $\begin{pmatrix} 0 & 0 & 1 \\ 0 & 1 & 0 \\ 1 & 0 & 0 \end{pmatrix}$ 左乘矩阵 $\boldsymbol{A}$ 是交换 $\boldsymbol{A}$ 的第一行与第三行，用 $\begin{pmatrix} 0 & 0 & 1 \\ 0 & 1 & 0 \\ 1 & 0 & 0 \end{pmatrix}^2=\begin{pmatrix} 0 & 0 & 1 \\ 0 & 1 & 0 \\ 1 & 0 & 0 \end{pmatrix}\begin{pmatrix} 0 & 0 & 1 \\ 0 & 1 & 0 \\ 1 & 0 & 0 \end{pmatrix}$ 左乘矩阵 $\boldsymbol{A}$ 是将 $\boldsymbol{A}$ 的第一行与第三行交换后的矩阵，再交换第一行与第三行，结果不变，仍是矩阵 $\boldsymbol{A}$.

用矩阵 $\begin{pmatrix} 0 & 0 & 1 \\ 0 & 1 & 0 \\ 1 & 0 & 0 \end{pmatrix}$ 右乘矩阵 $\boldsymbol{A}$，是交换 $\boldsymbol{A}$ 的第一列与第三列，用 $\begin{pmatrix} 0 & 0 & 1 \\ 0 & 1 & 0 \\ 1 & 0 & 0 \end{pmatrix}^3$ 右乘 $\boldsymbol{A}$，是将 $\boldsymbol{A}$ 的第一列与第三列交换三次，结果等于交换一次 $\boldsymbol{A}$ 的第一列与第三列，故其结果为

$$\begin{pmatrix} 0 & 0 & 1 \\ 0 & 1 & 0 \\ 1 & 0 & 0 \end{pmatrix}^2\begin{pmatrix} a_{11} & a_{12} & a_{13} \\ a_{21} & a_{22} & a_{23} \\ a_{31} & a_{32} & a_{33} \end{pmatrix}\begin{pmatrix} 0 & 0 & 1 \\ 0 & 1 & 0 \\ 1 & 0 & 0 \end{pmatrix}^3=\begin{pmatrix} a_{13} & a_{12} & a_{11} \\ a_{23} & a_{22} & a_{21} \\ a_{33} & a_{32} & a_{31} \end{pmatrix}$$

故本题应选(C).

17. 设矩阵 $\boldsymbol{A}=\begin{pmatrix} a_{11} & a_{12} & a_{13} \\ a_{21} & a_{22} & a_{23} \\ a_{31} & a_{32} & a_{33} \end{pmatrix}$，$\boldsymbol{B}=\begin{pmatrix} a_{11}+a_{31} & a_{12}+a_{32} & a_{13}+a_{33} \\ a_{31} & a_{32} & a_{33} \\ a_{21} & a_{22} & a_{23} \end{pmatrix}$，$\boldsymbol{P}_1=\begin{pmatrix} 1 & 0 & 0 \\ 0 & 0 & 1 \\ 0 & 1 & 0 \end{pmatrix}$，$\boldsymbol{P}_2=\begin{pmatrix} 1 & 0 & 1 \\ 0 & 1 & 0 \\ 0 & 0 & 1 \end{pmatrix}$，则有[　　].

(A) $\boldsymbol{AP}_1\boldsymbol{P}_2=\boldsymbol{B}$　　(B) $\boldsymbol{AP}_2\boldsymbol{P}_1=\boldsymbol{B}$

(C) $\boldsymbol{P}_1\boldsymbol{P}_2\boldsymbol{A}=\boldsymbol{B}$　　(D) $\boldsymbol{P}_2\boldsymbol{P}_1\boldsymbol{A}=\boldsymbol{B}$

解：矩阵 $\boldsymbol{B}$ 是由对矩阵 $\boldsymbol{A}$ 施以初等行变换得出的，对 $\boldsymbol{A}$ 施以初等行变换等于用相应的初等矩阵左乘 $\boldsymbol{A}$，故可排除(A)，(B).

先将 $\boldsymbol{A}$ 的第三行加于第一行，即用 $\boldsymbol{P}_2$ 左乘 $\boldsymbol{A}$，然后交换 $\boldsymbol{P}_2\boldsymbol{A}$ 的第二行与第三行，就得到了 $\boldsymbol{B}$，即 $\boldsymbol{P}_1$ 左乘 $\boldsymbol{P}_2\boldsymbol{A}$ 等于 $\boldsymbol{B}$，于是有 $\boldsymbol{P}_1\boldsymbol{P}_2\boldsymbol{A}=\boldsymbol{B}$.

故本题应选(C).

注释 $\boldsymbol{P}_2\boldsymbol{P}_1\boldsymbol{A}=\begin{pmatrix} a_{11}+a_{21} & a_{12}+a_{22} & a_{13}+a_{23} \\ a_{31} & a_{32} & a_{33} \\ a_{21} & a_{22} & a_{23} \end{pmatrix}\neq \boldsymbol{B}$

18. 用初等变换的方法判断矩阵 $\boldsymbol{A}=\begin{pmatrix} 1 & 4 & 0 & 2 \\ 0 & 1 & -1 & x \\ 3 & 10 & y & 4 \\ 2 & 7 & 1 & 3 \end{pmatrix}$ 不可逆的充分必要条件是[　　].

(A) $x=1$ 且 $y=2$　　(B) $x=1$ 或 $y=2$

(C) $x=1$，$y\neq 2$　　(D) $x\neq 1$，$y=2$

解：
$$\boldsymbol{A}=\begin{pmatrix} 1 & 4 & 0 & 2 \\ 0 & 1 & -1 & x \\ 3 & 10 & y & 4 \\ 2 & 7 & 1 & 3 \end{pmatrix}\begin{array}{l} \times(-3)\ \times(-2) \\ \\ \leftarrow \\ \leftarrow \end{array} \rightarrow \begin{pmatrix} 1 & 4 & 0 & 2 \\ 0 & 1 & -1 & x \\ 0 & -2 & y & -2 \\ 0 & -1 & 1 & -1 \end{pmatrix}\begin{array}{l} \\ \times 2\ \ \times 1 \\ \leftarrow \\ \leftarrow \end{array}$$
$$\rightarrow \begin{pmatrix} 1 & 4 & 0 & 2 \\ 0 & 1 & -1 & x \\ 0 & 0 & y-2 & -2+2x \\ 0 & 0 & 0 & x-1 \end{pmatrix}\begin{array}{l} \\ \\ \leftarrow \\ \times(-2) \end{array} \rightarrow \begin{pmatrix} 1 & 4 & 0 & 2 \\ 0 & 1 & -1 & x \\ 0 & 0 & y-2 & 0 \\ 0 & 0 & 0 & x-1 \end{pmatrix}$$

$\boldsymbol{A}$ 不可逆的充分必要条件为 $\mathrm{r}(\boldsymbol{A})\neq 4$.

当且仅当 $x=1$ 或 $y=2$ 时，$\mathrm{r}(\boldsymbol{A})<4$，$\boldsymbol{A}$ 不可逆，故 $\boldsymbol{A}$ 不可逆的充分必要条件为 $x=1$ 或 $y=2$.

故本题应选(B).

注释 (A)，(C)，(D) 中的条件均是 $\boldsymbol{A}$ 不可逆的充分条件，非必要条件.

19. 设三阶矩阵 $\boldsymbol{A}=\begin{pmatrix} a & b & b \\ b & a & b \\ b & b & a \end{pmatrix}$，若 $\boldsymbol{A}$ 的伴随矩阵 $\boldsymbol{A}^*$ 的秩 $\mathrm{r}(\boldsymbol{A}^*)=1$，则必有[　　].

(A) $a=b$ 或 $a+2b=0$　　(B) $a=b$ 或 $a+2b\neq 0$

(C) $a\neq b$ 且 $a+2b=0$　　(D) $a\neq b$ 且 $a+2b\neq 0$

解：由 $\boldsymbol{A}\boldsymbol{A}^*=|\boldsymbol{A}|\boldsymbol{I}$，从而 $|\boldsymbol{A}||\boldsymbol{A}^*|=||\boldsymbol{A}|\boldsymbol{I}|=|\boldsymbol{A}|^3$. 又　　(1)

$$|\boldsymbol{A}|=\underset{\uparrow\ \times 1\ \ \times 1}{\begin{vmatrix} a & b & b \\ b & a & b \\ b & b & a \end{vmatrix}}=\begin{vmatrix} a+2b & b & b \\ a+2b & a & b \\ a+2b & b & a \end{vmatrix}=(a+2b)(a-b)^2$$

若 $a=b$，则 $\boldsymbol{A}=\begin{pmatrix} a & a & a \\ a & a & a \\ a & a & a \end{pmatrix}$，那么 $\boldsymbol{A}^*=\boldsymbol{O}$，$\mathrm{r}(\boldsymbol{A}^*)=0$，这与题设 $\mathrm{r}(\boldsymbol{A}^*)=1$ 矛盾，故 $a\neq b$. 否定(A)和(B).

若 $a\neq b$ 且 $a+2b\neq 0$，则 $|\boldsymbol{A}|\neq 0$，由式(1)有 $|\boldsymbol{A}^*|=|\boldsymbol{A}|^2\neq 0$，那么 $\mathrm{r}(\boldsymbol{A}^*)=3$，这与 $\mathrm{r}(\boldsymbol{A}^*)=1$ 矛盾，故否定(D).

故本题应选(C).

第三章 线性方程组

(一)习题解答与注释

(A)

1. 用消元法解下列线性方程组:

(1) $\begin{cases} 2x_1 - x_2 + 3x_3 = 3 \\ 3x_1 + x_2 - 5x_3 = 0 \\ 4x_1 - x_2 + x_3 = 3 \\ x_1 + 3x_2 - 13x_3 = -6 \end{cases}$.

(2) $\begin{cases} x_1 - 2x_2 + x_3 + x_4 = 1 \\ x_1 - 2x_2 + x_3 - x_4 = -1 \\ x_1 - 2x_2 + x_3 - 5x_4 = 5 \end{cases}$

(3) $\begin{cases} x_1 - x_2 + x_3 - x_4 = 1 \\ x_1 - x_2 - x_3 + x_4 = 0 \\ x_1 - x_2 - 2x_3 + 2x_4 = -\dfrac{1}{2} \end{cases}$

(4) $\begin{cases} x_1 - x_2 + 4x_3 - 2x_4 = 0 \\ x_1 - x_2 - x_3 + 2x_4 = 0 \\ 3x_1 + x_2 + 7x_3 - 2x_4 = 0 \\ x_1 - 3x_2 - 12x_3 + 6x_4 = 0 \end{cases}$

(5) $\begin{cases} x_1 - x_2 + x_3 = 0 \\ 3x_1 - 2x_2 - x_3 = 0 \\ 3x_1 - x_2 + 5x_3 = 0 \\ -2x_1 + 2x_2 + 3x_3 = 0 \end{cases}$

(6) $\begin{cases} x_1 + x_2 - 3x_4 - x_5 = 0 \\ x_1 - x_2 + 2x_3 - x_4 = 0 \\ 4x_1 - 2x_2 + 6x_3 + 3x_4 - 4x_5 = 0 \\ 2x_1 + 4x_2 - 2x_3 + 4x_4 - 7x_5 = 0 \end{cases}$

解: (1) 对方程组的增广矩阵施以初等行变换，化为阶梯形矩阵:

$$(\boldsymbol{A} \vdots \boldsymbol{b}) = \left(\begin{array}{ccc:c} 2 & -1 & 3 & 3 \\ 3 & 1 & -5 & 0 \\ 4 & -1 & 1 & 3 \\ 1 & 3 & -13 & -6 \end{array}\right) \longrightarrow \left(\begin{array}{ccc:c} 1 & 3 & -13 & -6 \\ 3 & 1 & -5 & 0 \\ 4 & -1 & 1 & 3 \\ 2 & -1 & 3 & 3 \end{array}\right)$$

$$\to\left(\begin{array}{cccc}1&3&-13&-6\\0&-8&34&18\\0&-13&53&27\\0&-7&29&15\end{array}\right)\to\left(\begin{array}{ccc:c}1&3&-13&-6\\0&-8&34&18\\0&0&-\frac{9}{4}&-\frac{9}{4}\\0&0&-\frac{3}{4}&-\frac{3}{4}\end{array}\right)$$

$$\to\left(\begin{array}{ccc:c}1&3&-13&-6\\0&-8&34&18\\0&0&1&1\\0&0&0&0\end{array}\right)\qquad(*)$$

由 $r(\boldsymbol{A}\vdots\boldsymbol{b})=r(\boldsymbol{A})=3=$ 未知量个数可知，方程组有唯一解. 对上面最后一个矩阵继续进行初等行变换，进行回代有

$$(*)\to\left(\begin{array}{ccc:c}1&3&0&7\\0&-8&0&-16\\0&0&1&1\\0&0&0&0\end{array}\right)\to\left(\begin{array}{ccc:c}1&0&0&1\\0&1&0&2\\0&0&1&1\\0&0&0&0\end{array}\right)$$

由此得 $x_1=1$，$x_2=2$，$x_3=1$.

(2) 对方程组的增广矩阵施以初等行变换，化为阶梯形矩形：

$$(\boldsymbol{A}\vdots\boldsymbol{b})=\left(\begin{array}{cccc:c}1&-2&1&1&1\\1&-2&1&-1&-1\\1&-2&1&-5&5\end{array}\right)\to\left(\begin{array}{cccc:c}1&-2&1&1&1\\0&0&0&-2&-2\\0&0&0&-6&4\end{array}\right)$$

$$\to\left(\begin{array}{cccc:c}1&-2&1&1&1\\0&0&0&1&1\\0&0&0&0&10\end{array}\right)$$

由于 $r(\boldsymbol{A}\vdots\boldsymbol{b})=3$，$r(\boldsymbol{A})=2$，故方程组无解.

(3) 对方程组的增广矩阵施以初等行变换，化为阶梯形矩阵：

$$(\boldsymbol{A}\vdots\boldsymbol{b})=\left(\begin{array}{cccc:c}1&-1&1&-1&1\\1&-1&-1&1&0\\1&-1&-2&2&-\frac{1}{2}\end{array}\right)\to\left(\begin{array}{cccc:c}1&-1&1&-1&1\\0&0&-2&2&-1\\0&0&-3&3&-\frac{3}{2}\end{array}\right)$$

$$\to\left(\begin{array}{cccc:c}1&-1&1&-1&1\\0&0&1&-1&\frac{1}{2}\\0&0&0&0&0\end{array}\right)\qquad(*)$$

由 $r(\boldsymbol{A}\vdots\boldsymbol{b})=r(\boldsymbol{A})=2<4=$ 未知量个数可知，方程组有无穷多解. 对上面最后一个矩阵继续进行初等行变换，进行回代有

$$(*)\longrightarrow\begin{pmatrix}1&-1&0&0&\vdots&\frac{1}{2}\\0&0&1&-1&\vdots&\frac{1}{2}\\0&0&0&0&\vdots&0\end{pmatrix}$$

得原方程组的同解方程组

$$\begin{cases}x_1=\frac{1}{2}+x_2\\x_3=\frac{1}{2}+x_4\end{cases}$$

取 $x_2=c_1$，$x_4=c_2$，则原方程组的全部解为

$$\begin{cases}x_1=\frac{1}{2}+c_1\\x_2=c_1\\x_3=\frac{1}{2}+c_2\\x_4=c_2\end{cases}\quad(c_1,\ c_2\text{ 为任意常数})$$

注释 在对增广矩阵$(\boldsymbol{A}\vdots\boldsymbol{0})$进行初等行变换时，由于各方程的常数项始终是零，所以在计算时，可以仅对系数矩阵$\boldsymbol{A}$进行初等行变换(如下面的题(6))。但初学者仍应写出增广矩阵后再继续计算(如下面的题(4)，(5))。

(4) 对方程组的增广矩阵施以初等行变换，化为阶梯形矩阵：

$$(\boldsymbol{A}\vdots\boldsymbol{0})=\begin{pmatrix}1&-1&4&-2&\vdots&0\\1&-1&-1&2&\vdots&0\\3&1&7&-2&\vdots&0\\1&-3&-12&6&\vdots&0\end{pmatrix}\longrightarrow\begin{pmatrix}1&-1&4&-2&\vdots&0\\0&0&-5&4&\vdots&0\\0&4&-5&4&\vdots&0\\0&-2&-16&8&\vdots&0\end{pmatrix}$$

$$\longrightarrow\begin{pmatrix}1&-1&4&-2&\vdots&0\\0&2&16&-8&\vdots&0\\0&0&-37&20&\vdots&0\\0&0&-5&4&\vdots&0\end{pmatrix}\longrightarrow\begin{pmatrix}1&-1&4&-2&\vdots&0\\0&1&8&-4&\vdots&0\\0&0&-5&4&\vdots&0\\0&0&0&-\frac{48}{5}&\vdots&0\end{pmatrix}$$

由于 $\mathrm{r}(\boldsymbol{A})=4=$ 未知量个数，故方程组仅有零解 $x_1=x_2=x_3=x_4=0$.

(5) 对方程组的增广矩阵施以初等行变换，化为阶梯形矩阵：

$$(\boldsymbol{A}\vdots\boldsymbol{0})=\begin{pmatrix}1&-1&1&\vdots&0\\3&-2&-1&\vdots&0\\3&-1&5&\vdots&0\\-2&2&3&\vdots&0\end{pmatrix}\longrightarrow\begin{pmatrix}1&-1&1&\vdots&0\\0&1&-4&\vdots&0\\0&2&2&\vdots&0\\0&0&5&\vdots&0\end{pmatrix}$$

$$\longrightarrow\left(\begin{array}{ccc:c}1&-1&1&0\\0&1&-4&0\\0&0&10&0\\0&0&5&0\end{array}\right)\longrightarrow\left(\begin{array}{ccc:c}1&-1&1&0\\0&1&-4&0\\0&0&1&0\\0&0&0&0\end{array}\right)$$

由于 $r(\boldsymbol{A})=3=$ 未知量个数，故方程组仅有零解 $x_1=x_2=x_3=0$.

(6) 对方程组的系数矩阵施以初等行变换，化为阶梯形矩阵：

$$\boldsymbol{A}=\begin{pmatrix}1&1&0&-3&-1\\1&-1&2&-1&0\\4&-2&6&3&-4\\2&4&-2&4&-7\end{pmatrix}\longrightarrow\begin{pmatrix}1&1&0&-3&-1\\0&-2&2&2&1\\0&-6&6&15&0\\0&2&-2&10&-5\end{pmatrix}$$

$$\longrightarrow\begin{pmatrix}1&1&0&-3&-1\\0&1&-1&-1&-\frac{1}{2}\\0&0&0&9&-3\\0&0&0&12&-4\end{pmatrix}\longrightarrow\begin{pmatrix}1&1&0&-3&-1\\0&1&-1&-1&-\frac{1}{2}\\0&0&0&1&-\frac{1}{3}\\0&0&0&0&0\end{pmatrix}$$

$$\longrightarrow\begin{pmatrix}1&0&1&0&-\frac{7}{6}\\0&1&-1&0&-\frac{5}{6}\\0&0&0&1&-\frac{1}{3}\\0&0&0&0&0\end{pmatrix}$$

由于 $r(\boldsymbol{A})=3<5=$ 未知数个数，故方程组有非零解. 原方程组对应的同解方程组为

$$\begin{cases}x_1+x_3-\frac{7}{6}x_5=0\\x_2-x_3-\frac{5}{6}x_5=0\\x_4-\frac{1}{3}x_5=0\end{cases}$$

设 $x_3=c_1$，$x_5=c_2$，则原方程组的全部解为

$$\begin{cases}x_1=-c_1+\frac{7}{6}c_2\\x_2=c_1+\frac{5}{6}c_2\\x_3=c_1\\x_4=\frac{1}{3}c_2\\x_5=c_2\end{cases}\quad(c_1,\ c_2\ \text{为任意常数})$$

2. 确定 a，b 的值，使下列线性方程组有解，并求其解.

(1) $\begin{cases} 2x_1 - x_2 + x_3 + x_4 = 1 \\ x_1 + 2x_2 - x_3 + 4x_4 = 2 \\ x_1 + 7x_2 - 4x_3 + 11x_4 = a \end{cases}$　　(2) $\begin{cases} ax_1 + x_2 + x_3 = 1 \\ x_1 + ax_2 + x_3 = a \\ x_1 + x_2 + ax_3 = a^2 \end{cases}$

(3) $\begin{cases} x_1 + 2x_2 - 2x_3 + 2x_4 = 2 \\ x_2 - x_3 - x_4 = 1 \\ x_1 + x_2 - x_3 + 3x_4 = a \\ x_1 - x_2 + x_3 + 5x_4 = b \end{cases}$　　(4) $\begin{cases} x_1 + x_2 + x_3 = a \\ ax_1 + x_2 + x_3 = 1 \\ x_1 + x_2 + ax_3 = 1 \end{cases}$

解：(1) 对方程组的增广矩阵施以初等行变换，化为阶梯形矩阵：

$$(\boldsymbol{A} \vdots \boldsymbol{b}) = \begin{pmatrix} 2 & -1 & 1 & 1 & 1 \\ 1 & 2 & -1 & 4 & 2 \\ 1 & 7 & -4 & 11 & a \end{pmatrix} \longrightarrow \begin{pmatrix} 1 & 2 & -1 & 4 & 2 \\ 0 & -5 & 3 & -7 & -3 \\ 0 & 5 & -3 & 7 & a-2 \end{pmatrix}$$

$$\longrightarrow \begin{pmatrix} 1 & 2 & -1 & 4 & 2 \\ 0 & -5 & 3 & -7 & -3 \\ 0 & 0 & 0 & 0 & a-5 \end{pmatrix} \qquad (*)$$

当 $a = 5$ 时，有 $\mathrm{r}(\boldsymbol{A}) = \mathrm{r}(\boldsymbol{A} \vdots \boldsymbol{b}) = 2 < 4 =$ 未知量个数，方程组有无穷多解. 对上面最后一个矩阵(*)继续施以初等行变换，化为简化的阶梯形矩阵：

$$(*) \longrightarrow \begin{pmatrix} 1 & 0 & \frac{1}{5} & \frac{6}{5} & \frac{4}{5} \\ 0 & 1 & -\frac{3}{5} & \frac{7}{5} & \frac{3}{5} \\ 0 & 0 & 0 & 0 & 0 \end{pmatrix}$$

由此可得原方程组的同解方程组：

$$\begin{cases} x_1 = \frac{4}{5} - \frac{1}{5}x_3 - \frac{6}{5}x_4 \\ x_2 = \frac{3}{5} + \frac{3}{5}x_3 - \frac{7}{5}x_4 \end{cases}$$

令 $x_3 = c_1$，$x_4 = c_2$，则原方程组的全部解为

$$\begin{cases} x_1 = \frac{4}{5} - \frac{1}{5}c_1 - \frac{6}{5}c_2 \\ x_2 = \frac{3}{5} + \frac{3}{5}c_1 - \frac{7}{5}c_2 \\ x_3 = c_1 \\ x_4 = c_2 \end{cases} \quad (c_1, c_2 \text{ 为任意常数})$$

注释 当线性方程组有无穷多解时，由于求解过程中选取的自由未知量不同，从而方程组的解在形式上有所不同. 但两个不同形式的解是等价的. 例如，在本题上面的解法中，选取 x_3，x_4 作为自由未知量，求得了方程组的全部解. 然而，若选取 x_2，x_4 作为自由未知量，则由矩阵(*)继续作初等行变换可化为简化的阶梯形矩阵：

$$(*)\longrightarrow\begin{pmatrix}1 & \frac{1}{3} & 0 & \frac{5}{3} & \vdots & 1\\ 0 & -\frac{5}{3} & 1 & -\frac{7}{3} & \vdots & -1\\ 0 & 0 & 0 & 0 & \vdots & 0\end{pmatrix}$$

由此可得原方程组的同解方程组

$$\begin{cases}x_1 = 1-\frac{1}{3}x_2-\frac{5}{3}x_4\\ x_3=-1+\frac{5}{3}x_2+\frac{7}{3}x_4\end{cases}$$

令 $x_2=\bar{c}_1$，$x_4=\bar{c}_2$，则原方程组的全部解为

$$\begin{cases}x_1=1-\frac{1}{3}\bar{c}_1-\frac{5}{3}\bar{c}_2\\ x_2=\bar{c}_1\\ x_3=-1+\frac{5}{3}\bar{c}_1+\frac{7}{3}\bar{c}_2\\ x_4=\bar{c}_2\end{cases}\qquad(\bar{c}_1，\bar{c}_2\text{ 为任意常数})$$

可以看出，这个一般解在形式上与原答案不同，但这两个解是等价的. 读者在练习时，若自己求解的结果与原答案不符，则应注意自由未知量的选取是否与原答案一致.

(2) 对方程组的增广矩阵施以初等行变换，化为阶梯形矩阵：

$$(\boldsymbol{A}\vdots\boldsymbol{b})=\begin{pmatrix}a & 1 & 1 & \vdots & 1\\ 1 & a & 1 & \vdots & a\\ 1 & 1 & a & \vdots & a^2\end{pmatrix}\longrightarrow\begin{pmatrix}1 & 1 & a & \vdots & a^2\\ 0 & a-1 & 1-a & \vdots & a-a^2\\ 0 & 1-a & 1-a^2 & \vdots & 1-a^3\end{pmatrix}$$

$$\longrightarrow\begin{pmatrix}1 & 1 & a & \vdots & a^2\\ 0 & a-1 & 1-a & \vdots & a(1-a)\\ 0 & 0 & (2+a)(1-a) & \vdots & (1-a)(1+a)^2\end{pmatrix}\qquad(*)$$

① 当 $a=1$ 时，$\mathrm{r}(\boldsymbol{A})=\mathrm{r}(\boldsymbol{A}\vdots\boldsymbol{b})=1<3=$ 未知量个数，方程组有无穷多解，与原方程组同解的方程组为

$$x_1+x_2+x_3=1$$

令 $x_2=c_1$，$x_3=c_2$，则原方程组的全部解为

$$\begin{cases}x_1=1-c_1-c_2\\ x_2=c_1\\ x_3=c_2\end{cases}\qquad(c_1，c_2\text{ 为任意常数})$$

② 当 $a\neq1$ 且 $a\neq-2$ 时，$\mathrm{r}(\boldsymbol{A})=\mathrm{r}(\boldsymbol{A}\vdots\boldsymbol{b})=3$，方程组有唯一解. 对上面最后一个矩阵 $(*)$ 继续施以初等行变换，化为简化的阶梯形矩阵：

$$(*)\longrightarrow\begin{pmatrix}1 & 1 & a & \vdots & a^2\\ 0 & 1 & -1 & \vdots & -a\\ 0 & 0 & 1 & \vdots & \frac{(1+a)^2}{2+a}\end{pmatrix}\longrightarrow\begin{pmatrix}1 & 0 & 0 & \vdots & -\frac{1+a}{2+a}\\ 0 & 1 & 0 & \vdots & \frac{1}{2+a}\\ 0 & 0 & 1 & \vdots & \frac{(1+a)^2}{2+a}\end{pmatrix}$$

可得方程组的解为

$$\begin{cases} x_1 = -\dfrac{1+a}{2+a} \\ x_2 = \dfrac{1}{2+a} \\ x_3 = \dfrac{(1+a)^2}{2+a} \end{cases}$$

③ 当 $a=-2$ 时，有 $\mathrm{r}(\boldsymbol{A})=2\neq \mathrm{r}(\boldsymbol{A}\,\vdots\,\boldsymbol{b})=3$，故此时方程组无解.

注释 在计算过程中，由于含参数的表达式可能取零值，读者应避免用含参数的表达式除矩阵某一行，或某行除以含参数的表达式之后加至另一行. 在增广矩阵化为阶梯形后，必须对参数的取值进行讨论，如本题的(1)、(2). 然而，当方程个数与未知量个数相同时，也可以先计算系数行列式的值，再进行讨论. 如本题的(2)，也可以先计算方程组的系数行列式

$$|\boldsymbol{A}|=\begin{vmatrix} a & 1 & 1 \\ 1 & a & 1 \\ 1 & 1 & a \end{vmatrix}=(a-1)^2(a+2)$$

由此可知，当 $a\neq 1$ 且 $a\neq -2$ 时，方程组有唯一解. 利用消元法或克莱姆法则，可求得方程组的解. 而当 $a=1$ 或 $a=-2$ 时，可分别代入原方程组，再利用消元法判定方程组有无穷多解或无解，并求出方程组的全部解.

(3) 对方程组的增广矩阵施以初等行变换，化为阶梯形矩阵：

$$(\boldsymbol{A}\,\vdots\,\boldsymbol{b})=\left(\begin{array}{cccc:c} 1 & 2 & -2 & 2 & 2 \\ 0 & 1 & -1 & -1 & 1 \\ 1 & 1 & -1 & 3 & a \\ 1 & -1 & 1 & 5 & b \end{array}\right)\longrightarrow\left(\begin{array}{cccc:c} 1 & 2 & -2 & 2 & 2 \\ 0 & 1 & -1 & -1 & 1 \\ 0 & -1 & 1 & 1 & a-2 \\ 0 & -3 & 3 & 3 & b-2 \end{array}\right)$$

$$\longrightarrow\left(\begin{array}{cccc:c} 1 & 2 & -2 & 2 & 2 \\ 0 & 1 & -1 & -1 & 1 \\ 0 & 0 & 0 & 0 & a-1 \\ 0 & 0 & 0 & 0 & b+1 \end{array}\right) \qquad (*)$$

由此可知，当 $a\neq 1$ 或 $b\neq -1$ 时，$\mathrm{r}(\boldsymbol{A})\neq \mathrm{r}(\boldsymbol{A}\,\vdots\,\boldsymbol{b})$，方程组无解.

当 $a=1$ 且 $b=-1$ 时，$\mathrm{r}(\boldsymbol{A})=\mathrm{r}(\boldsymbol{A}\,\vdots\,\boldsymbol{b})=2<4=$ 未知量个数，方程组有无穷多解. 此时，对上面最后一个矩阵(*)继续施以初等行变换，有

$$(*)\longrightarrow\left(\begin{array}{cccc:c} 1 & 0 & 0 & 4 & 0 \\ 0 & 1 & -1 & -1 & 1 \\ 0 & 0 & 0 & 0 & 0 \\ 0 & 0 & 0 & 0 & 0 \end{array}\right)$$

可知，原方程组的同解方程组为

$$\begin{cases} x_1 = -4x_4 \\ x_2 = 1 + x_3 + x_4 \end{cases}$$

令 $x_3 = c_1$，$x_4 = c_2$，则原方程组的一般解为

$$\begin{cases} x_1 = -4c_2 \\ x_2 = 1 + c_1 + c_2 \\ x_3 = c_1 \\ x_4 = c_2 \end{cases} \quad (c_1, c_2 \text{ 为任意常数})$$

(4) $(\boldsymbol{A} \vdots \boldsymbol{b}) = \left(\begin{array}{ccc:c} 1 & 1 & 1 & a \\ a & 1 & 1 & 1 \\ 1 & 1 & a & 1 \end{array}\right) \longrightarrow \left(\begin{array}{ccc:c} 1 & 1 & 1 & a \\ 0 & 1-a & 1-a & 1-a^2 \\ 0 & 0 & a-1 & 1-a \end{array}\right)$

当 $a \neq 1$ 时，$\mathrm{r}(\boldsymbol{A}) = \mathrm{r}(\boldsymbol{A} \vdots \boldsymbol{b}) = 3$，方程组有唯一解

$$\begin{cases} x_1 = -1 \\ x_2 = a + 2 \\ x_3 = -1 \end{cases}$$

当 $a = 1$ 时，$\mathrm{r}(\boldsymbol{A} \vdots \boldsymbol{b}) = \mathrm{r}(\boldsymbol{A}) = 1 < 3 =$ 未知量个数，方程组有无穷多解，原方程组的同解方程组为 $x_1 + x_2 + x_3 = 1$. 设 $x_2 = c_1$，$x_3 = c_2$，于是得到方程组的一般解

$$\begin{cases} x_1 = 1 - c_1 - c_2 \\ x_2 = c_1 \\ x_3 = c_2 \end{cases} \quad (c_1, c_2 \text{ 为任意常数})$$

3. 已知向量 $\boldsymbol{\alpha}_1 = (1, 2, 3)$，$\boldsymbol{\alpha}_2 = (3, 2, 1)$，$\boldsymbol{\alpha}_3 = (-2, 0, 2)$，$\boldsymbol{\alpha}_4 = (1, 2, 4)$，求：

(1) $3\boldsymbol{\alpha}_1 + 2\boldsymbol{\alpha}_2 - 5\boldsymbol{\alpha}_3 + 4\boldsymbol{\alpha}_4$

(2) $5\boldsymbol{\alpha}_1 + 2\boldsymbol{\alpha}_2 - \boldsymbol{\alpha}_3 - \boldsymbol{\alpha}_4$

解：(1) $3\boldsymbol{\alpha}_1 + 2\boldsymbol{\alpha}_2 - 5\boldsymbol{\alpha}_3 + 4\boldsymbol{\alpha}_4$

$= 3(1, 2, 3) + 2(3, 2, 1) - 5(-2, 0, 2) + 4(1, 2, 4)$

$= (3, 6, 9) + (6, 4, 2) + (10, 0, -10) + (4, 8, 16)$

$= (23, 18, 17)$

(2) $5\boldsymbol{\alpha}_1 + 2\boldsymbol{\alpha}_2 - \boldsymbol{\alpha}_3 - \boldsymbol{\alpha}_4$

$= 5(1, 2, 3) + 2(3, 2, 1) - (-2, 0, 2) - (1, 2, 4)$

$= (5, 10, 15) + (6, 4, 2) + (2, 0, -2) + (-1, -2, -4)$

$= (12, 12, 11)$

4. 已知向量 $\boldsymbol{\alpha} = (3, 5, 7, 9)$，$\boldsymbol{\beta} = (-1, 5, 2, 0)$.

(1) 如果 $\boldsymbol{\alpha} + \boldsymbol{\xi} = \boldsymbol{\beta}$，求 $\boldsymbol{\xi}$.

(2) 如果 $3\boldsymbol{\alpha} - 2\boldsymbol{\eta} = 5\boldsymbol{\beta}$，求 $\boldsymbol{\eta}$.

解：(1) 由 $\boldsymbol{\alpha} + \boldsymbol{\xi} = \boldsymbol{\beta}$，可得 $\boldsymbol{\xi} = \boldsymbol{\beta} - \boldsymbol{\alpha}$. 所以

$\boldsymbol{\xi} = (-1, 5, 2, 0) - (3, 5, 7, 9)$

$= (-4, 0, -5, -9)$

(2) 由 $3\boldsymbol{\alpha} - 2\boldsymbol{\eta} = 5\boldsymbol{\beta}$，可得 $\boldsymbol{\eta} = \dfrac{1}{2}(3\boldsymbol{\alpha} - 5\boldsymbol{\beta})$. 所以

$$\boldsymbol{\eta}=\frac{1}{2}[3(3,5,7,9)-5(-1,5,2,0)]$$

$$=\left(7,-5,\frac{11}{2},\frac{27}{2}\right)$$

5. 已知向量 $\boldsymbol{\alpha}_1=(2,5,1,3)$，$\boldsymbol{\alpha}_2=(10,1,5,10)$，$\boldsymbol{\alpha}_3=(4,1,-1,1)$. 如果 $3(\boldsymbol{\alpha}_1-\boldsymbol{\xi})+2(\boldsymbol{\alpha}_2+\boldsymbol{\xi})=5(\boldsymbol{\alpha}_3+\boldsymbol{\xi})$，求 $\boldsymbol{\xi}$.

解: 由 $3(\boldsymbol{\alpha}_1-\boldsymbol{\xi})+2(\boldsymbol{\alpha}_2+\boldsymbol{\xi})=5(\boldsymbol{\alpha}_3+\boldsymbol{\xi})$，有

$$3\boldsymbol{\alpha}_1-3\boldsymbol{\xi}+2\boldsymbol{\alpha}_2+2\boldsymbol{\xi}=5\boldsymbol{\alpha}_3+5\boldsymbol{\xi}$$

所以
$$\boldsymbol{\xi}=\frac{1}{6}(3\boldsymbol{\alpha}_1+2\boldsymbol{\alpha}_2-5\boldsymbol{\alpha}_3)$$

$$=\frac{1}{6}[3(2,5,1,3)+2(10,1,5,10)-5(4,1,-1,1)]$$

$$=(1,2,3,4)$$

6. 将下列各题中向量 $\boldsymbol{\beta}$ 表示为其他向量的线性组合.

(1) $\boldsymbol{\beta}=(3,5,-6)$，$\boldsymbol{\alpha}_1=(1,0,1)$，
$\boldsymbol{\alpha}_2=(1,1,1)$，$\boldsymbol{\alpha}_3=(0,-1,-1)$

(2) $\boldsymbol{\beta}=(2,-1,5,1)$，$\boldsymbol{\varepsilon}_1=(1,0,0,0)$，
$\boldsymbol{\varepsilon}_2=(0,1,0,0)$，$\boldsymbol{\varepsilon}_3=(0,0,1,0)$，
$\boldsymbol{\varepsilon}_4=(0,0,0,1)$

解: (1) 设有数 k_1,k_2,k_3，使得

$$\boldsymbol{\beta}=k_1\boldsymbol{\alpha}_1+k_2\boldsymbol{\alpha}_2+k_3\boldsymbol{\alpha}_3$$

即
$$(3,5,-6)=k_1(1,0,1)+k_2(1,1,1)+k_3(0,-1,-1)$$

由此得线性方程组

$$\begin{cases}k_1+k_2 & =3\\ \quad k_2-k_3 & =5\\ k_1+k_2-k_3 & =-6\end{cases}$$

对方程组的增广矩阵施以初等行变换：

$$(\boldsymbol{\alpha}_1^{\mathrm{T}},\boldsymbol{\alpha}_2^{\mathrm{T}},\boldsymbol{\alpha}_3^{\mathrm{T}}\,\vdots\,\boldsymbol{\beta}^{\mathrm{T}})=\left(\begin{array}{ccc:c}1&1&0&3\\0&1&-1&5\\1&1&-1&-6\end{array}\right)\longrightarrow\left(\begin{array}{ccc:c}1&1&0&3\\0&1&-1&5\\0&0&-1&-9\end{array}\right)$$

$$\longrightarrow\left(\begin{array}{ccc:c}1&0&0&-11\\0&1&0&14\\0&0&1&9\end{array}\right)$$

可得 $k_1=-11$，$k_2=14$，$k_3=9$，所以

$$\boldsymbol{\beta}=-11\boldsymbol{\alpha}_1+14\boldsymbol{\alpha}_2+9\boldsymbol{\alpha}_3$$

(2) 设有数 k_1,k_2,k_3,k_4，使得

$$\boldsymbol{\beta}=k_1\boldsymbol{\varepsilon}_1+k_2\boldsymbol{\varepsilon}_2+k_3\boldsymbol{\varepsilon}_3+k_4\boldsymbol{\varepsilon}_4$$

即
$$(2,-1,5,1)=k_1(1,0,0,0)+k_2(0,1,0,0)+k_3(0,0,1,0)+k_4(0,0,0,1)$$

由此可得

$$(k_1, k_2, k_3, k_4)=(2, -1, 5, 1)$$

所以 $k_1=2$，$k_2=-1$，$k_3=5$，$k_4=1$，于是

$$\boldsymbol{\beta}=2\boldsymbol{\varepsilon}_1-\boldsymbol{\varepsilon}_2+5\boldsymbol{\varepsilon}_3+\boldsymbol{\varepsilon}_4$$

注释　由本题可以看出，向量 $\boldsymbol{\beta}$ 是否可由向量组 $\boldsymbol{\alpha}_1$，$\boldsymbol{\alpha}_2$，…，$\boldsymbol{\alpha}_s$ 线性表示的问题可化为线性方程组

$$k_1\boldsymbol{\alpha}_1+k_2\boldsymbol{\alpha}_2+\cdots+k_s\boldsymbol{\alpha}_s=\boldsymbol{\beta}$$

是否有解的问题. 从而可利用求解线性方程组的消元法判断 $\boldsymbol{\beta}$ 是否可由 $\boldsymbol{\alpha}_1$，$\boldsymbol{\alpha}_2$，…，$\boldsymbol{\alpha}_s$ 线性表示. 当 $\boldsymbol{\beta}$ 可以由 $\boldsymbol{\alpha}_1$，$\boldsymbol{\alpha}_2$，…，$\boldsymbol{\alpha}_s$ 线性表示时，可出现表示法唯一或表示法有无穷多种的情形.

当计算熟练后，可以直接对矩阵

$$(\boldsymbol{\alpha}_1, \boldsymbol{\alpha}_2, \cdots, \boldsymbol{\alpha}_s \,\vdots\, \boldsymbol{\beta})$$

施以初等行变换，以判断 $\boldsymbol{\beta}$ 是否可由 $\boldsymbol{\alpha}_1$，$\boldsymbol{\alpha}_2$，…，$\boldsymbol{\alpha}_s$ 线性表示，其中 $\boldsymbol{\alpha}_1$，$\boldsymbol{\alpha}_2$，…，$\boldsymbol{\alpha}_s$，$\boldsymbol{\beta}$ 应均为列向量.

7. 设向量 $\boldsymbol{\alpha}_1=(1, 4, 0, 2)^{\mathrm{T}}$，$\boldsymbol{\alpha}_2=(2, 7, 1, 3)^{\mathrm{T}}$，$\boldsymbol{\alpha}_3=(0, 1, -1, a)^{\mathrm{T}}$，$\boldsymbol{\beta}=(3, 10, b, 4)^{\mathrm{T}}$.

(1) 当 a，b 取何值时，$\boldsymbol{\beta}$ 不能由 $\boldsymbol{\alpha}_1$，$\boldsymbol{\alpha}_2$，$\boldsymbol{\alpha}_3$ 线性表示？

(2) 当 a，b 取何值时，$\boldsymbol{\beta}$ 可由 $\boldsymbol{\alpha}_1$，$\boldsymbol{\alpha}_2$，$\boldsymbol{\alpha}_3$ 线性表示？求出相应的表示式.

解： 设有数 k_1，k_2，k_3，使得

$$\boldsymbol{\beta}=k_1\boldsymbol{\alpha}_1+k_2\boldsymbol{\alpha}_2+k_3\boldsymbol{\alpha}_3 \tag{$*$}$$

对矩阵 $(\boldsymbol{\alpha}_1, \boldsymbol{\alpha}_2, \boldsymbol{\alpha}_3 \,\vdots\, \boldsymbol{\beta})$ 施以初等行变换：

$$(\boldsymbol{\alpha}_1, \boldsymbol{\alpha}_2, \boldsymbol{\alpha}_3 \,\vdots\, \boldsymbol{\beta})=\left(\begin{array}{ccc:c}1 & 2 & 0 & 3\\ 4 & 7 & 1 & 10\\ 0 & 1 & -1 & b\\ 2 & 3 & a & 4\end{array}\right)\longrightarrow\left(\begin{array}{ccc:c}1 & 2 & 0 & 3\\ 0 & -1 & 1 & -2\\ 0 & 1 & -1 & b\\ 0 & -1 & a & -2\end{array}\right)$$

$$\longrightarrow\left(\begin{array}{ccc:c}1 & 2 & 0 & 3\\ 0 & 1 & -1 & 2\\ 0 & 0 & a-1 & 0\\ 0 & 0 & 0 & b-2\end{array}\right)$$

所以，(1) 当 a 为任意实数且 $b\neq 2$ 时，线性方程组（$*$）无解. 此时，$\boldsymbol{\beta}$ 不能由 $\boldsymbol{\alpha}_1$，$\boldsymbol{\alpha}_2$，$\boldsymbol{\alpha}_3$ 线性表示.

(2) 当 $a\neq 1$ 且 $b=2$ 时，线性方程组（$*$）有唯一解：$k_1=-1$，$k_2=2$，$k_3=0$，于是

$$\boldsymbol{\beta}=-\boldsymbol{\alpha}_1+2\boldsymbol{\alpha}_2$$

且表示法唯一.

当 $a=1$ 且 $b=2$ 时，线性方程组(∗)有无穷多解，不难求得，其通解为

$$k_1=-2c-1,\ k_2=c+2,\ k_3=c \qquad (c\text{ 为任意常数})$$

此时，$\boldsymbol{\beta}$ 可由 $\boldsymbol{\alpha}_1$，$\boldsymbol{\alpha}_2$，$\boldsymbol{\alpha}_3$ 线性表示：

$$\boldsymbol{\beta}=-(2c+1)\boldsymbol{\alpha}_1+(c+2)\boldsymbol{\alpha}_2+c\boldsymbol{\alpha}_3$$

且表示法有无穷多种.

综上可知，当 a 为任意实数且 $b=2$ 时，$\boldsymbol{\beta}$ 可由 $\boldsymbol{\alpha}_1$，$\boldsymbol{\alpha}_2$，$\boldsymbol{\alpha}_3$ 线性表示.

8. 已知向量 $\boldsymbol{\gamma}_1$，$\boldsymbol{\gamma}_2$ 由向量 $\boldsymbol{\beta}_1$，$\boldsymbol{\beta}_2$，$\boldsymbol{\beta}_3$ 线性表示为

$$\begin{aligned}\boldsymbol{\gamma}_1&=3\boldsymbol{\beta}_1-\boldsymbol{\beta}_2+\boldsymbol{\beta}_3\\ \boldsymbol{\gamma}_2&=\boldsymbol{\beta}_1+2\boldsymbol{\beta}_2+4\boldsymbol{\beta}_3\end{aligned} \tag{1}$$

向量 $\boldsymbol{\beta}_1$，$\boldsymbol{\beta}_2$，$\boldsymbol{\beta}_3$ 由向量 $\boldsymbol{\alpha}_1$，$\boldsymbol{\alpha}_2$，$\boldsymbol{\alpha}_3$ 线性表示为

$$\begin{aligned}\boldsymbol{\beta}_1&=2\boldsymbol{\alpha}_1+\boldsymbol{\alpha}_2-5\boldsymbol{\alpha}_3\\ \boldsymbol{\beta}_2&=\boldsymbol{\alpha}_1+3\boldsymbol{\alpha}_2+\boldsymbol{\alpha}_3\\ \boldsymbol{\beta}_3&=-\boldsymbol{\alpha}_1+4\boldsymbol{\alpha}_2-\boldsymbol{\alpha}_3\end{aligned} \tag{2}$$

求向量 $\boldsymbol{\gamma}_1$，$\boldsymbol{\gamma}_2$ 由向量 $\boldsymbol{\alpha}_1$，$\boldsymbol{\alpha}_2$，$\boldsymbol{\alpha}_3$ 线性表示的表示式.

解： 由已知条件，不妨设本题中向量均为列向量，则式(1)、式(2)可写成矩阵形式：

$$(\boldsymbol{\gamma}_1,\boldsymbol{\gamma}_2)=(\boldsymbol{\beta}_1,\boldsymbol{\beta}_2,\boldsymbol{\beta}_3)\begin{pmatrix}3&1\\-1&2\\1&4\end{pmatrix}$$

$$(\boldsymbol{\beta}_1,\boldsymbol{\beta}_2,\boldsymbol{\beta}_3)=(\boldsymbol{\alpha}_1,\boldsymbol{\alpha}_2,\boldsymbol{\alpha}_3)\begin{pmatrix}2&1&-1\\1&3&4\\-5&1&-1\end{pmatrix}$$

所以

$$\begin{aligned}(\boldsymbol{\gamma}_1,\boldsymbol{\gamma}_2)&=(\boldsymbol{\alpha}_1,\boldsymbol{\alpha}_2,\boldsymbol{\alpha}_3)\begin{pmatrix}2&1&-1\\1&3&4\\-5&1&-1\end{pmatrix}\begin{pmatrix}3&1\\-1&2\\1&4\end{pmatrix}\\&=(\boldsymbol{\alpha}_1,\boldsymbol{\alpha}_2,\boldsymbol{\alpha}_3)\begin{pmatrix}4&0\\4&23\\-17&-7\end{pmatrix}\\&=(4\boldsymbol{\alpha}_1+4\boldsymbol{\alpha}_2-17\boldsymbol{\alpha}_3,\ 23\boldsymbol{\alpha}_2-7\boldsymbol{\alpha}_3)\end{aligned}$$

于是，向量 $\boldsymbol{\gamma}_1$，$\boldsymbol{\gamma}_2$ 由向量 $\boldsymbol{\alpha}_1$，$\boldsymbol{\alpha}_2$，$\boldsymbol{\alpha}_3$ 线性表示为

$$\begin{aligned}\boldsymbol{\gamma}_1&=4\boldsymbol{\alpha}_1+4\boldsymbol{\alpha}_2-17\boldsymbol{\alpha}_3\\ \boldsymbol{\gamma}_2&=23\boldsymbol{\alpha}_2-7\boldsymbol{\alpha}_3\end{aligned}$$

9. 已知向量组(B)：$\boldsymbol{\beta}_1$，$\boldsymbol{\beta}_2$，$\boldsymbol{\beta}_3$ 由向量组(A)：$\boldsymbol{\alpha}_1$，$\boldsymbol{\alpha}_2$，$\boldsymbol{\alpha}_3$ 线性表示为

$$\begin{aligned}\boldsymbol{\beta}_1&=\boldsymbol{\alpha}_1-\boldsymbol{\alpha}_2+\boldsymbol{\alpha}_3\\ \boldsymbol{\beta}_2&=\boldsymbol{\alpha}_1+\boldsymbol{\alpha}_2-\boldsymbol{\alpha}_3\\ \boldsymbol{\beta}_3&=-\boldsymbol{\alpha}_1+\boldsymbol{\alpha}_2+\boldsymbol{\alpha}_3\end{aligned}$$

试验证向量组(A)与向量组(B)等价.

证：不妨设本题中的向量均为列向量，只需验证向量组(A)也可由向量组(B)线性表示. 由已知，有

$$(\boldsymbol{\beta}_1, \boldsymbol{\beta}_2, \boldsymbol{\beta}_3)=(\boldsymbol{\alpha}_1, \boldsymbol{\alpha}_2, \boldsymbol{\alpha}_3)\begin{pmatrix}1 & 1 & -1\\ -1 & 1 & 1\\ 1 & -1 & 1\end{pmatrix}$$

所以

$$\begin{aligned}(\boldsymbol{\alpha}_1, \boldsymbol{\alpha}_2, \boldsymbol{\alpha}_3)&=(\boldsymbol{\beta}_1, \boldsymbol{\beta}_2, \boldsymbol{\beta}_3)\begin{pmatrix}1 & 1 & -1\\ -1 & 1 & 1\\ 1 & -1 & 1\end{pmatrix}^{-1}\\ &=(\boldsymbol{\beta}_1, \boldsymbol{\beta}_2, \boldsymbol{\beta}_3)\begin{pmatrix}\frac{1}{2} & 0 & \frac{1}{2}\\ \frac{1}{2} & \frac{1}{2} & 0\\ 0 & \frac{1}{2} & \frac{1}{2}\end{pmatrix}\\ &=\left(\frac{1}{2}\boldsymbol{\beta}_1+\frac{1}{2}\boldsymbol{\beta}_2,\ \frac{1}{2}\boldsymbol{\beta}_2+\frac{1}{2}\boldsymbol{\beta}_3,\ \frac{1}{2}\boldsymbol{\beta}_1+\frac{1}{2}\boldsymbol{\beta}_3\right)\end{aligned}$$

由此可得

$$\begin{cases}\boldsymbol{\alpha}_1=\frac{1}{2}\boldsymbol{\beta}_1+\frac{1}{2}\boldsymbol{\beta}_2\\ \boldsymbol{\alpha}_2=\frac{1}{2}\boldsymbol{\beta}_2+\frac{1}{2}\boldsymbol{\beta}_3\\ \boldsymbol{\alpha}_3=\frac{1}{2}\boldsymbol{\beta}_1+\frac{1}{2}\boldsymbol{\beta}_3\end{cases}$$

所以向量组(A)与向量组(B)等价.

注释 第8、9题两题也可以用“代入”“消去”等方法求解. 这里给出的解法更强调向量间的线性表达式可以写成矩阵形式，从而可以利用矩阵方法解决有关问题.

10. 已知向量组(A)和(B)：

(A)：$\boldsymbol{\alpha}_1=(1, 0, 2, 3)^{\mathrm{T}}$，$\boldsymbol{\alpha}_2=(1, 1, 3, 5)^{\mathrm{T}}$，$\boldsymbol{\alpha}_3=(1, -1, a+2, 1)^{\mathrm{T}}$

(B)：$\boldsymbol{\beta}_1=(2, 1, a+6, 8)^{\mathrm{T}}$，$\boldsymbol{\beta}_2=(1, 2, 4, a+6)^{\mathrm{T}}$，

$\boldsymbol{\beta}_3=(3, a^2+1, 8, a^2+12)^{\mathrm{T}}$

试问：当 a 为何值时，向量组(A)与(B)等价？当 a 为何值时，向量组(A)与(B)不等价？

解：对矩阵$(\boldsymbol{\alpha}_1, \boldsymbol{\alpha}_2, \boldsymbol{\alpha}_3 \vdots \boldsymbol{\beta}_1, \boldsymbol{\beta}_2, \boldsymbol{\beta}_3)$施以初等行变换：

$$(\boldsymbol{\alpha}_1, \boldsymbol{\alpha}_2, \boldsymbol{\alpha}_3 \vdots \boldsymbol{\beta}_1, \boldsymbol{\beta}_2, \boldsymbol{\beta}_3)=\left(\begin{array}{ccc:ccc}1 & 1 & 1 & 2 & 1 & 3\\ 0 & 1 & -1 & 1 & 2 & a^2+1\\ 2 & 3 & a+2 & a+6 & 4 & 8\\ 3 & 5 & 1 & 8 & a+6 & a^2+12\end{array}\right)$$

$$\longrightarrow\left(\begin{array}{ccc:ccc}1&1&1&2&1&3\\0&1&-1&1&2&a^2+1\\0&1&a&a+2&2&2\\0&2&-2&2&a+3&a^2+3\end{array}\right)\longrightarrow\left(\begin{array}{ccc:ccc}1&0&2&1&-1&2-a^2\\0&1&-1&1&2&a^2+1\\0&0&a+1&a+1&0&1-a^2\\0&0&0&0&a-1&1-a^2\end{array}\right)$$

由最后一个矩阵可得:

(1) 当$a=1$时, 有 $r(\boldsymbol{\alpha}_1, \boldsymbol{\alpha}_2, \boldsymbol{\alpha}_3)=3$, 且 $r(\boldsymbol{\alpha}_1, \boldsymbol{\alpha}_2, \boldsymbol{\alpha}_3 \mid \boldsymbol{\beta}_i)=3(i=1, 2, 3)$, 因此, 线性方程组 $x_1\boldsymbol{\alpha}_1+x_2\boldsymbol{\alpha}_2+x_3\boldsymbol{\alpha}_3=\boldsymbol{\beta}_i(i=1, 2, 3)$ 有唯一解, 即向量组(B) 可由(A) 线性表示. 同时, 又有 $r(\boldsymbol{\beta}_1, \boldsymbol{\beta}_2, \boldsymbol{\beta}_3)=3$, $r(\boldsymbol{\beta}_1, \boldsymbol{\beta}_2, \boldsymbol{\beta}_3 \mid \boldsymbol{\alpha}_j)=3$,因此, 线性方程组 $y_1\boldsymbol{\beta}_1+y_2\boldsymbol{\beta}_2+y_3\boldsymbol{\beta}_3=\boldsymbol{\alpha}_j(j=1, 2, 3)$ 有唯一解,即向量组(B) 亦可由(A) 线性表示. 故向量组(A) 与(B) 等价.

(2) 当$a\neq 1$时, $r(\boldsymbol{\alpha}_1, \boldsymbol{\alpha}_2, \boldsymbol{\alpha}_3)\neq r(\boldsymbol{\alpha}_1, \boldsymbol{\alpha}_2, \boldsymbol{\alpha}_3 \mid \boldsymbol{\beta}_2)$; 故$\boldsymbol{\beta}_2$不能由向量组$\boldsymbol{\alpha}_1, \boldsymbol{\alpha}_2, \boldsymbol{\alpha}_3$线性表示, 向量组(A) 与(B) 不等价.

11. 判定下列向量组是线性相关还是线性无关.

(1) $\boldsymbol{\alpha}_1=(1, 0, -1)$, $\boldsymbol{\alpha}_2=(-2, 2, 0)$, $\boldsymbol{\alpha}_3=(3, -5, 2)$

(2) $\boldsymbol{\alpha}_1=(1, 1, 3, 1)$, $\boldsymbol{\alpha}_2=(3, -1, 2, 4)$, $\boldsymbol{\alpha}_3=(2, 2, 7, -1)$

解: (1) 方法 1　设有数 k_1, k_2, k_3, 使得

$$k_1\boldsymbol{\alpha}_1+k_2\boldsymbol{\alpha}_2+k_3\boldsymbol{\alpha}_3=\mathbf{0}$$

由此得齐次线性方程组

$$\begin{cases}k_1-2k_2+3k_3=0\\ \qquad 2k_2-5k_3=0\\ -k_1\qquad +2k_3=0\end{cases}\qquad (*)$$

对其系数矩阵施以初等行变换:

$$(\boldsymbol{\alpha}_1^{\mathrm{T}}, \boldsymbol{\alpha}_2^{\mathrm{T}}, \boldsymbol{\alpha}_3^{\mathrm{T}})=\begin{pmatrix}1&-2&3\\0&2&-5\\-1&0&2\end{pmatrix}\longrightarrow\begin{pmatrix}1&-2&3\\0&2&-5\\0&-2&5\end{pmatrix}$$

$$\longrightarrow\begin{pmatrix}1&0&-2\\0&2&-5\\0&0&0\end{pmatrix}$$

由于系数矩阵的秩为 2, 故方程组(*)有非零解, 可知向量组 $\boldsymbol{\alpha}_1, \boldsymbol{\alpha}_2, \boldsymbol{\alpha}_3$ 线性相关.

方法 2　由 $\boldsymbol{\alpha}_1, \boldsymbol{\alpha}_2, \boldsymbol{\alpha}_3$ 构成的行列式为

$$\begin{vmatrix}\boldsymbol{\alpha}_1\\ \boldsymbol{\alpha}_2\\ \boldsymbol{\alpha}_3\end{vmatrix}=\begin{vmatrix}1&0&-1\\-2&2&0\\3&-5&2\end{vmatrix}=0$$

所以 $\boldsymbol{\alpha}_1, \boldsymbol{\alpha}_2, \boldsymbol{\alpha}_3$ 线性相关.

注释　对于给出具体分量的 n 维向量组 $\boldsymbol{\alpha}_1, \boldsymbol{\alpha}_2, \cdots, \boldsymbol{\alpha}_s$, 要判断其是线性相关还是线性无关, 可利用下述方法(不妨设 $\boldsymbol{\alpha}_1, \boldsymbol{\alpha}_2, \cdots, \boldsymbol{\alpha}_s$ 均为列向量):

（ⅰ）当向量组中向量个数大于向量维数，即 $s>n$ 时，向量组 $\boldsymbol{\alpha}_1$，$\boldsymbol{\alpha}_2$，…，$\boldsymbol{\alpha}_s$ 必线性相关.

（ⅱ）当向量组中向量个数等于向量维数，即 $s=n$ 时，可直接计算这 n 个向量所构成的矩阵 $\boldsymbol{A}$ 的行列式. 当 $|\boldsymbol{A}|=0$ 时，向量组线性相关；当 $|\boldsymbol{A}|\neq 0$ 时，向量组线性无关.

（ⅲ）当向量组中向量个数小于向量维数，即 $s<n$ 时，可将问题化为线性方程组

$$k_1\boldsymbol{\alpha}_1+k_2\boldsymbol{\alpha}_2+\cdots+k_s\boldsymbol{\alpha}_s=\mathbf{0}$$

是否有非零解的问题，或直接求矩阵 $\boldsymbol{A}=(\boldsymbol{\alpha}_1,\boldsymbol{\alpha}_2,\cdots,\boldsymbol{\alpha}_s)$ 的秩. 当 $\mathrm{r}(\boldsymbol{A})<s$ 时，向量组线性相关；当 $\mathrm{r}(\boldsymbol{A})=s$ 时，向量组线性无关.

(2) 直接计算矩阵 $\boldsymbol{A}=(\boldsymbol{\alpha}_1^{\mathrm{T}},\boldsymbol{\alpha}_2^{\mathrm{T}},\boldsymbol{\alpha}_3^{\mathrm{T}})$ 的秩：

$$\boldsymbol{A}=(\boldsymbol{\alpha}_1^{\mathrm{T}},\boldsymbol{\alpha}_2^{\mathrm{T}},\boldsymbol{\alpha}_3^{\mathrm{T}})=\begin{pmatrix}1&3&2\\1&-1&2\\3&2&7\\1&4&-1\end{pmatrix}\longrightarrow\begin{pmatrix}1&3&2\\0&-4&0\\0&-7&1\\0&1&-3\end{pmatrix}\longrightarrow\begin{pmatrix}1&3&2\\0&1&0\\0&0&1\\0&0&0\end{pmatrix}$$

由 $\mathrm{r}(\boldsymbol{A})=3$ 可知 $\boldsymbol{\alpha}_1$，$\boldsymbol{\alpha}_2$，$\boldsymbol{\alpha}_3$ 线性无关.

12. 判定下列向量组是线性相关还是线性无关(其中 $a_{ii}\neq 0$，$i=1,2,\cdots,n$).

(1) $\boldsymbol{\alpha}_1=(a_{11},0,0,\cdots,0,0)$

$\boldsymbol{\alpha}_2=(0,a_{22},0,\cdots,0,0)$

……

$\boldsymbol{\alpha}_n=(0,0,0,\cdots,0,a_{nn})$

(2) $\boldsymbol{\alpha}_1=(a_{11},a_{21},a_{31},\cdots,a_{n-1,1},a_{n1})$

$\boldsymbol{\alpha}_2=(0,a_{22},a_{32},\cdots,a_{n-1,2},a_{n2})$

……

$\boldsymbol{\alpha}_n=(0,0,0,\cdots,0,a_{nn})$

解：本题的两个向量组均含有 n 个 n 维向量，可直接计算 $\boldsymbol{\alpha}_1$，$\boldsymbol{\alpha}_2$，…，$\boldsymbol{\alpha}_n$ 所构成的行列式.

(1)

$$|\boldsymbol{A}|=\begin{vmatrix}\boldsymbol{\alpha}_1\\\boldsymbol{\alpha}_2\\\vdots\\\boldsymbol{\alpha}_n\end{vmatrix}=\begin{vmatrix}a_{11}&0&0&\cdots&0&0\\0&a_{22}&0&\cdots&0&0\\\vdots&\vdots&\vdots&&\vdots&\vdots\\0&0&0&\cdots&0&a_{nn}\end{vmatrix}$$

$$=a_{11}a_{22}\cdots a_{nn}\neq 0$$

所以 $\boldsymbol{\alpha}_1$，$\boldsymbol{\alpha}_2$，…，$\boldsymbol{\alpha}_n$ 线性无关.

$$(2)\quad|\boldsymbol{A}|=\begin{vmatrix}\boldsymbol{\alpha}_1\\\boldsymbol{\alpha}_2\\\vdots\\\boldsymbol{\alpha}_n\end{vmatrix}=\begin{vmatrix}a_{11}&a_{21}&a_{31}&\cdots&a_{n-1,1}&a_{n1}\\0&a_{22}&a_{32}&\cdots&a_{n-1,2}&a_{n2}\\\vdots&\vdots&\vdots&&\vdots&\vdots\\0&0&0&\cdots&0&a_{nn}\end{vmatrix}$$

$$=a_{11}a_{22}\cdots a_{nn}\neq 0$$

所以 $\boldsymbol{\alpha}_1, \boldsymbol{\alpha}_2, \cdots, \boldsymbol{\alpha}_n$ 线性无关.

13. 设 $\boldsymbol{\beta}_1 = 2\boldsymbol{\alpha}_1 - \boldsymbol{\alpha}_2, \boldsymbol{\beta}_2 = \boldsymbol{\alpha}_1 + \boldsymbol{\alpha}_2, \boldsymbol{\beta}_3 = -\boldsymbol{\alpha}_1 + 3\boldsymbol{\alpha}_2$. 验证 $\boldsymbol{\beta}_1, \boldsymbol{\beta}_2, \boldsymbol{\beta}_3$ 线性相关.

证: 设有数 k_1, k_2, k_3，使得

$$k_1\boldsymbol{\beta}_1 + k_2\boldsymbol{\beta}_2 + k_3\boldsymbol{\beta}_3 = \mathbf{0}$$

即

$$k_1(2\boldsymbol{\alpha}_1 - \boldsymbol{\alpha}_2) + k_2(\boldsymbol{\alpha}_1 + \boldsymbol{\alpha}_2) + k_3(-\boldsymbol{\alpha}_1 + 3\boldsymbol{\alpha}_2) = \mathbf{0}$$

化简得

$$(2k_1 + k_2 - k_3)\boldsymbol{\alpha}_1 + (-k_1 + k_2 + 3k_3)\boldsymbol{\alpha}_2 = \mathbf{0}$$

令

$$\begin{cases} 2k_1 + k_2 - k_3 = 0 \\ -k_1 + k_2 + 3k_3 = 0 \end{cases}$$

由于此线性方程组中方程个数小于未知量个数，故必有非零解，即存在不全为零的数 k_1，k_2，k_3，使得

$$k_1\boldsymbol{\beta}_1 + k_2\boldsymbol{\beta}_2 + k_3\boldsymbol{\beta}_3 = \mathbf{0}$$

所以 $\boldsymbol{\beta}_1, \boldsymbol{\beta}_2, \boldsymbol{\beta}_3$ 线性相关. 事实上，任取此线性方程组的一个解，如 $k_1 = 4$，$k_2 = -5$，$k_3 = 3$，有

$$4\boldsymbol{\beta}_1 - 5\boldsymbol{\beta}_2 + 3\boldsymbol{\beta}_3 = \mathbf{0}$$

14. 如果向量组 $\boldsymbol{\alpha}_1, \boldsymbol{\alpha}_2, \cdots, \boldsymbol{\alpha}_s$ 线性无关，试证：向量组 $\boldsymbol{\alpha}_1, \boldsymbol{\alpha}_1 + \boldsymbol{\alpha}_2, \cdots, \boldsymbol{\alpha}_1 + \boldsymbol{\alpha}_2 + \cdots + \boldsymbol{\alpha}_s$ 线性无关.

证: 设有数 $k_1, k_2, \cdots, k_s$ 使得

$$k_1\boldsymbol{\alpha}_1 + k_2(\boldsymbol{\alpha}_1 + \boldsymbol{\alpha}_2) + \cdots + k_s(\boldsymbol{\alpha}_1 + \boldsymbol{\alpha}_2 + \cdots + \boldsymbol{\alpha}_s) = \mathbf{0}$$

即

$$(k_1 + k_2 + \cdots + k_s)\boldsymbol{\alpha}_1 + (k_2 + \cdots + k_s)\boldsymbol{\alpha}_2 + \cdots + k_s\boldsymbol{\alpha}_s = \mathbf{0}$$

由于 $\boldsymbol{\alpha}_1, \boldsymbol{\alpha}_2, \cdots, \boldsymbol{\alpha}_s$ 线性无关，故必有

$$\begin{cases} k_1 + k_2 + \cdots + k_s = 0 \\ \qquad k_2 + \cdots + k_s = 0 \\ \qquad \cdots\cdots \\ \qquad\qquad k_s = 0 \end{cases}$$

从而可得方程组的唯一解 $k_1 = 0, k_2 = 0, \cdots, k_s = 0$，即仅当 $k_1 = k_2 = \cdots = k_s = 0$ 时，才有

$$k_1\boldsymbol{\alpha}_1 + k_2(\boldsymbol{\alpha}_1 + \boldsymbol{\alpha}_2) + \cdots + k_s(\boldsymbol{\alpha}_1 + \boldsymbol{\alpha}_2 + \cdots + \boldsymbol{\alpha}_s) = \mathbf{0}$$

所以 $\boldsymbol{\alpha}_1, \boldsymbol{\alpha}_1 + \boldsymbol{\alpha}_2, \cdots, \boldsymbol{\alpha}_1 + \boldsymbol{\alpha}_2 + \cdots + \boldsymbol{\alpha}_s$ 线性无关.

15. 已知向量组 $\boldsymbol{\alpha}_1 = (k, 2, 1), \boldsymbol{\alpha}_2 = (2, k, 0), \boldsymbol{\alpha}_3 = (1, -1, 1)$. k 为何值时，向量组 $\boldsymbol{\alpha}_1, \boldsymbol{\alpha}_2, \boldsymbol{\alpha}_3$ 线性相关？线性无关？

解: 行列式

$$|\boldsymbol{\alpha}_1^{\mathrm{T}}, \boldsymbol{\alpha}_2^{\mathrm{T}}, \boldsymbol{\alpha}_3^{\mathrm{T}}| = \begin{vmatrix} k & 2 & 1 \\ 2 & k & -1 \\ 1 & 0 & 1 \end{vmatrix} = (k+2)(k-3)$$

由此可知，当 $k = 3$ 或 $k = -2$ 时，$\boldsymbol{\alpha}_1, \boldsymbol{\alpha}_2, \boldsymbol{\alpha}_3$ 线性相关；当 $k \neq 3$ 且 $k \neq -2$ 时，$\boldsymbol{\alpha}_1, \boldsymbol{\alpha}_2, \boldsymbol{\alpha}_3$ 线性无关.

16. 设 $\boldsymbol{\alpha}_1=(6,a+1,3)$，$\boldsymbol{\alpha}_2=(a,2,-2)$，$\boldsymbol{\alpha}_3=(a,1,0)$，$\boldsymbol{\alpha}_4=(0,1,a)$. 试问：

(1) a 为何值时，$\boldsymbol{\alpha}_1$，$\boldsymbol{\alpha}_2$ 线性相关？线性无关？

(2) a 为何值时，$\boldsymbol{\alpha}_1$，$\boldsymbol{\alpha}_2$，$\boldsymbol{\alpha}_3$ 线性相关？线性无关？

(3) a 为何值时，$\boldsymbol{\alpha}_1$，$\boldsymbol{\alpha}_2$，$\boldsymbol{\alpha}_3$，$\boldsymbol{\alpha}_4$ 线性相关？线性无关？

解：(1) 方法 1　设有数 k_1，k_2，使得

$$k_1\boldsymbol{\alpha}_1+k_2\boldsymbol{\alpha}_2=\mathbf{0}$$

由此得齐次线性方程组

$$\begin{cases}6k_1+ak_2=0\\(a+1)k_1+2k_2=0\\3k_1-2k_2=0\end{cases}$$

对其增广矩阵施以初等行变换：

$$(\boldsymbol{A}\,\vdots\,\mathbf{0})=\begin{pmatrix}6 & a & \vdots & 0\\ a+1 & 2 & \vdots & 0\\ 3 & -2 & \vdots & 0\end{pmatrix}\longrightarrow\begin{pmatrix}6 & a & \vdots & 0\\ 0 & \dfrac{-(a^2+a-12)}{6} & \vdots & 0\\ 0 & -\dfrac{1}{2}a-2 & \vdots & 0\end{pmatrix}$$

由

$$\begin{cases}\dfrac{-(a^2+a-12)}{6}=0\\ -\dfrac{1}{2}a-2=0\end{cases}$$

可得 $a=-4$，即当 $a=-4$ 时，$\mathrm{r}(\boldsymbol{A})<2$. 方程组有非零解 k_1，k_2，使得 $k_1\boldsymbol{\alpha}_1+k_2\boldsymbol{\alpha}_2=\mathbf{0}$. 所以向量 $\boldsymbol{\alpha}_1$，$\boldsymbol{\alpha}_2$ 线性相关. 当 $a\neq-4$ 时，$\mathrm{r}(\boldsymbol{A})=2$，方程组仅有零解. 因此，向量 $\boldsymbol{\alpha}_1$，$\boldsymbol{\alpha}_2$ 线性无关.

方法 2　由向量 $\boldsymbol{\alpha}_1$，$\boldsymbol{\alpha}_2$ 可直接构成矩阵，并求其秩.

$$\boldsymbol{A}=\begin{pmatrix}6 & a+1 & 3\\ a & 2 & -2\end{pmatrix}\longrightarrow\begin{pmatrix}6 & a+1 & 3\\ 0 & \dfrac{-(a^2+a-12)}{6} & -\dfrac{a}{2}-2\end{pmatrix}$$

由此可得 $a=-4$ 时，$\mathrm{r}(\boldsymbol{A})=1$. 因此 $\boldsymbol{A}$ 的行向量组线性相关，即 $\boldsymbol{\alpha}_1$，$\boldsymbol{\alpha}_2$ 线性相关. 当 $a\neq-4$ 时，$\mathrm{r}(\boldsymbol{A})=2$，这时 $\boldsymbol{\alpha}_1$，$\boldsymbol{\alpha}_2$ 线性无关.

(2) 要判断 $\boldsymbol{\alpha}_1$，$\boldsymbol{\alpha}_2$，$\boldsymbol{\alpha}_3$ 是否线性相关，可利用(1) 中的方法. 读者可自行练习. 下面介绍另一种解法.

由于有三个三维向量，直接由行列式

$$\begin{vmatrix}6 & a+1 & 3\\ a & 2 & -2\\ a & 1 & 0\end{vmatrix}=-(a+4)(2a-3)$$

可知：当 $a=-4$ 或 $a=\dfrac{3}{2}$ 时，向量组 $\boldsymbol{\alpha}_1$，$\boldsymbol{\alpha}_2$，$\boldsymbol{\alpha}_3$ 线性相关. 当 $a\neq-4$ 且 $a\neq\dfrac{3}{2}$ 时，向量组 $\boldsymbol{\alpha}_1$，$\boldsymbol{\alpha}_2$，$\boldsymbol{\alpha}_3$ 线性无关.

(3) 由于向量的个数大于向量的维数，所以对于任意的 a，向量组 $\boldsymbol{\alpha}_1$，$\boldsymbol{\alpha}_2$，$\boldsymbol{\alpha}_3$，$\boldsymbol{\alpha}_4$ 线性相关.

17. 下列各题给定向量组 $\boldsymbol{\alpha}_1$，$\boldsymbol{\alpha}_2$，$\boldsymbol{\alpha}_3$，$\boldsymbol{\alpha}_4$，试判定 $\boldsymbol{\alpha}_1$，$\boldsymbol{\alpha}_2$，$\boldsymbol{\alpha}_3$ 是一个极大无关组，并将 $\boldsymbol{\alpha}_4$ 由 $\boldsymbol{\alpha}_1$，$\boldsymbol{\alpha}_2$，$\boldsymbol{\alpha}_3$ 线性表示.

(1) $\boldsymbol{\alpha}_1=(1,0,0,1)$ $\quad\boldsymbol{\alpha}_2=(0,1,0,-1)$

$\boldsymbol{\alpha}_3=(0,0,1,-1)$ $\quad\boldsymbol{\alpha}_4=(2,-1,3,0)$

(2) $\boldsymbol{\alpha}_1=(1,0,1,0,1)$ $\quad\boldsymbol{\alpha}_2=(0,1,1,0,1)$

$\boldsymbol{\alpha}_3=(1,1,0,0,1)$ $\quad\boldsymbol{\alpha}_4=(-3,-2,3,0,-1)$

解：(1) 设矩阵 $\boldsymbol{A}=(\boldsymbol{\alpha}_1^{\mathrm{T}},\boldsymbol{\alpha}_2^{\mathrm{T}},\boldsymbol{\alpha}_3^{\mathrm{T}},\boldsymbol{\alpha}_4^{\mathrm{T}})$，对 $\boldsymbol{A}$ 施以初等行变换，化为简化的阶梯形矩阵：

$$\boldsymbol{A}=\begin{pmatrix}1&0&0&2\\0&1&0&-1\\0&0&1&3\\1&-1&-1&0\end{pmatrix}\longrightarrow\begin{pmatrix}1&0&0&2\\0&1&0&-1\\0&0&1&3\\0&-1&-1&-2\end{pmatrix}$$

$$\longrightarrow\begin{pmatrix}1&0&0&2\\0&1&0&-1\\0&0&1&3\\0&0&-1&-3\end{pmatrix}\longrightarrow\begin{pmatrix}1&0&0&2\\0&1&0&-1\\0&0&1&3\\0&0&0&0\end{pmatrix}$$

由最后一个矩阵可知：$\boldsymbol{\alpha}_1$，$\boldsymbol{\alpha}_2$，$\boldsymbol{\alpha}_3$ 线性无关，且

$$\boldsymbol{\alpha}_4=2\boldsymbol{\alpha}_1-\boldsymbol{\alpha}_2+3\boldsymbol{\alpha}_3$$

因此 $\boldsymbol{\alpha}_1$，$\boldsymbol{\alpha}_2$，$\boldsymbol{\alpha}_3$ 是一个极大无关组.

(2) 设矩阵 $\boldsymbol{A}=(\boldsymbol{\alpha}_1^{\mathrm{T}},\boldsymbol{\alpha}_2^{\mathrm{T}},\boldsymbol{\alpha}_3^{\mathrm{T}},\boldsymbol{\alpha}_4^{\mathrm{T}})$，对 $\boldsymbol{A}$ 施以初等行变换，化为简化的阶梯形矩阵：

$$\boldsymbol{A}=\begin{pmatrix}1&0&1&-3\\0&1&1&-2\\1&1&0&3\\0&0&0&0\\1&1&1&-1\end{pmatrix}\longrightarrow\begin{pmatrix}1&0&1&-3\\0&1&1&-2\\0&1&-1&6\\0&1&0&2\\0&0&0&0\end{pmatrix}$$

$$\longrightarrow\begin{pmatrix}1&0&1&-3\\0&1&1&-2\\0&0&-2&8\\0&0&-1&4\\0&0&0&0\end{pmatrix}\longrightarrow\begin{pmatrix}1&0&0&1\\0&1&0&2\\0&0&1&-4\\0&0&0&0\\0&0&0&0\end{pmatrix}$$

由最后一个矩阵可知：$\boldsymbol{\alpha}_1$，$\boldsymbol{\alpha}_2$，$\boldsymbol{\alpha}_3$ 线性无关，且

$$\boldsymbol{\alpha}_4=\boldsymbol{\alpha}_1+2\boldsymbol{\alpha}_2-4\boldsymbol{\alpha}_3$$

所以 $\boldsymbol{\alpha}_1$，$\boldsymbol{\alpha}_2$，$\boldsymbol{\alpha}_3$ 是一个极大无关组.

18. 求下列向量组的秩和一个极大无关组，并将其余向量用此极大无关组线性表示.

(1) $\boldsymbol{\alpha}_1=(1,1,3,1)$ $\quad\boldsymbol{\alpha}_2=(-1,1,-1,3)$

$\boldsymbol{\alpha}_3=(5,-2,8,-9)$ $\quad\quad$ $\boldsymbol{\alpha}_4(-1,3,1,7)$

(2) $\boldsymbol{\alpha}_1=(1,1,2,3)$ $\quad\quad$ $\boldsymbol{\alpha}_2=(1,-1,1,1)$

$\boldsymbol{\alpha}_3=(1,3,3,5)$ $\quad\quad$ $\boldsymbol{\alpha}_4=(4,-2,5,6)$

$\boldsymbol{\alpha}_5=(-3,-1,-5,-7)$

解: (1) 设矩阵 $\boldsymbol{A}=(\boldsymbol{\alpha}_1^{\mathrm{T}},\boldsymbol{\alpha}_2^{\mathrm{T}},\boldsymbol{\alpha}_3^{\mathrm{T}},\boldsymbol{\alpha}_4^{\mathrm{T}})$，对 $\boldsymbol{A}$ 施以初等行变换，化为简化的阶梯形矩阵：

$$\boldsymbol{A}=\begin{pmatrix}1&-1&5&-1\\1&1&-2&3\\3&-1&8&1\\1&3&-9&7\end{pmatrix}\longrightarrow\begin{pmatrix}1&-1&5&-1\\0&2&-7&4\\0&2&-7&4\\0&4&-14&8\end{pmatrix}$$

$$\longrightarrow\begin{pmatrix}1&-1&5&-1\\0&2&-7&4\\0&0&0&0\\0&0&0&0\end{pmatrix}\longrightarrow\begin{pmatrix}1&0&\dfrac{3}{2}&1\\0&1&-\dfrac{7}{2}&2\\0&0&0&0\\0&0&0&0\end{pmatrix}$$

由此可知：$\mathrm{r}(\boldsymbol{\alpha}_1,\boldsymbol{\alpha}_2,\boldsymbol{\alpha}_3,\boldsymbol{\alpha}_4)=2$，$\boldsymbol{\alpha}_1,\boldsymbol{\alpha}_2$ 为该向量组的一个极大无关组，且

$$\boldsymbol{\alpha}_3=\frac{3}{2}\boldsymbol{\alpha}_1-\frac{7}{2}\boldsymbol{\alpha}_2$$

$$\boldsymbol{\alpha}_4=\boldsymbol{\alpha}_1+2\boldsymbol{\alpha}_2$$

(2) *方法 1* 设矩阵 $\boldsymbol{A}=(\boldsymbol{\alpha}_1^{\mathrm{T}},\boldsymbol{\alpha}_2^{\mathrm{T}},\boldsymbol{\alpha}_3^{\mathrm{T}},\boldsymbol{\alpha}_4^{\mathrm{T}},\boldsymbol{\alpha}_5^{\mathrm{T}})$，对 $\boldsymbol{A}$ 施以初等行变换，化为简化的阶梯形矩阵：

$$\boldsymbol{A}=\begin{pmatrix}1&1&1&4&-3\\1&-1&3&-2&-1\\2&1&3&5&-5\\3&1&5&6&-7\end{pmatrix}\longrightarrow\begin{pmatrix}1&1&1&4&-3\\0&-2&2&-6&2\\0&-1&1&-3&1\\0&-2&2&-6&2\end{pmatrix}$$

$$\longrightarrow\begin{pmatrix}1&1&1&4&-3\\0&1&-1&3&-1\\0&0&0&0&0\\0&0&0&0&0\end{pmatrix}\longrightarrow\begin{pmatrix}1&0&2&1&-2\\0&1&-1&3&-1\\0&0&0&0&0\\0&0&0&0&0\end{pmatrix}$$

由此可知：$\mathrm{r}(\boldsymbol{\alpha}_1,\boldsymbol{\alpha}_2,\boldsymbol{\alpha}_3,\boldsymbol{\alpha}_4,\boldsymbol{\alpha}_5)=2$，所求的极大无关组为 $\boldsymbol{\alpha}_1,\boldsymbol{\alpha}_2$，且

$$\boldsymbol{\alpha}_3=2\boldsymbol{\alpha}_1-\boldsymbol{\alpha}_2,\quad \boldsymbol{\alpha}_4=\boldsymbol{\alpha}_1+3\boldsymbol{\alpha}_2,\quad \boldsymbol{\alpha}_5=-2\boldsymbol{\alpha}_1-\boldsymbol{\alpha}_2$$

方法 2 将 $\boldsymbol{\alpha}_1,\boldsymbol{\alpha}_2,\boldsymbol{\alpha}_3,\boldsymbol{\alpha}_4,\boldsymbol{\alpha}_5$ 作为矩阵 $\boldsymbol{A}$ 的行向量组，对 $\boldsymbol{A}$ 仅施以初等行变换化为阶梯形矩阵，并在矩阵右侧记录所作的初等行变换：

$$\boldsymbol{A}=\begin{pmatrix}1&1&2&3\\1&-1&1&1\\1&3&3&5\\4&-2&5&6\\-3&-1&-5&-7\end{pmatrix}\begin{matrix}\boldsymbol{\alpha}_1\\\boldsymbol{\alpha}_2\\\boldsymbol{\alpha}_3\\\boldsymbol{\alpha}_4\\\boldsymbol{\alpha}_5\end{matrix}\longrightarrow\begin{pmatrix}1&1&2&3\\0&-2&-1&-2\\0&2&1&2\\0&-6&-3&-6\\0&2&1&2\end{pmatrix}\begin{matrix}\boldsymbol{\alpha}_1\\\boldsymbol{\alpha}_2-\boldsymbol{\alpha}_1\\\boldsymbol{\alpha}_3-\boldsymbol{\alpha}_1\\\boldsymbol{\alpha}_4-4\boldsymbol{\alpha}_1\\\boldsymbol{\alpha}_5+3\boldsymbol{\alpha}_1\end{matrix}$$

$$\longrightarrow\begin{pmatrix}1&1&2&3\\0&-2&-1&-2\\0&0&0&0\\0&0&0&0\\0&0&0&0\end{pmatrix}\begin{matrix}\boldsymbol{\alpha}_1\\\boldsymbol{\alpha}_2-\boldsymbol{\alpha}_1\\\boldsymbol{\alpha}_3-\boldsymbol{\alpha}_1+(\boldsymbol{\alpha}_2-\boldsymbol{\alpha}_1)\\\boldsymbol{\alpha}_4-4\boldsymbol{\alpha}_1-3(\boldsymbol{\alpha}_2-\boldsymbol{\alpha}_1)\\\boldsymbol{\alpha}_5+3\boldsymbol{\alpha}_1+(\boldsymbol{\alpha}_2-\boldsymbol{\alpha}_1)\end{matrix}$$

由此可知：$\mathrm{r}(\boldsymbol{\alpha}_1,\boldsymbol{\alpha}_2,\boldsymbol{\alpha}_3,\boldsymbol{\alpha}_4,\boldsymbol{\alpha}_5)=2$；所求的极大无关组为$\boldsymbol{\alpha}_1,\boldsymbol{\alpha}_2$. 由最后一个矩阵的后三行为零行，又有

$$\boldsymbol{\alpha}_3-\boldsymbol{\alpha}_1+(\boldsymbol{\alpha}_2-\boldsymbol{\alpha}_1)=\mathbf{0},\ \boldsymbol{\alpha}_4-4\boldsymbol{\alpha}_1-3(\boldsymbol{\alpha}_2-\boldsymbol{\alpha}_1)=\mathbf{0}$$

$$\boldsymbol{\alpha}_5+3\boldsymbol{\alpha}_1+(\boldsymbol{\alpha}_2-\boldsymbol{\alpha}_1)=\mathbf{0}$$

从而 $\boldsymbol{\alpha}_3=2\boldsymbol{\alpha}_1-\boldsymbol{\alpha}_2$，$\boldsymbol{\alpha}_4=\boldsymbol{\alpha}_1+3\boldsymbol{\alpha}_2$，$\boldsymbol{\alpha}_5=-2\boldsymbol{\alpha}_1-\boldsymbol{\alpha}_2$.

注释 一个向量组的极大无关组不是唯一的，但其极大无关组中所含线性无关的向量个数(即向量组的秩)是唯一确定的. 例如，在第18题(2)的方法1中，若将矩阵$\boldsymbol{A}$(利用初等行变换)化为简化的阶梯形矩阵：

$$\boldsymbol{A}=\begin{pmatrix}1&1&1&4&-3\\1&-1&3&-2&-1\\2&1&3&5&-5\\3&1&5&6&-7\end{pmatrix}\longrightarrow\cdots\longrightarrow\begin{pmatrix}1&2&0&7&-4\\0&-1&1&-3&1\\0&0&0&0&0\\0&0&0&0&0\end{pmatrix}$$

则 $\boldsymbol{\alpha}_1$，$\boldsymbol{\alpha}_3$ 为所求的极大无关组，原向量组的秩为2，且

$$\boldsymbol{\alpha}_2=2\boldsymbol{\alpha}_1-\boldsymbol{\alpha}_3,\ \boldsymbol{\alpha}_4=7\boldsymbol{\alpha}_1-3\boldsymbol{\alpha}_3,\ \boldsymbol{\alpha}_5=-4\boldsymbol{\alpha}_1+\boldsymbol{\alpha}_3$$

19. 设$\boldsymbol{A}$, $\boldsymbol{B}$均为$m\times n$矩阵，证明：$\mathrm{r}(\boldsymbol{A}+\boldsymbol{B})\leqslant\mathrm{r}(\boldsymbol{A})+\mathrm{r}(\boldsymbol{B})$.

证： 将矩阵$\boldsymbol{A}$, $\boldsymbol{B}$按列分块为$\boldsymbol{A}=(\boldsymbol{\alpha}_1,\boldsymbol{\alpha}_2,\cdots,\boldsymbol{\alpha}_n)$，$\boldsymbol{B}=(\boldsymbol{\beta}_1,\boldsymbol{\beta}_2,\cdots,\boldsymbol{\beta}_n)$，则

$$\boldsymbol{A}+\boldsymbol{B}=(\boldsymbol{\alpha}_1+\boldsymbol{\beta}_1,\boldsymbol{\alpha}_2+\boldsymbol{\beta}_2,\cdots,\boldsymbol{\alpha}_n+\boldsymbol{\beta}_n)$$

要证 $\mathrm{r}(\boldsymbol{A}+\boldsymbol{B})\leqslant\mathrm{r}(\boldsymbol{A})+\mathrm{r}(\boldsymbol{B})$，只需证明

$$\mathrm{r}(\boldsymbol{\alpha}_1+\boldsymbol{\beta}_1,\boldsymbol{\alpha}_2+\boldsymbol{\beta}_2,\cdots,\boldsymbol{\alpha}_n+\boldsymbol{\beta}_n)\leqslant\mathrm{r}(\boldsymbol{\alpha}_1,\boldsymbol{\alpha}_2,\cdots,\boldsymbol{\alpha}_n)+\mathrm{r}(\boldsymbol{\beta}_1,\boldsymbol{\beta}_2,\cdots,\boldsymbol{\beta}_n)$$

设向量组$\boldsymbol{\alpha}_1,\boldsymbol{\alpha}_2,\cdots,\boldsymbol{\alpha}_n$的一个极大无关组为$\boldsymbol{\alpha}_{i_1},\boldsymbol{\alpha}_{i_2},\cdots,\boldsymbol{\alpha}_{i_{r_1}}$；向量组$\boldsymbol{\beta}_1,\boldsymbol{\beta}_2,\cdots,\boldsymbol{\beta}_n$的一个极大无关组为$\boldsymbol{\beta}_{j_1},\boldsymbol{\beta}_{j_2},\cdots,\boldsymbol{\beta}_{j_{r_2}}$；向量组$\boldsymbol{\alpha}_1+\boldsymbol{\beta}_1,\boldsymbol{\alpha}_2+\boldsymbol{\beta}_2,\cdots,\boldsymbol{\alpha}_n+\boldsymbol{\beta}_n$的一个极大无关组为$\boldsymbol{\alpha}_{k_1}+\boldsymbol{\beta}_{k_1},\boldsymbol{\alpha}_{k_2}+\boldsymbol{\beta}_{k_2},\cdots,\boldsymbol{\alpha}_{k_{r_3}}+\boldsymbol{\beta}_{k_{r_3}}$.

根据极大无关组的定义，$\boldsymbol{\alpha}_{k_t}(1\leqslant t\leqslant r_3)$可由向量组$\boldsymbol{\alpha}_{i_1},\boldsymbol{\alpha}_{i_2},\cdots,\boldsymbol{\alpha}_{i_{r_1}}$线性表示；$\boldsymbol{\beta}_{k_t}(1\leqslant t\leqslant r_3)$可由向量组$\boldsymbol{\beta}_{j_1},\boldsymbol{\beta}_{j_2},\cdots,\boldsymbol{\beta}_{j_{r_2}}$线性表示. 于是$\boldsymbol{\alpha}_{k_t}+\boldsymbol{\beta}_{k_t}$可由向量组$\boldsymbol{\alpha}_{i_1},\boldsymbol{\alpha}_{i_2},\cdots,\boldsymbol{\alpha}_{i_{r_1}},\boldsymbol{\beta}_{j_1},\boldsymbol{\beta}_{j_2},\cdots,\boldsymbol{\beta}_{j_{r_2}}$线性表示. 于是向量组$\boldsymbol{\alpha}_{k_1}+\boldsymbol{\beta}_{k_1},\boldsymbol{\alpha}_{k_2}+\boldsymbol{\beta}_{k_2},\cdots,\boldsymbol{\alpha}_{k_{r_3}}+\boldsymbol{\beta}_{k_{r_3}}$可由向量组$\boldsymbol{\alpha}_{i_1},\boldsymbol{\alpha}_{i_2},\cdots,\boldsymbol{\alpha}_{i_{r_1}},\boldsymbol{\beta}_{j_1},\boldsymbol{\beta}_{j_2},\cdots,\boldsymbol{\beta}_{j_{r_2}}$线性表示. 因此可得$r_3\leqslant r_1+r_2$，即$\mathrm{r}(\boldsymbol{A}+\boldsymbol{B})\leqslant\mathrm{r}(\boldsymbol{A})+\mathrm{r}(\boldsymbol{B})$.

注释 一些习题中的结论可作为定理使用. 合理地运用这些结论有助于简化证明，提高解题能力. 常用的结论有(其中有些结论见第二章)：

(1) $\mathrm{r}(\boldsymbol{A})=\mathrm{r}(\boldsymbol{A}^{\mathrm{T}})$

(2) $\mathrm{r}(k\boldsymbol{A})=\mathrm{r}(\boldsymbol{A})\quad(k\neq 0)$

(3) $\boldsymbol{A}_{m\times n}$ 的秩 $\mathrm{r}(\boldsymbol{A})\leqslant\min\{m,n\}$，$\mathrm{r}(\boldsymbol{A})=0\Leftrightarrow\boldsymbol{A}=\boldsymbol{O}$

(4) 若 $\boldsymbol{A}$ 可逆且 $\boldsymbol{AB}$，$\boldsymbol{CA}$ 可行，则 $\mathrm{r}(\boldsymbol{AB})=\mathrm{r}(\boldsymbol{B})$，$\mathrm{r}(\boldsymbol{CA})=\mathrm{r}(\boldsymbol{C})$.

(5) $\mathrm{r}\begin{bmatrix}\boldsymbol{A} & \boldsymbol{O}\\ \boldsymbol{O} & \boldsymbol{B}\end{bmatrix}=\mathrm{r}(\boldsymbol{A})+\mathrm{r}(\boldsymbol{B})$

(6) $\mathrm{r}(\boldsymbol{A}+\boldsymbol{B})\leqslant\mathrm{r}(\boldsymbol{A})+\mathrm{r}(\boldsymbol{B})$

(7) $\max\{\mathrm{r}(\boldsymbol{A}),\mathrm{r}(\boldsymbol{B})\}\leqslant\mathrm{r}(\boldsymbol{A},\boldsymbol{B})\leqslant\mathrm{r}(\boldsymbol{A})+\mathrm{r}(\boldsymbol{B})$

(8) 设 $\boldsymbol{A}$ 为 $m\times n$ 矩阵，$\boldsymbol{B}$ 为 $n\times s$ 矩阵，则

$\mathrm{r}(\boldsymbol{A})+\mathrm{r}(\boldsymbol{B})-n\leqslant\mathrm{r}(\boldsymbol{AB})\leqslant\min\{\mathrm{r}(\boldsymbol{A}),\mathrm{r}(\boldsymbol{B})\}$

(9) 若矩阵 $\boldsymbol{A}_{m\times n}$ 和 $\boldsymbol{B}_{n\times s}$ 满足 $\boldsymbol{AB}=\boldsymbol{O}$，则 $\mathrm{r}(\boldsymbol{A})+\mathrm{r}(\boldsymbol{B})\leqslant n$

20. 设 $\boldsymbol{A}$ 为 n 阶矩阵，满足 $\boldsymbol{A}^2=\boldsymbol{A}$. 试证：$\mathrm{r}(\boldsymbol{A})+\mathrm{r}(\boldsymbol{A}-\boldsymbol{I})=n$.

证： 由 $\boldsymbol{A}^2=\boldsymbol{A}$，可得 $\boldsymbol{A}-\boldsymbol{A}^2=\boldsymbol{O}$，即 $\boldsymbol{A}(\boldsymbol{I}-\boldsymbol{A})=\boldsymbol{O}$. 因此有

$$\mathrm{r}(\boldsymbol{A})+\mathrm{r}(\boldsymbol{I}-\boldsymbol{A})\leqslant n$$

又 $\boldsymbol{A}+(\boldsymbol{I}-\boldsymbol{A})=\boldsymbol{I}$，所以

$$\mathrm{r}(\boldsymbol{A})+\mathrm{r}(\boldsymbol{I}-\boldsymbol{A})\geqslant\mathrm{r}[\boldsymbol{A}+(\boldsymbol{I}-\boldsymbol{A})]=\mathrm{r}(\boldsymbol{I})=n$$

由此可得 $\mathrm{r}(\boldsymbol{A})+\mathrm{r}(\boldsymbol{I}-\boldsymbol{A})=n$. 而 $\mathrm{r}(\boldsymbol{A}-\boldsymbol{I})=\mathrm{r}(\boldsymbol{I}-\boldsymbol{A})$. 于是

$$\mathrm{r}(\boldsymbol{A})+\mathrm{r}(\boldsymbol{A}-\boldsymbol{I})=n$$

21. 求下列齐次线性方程组的一个基础解系.

(1) $\begin{cases}x_1-2x_2+4x_3-7x_4=0\\ 2x_1+x_2-2x_3+x_4=0\\ 3x_1-x_2+2x_3-4x_4=0\end{cases}$

(2) $\begin{cases}x_1-2x_2+x_3-x_4+x_5=0\\ 2x_1+x_2-x_3+2x_4-3x_5=0\\ 3x_1-2x_2-x_3+x_4-2x_5=0\\ 2x_1-5x_2+x_3-2x_4+2x_5=0\end{cases}$

(3) $\begin{cases}x_1-2x_2+x_3+x_4-x_5=0\\ 2x_1+x_2-x_3-x_4+x_5=0\\ x_1+7x_2-5x_3-5x_4+5x_5=0\\ 3x_1-x_2-2x_3+x_4-x_5=0\end{cases}$

解：(1) 对方程组的增广矩阵施以初等行变换，将其化为简化的阶梯形矩阵：

$$(\boldsymbol{A}\vdots\boldsymbol{0})=\left[\begin{array}{cccc:c}1&-2&4&-7&0\\2&1&-2&1&0\\3&-1&2&-4&0\end{array}\right]\longrightarrow\left[\begin{array}{cccc:c}1&-2&4&-7&0\\0&5&-10&15&0\\0&5&-10&17&0\end{array}\right]$$

$$\longrightarrow\left[\begin{array}{cccc:c}1&-2&4&-7&0\\0&1&-2&3&0\\0&0&0&2&0\end{array}\right]\longrightarrow\left[\begin{array}{cccc:c}1&0&0&-1&0\\0&1&-2&3&0\\0&0&0&1&0\end{array}\right]$$

$$\longrightarrow\left(\begin{array}{cccc|c}1&0&0&0&0\\0&1&-2&0&0\\0&0&0&1&0\end{array}\right)$$

由此可得 $r(\boldsymbol{A})=3<4=$ 未知量个数. 所以方程组的基础解系中恰含一个解向量，并且原方程组的同解方程组为

$$\begin{cases}x_1=0\\x_2=2x_3\\x_4=0\end{cases}$$

令自由未知量 $x_3=1$，得方程组的一个基础解系 $\boldsymbol{\xi}_1=(0,2,1,0)^{\mathrm{T}}$.

(2) 对方程组的增广矩阵施以初等行变换，化为简化的阶梯形矩阵：

$$(\boldsymbol{A}\,\vdots\,\boldsymbol{0})=\left(\begin{array}{ccccc|c}1&-2&1&-1&1&0\\2&1&-1&2&-3&0\\3&-2&-1&1&-2&0\\2&-5&1&-2&2&0\end{array}\right)$$

$$\longrightarrow\left(\begin{array}{ccccc|c}1&-2&1&-1&1&0\\0&5&-3&4&-5&0\\0&4&-4&4&-5&0\\0&-1&-1&0&0&0\end{array}\right)\longrightarrow\left(\begin{array}{ccccc|c}1&-2&1&-1&1&0\\0&1&1&0&0&0\\0&0&-8&4&-5&0\\0&0&-8&4&-5&0\end{array}\right)$$

$$\longrightarrow\left(\begin{array}{ccccc|c}1&-2&0&-\frac{1}{2}&\frac{3}{8}&0\\0&1&0&\frac{1}{2}&-\frac{5}{8}&0\\0&0&1&-\frac{1}{2}&\frac{5}{8}&0\\0&0&0&0&0&0\end{array}\right)\longrightarrow\left(\begin{array}{ccccc|c}1&0&0&\frac{1}{2}&-\frac{7}{8}&0\\0&1&0&\frac{1}{2}&-\frac{5}{8}&0\\0&0&1&-\frac{1}{2}&\frac{5}{8}&0\\0&0&0&0&0&0\end{array}\right)$$

可得 $r(\boldsymbol{A})=3<5=$ 未知量个数，所以方程组的基础解系中应含两个线性无关的解向量，并且原方程组的同解方程组为

$$\begin{cases}x_1=-\frac{1}{2}x_4+\frac{7}{8}x_5\\x_2=-\frac{1}{2}x_4+\frac{5}{8}x_5\\x_3=\frac{1}{2}x_4-\frac{5}{8}x_5\end{cases}$$

其中 x_4，x_5 为自由未知量，令自由未知量 $\begin{pmatrix}x_4\\x_5\end{pmatrix}$ 分别取值 $\begin{pmatrix}1\\0\end{pmatrix}$，$\begin{pmatrix}0\\1\end{pmatrix}$，得原方程组的一个基础解系

$$\boldsymbol{\xi}_1=\begin{pmatrix}-\frac{1}{2}\\-\frac{1}{2}\\\frac{1}{2}\\1\\0\end{pmatrix},\qquad \boldsymbol{\xi}_2=\begin{pmatrix}\frac{7}{8}\\\frac{5}{8}\\-\frac{5}{8}\\0\\1\end{pmatrix}$$

注释　为了“美观”，也可以设$\begin{pmatrix}x_4\\x_5\end{pmatrix}$分别取值$\begin{pmatrix}2\\0\end{pmatrix}$，$\begin{pmatrix}0\\8\end{pmatrix}$，从而得原方程组的一个基础解系

$$\boldsymbol{\xi}_1=\begin{pmatrix}-1\\-1\\1\\2\\0\end{pmatrix},\qquad \boldsymbol{\xi}_2=\begin{pmatrix}7\\5\\-5\\0\\8\end{pmatrix}$$

(3) 对方程组的系数矩阵施以初等行变换，化为简化的阶梯形矩阵：

$$\mathbf{A}=\begin{pmatrix}1&-2&1&1&-1\\2&1&-1&-1&1\\1&7&-5&-5&5\\3&-1&-2&1&-1\end{pmatrix}\longrightarrow\begin{pmatrix}1&-2&1&1&-1\\0&5&-3&-3&3\\0&9&-6&-6&6\\0&5&-5&-2&2\end{pmatrix}$$

$$\longrightarrow\begin{pmatrix}1&-2&1&1&-1\\0&1&-\frac{3}{5}&-\frac{3}{5}&\frac{3}{5}\\0&0&-\frac{3}{5}&-\frac{3}{5}&\frac{3}{5}\\0&0&-2&1&-1\end{pmatrix}\longrightarrow\begin{pmatrix}1&-2&1&1&-1\\0&1&-\frac{3}{5}&-\frac{3}{5}&\frac{3}{5}\\0&0&1&1&-1\\0&0&0&3&-3\end{pmatrix}$$

$$\longrightarrow\begin{pmatrix}1&0&0&0&0\\0&1&0&0&0\\0&0&1&0&0\\0&0&0&1&-1\end{pmatrix}$$

可知 $\mathrm{r}(\mathbf{A})=4<5=$ 未知量个数，所以方程组的基础解系中应含一个(非零)解向量，并且原方程组的同解方程组为

$$\begin{cases}x_1=0\\x_2=0\\x_3=0\\x_4=x_5\end{cases}$$

令自由未知量 $x_5=1$，得原方程组的一个基础解系为

$$\boldsymbol{\xi}_1=(0,0,0,1,1)^{\mathrm{T}}$$

注释 齐次线性方程组的基础解系不一定是唯一的. 例如，在第 21 题(2) 中，如果选取 x_2，x_5 为自由未知量，增广矩阵可继续化为

$$\left(\begin{array}{ccccc:c} 1 & -1 & 0 & 0 & -\frac{1}{4} & 0 \\ 0 & 2 & 0 & 1 & -\frac{5}{4} & 0 \\ 0 & 1 & 1 & 0 & 0 & 0 \\ 0 & 0 & 0 & 0 & 0 & 0 \end{array}\right)$$

则原方程组的同解方程组为

$$\begin{cases} x_1=x_2+\frac{1}{4}x_5 \\ x_3=-x_2 \\ x_4=-2x_2+\frac{5}{4}x_5 \end{cases}$$

取 $\begin{pmatrix} x_2 \\ x_5 \end{pmatrix}$ 分别为 $\begin{pmatrix} 1 \\ 0 \end{pmatrix}$，$\begin{pmatrix} 0 \\ 4 \end{pmatrix}$，可得原方程组的另一基础解系

$$\boldsymbol{\eta}_1=\begin{pmatrix} 1 \\ 1 \\ -1 \\ -2 \\ 0 \end{pmatrix}, \quad \boldsymbol{\eta}_2=\begin{pmatrix} 1 \\ 0 \\ 0 \\ 5 \\ 4 \end{pmatrix}$$

同一齐次线性方程组的不同的基础解系是等价的.

22. 设矩阵 $\boldsymbol{A}=(a_{ij})_{m\times n}$，$\boldsymbol{B}=(b_{ij})_{n\times s}$. 证明：$\boldsymbol{AB}=\boldsymbol{O}$ 的充分必要条件是矩阵 $\boldsymbol{B}$ 的每一列向量都是齐次方程组 $\boldsymbol{Ax}=\boldsymbol{0}$ 的解.

证： 设矩阵 $\boldsymbol{B}$ 按列分块为 $\boldsymbol{B}=(\boldsymbol{B}_1,\boldsymbol{B}_2,\cdots,\boldsymbol{B}_s)$.

必要性　若 $\boldsymbol{AB}=\boldsymbol{O}$，则

$$\boldsymbol{AB}=\boldsymbol{A}(\boldsymbol{B}_1,\boldsymbol{B}_2,\cdots,\boldsymbol{B}_s)=(\boldsymbol{AB}_1,\boldsymbol{AB}_2,\cdots,\boldsymbol{AB}_s)=\boldsymbol{O}$$

所以 $\boldsymbol{AB}_j=\boldsymbol{0}\ (j=1,2,\cdots,s)$，即矩阵 $\boldsymbol{B}$ 的每一列向量都是齐次线性方程组 $\boldsymbol{Ax}=\boldsymbol{0}$ 的解.

充分性　若 $\boldsymbol{AB}_j=\boldsymbol{0}\quad(j=1,2,\cdots,s)$，则

$$\begin{aligned}\boldsymbol{AB}&=\boldsymbol{A}(\boldsymbol{B}_1,\boldsymbol{B}_2,\cdots,\boldsymbol{B}_s)=(\boldsymbol{AB}_1,\boldsymbol{AB}_2,\cdots,\boldsymbol{AB}_s)\\&=(\boldsymbol{0},\boldsymbol{0},\cdots,\boldsymbol{0})\end{aligned}$$

即 $\boldsymbol{AB}=\boldsymbol{O}$.

注释 本题的结论可作为定理直接应用.

23. 设矩阵 $\boldsymbol{A}$ 为 $m\times n$ 矩阵，$\boldsymbol{B}$ 为 n 阶矩阵. 已知 $\mathrm{r}(\boldsymbol{A})=n$，试证：

(1) 若 $\boldsymbol{AB}=\boldsymbol{O}$，则 $\boldsymbol{B}=\boldsymbol{O}$.

(2) 若 $\boldsymbol{AB}=\boldsymbol{A}$，则 $\boldsymbol{B}=\boldsymbol{I}$.

证：(1) 若 $\boldsymbol{AB}=\boldsymbol{O}$，则矩阵 $\boldsymbol{B}$ 的每一列向量 $\boldsymbol{B}_j\,(j=1,2,\cdots,n)$ 都是齐次线性方程组 $\boldsymbol{Ax}=\boldsymbol{0}$ 的解.

因为 $\mathrm{r}(\boldsymbol{A})=n$，可知方程组 $\boldsymbol{Ax}=\boldsymbol{0}$ 仅有零解，所以 $\boldsymbol{B}_j=\boldsymbol{0}\,(j=1,2,\cdots,n)$. 于是 $\boldsymbol{B}=(\boldsymbol{B}_1,\boldsymbol{B}_2,\cdots,\boldsymbol{B}_n)=\boldsymbol{O}$.

(2) 若 $\boldsymbol{AB}=\boldsymbol{A}$，则 $\boldsymbol{AB}-\boldsymbol{A}=\boldsymbol{O}$，即 $\boldsymbol{A}(\boldsymbol{B}-\boldsymbol{I})=\boldsymbol{O}$. 由本题(1)可知，若 $\mathrm{r}(\boldsymbol{A})=n$，则必有 $\boldsymbol{B}-\boldsymbol{I}=\boldsymbol{O}$，即 $\boldsymbol{B}=\boldsymbol{I}$.

24. 求下列线性方程组的全部解，并用对应导出组的基础解系表示.

(1) $\begin{cases}2x_1-x_2+x_3-x_4=0\\2x_1-x_2-3x_4=0\\x_2+3x_3-6x_4=0\\2x_1-2x_2-2x_3+5x_4=0\end{cases}$

(2) $\begin{cases}x_1+x_2+x_3+x_4+x_5=7\\3x_1+2x_2+x_3+x_4-3x_5=-2\\x_2+2x_3+2x_4+6x_5=23\\5x_1+4x_2-3x_3+3x_4-x_5=12\end{cases}$

(3) $\begin{cases}x_1+3x_2+5x_3-4x_4=1\\x_1+3x_2+2x_3-2x_4+x_5=-1\\x_1-2x_2+x_3-x_4-x_5=3\\x_1-4x_2+x_3+x_4-x_5=3\\x_1+2x_2+x_3-x_4+x_5=-1\end{cases}$

解：(1) 这是一个齐次线性方程组，对其系数矩阵 $\boldsymbol{A}$ 施以初等行变换化为简化的阶梯形矩阵：

$$\boldsymbol{A}=\begin{pmatrix}2&-1&1&-1\\2&-1&0&-3\\0&1&3&-6\\2&-2&-2&5\end{pmatrix}\longrightarrow\begin{pmatrix}2&-1&1&-1\\0&0&-1&-2\\0&1&3&-6\\0&-1&-3&6\end{pmatrix}$$

$$\longrightarrow\begin{pmatrix}2&-1&1&-1\\0&1&3&-6\\0&0&1&2\\0&0&0&0\end{pmatrix}\longrightarrow\begin{pmatrix}1&0&0&-\frac{15}{2}\\0&1&0&-12\\0&0&1&2\\0&0&0&0\end{pmatrix}$$

由此可得 $\mathrm{r}(\boldsymbol{A})=3$，并且原方程组的同解方程组为

$$\begin{cases} x_1 = \dfrac{15}{2}x_4 \\ x_2 = 12x_4 \\ x_3 = -2x_4 \end{cases}$$

令自由未知量 $x_4 = 2$，得原方程组的一个基础解系

$$\boldsymbol{\xi} = (15, 24, -4, 2)^{\mathrm{T}}$$

原方程组的全部解(通解)为

$$\boldsymbol{x} = c\boldsymbol{\xi} = c(15, 24, -4, 2)^{\mathrm{T}} \quad (c\text{ 为任意常数})$$

(2) 对方程组的增广矩阵施以初等行变换，化为简化的阶梯形矩阵：

$$(\boldsymbol{A} \vdots \boldsymbol{b}) = \left(\begin{array}{ccccc:c} 1 & 1 & 1 & 1 & 1 & 7 \\ 3 & 2 & 1 & 1 & -3 & -2 \\ 0 & 1 & 2 & 2 & 6 & 23 \\ 5 & 4 & -3 & 3 & -1 & 12 \end{array}\right)$$

$$\longrightarrow \left(\begin{array}{ccccc:c} 1 & 1 & 1 & 1 & 1 & 7 \\ 0 & -1 & -2 & -2 & -6 & -23 \\ 0 & 1 & 2 & 2 & 6 & 23 \\ 0 & -1 & -8 & -2 & -6 & -23 \end{array}\right)$$

$$\longrightarrow \left(\begin{array}{ccccc:c} 1 & 1 & 1 & 1 & 1 & 7 \\ 0 & 1 & 2 & 2 & 6 & 23 \\ 0 & 0 & -6 & 0 & 0 & 0 \\ 0 & 0 & 0 & 0 & 0 & 0 \end{array}\right) \longrightarrow \left(\begin{array}{ccccc:c} 1 & 0 & 0 & -1 & -5 & -16 \\ 0 & 1 & 0 & 2 & 6 & 23 \\ 0 & 0 & 1 & 0 & 0 & 0 \\ 0 & 0 & 0 & 0 & 0 & 0 \end{array}\right)$$

由此可得 $\mathrm{r}(\boldsymbol{A}) = \mathrm{r}(\boldsymbol{A} \vdots \boldsymbol{b}) = 3$，且原方程组的同解方程组为

$$\begin{cases} x_1 = -16 + x_4 + 5x_5 \\ x_2 = 23 - 2x_4 - 6x_5 \\ x_3 = 0 \end{cases}$$

令自由未知量 $x_4 = x_5 = 0$，得原方程组的一个特解

$$\boldsymbol{\eta} = (-16, 23, 0, 0, 0)^{\mathrm{T}}$$

原方程组的导出组同解于齐次线性方程组

$$\begin{cases} x_1 = x_4 + 5x_5 \\ x_2 = -2x_4 - 6x_5 \\ x_3 = 0 \end{cases}$$

令自由未知量 $\begin{pmatrix} x_4 \\ x_5 \end{pmatrix}$ 分别取 $\begin{pmatrix} 1 \\ 0 \end{pmatrix}$ 和 $\begin{pmatrix} 0 \\ 1 \end{pmatrix}$，得导出组的一个基础解系

$$\boldsymbol{\xi}_1 = (1, -2, 0, 1, 0)^{\mathrm{T}}, \boldsymbol{\xi}_2 = (5, -6, 0, 0, 1)^{\mathrm{T}}$$

于是，原方程组的通解(全部解)为

$$\boldsymbol{x} = \boldsymbol{\eta} + c_1\boldsymbol{\xi}_1 + c_2\boldsymbol{\xi}_2$$

$$= (-16, 23, 0, 0, 0)^{\mathrm{T}} + c_1(1, -2, 0, 1, 0)^{\mathrm{T}}$$
$$+ c_2(5, -6, 0, 0, 1)^{\mathrm{T}}$$

其中 c_1，c_2 为任意常数.

(3) 对方程组的增广矩阵施以初等行变换，化为简化的阶梯形矩阵：

$$(\boldsymbol{A} \vdots \boldsymbol{b}) = \left(\begin{array}{ccccc:c} 1 & 3 & 5 & -4 & 0 & 1 \\ 1 & 3 & 2 & -2 & 1 & -1 \\ 1 & -2 & 1 & -1 & -1 & 3 \\ 1 & -4 & 1 & 1 & -1 & 3 \\ 1 & 2 & 1 & -1 & 1 & -1 \end{array}\right) \longrightarrow \left(\begin{array}{ccccc:c} 1 & 3 & 5 & -4 & 0 & 1 \\ 0 & 0 & -3 & 2 & 1 & -2 \\ 0 & -5 & -4 & 3 & -1 & 2 \\ 0 & -7 & -4 & 5 & -1 & 2 \\ 0 & -1 & -4 & 3 & 1 & -2 \end{array}\right)$$

$$\longrightarrow \left(\begin{array}{ccccc:c} 1 & 3 & 5 & -4 & 0 & 1 \\ 0 & 1 & 4 & -3 & -1 & 2 \\ 0 & 0 & 16 & -12 & -6 & 12 \\ 0 & 0 & 24 & -16 & -8 & 16 \\ 0 & 0 & -3 & 2 & 1 & -2 \end{array}\right) \longrightarrow \left(\begin{array}{ccccc:c} 1 & 3 & 5 & -4 & 0 & 1 \\ 0 & 1 & 4 & -3 & -1 & 2 \\ 0 & 0 & 1 & -\frac{3}{4} & -\frac{3}{8} & \frac{3}{4} \\ 0 & 0 & 0 & 2 & 1 & -2 \\ 0 & 0 & 0 & -\frac{1}{4} & -\frac{1}{8} & \frac{1}{4} \end{array}\right)$$

$$\longrightarrow \left(\begin{array}{ccccc:c} 1 & 3 & 5 & 0 & 2 & -3 \\ 0 & 1 & 4 & 0 & \frac{1}{2} & -1 \\ 0 & 0 & 1 & 0 & 0 & 0 \\ 0 & 0 & 0 & 1 & \frac{1}{2} & -1 \\ 0 & 0 & 0 & 0 & 0 & 0 \end{array}\right) \longrightarrow \left(\begin{array}{ccccc:c} 1 & 0 & 0 & 0 & \frac{1}{2} & 0 \\ 0 & 1 & 0 & 0 & \frac{1}{2} & -1 \\ 0 & 0 & 1 & 0 & 0 & 0 \\ 0 & 0 & 0 & 1 & \frac{1}{2} & -1 \\ 0 & 0 & 0 & 0 & 0 & 0 \end{array}\right)$$

由此可得 $\mathrm{r}(\boldsymbol{A}) = \mathrm{r}(\boldsymbol{A} \vdots \boldsymbol{b}) = 4$，并且原方程组的同解方程组为

$$\begin{cases} x_1 = -\frac{1}{2}x_5 \\ x_2 = -1 - \frac{1}{2}x_5 \\ x_3 = 0 \\ x_4 = -1 - \frac{1}{2}x_5 \end{cases}$$

令 $x_5 = 0$，得原方程组的一个特解

$$\boldsymbol{\eta} = (0, -1, 0, -1, 0)^{\mathrm{T}}$$

原方程组的导出组同解于齐次线性方程组

$$\begin{cases} x_1 = -\frac{1}{2}x_5 \\ x_2 = -\frac{1}{2}x_5 \\ x_3 = 0 \\ x_4 = -\frac{1}{2}x_5 \end{cases}$$

令自由未知量 $x_5 = 2$，得导出组的一个基础解系

$$\boldsymbol{\xi}=(-1,-1,0,-1,2)^{\mathrm{T}}$$

于是，原方程组的全部解为

$$\begin{aligned}\boldsymbol{x}&=\boldsymbol{\eta}+c\boldsymbol{\xi}\\&=(0,-1,0,-1,0)^{\mathrm{T}}+c(-1,-1,0,-1,2)^{\mathrm{T}}\end{aligned}$$

其中 c 为任意常数.

25. 设线性方程组

$$\begin{cases}\lambda x_1+x_2+x_3=\lambda-3\\x_1+\lambda x_2+x_3=-2\\x_1+x_2+\lambda x_3=-2\end{cases}$$

λ 取何值时，方程组无解？有唯一解？有无穷多解？在方程组有无穷多解时，试用其导出组的基础解系表示其全部解.

解： 对方程组的增广矩阵施以初等行变换：

$$(\boldsymbol{A}\mid\boldsymbol{b})=\left(\begin{array}{ccc|c}\lambda&1&1&\lambda-3\\1&\lambda&1&-2\\1&1&\lambda&-2\end{array}\right)$$

$$\longrightarrow\left(\begin{array}{ccc|c}1&1&\lambda&-2\\0&\lambda-1&1-\lambda&0\\0&1-\lambda&1-\lambda^2&3(\lambda-1)\end{array}\right)$$

$$\longrightarrow\left(\begin{array}{ccc|c}1&1&\lambda&-2\\0&\lambda-1&1-\lambda&0\\0&0&-(\lambda+2)(\lambda-1)&3(\lambda-1)\end{array}\right)$$

由最后一个矩阵，有

(1) 当 $\lambda=-2$ 时，$\mathrm{r}(\boldsymbol{A})=2$，$\mathrm{r}(\boldsymbol{A}\mid\boldsymbol{b})=3$，原方程组无解.

(2) 当 $\lambda\neq-2$ 且 $\lambda\neq1$ 时，$\mathrm{r}(\boldsymbol{A})=\mathrm{r}(\boldsymbol{A}\mid\boldsymbol{b})=3$，原方程组有唯一解.

(3) 当 $\lambda=1$ 时，上面最后一个矩阵化为

$$\left(\begin{array}{ccc|c}1&1&1&-2\\0&0&0&0\\0&0&0&0\end{array}\right)$$

于是 $\mathrm{r}(\boldsymbol{A})=\mathrm{r}(\boldsymbol{A}\mid\boldsymbol{b})=1$，方程组有无穷多解，其同解方程组为

$$x_1+x_2+x_3=-2$$

取自由未知量 $x_2=x_3=0$，得原方程组的一个特解 $\boldsymbol{\eta}=(-2,0,0)^{\mathrm{T}}$. 原方程组的导出组与方程组

$$x_1+x_2+x_3=0$$

同解. 取自由未知量 $\begin{pmatrix}x_2\\x_3\end{pmatrix}$ 分别为 $\begin{pmatrix}1\\0\end{pmatrix}$，$\begin{pmatrix}0\\1\end{pmatrix}$，得导出组的基础解系

$$\boldsymbol{\xi}_1=(-1,1,0)^{\mathrm{T}},\quad\boldsymbol{\xi}_2=(-1,0,1)^{\mathrm{T}}$$

则原方程组的全部解为

$$\boldsymbol{x}=\boldsymbol{\eta}+c_1\boldsymbol{\xi}_1+c_2\boldsymbol{\xi}_2$$

$$=\begin{pmatrix}-2\\0\\0\end{pmatrix}+c_1\begin{pmatrix}-1\\1\\0\end{pmatrix}+c_2\begin{pmatrix}-1\\0\\1\end{pmatrix}\quad(c_1,c_2\text{ 为任意常数})$$

26. 证明线性方程组

$$\begin{cases}x_1-x_2=a_1\\x_2-x_3=a_2\\x_3-x_4=a_3\\x_4-x_5=a_4\\x_5-x_1=a_5\end{cases}$$

有解的充分必要条件是 $a_1+a_2+a_3+a_4+a_5=0$，并在有解的情况下，求它的全部解.

证：对方程组的增广矩阵施以初等行变换化为阶梯形矩阵：

$$(\boldsymbol{A}\vdots\boldsymbol{b})=\left(\begin{array}{ccccc:c}1&-1&0&0&0&a_1\\0&1&-1&0&0&a_2\\0&0&1&-1&0&a_3\\0&0&0&1&-1&a_4\\-1&0&0&0&1&a_5\end{array}\right)\begin{array}{l}(\text{第一行至第四行}\\\ \text{均加到第五行上})\end{array}$$

$$\longrightarrow\left(\begin{array}{ccccc:c}1&-1&0&0&0&a_1\\0&1&-1&0&0&a_2\\0&0&1&-1&0&a_3\\0&0&0&1&-1&a_4\\0&0&0&0&0&\sum_{i=1}^{5}a_i\end{array}\right)$$

线性方程组有解的充分必要条件是 $r(\boldsymbol{A})=r(\boldsymbol{A}\vdots\boldsymbol{b})$，由上面的最后一个矩阵可知，$r(\boldsymbol{A})=r(\boldsymbol{A}\vdots\boldsymbol{b})=4$ 的充分必要条件是 $\sum_{i=1}^{5}a_i=a_1+a_2+a_3+a_4+a_5=0$.

对上面最后一个矩阵继续施以初等行变换，化为简化的阶梯形矩阵：当 $\sum_{i=1}^{5}a_i=0$ 时，可得

$$\longrightarrow\left(\begin{array}{ccccc:l}1&0&0&0&-1&a_1+a_2+a_3+a_4\\0&1&0&0&-1&a_2+a_3+a_4\\0&0&1&0&-1&a_3+a_4\\0&0&0&1&-1&a_4\\0&0&0&0&0&0\end{array}\right)$$

由此可知，原方程组的同解方程组为

$$\begin{cases}x_1=a_1+a_2+a_3+a_4+x_5=-a_5+x_5\\x_2=a_2+a_3+a_4+x_5\\x_3=a_3+a_4+x_5\\x_4=a_4+x_5\end{cases}$$

令 $x_5=c$，可得方程组的一般解

$$\begin{cases}x_1=c-a_5\\x_2=c+a_2+a_3+a_4\\x_3=c+a_3+a_4\\x_4=c+a_4\\x_5=c\end{cases}\qquad(c\text{ 为任意常数})$$

27. 设线性方程组

$$\begin{cases}x_1+\ x_2+\ \ x_3=0\\x_1+2x_2+\ ax_3=0\\x_1+4x_2+a^2x_3=0\end{cases}\qquad①$$

与方程

$$x_1+2x_2+x_3=a-1\qquad②$$

有公共解，求 a 的值及所有公共解.

解：由已知条件，方程组 ① 和 ② 有公共解，即方程组

$$\begin{cases}x_1+\ x_2+\ \ x_3=0\\x_1+2x_2+\ ax_3=0\\x_1+4x_2+a^2x_3=0\\x_1+2x_2+\ \ x_3=a-1\end{cases}\qquad③$$

有解，对方程组 ③ 的增广矩阵 $(\boldsymbol{A}\mid\boldsymbol{b})$ 施以初等行变换，有

$$(\boldsymbol{A}\mid\boldsymbol{b})=\left(\begin{array}{ccc|c}1&1&1&0\\1&2&a&0\\1&4&a^2&0\\1&2&1&a-1\end{array}\right)\longrightarrow\left(\begin{array}{ccc|c}1&1&1&0\\0&1&a-1&0\\0&3&a^2-1&0\\0&1&0&a-1\end{array}\right)$$

$$\longrightarrow\left(\begin{array}{ccc|c}1&1&1&0\\0&1&0&a-1\\0&0&a-1&1-a\\0&0&a^2-1&-3(a-1)\end{array}\right)$$

$$\longrightarrow\left(\begin{array}{ccc|c}1&0&1&1-a\\0&1&0&a-1\\0&0&a-1&1-a\\0&0&0&(a-1)(a-2)\end{array}\right)\qquad(*)$$

因方程组 ③ 有解，可知 $\mathrm{r}(\boldsymbol{A})=\mathrm{r}(\boldsymbol{A}\mid\boldsymbol{b})$，故必有 $(a-1)(a-2)=0$，得 $a=1$ 或 $a=2$.

当 $a=1$ 时，矩阵 $(*)$ 化为

$$\begin{pmatrix} 1 & 0 & 1 & \vdots & 0 \\ 0 & 1 & 0 & \vdots & 0 \\ 0 & 0 & 0 & \vdots & 0 \\ 0 & 0 & 0 & \vdots & 0 \end{pmatrix}$$

由此可得方程组 ③ 的基础解系 $\boldsymbol{\xi} = (-1, 0, 1)^{\mathrm{T}}$. 故方程组 ① 与 ② 的所有公共解为

$$\boldsymbol{x} = k\boldsymbol{\xi} = k(-1, 0, 1)^{\mathrm{T}} \quad (k \text{ 为任意常数})$$

当 $a = 2$ 时，矩阵（$*$）化为

$$\begin{pmatrix} 1 & 0 & 1 & -1 \\ 0 & 1 & 0 & 1 \\ 0 & 0 & 1 & -1 \\ 0 & 0 & 0 & 0 \end{pmatrix} \longrightarrow \begin{pmatrix} 1 & 0 & 0 & \vdots & 0 \\ 0 & 1 & 0 & \vdots & 1 \\ 0 & 0 & 1 & \vdots & -1 \\ 0 & 0 & 0 & \vdots & 0 \end{pmatrix}$$

由此可得方程组 ③ 的唯一解 $\boldsymbol{x} = (0, 1, -1)^{\mathrm{T}}$. 故方程组 ① 与 ② 的公共解为

$$\boldsymbol{x} = (0, 1, -1)^{\mathrm{T}}$$

28. 证明：设 $\boldsymbol{\eta}_1, \boldsymbol{\eta}_2, \cdots, \boldsymbol{\eta}_t$ 是某一非齐次线性方程组的解，则 $c_1\boldsymbol{\eta}_1 + c_2\boldsymbol{\eta}_2 + \cdots + c_t\boldsymbol{\eta}_t$ 也是它的一个解，其中 $c_1 + c_2 + \cdots + c_t = 1$.

证：设 $\boldsymbol{\eta}_1, \boldsymbol{\eta}_2, \cdots, \boldsymbol{\eta}_t$ 是非齐次线性方程组 $\boldsymbol{Ax} = \boldsymbol{b}$ 的解，则 $\boldsymbol{A\eta}_i = \boldsymbol{b}$ $(i = 1, 2, \cdots, t)$，所以

$$\begin{aligned} & \boldsymbol{A}(c_1\boldsymbol{\eta}_1 + c_2\boldsymbol{\eta}_2 + \cdots + c_t\boldsymbol{\eta}_t) \\ = & c_1\boldsymbol{A\eta}_1 + c_2\boldsymbol{A\eta}_2 + \cdots + c_t\boldsymbol{A\eta}_t \\ = & (c_1 + c_2 + \cdots + c_t)\boldsymbol{b} \\ = & \boldsymbol{b} \end{aligned}$$

即 $c_1\boldsymbol{\eta}_1 + c_2\boldsymbol{\eta}_2 + \cdots + c_t\boldsymbol{\eta}_t$ 也是 $\boldsymbol{Ax} = \boldsymbol{b}$ 的一个解.

※**29.** 已知某经济系统在一个生产周期内产品的生产与分配如表 3－1（教材中表 3－4）所示（货币单位）.

表 3－1（教材中表 3－4）

部门间流量 \ 消耗部门 / 生产部门	1	2	3	最终产品	总产品
1	100	25	30	y_1	400
2	80	50	30	y_2	250
3	40	25	60	y_3	300

（1）求各部门最终产品 y_1, y_2, y_3.

（2）求各部门新创造的价值 z_1, z_2, z_3.

（3）求直接消耗系数矩阵.

解：（1）由产品分配平衡方程组（按表 3－1 的每一行），有

$$x_i = \sum_{j=1}^{3} x_{ij} + y_i \quad (i = 1, 2, 3)$$

所以，$y_i = x_i - \sum\limits_{j=1}^{3} x_{ij}$ $(i = 1, 2, 3)$，即

$$y_1 = 400 - (100 + 25 + 30) = 245$$
$$y_2 = 250 - (80 + 50 + 30) = 90$$
$$y_3 = 300 - (40 + 25 + 60) = 175$$

(2) 由产值构成平衡方程组(按表 3 - 1 的每一列)，有

$$x_j = \sum_{i=1}^{3} x_{ij} + z_j \quad (j = 1, 2, 3)$$

所以，$z_j = x_j - \sum_{i=1}^{3} x_{ij} \quad (j = 1, 2, 3)$，即

$$z_1 = 400 - (100 + 80 + 40) = 180$$
$$z_2 = 250 - (25 + 50 + 25) = 150$$
$$z_3 = 300 - (30 + 30 + 60) = 180$$

(3) 由 $a_{ij} = \dfrac{x_{ij}}{x_j}$ $(i, j = 1, 2, 3)$ 可得直接消耗系数矩阵

$$\boldsymbol{A} = (a_{ij})_{3\times 3} = \begin{pmatrix} 0.25 & 0.10 & 0.10 \\ 0.20 & 0.20 & 0.10 \\ 0.10 & 0.10 & 0.20 \end{pmatrix}$$

※**30.** 已知某经济系统在一个生产周期内直接消耗系数及最终产品如表 3 - 2(教材中表 3 - 5) 所示(货币单位).

(1) 求各部门总产品 x_1，x_2，x_3.

(2) 列出平衡表，即再求出 $x_{ij}(i, j = 1, 2, 3)$ 及 $z_j(j = 1, 2, 3)$.

表 3 - 2(教材中表 3 - 5)

直接消耗系数 \ 消耗部门 / 生产部门	1	2	3	最终产品	总产品
1	0.2	0.1	0.2	75	x_1
2	0.1	0.2	0.2	120	x_2
3	0.1	0.1	0.1	225	x_3

解: (1) 由表 3 - 2，可得直接消耗系数矩阵

$$\boldsymbol{A} = \begin{pmatrix} 0.2 & 0.1 & 0.2 \\ 0.1 & 0.2 & 0.2 \\ 0.1 & 0.1 & 0.1 \end{pmatrix}$$

由产品分配平衡方程组 $(\boldsymbol{I} - \boldsymbol{A})\boldsymbol{x} = \boldsymbol{y}$，有

$$\boldsymbol{x} = (\boldsymbol{I} - \boldsymbol{A})^{-1}\boldsymbol{y}$$

其中 $\boldsymbol{x} = (x_1, x_2, x_3)^{\mathrm{T}}$，$\boldsymbol{y} = (75, 120, 225)^{\mathrm{T}}$.

$$|\boldsymbol{I} - \boldsymbol{A}| = 0.531 \neq 0$$

所以

$$\boldsymbol{x} = \begin{pmatrix} x_1 \\ x_2 \\ x_3 \end{pmatrix} = \begin{pmatrix} 0.8 & -0.1 & -0.2 \\ -0.1 & 0.8 & -0.2 \\ -0.1 & -0.1 & 0.9 \end{pmatrix}^{-1} \begin{pmatrix} 75 \\ 120 \\ 225 \end{pmatrix}$$

$$=\frac{1}{0.531}\begin{pmatrix}0.7 & 0.11 & 0.18\\0.11 & 0.7 & 0.18\\0.09 & 0.09 & 0.63\end{pmatrix}\begin{pmatrix}75\\120\\225\end{pmatrix}$$

$$=\begin{pmatrix}200\\250\\300\end{pmatrix}$$

即 $x_1=200$，$x_2=250$，$x_3=300$.

(2) 由 $x_{ij}=a_{ij}x_j(i,\ j=1,\ 2,\ 3)$，可得

$$x_{11}=40,\quad x_{12}=25,\quad x_{13}=60$$
$$x_{21}=20,\quad x_{22}=50,\quad x_{23}=60$$
$$x_{31}=20,\quad x_{32}=25,\quad x_{33}=30$$

由产值构成平衡方程组，有

$$x_j=\sum_{i=1}^{3}x_{ij}+z_j\quad(j=1,\ 2,\ 3)$$

得
$$z_j=x_j-\sum_{i=1}^{3}x_{ij}\quad(j=1,\ 2,\ 3)$$

即
$$z_1=200-(40+20+20)=120$$
$$z_2=250-(25+50+25)=150$$
$$z_3=300-(60+60+30)=150$$

※**31.** 一个包括三个部门的经济系统，已知报告期直接消耗系数矩阵为

$$\boldsymbol{A}=\begin{pmatrix}0.2 & 0.2 & 0.3125\\0.14 & 0.15 & 0.25\\0.16 & 0.5 & 0.1875\end{pmatrix}$$

(1) 如计划期最终产品为 $\boldsymbol{y}=\begin{pmatrix}60\\55\\120\end{pmatrix}$，求计划期各部门的总产品 $\boldsymbol{x}$.

(2) 如计划期最终产品改为 $\boldsymbol{y}=\begin{pmatrix}70\\55\\120\end{pmatrix}$，求计划期各部门的总产品 $\boldsymbol{x}$.

解：(1) 由产品分配平衡方程组，有

$$\boldsymbol{x}=(\boldsymbol{I}-\boldsymbol{A})^{-1}\boldsymbol{y}$$

而

$$\boldsymbol{I}-\boldsymbol{A}=\begin{pmatrix}0.8 & -0.2 & -0.3125\\-0.14 & 0.85 & -0.25\\-0.16 & -0.5 & 0.8125\end{pmatrix},\quad |\boldsymbol{I}-\boldsymbol{A}|=0.357375$$

$$(\boldsymbol{I}-\boldsymbol{A})^*=\begin{pmatrix}0.565625 & 0.31875 & 0.315625\\0.15375 & 0.6 & 0.24375\\0.206 & 0.432 & 0.652\end{pmatrix}$$

所以

$$x = \frac{1}{0.357\,375}\begin{pmatrix} 0.565\,625 & 0.318\,75 & 0.315\,625 \\ 0.153\,75 & 0.6 & 0.243\,75 \\ 0.206 & 0.432 & 0.652 \end{pmatrix}\begin{pmatrix} 60 \\ 55 \\ 120 \end{pmatrix}$$

$$= \begin{pmatrix} 250 \\ 200 \\ 320 \end{pmatrix}$$

(2) 当 $\boldsymbol{y} = (70, 55, 120)^{\mathrm{T}}$ 时，类似(1)，有

$$\boldsymbol{x} = (\boldsymbol{I} - \boldsymbol{A})^{-1}\boldsymbol{y} = \begin{pmatrix} 265.827\,2 \\ 204.302\,2 \\ 325.764\,3 \end{pmatrix}$$

(B)

1. 如果线性方程组

$$\begin{cases} x_1 + x_2 + x_3 = \lambda - 1 \\ 2x_2 - x_3 = \lambda - 2 \\ x_3 = \lambda - 3 \\ (\lambda - 1)x_3 = -(\lambda - 3)(\lambda - 1) \end{cases}$$

有唯一解，则 $\lambda =$ [　　].

(A) 1 或 2　　(B) -1 或 3　　(C) 1 或 3　　(D) -1 或 -3

解： 对方程组的增广矩阵施以初等行变换，化为阶梯形矩阵：

$$(\boldsymbol{A} \,\vdots\, \boldsymbol{b}) = \left(\begin{array}{ccc:c} 1 & 1 & 1 & \lambda - 1 \\ 0 & 2 & -1 & \lambda - 2 \\ 0 & 0 & 1 & \lambda - 3 \\ 0 & 0 & \lambda - 1 & -(\lambda - 3)(\lambda - 1) \end{array}\right)$$

$$\longrightarrow \left(\begin{array}{ccc:c} 1 & 1 & 1 & \lambda - 1 \\ 0 & 2 & -1 & \lambda - 2 \\ 0 & 0 & 1 & \lambda - 3 \\ 0 & 0 & 0 & -2(\lambda - 3)(\lambda - 1) \end{array}\right)$$

若线性方程组有唯一解，则 $\mathrm{r}(\boldsymbol{A}) = \mathrm{r}(\boldsymbol{A} \,\vdots\, \boldsymbol{b}) = 3$.

由此可得 $-2(\lambda - 3)(\lambda - 1) = 0$. 于是 $\lambda = 1$ 或 3. 故本题应选(C).

2. 如果线性方程组

$$\begin{cases} x_1 + 2x_2 - x_3 = \lambda - 1 \\ 3x_2 - x_3 = \lambda - 2 \\ \lambda x_2 - x_3 = (\lambda - 3)(\lambda - 4) + (\lambda - 2) \end{cases}$$

有无穷多解，则 $\lambda =$ [　　].

(A) 3　　(B) 2　　(C) 1　　(D) 0

解: 线性方程组 $\boldsymbol{Ax}=\boldsymbol{b}$ 有无穷多解，则必有 $r(\boldsymbol{A})=r(\boldsymbol{A}\vdots\boldsymbol{b})<3=$ 未知量个数. 由 $r(\boldsymbol{A})<3$，可得 $|\boldsymbol{A}|=0$，所以

$$|\boldsymbol{A}|=\begin{vmatrix}1&2&-1\\0&3&-1\\0&\lambda&-1\end{vmatrix}=\lambda-3=0$$

得 $\lambda=3$，这时

$$(\boldsymbol{A}\vdots\boldsymbol{b})=\begin{pmatrix}1&2&-1&\vdots&2\\0&3&-1&\vdots&1\\0&3&-1&\vdots&1\end{pmatrix}\longrightarrow\begin{pmatrix}1&2&-1&\vdots&2\\0&3&-1&\vdots&1\\0&0&0&\vdots&0\end{pmatrix}$$

可见 $r(\boldsymbol{A}\vdots\boldsymbol{b})=r(\boldsymbol{A})=2<3$. 故本题应选(A).

3. 如果线性方程组

$$\begin{cases}x_1+2x_2-\quad x_3=4\\ \qquad x_2+\ 2x_3=2\\(\lambda-1)(\lambda-2)x_3=(\lambda-3)(\lambda-4)\end{cases}$$

无解，则 $\lambda=$[　　].

(A) 3 或 4　　(B) 1 或 2　　(C) 1 或 3　　(D) 2 或 4

解: 线性方程组的增广矩阵

$$(\boldsymbol{A}\vdots\boldsymbol{b})=\begin{pmatrix}1&2&-1&\vdots&4\\0&1&2&\vdots&2\\0&0&(\lambda-1)(\lambda-2)&\vdots&(\lambda-3)(\lambda-4)\end{pmatrix}$$

如果线性方程组无解，则 $r(\boldsymbol{A})\neq r(\boldsymbol{A}\vdots\boldsymbol{b})$，由此可知 $\lambda=1$ 或 2. 实际上，$\lambda=1$ 或 2 时，$r(\boldsymbol{A})=2$，$r(\boldsymbol{A}\vdots\boldsymbol{b})=3$，故本题应选(B).

4. 设 $\boldsymbol{\alpha}_1=(1,0,1)$，$\boldsymbol{\alpha}_2=(0,1,0)$，$\boldsymbol{\alpha}_3=(0,0,1)$. 向量 $\boldsymbol{\beta}=(-1,-1,0)$ 可表示为 $\boldsymbol{\alpha}_1$，$\boldsymbol{\alpha}_2$，$\boldsymbol{\alpha}_3$ 的线性组合：$\boldsymbol{\beta}=a\boldsymbol{\alpha}_1+b\boldsymbol{\alpha}_2+c\boldsymbol{\alpha}_3$，则[　　].

(A) $a=-1$，$b=-1$，$c=-1$　　(B) $a=1$，$b=-1$，$c=-1$

(C) $a=-1$，$b=1$，$c=-1$　　(D) $a=-1$，$b=-1$，$c=1$

解: 由 $\boldsymbol{\beta}=a\boldsymbol{\alpha}_1+b\boldsymbol{\alpha}_2+c\boldsymbol{\alpha}_3$，有

$$\begin{aligned}(-1,-1,0)&=a(1,0,1)+b(0,1,0)+c(0,0,1)\\&=(a,b,a+c)\end{aligned}$$

所以 $a=-1$，$b=-1$，$a+c=0$，即 $a=-1$，$b=-1$，$c=1$. 故本题应选(D).

5. 设向量组 $\boldsymbol{\alpha}_1=(1,3,6,2)^{\mathrm{T}}$，$\boldsymbol{\alpha}_2=(2,1,2,-1)^{\mathrm{T}}$，$\boldsymbol{\alpha}_3=(1,-1,a,-2)^{\mathrm{T}}$ 线性相关，则 a 应满足条件[　　].

(A) $a=2$　　(B) $a\neq2$　　(C) $a=-2$　　(D) $a\neq-2$

解: 若 $\boldsymbol{\alpha}_1$，$\boldsymbol{\alpha}_2$，$\boldsymbol{\alpha}_3$ 线性相关，则线性方程组

$$k_1\boldsymbol{\alpha}_1+k_2\boldsymbol{\alpha}_2+k_3\boldsymbol{\alpha}_3=\boldsymbol{0}$$

应有非零解，即矩阵 $\boldsymbol{A}=(\boldsymbol{\alpha}_1,\boldsymbol{\alpha}_2,\boldsymbol{\alpha}_3)$ 的秩小于 3.

对 $\boldsymbol{A}$ 施以初等行变换

$$A=\begin{pmatrix}1&2&1\\3&1&-1\\6&2&a\\2&-1&-2\end{pmatrix}\longrightarrow\begin{pmatrix}1&2&1\\0&-5&-4\\0&-10&a-6\\0&-5&-4\end{pmatrix}\longrightarrow\begin{pmatrix}1&2&1\\0&-5&-4\\0&0&a+2\\0&0&0\end{pmatrix}$$

由此可知，$a=-2$ 时，$r(A)=2<3=$ 未知量个数. 故本题应选(C).

6. 设向量组 $\boldsymbol{\alpha}_1=(3,1,a)^{\mathrm{T}}$，$\boldsymbol{\alpha}_2=(4,a,0)^{\mathrm{T}}$，$\boldsymbol{\alpha}_3=(1,0,a)^{\mathrm{T}}$ 线性无关，则[　　].

(A) $a=0$ 或 2　　(B) $a\neq1$ 且 $a\neq-2$

(C) $a=1$ 或 -2　　(D) $a\neq0$ 且 $a\neq2$

解: $\boldsymbol{\alpha}_1$，$\boldsymbol{\alpha}_2$，$\boldsymbol{\alpha}_3$ 为三个三维向量，由

$$|\boldsymbol{\alpha}_1,\boldsymbol{\alpha}_2,\boldsymbol{\alpha}_3|=\begin{vmatrix}3&4&1\\1&a&0\\a&0&a\end{vmatrix}=2a(a-2)$$

可知，若 $\boldsymbol{\alpha}_1$，$\boldsymbol{\alpha}_2$，$\boldsymbol{\alpha}_3$ 线性无关，则 $|\boldsymbol{\alpha}_1,\boldsymbol{\alpha}_2,\boldsymbol{\alpha}_3|\neq0$，必有 $a\neq0$ 且 $a\neq2$. 故本题应选(D).

7. 设向量组 $\boldsymbol{\alpha}_1$，$\boldsymbol{\alpha}_2$，…，$\boldsymbol{\alpha}_s(s\geqslant2)$ 线性无关，则下列各结论中不正确的是[　　].

(A) $\boldsymbol{\alpha}_1$，$\boldsymbol{\alpha}_2$，…，$\boldsymbol{\alpha}_s$ 都不是零向量

(B) $\boldsymbol{\alpha}_1$，$\boldsymbol{\alpha}_2$，…，$\boldsymbol{\alpha}_s$ 中至少有一个向量可由其余向量线性表示

(C) $\boldsymbol{\alpha}_1$，$\boldsymbol{\alpha}_2$，…，$\boldsymbol{\alpha}_s$ 中任意两个向量都不成比例

(D) $\boldsymbol{\alpha}_1$，$\boldsymbol{\alpha}_2$，…，$\boldsymbol{\alpha}_s$ 中任一部分组线性无关

解: (A) 正确，实际上，若 $\boldsymbol{\alpha}_1$，$\boldsymbol{\alpha}_2$，…，$\boldsymbol{\alpha}_s$ 中有零向量，则 $\boldsymbol{\alpha}_1$，$\boldsymbol{\alpha}_2$，…，$\boldsymbol{\alpha}_s$ 线性相关. 与题设矛盾.

(B) 不妨设 $\boldsymbol{\alpha}_s$ 可由 $\boldsymbol{\alpha}_1$，$\boldsymbol{\alpha}_2$，…，$\boldsymbol{\alpha}_{s-1}$ 线性表示：

$$\boldsymbol{\alpha}_s=c_1\boldsymbol{\alpha}_1+c_2\boldsymbol{\alpha}_2+\cdots+c_{s-1}\boldsymbol{\alpha}_{s-1}$$

即
$$c_1\boldsymbol{\alpha}_1+c_2\boldsymbol{\alpha}_2+\cdots+c_{s-1}\boldsymbol{\alpha}_{s-1}-\boldsymbol{\alpha}_s=\mathbf{0}$$

所以 $\boldsymbol{\alpha}_1$，$\boldsymbol{\alpha}_2$，…，$\boldsymbol{\alpha}_s$ 线性相关，这与题设矛盾. 故(B) 不正确. 本题应选(B).

对于(C)，如果 $\boldsymbol{\alpha}_1$，$\boldsymbol{\alpha}_2$，…，$\boldsymbol{\alpha}_s$ 中有两个向量成比例. 不妨设 $\boldsymbol{\alpha}_1=k\boldsymbol{\alpha}_2(k\neq0)$，则 $\boldsymbol{\alpha}_1-k\boldsymbol{\alpha}_2=\mathbf{0}$，即

$$\boldsymbol{\alpha}_1-k\boldsymbol{\alpha}_2+0\boldsymbol{\alpha}_3+\cdots+0\boldsymbol{\alpha}_s=\mathbf{0}$$

于是 $\boldsymbol{\alpha}_1$，$\boldsymbol{\alpha}_2$，…，$\boldsymbol{\alpha}_s$ 线性相关，与题设矛盾. 故(C) 正确.

对于(D)，可由线性无关向量组的基本性质直接得到. 结论正确.

8. 向量组 $\boldsymbol{\alpha}_1$，$\boldsymbol{\alpha}_2$，…，$\boldsymbol{\alpha}_s(s\geqslant2)$ 线性相关的充分必要条件是[　　].

(A) $\boldsymbol{\alpha}_1$，$\boldsymbol{\alpha}_2$，…，$\boldsymbol{\alpha}_s$ 中至少有一个零向量

(B) $\boldsymbol{\alpha}_1$，$\boldsymbol{\alpha}_2$，…，$\boldsymbol{\alpha}_s$ 中任意一个向量可由其余向量线性表示

(C) $\boldsymbol{\alpha}_1$，$\boldsymbol{\alpha}_2$，…，$\boldsymbol{\alpha}_s$ 中至少有一个向量可由其余向量线性表示

(D) $\boldsymbol{\alpha}_1$，$\boldsymbol{\alpha}_2$，…，$\boldsymbol{\alpha}_s$ 中任意一个部分组线性相关

解: 向量组 $\boldsymbol{\alpha}_1$，$\boldsymbol{\alpha}_2$，…，$\boldsymbol{\alpha}_s$ 线性相关的充分必要条件是向量组中至少有一个向量可由其余向量线性表示. 故本题应选(C).

选项(A)，(B) 和(D) 只是向量组 $\boldsymbol{\alpha}_1$，$\boldsymbol{\alpha}_2$，…，$\boldsymbol{\alpha}_s$ 线性相关的充分条件，而非必要条件.

9. 向量组 $\boldsymbol{\alpha}_1$，$\boldsymbol{\alpha}_2$，…，$\boldsymbol{\alpha}_s(s\geqslant2)$ 线性无关的充分条件是[　　].

(A) $\boldsymbol{\alpha}_1$, $\boldsymbol{\alpha}_2$, …, $\boldsymbol{\alpha}_s$ 均不是零向量

(B) $\boldsymbol{\alpha}_1$, $\boldsymbol{\alpha}_2$, …, $\boldsymbol{\alpha}_s$ 中任意两个向量都不成比例

(C) $\boldsymbol{\alpha}_1$, $\boldsymbol{\alpha}_2$, …, $\boldsymbol{\alpha}_s$ 中任意一个向量均不能由其余 $s-1$ 个向量线性表示

(D) $\boldsymbol{\alpha}_1$, $\boldsymbol{\alpha}_2$, …, $\boldsymbol{\alpha}_s$ 中有一个部分组线性无关.

解: (A) 仅是向量组 $\boldsymbol{\alpha}_1$, $\boldsymbol{\alpha}_2$, …, $\boldsymbol{\alpha}_s$ 线性无关的必要条件，而不是充分条件. 如，向量 $\boldsymbol{\alpha}_1=(1, 1)$, $\boldsymbol{\alpha}_2=(1, 0)$, $\boldsymbol{\alpha}_3=(0, 1)$ 都不是零向量，但 $\boldsymbol{\alpha}_1$, $\boldsymbol{\alpha}_2$, $\boldsymbol{\alpha}_3$ 线性相关.

(B) 也是向量组线性无关的必要条件，而不是充分条件，即任何两个向量都不成比例，向量组仍可能线性相关

(C) 是正确的. 实际上，这一选项是上面第 8 题选项(C) 的逆否命题.

综上分析，本题应选(C).

(D) 是错误的. 如向量组 $\boldsymbol{\alpha}_1=(1, 0, 0)$, $\boldsymbol{\alpha}_2=(0, 1, 0)$, $\boldsymbol{\alpha}_3=(1, 1, 0)$ 中，部分组 $\boldsymbol{\alpha}_1$, $\boldsymbol{\alpha}_2$ 线性无关，但 $\boldsymbol{\alpha}_1$, $\boldsymbol{\alpha}_2$, $\boldsymbol{\alpha}_3$ 线性相关. 实际上，正确的说法是："$\boldsymbol{\alpha}_1$, $\boldsymbol{\alpha}_2$, …, $\boldsymbol{\alpha}_s$ 线性无关的充分条件是其任一部分组线性无关."

注释　向量组线性相关(无关)的充分条件、必要条件是本章学习的重点之一. 读者应熟悉以下结论:

(ⅰ) 向量组 $\boldsymbol{\alpha}_1$, $\boldsymbol{\alpha}_2$, …, $\boldsymbol{\alpha}_s$ 线性相关(线性无关)的充分必要条件是线性方程组 $x_1\boldsymbol{\alpha}_1+x_2\boldsymbol{\alpha}_2+\cdots+x_s\boldsymbol{\alpha}_s=\mathbf{0}$ 有非零解(仅有零解).

(ⅱ) 设 $\boldsymbol{\alpha}_1=(a_{11}, a_{12}, \cdots, a_{1n})$, $\boldsymbol{\alpha}_2=(a_{21}, a_{22}, \cdots, a_{2n})$, …, $\boldsymbol{\alpha}_n=(a_{n1}, a_{n2}, \cdots, a_{nn})$，则 $\boldsymbol{\alpha}_1$, $\boldsymbol{\alpha}_2$, …, $\boldsymbol{\alpha}_n$ 线性相关(线性无关)的充分必要条件是行列式

$$\begin{vmatrix} a_{11} & a_{12} & \cdots & a_{1n} \\ a_{21} & a_{22} & \cdots & a_{2n} \\ \vdots & \vdots & & \vdots \\ a_{n1} & a_{n2} & \cdots & a_{nn} \end{vmatrix}=0\ (\neq 0)$$

(ⅲ) 如果向量组 $\boldsymbol{\alpha}_1$, $\boldsymbol{\alpha}_2$, …, $\boldsymbol{\alpha}_s$ 线性无关，而 $\boldsymbol{\alpha}_1$, $\boldsymbol{\alpha}_2$, …, $\boldsymbol{\alpha}_s$, $\boldsymbol{\beta}$ 线性相关，则向量 $\boldsymbol{\beta}$ 可由向量组 $\boldsymbol{\alpha}_1$, $\boldsymbol{\alpha}_2$, …, $\boldsymbol{\alpha}_s$ 唯一线性表示.

(ⅳ) 向量组 $\boldsymbol{\alpha}_1$, $\boldsymbol{\alpha}_2$, …, $\boldsymbol{\alpha}_s$ $(s\geqslant 2)$ 线性相关的充分必要条件是其中有一个向量可由其他向量线性表示.

(ⅴ) 如果向量组中部分向量线性相关，则整个向量组必线性相关；如果向量组线性无关，则其任一部分组必线性无关.

(ⅵ) $n+1$ 个 n 维向量必线性相关.

(ⅶ) 含有零向量的向量组必线性相关.

(ⅷ) 单个非零向量必线性无关.

10. 已知向量组 $\boldsymbol{\alpha}_1=(1, 2, -1, 1)$, $\boldsymbol{\alpha}_2=(2, 0, t, 0)$, $\boldsymbol{\alpha}_3=(0, -4, 5, -2)$ 的秩为 2，则 $t=$[　　].

(A) 3　　(B) -3　　(C) 2　　(D) -2

解: 设矩阵 $\boldsymbol{A}=(\boldsymbol{\alpha}_1^{\mathrm{T}},\boldsymbol{\alpha}_2^{\mathrm{T}},\boldsymbol{\alpha}_3^{\mathrm{T}})$，对矩阵 $\boldsymbol{A}$ 施以初等行变换，将其化为阶梯形矩阵：

$$\boldsymbol{A}=\begin{pmatrix}1&2&0\\2&0&-4\\-1&t&5\\1&0&-2\end{pmatrix}\longrightarrow\begin{pmatrix}1&2&0\\0&1&1\\0&0&-t+3\\0&0&0\end{pmatrix}$$

所以 $\mathrm{r}(\boldsymbol{\alpha}_1,\boldsymbol{\alpha}_2,\boldsymbol{\alpha}_3)=2$ 时，必有 $t=3$. 故本题应选(A).

11. 向量组 $\boldsymbol{\alpha}_1,\boldsymbol{\alpha}_2,\cdots,\boldsymbol{\alpha}_s(s\geqslant 2)$ 的秩不为零的充分必要条件是[　　].

(A) $\boldsymbol{\alpha}_1,\boldsymbol{\alpha}_2,\cdots,\boldsymbol{\alpha}_s$ 中至少有一个非零向量

(B) $\boldsymbol{\alpha}_1,\boldsymbol{\alpha}_2,\cdots,\boldsymbol{\alpha}_s$ 全是非零向量

(C) $\boldsymbol{\alpha}_1,\boldsymbol{\alpha}_2,\cdots,\boldsymbol{\alpha}_s$ 线性无关

(D) $\boldsymbol{\alpha}_1,\boldsymbol{\alpha}_2,\cdots,\boldsymbol{\alpha}_s$ 线性相关

解: (A) 设 $\boldsymbol{\alpha}_1,\boldsymbol{\alpha}_2,\cdots,\boldsymbol{\alpha}_s$ 的秩不为零，则 $\boldsymbol{\alpha}_1,\boldsymbol{\alpha}_2,\cdots,\boldsymbol{\alpha}_s$ 中至少有一个向量不是零向量，否则，若 $\boldsymbol{\alpha}_1,\boldsymbol{\alpha}_2,\cdots,\boldsymbol{\alpha}_s$ 全为零向量，则 $\mathrm{r}(\boldsymbol{\alpha}_1,\boldsymbol{\alpha}_2,\cdots,\boldsymbol{\alpha}_s)=0$，与条件矛盾.

反之，若 $\boldsymbol{\alpha}_1,\boldsymbol{\alpha}_2,\cdots,\boldsymbol{\alpha}_s$ 中至少有一个非零向量，则 $\mathrm{r}(\boldsymbol{\alpha}_1,\boldsymbol{\alpha}_2,\cdots,\boldsymbol{\alpha}_s)\geqslant 1$. 故(A) 正确. 本题应选(A).

(B)，(C) 是 $\mathrm{r}(\boldsymbol{\alpha}_1,\boldsymbol{\alpha}_2,\cdots,\boldsymbol{\alpha}_s)\neq 0$ 的充分条件，但非必要条件；(D) 既不是充分条件，也不是必要条件. 例如，设 $\boldsymbol{\alpha}_1=\boldsymbol{\alpha}_2=\cdots=\boldsymbol{\alpha}_s=\boldsymbol{0}$，向量组 $\boldsymbol{\alpha}_1,\boldsymbol{\alpha}_2,\cdots,\boldsymbol{\alpha}_s$ 线性相关，但 $\mathrm{r}(\boldsymbol{\alpha}_1,\boldsymbol{\alpha}_2,\cdots,\boldsymbol{\alpha}_s)=0$，即(D) 不是充分条件. 若设 $\boldsymbol{\alpha}_1=(1,0,0)$，$\boldsymbol{\alpha}_2=(0,1,0)$，有 $\mathrm{r}(\boldsymbol{\alpha}_1,\boldsymbol{\alpha}_2)=2\neq 0$，而 $\boldsymbol{\alpha}_1,\boldsymbol{\alpha}_2$ 线性无关. 故(D) 也非必要条件.

12. 向量组 $\boldsymbol{\alpha}_1,\boldsymbol{\alpha}_2,\cdots,\boldsymbol{\alpha}_s$ 的秩为 $r(s>r\geqslant 1)$，则下述四个结论中，正确的为[　　].

① $\boldsymbol{\alpha}_1,\boldsymbol{\alpha}_2,\cdots,\boldsymbol{\alpha}_s$ 中至少有一个含 r 个向量的部分组线性无关

② $\boldsymbol{\alpha}_1,\boldsymbol{\alpha}_2,\cdots,\boldsymbol{\alpha}_s$ 中任意含 r 个向量的线性无关部分组与 $\boldsymbol{\alpha}_1,\boldsymbol{\alpha}_2,\cdots,\boldsymbol{\alpha}_s$ 可相互线性表示

③ $\boldsymbol{\alpha}_1,\boldsymbol{\alpha}_2,\cdots,\boldsymbol{\alpha}_s$ 中任意含 r 个向量的部分组皆线性无关

④ $\boldsymbol{\alpha}_1,\boldsymbol{\alpha}_2,\cdots,\boldsymbol{\alpha}_s$ 中任意含 $r+1$ 个向量的部分组皆线性相关

(A) ①，②，③　　　　(B) ①，②，④

(C) ①，③，④　　　　(D) ②，③，④

解: ① 设 $\mathrm{r}(\boldsymbol{\alpha}_1,\boldsymbol{\alpha}_2,\cdots,\boldsymbol{\alpha}_s)=r$，则向量组 $\boldsymbol{\alpha}_1,\boldsymbol{\alpha}_2,\cdots,\boldsymbol{\alpha}_s$ 的极大无关组中一定含有 r 个线性无关的向量. 故结论 ① 正确.

② 设 $\mathrm{r}(\boldsymbol{\alpha}_1,\boldsymbol{\alpha}_2,\cdots,\boldsymbol{\alpha}_s)=r$，则任意含 r 个向量的线性无关部分组就是 $\boldsymbol{\alpha}_1,\boldsymbol{\alpha}_2,\cdots,\boldsymbol{\alpha}_s$ 的一个极大无关组. 因此可与 $\boldsymbol{\alpha}_1,\boldsymbol{\alpha}_2,\cdots,\boldsymbol{\alpha}_s$ 相互线性表示，故结论 ② 正确.

③ 不正确. 例如，向量组 $\boldsymbol{\alpha}_1=(1,0,0)$，$\boldsymbol{\alpha}_2=(2,0,0)$，$\boldsymbol{\alpha}_3=(0,1,0)$. 不难看出 $\mathrm{r}(\boldsymbol{\alpha}_1,\boldsymbol{\alpha}_2,\boldsymbol{\alpha}_3)=2$，但含两个向量的部分组 $\boldsymbol{\alpha}_1=(1,0,0)$，$\boldsymbol{\alpha}_2=(2,0,0)$ 却线性相关。

④ 如果 $\mathrm{r}(\boldsymbol{\alpha}_1,\boldsymbol{\alpha}_2,\cdots,\boldsymbol{\alpha}_s)=r$，根据定义，向量组 $\boldsymbol{\alpha}_1,\boldsymbol{\alpha}_2,\cdots,\boldsymbol{\alpha}_s$ 中至少有一个含 r 个向量的部分组线性无关，且任意含 $r+1$ 个向量的部分组都线性相关. 故 ④ 正确.

综上分析，本题应选(B).

13. 设 $\boldsymbol{A}$ 为 n 阶矩阵，且 $|\boldsymbol{A}|=0$，则[　　].

(A) $\boldsymbol{A}$ 的列秩等于零

(B) $\boldsymbol{A}$ 的秩为零

(C) $\boldsymbol{A}$ 的任一列向量可由其他列向量线性表示

(D) $\boldsymbol{A}$ 中必有一列向量可由其他列向量线性表示

解： 若 $|\boldsymbol{A}|=0$，则 $\mathrm{r}(\boldsymbol{A})<n$，未必有 $\mathrm{r}(\boldsymbol{A})=0$. 又矩阵 $\boldsymbol{A}$ 的秩等于其列秩，所以 $\boldsymbol{A}$ 的列秩未必等于零. 例如，设

$$\boldsymbol{A}=\begin{pmatrix}1 & 1\\ 2 & 2\end{pmatrix}$$

则 $|\boldsymbol{A}|=0$，但 $\mathrm{r}(\boldsymbol{A})=1\neq 0$；$\boldsymbol{A}$ 的列秩为 1，也不等于零. 故(A)，(B) 不正确.

由 $|\boldsymbol{A}|=0$，可知 $\boldsymbol{A}$ 的列向量组线性相关. 所以 $\boldsymbol{A}$ 中必有一列向量可由其他列向量线性表示. 故(C) 不正确，(D) 正确.

综上分析，本题应选(D).

14. 设 $\boldsymbol{A}$ 为 n 阶矩阵. 下列结论中不正确的是[　　].

(A) $\boldsymbol{A}$ 可逆的充分必要条件是 $\mathrm{r}(\boldsymbol{A})=n$

(B) $\boldsymbol{A}$ 可逆的充分必要条件是 $\boldsymbol{A}$ 的列秩为 n

(C) $\boldsymbol{A}$ 可逆的充分必要条件是 $\boldsymbol{A}$ 的每一行向量都是非零向量

(D) $\boldsymbol{A}$ 可逆的充分必要条件是当 $\boldsymbol{x}\neq\boldsymbol{0}$ 时，$\boldsymbol{Ax}\neq\boldsymbol{0}$，其中 $\boldsymbol{x}=(x_1,x_2,\cdots,x_n)^{\mathrm{T}}$

解： n 阶矩阵 $\boldsymbol{A}$ 可逆的充分必要条件是 $|\boldsymbol{A}|\neq 0$，而 $|\boldsymbol{A}|\neq 0$ 的充分必要条件是 $\mathrm{r}(\boldsymbol{A})=n$ 或 $\boldsymbol{A}$ 的列秩为 n，故(A)、(B) 均正确.

(C) $\boldsymbol{A}$ 的每一行向量都是非零向量是 $\boldsymbol{A}$ 可逆的必要条件，但不是充分条件. 故(C) 不正确，本题应选(C).

对于(D)，若 $\boldsymbol{A}$ 可逆，则齐次线性方程组 $\boldsymbol{Ax}=\boldsymbol{0}$ 仅有零解，即对于任意的 $\boldsymbol{x}=(x_1,x_2,\cdots,x_n)^{\mathrm{T}}\neq\boldsymbol{0}$，必有 $\boldsymbol{Ax}\neq\boldsymbol{0}$. 反之，若当 $\boldsymbol{x}=(x_1,x_2,\cdots,x_n)^{\mathrm{T}}\neq\boldsymbol{0}$ 时，有 $\boldsymbol{Ax}\neq\boldsymbol{0}$，则齐次线性方程组仅有零解，所以必有 $\mathrm{r}(\boldsymbol{A})=n$，即矩阵 $\boldsymbol{A}$ 可逆，这说明(D) 亦正确.

15. 设矩阵 $\boldsymbol{A}_{m\times n}$ 的秩 $\mathrm{r}(\boldsymbol{A})=r\ (0\leqslant r<n)$，则下述结论中不正确的是[　　].

(A) 齐次线性方程组 $\boldsymbol{Ax}=\boldsymbol{0}$ 的任何一个基础解系中都含有 $n-r$ 个线性无关的解向量

(B) 若 $\boldsymbol{X}$ 为 $n\times s$ 矩阵，且 $\boldsymbol{AX}=\boldsymbol{O}$，则 $\mathrm{r}(\boldsymbol{X})\leqslant n-r$

(C) $\boldsymbol{\beta}$ 为一 m 维列向量，$\mathrm{r}(\boldsymbol{A},\boldsymbol{\beta})=r$，则 $\boldsymbol{\beta}$ 可由 $\boldsymbol{A}$ 的列向量组线性表示

(D) 非齐次线性方程组 $\boldsymbol{Ax}=\boldsymbol{b}$ 必有无穷多解

解： (A) 因为 $\mathrm{r}(\boldsymbol{A})=r<n$，因此可知，齐次线性方程组 $\boldsymbol{Ax}=\boldsymbol{0}$ 存在基础解系，且每个基础解系中都含有 $n-r$ 个线性无关的解向量. 故(A) 正确.

(B) 若 $\boldsymbol{AX}=\boldsymbol{O}$，则 $\mathrm{r}(\boldsymbol{A})+\mathrm{r}(\boldsymbol{X})\leqslant n$，即 $\mathrm{r}(\boldsymbol{X})\leqslant n-\mathrm{r}(\boldsymbol{A})=n-r$. 故(B) 正确.

(C) 由 $\mathrm{r}(\boldsymbol{A})=r$，$\mathrm{r}(\boldsymbol{A},\boldsymbol{\beta})=r$，可知线性方程组 $\boldsymbol{Ax}=\boldsymbol{\beta}$ 有解，即存在 $x_1,x_2,\cdots,x_n$，满足

$$x_1\boldsymbol{\alpha}_1+x_2\boldsymbol{\alpha}_2+\cdots+x_n\boldsymbol{\alpha}_n=\boldsymbol{\beta}$$

其中 $\boldsymbol{\alpha}_1,\boldsymbol{\alpha}_2,\cdots,\boldsymbol{\alpha}_n$ 为 $\boldsymbol{A}$ 的列向量组. 故(C) 正确.

综上分析，本题应选(D)，实际上，仅由 $\mathrm{r}(\boldsymbol{A})=r<n$，不一定可推得 $\mathrm{r}(\boldsymbol{A},\boldsymbol{b})=\mathrm{r}(\boldsymbol{A})=r$，即线性方程组 $\boldsymbol{Ax}=\boldsymbol{b}$ 未必有解.

16. 设 $\boldsymbol{A}$ 为 $m\times n$ 矩阵，线性方程组 $\boldsymbol{Ax}=\boldsymbol{b}$ 对应的导出组为 $\boldsymbol{Ax}=\boldsymbol{0}$，则下列结论中正

确的是[　　].

(A) 若 $\boldsymbol{Ax}=\boldsymbol{0}$ 仅有零解，则 $\boldsymbol{Ax}=\boldsymbol{b}$ 有唯一解

(B) 若 $\boldsymbol{Ax}=\boldsymbol{0}$ 有非零解，则 $\boldsymbol{Ax}=\boldsymbol{b}$ 有无穷多解

(C) 若 $\boldsymbol{Ax}=\boldsymbol{b}$ 有无穷多解，则 $\boldsymbol{Ax}=\boldsymbol{0}$ 有非零解

(D) 若 $\boldsymbol{Ax}=\boldsymbol{b}$ 有无穷多解，则 $\boldsymbol{Ax}=\boldsymbol{0}$ 仅有零解

解： 对选项(A)，方程组 $\boldsymbol{Ax}=\boldsymbol{0}$ 仅有零解的充分必要条件是 $r(\boldsymbol{A})=n$，但由 $r(\boldsymbol{A})=n$ 未必能推导出 $r(\boldsymbol{A}\,\vdots\,\boldsymbol{b})=n$ 的结论. 例如，齐次线性方程组

$$\begin{cases}x_1-x_2=0\\x_1+2x_2=0\\2x_1+x_2=0\end{cases}$$

仅有零解，但线性方程组

$$\begin{cases}x_1-x_2=1\\x_1+2x_2=1\\2x_1+x_2=1\end{cases}$$

却无解，故(A) 不正确.

对选项(B)，方程组 $\boldsymbol{Ax}=\boldsymbol{0}$ 有非零解，则 $r(\boldsymbol{A})<n$，但不能由此得到 $r(\boldsymbol{A})=r(\boldsymbol{A}\,\vdots\,\boldsymbol{b})<n$，故(B) 错.

对选项(C)，方程组 $\boldsymbol{Ax}=\boldsymbol{b}$ 有无穷多解的充分必要条件是 $r(\boldsymbol{A})=r(\boldsymbol{A}\,\vdots\,\boldsymbol{b})<n$. 由 $r(\boldsymbol{A})<n$ 可知方程组 $\boldsymbol{Ax}=\boldsymbol{0}$ 有非零解，因此(C) 正确，(D) 不正确.

故本题应选(C).

17. 设矩阵 $\boldsymbol{A}=(a_{ij})_{m\times n}$，$\boldsymbol{Ax}=\boldsymbol{0}$ 仅有零解的充分必要条件是[　　].

(A) $\boldsymbol{A}$ 的列向量组线性无关

(B) $\boldsymbol{A}$ 的列向量组线性相关

(C) $\boldsymbol{A}$ 的行向量组线性无关

(D) $\boldsymbol{A}$ 的行向量组线性相关

解： 齐次线性方程组 $\boldsymbol{Ax}=\boldsymbol{0}$ 仅有零解的充分必要条件是 $r(\boldsymbol{A})=n$. 记 $\boldsymbol{A}=(\boldsymbol{\alpha}_1,\boldsymbol{\alpha}_2,\cdots,\boldsymbol{\alpha}_n)$，其中 $\boldsymbol{\alpha}_j(1\leqslant j\leqslant n)$ 是矩阵 $\boldsymbol{A}$ 的第 j 列，则可看出：$r(\boldsymbol{A})=n$ 的充分必要条件是 $\boldsymbol{\alpha}_1,\boldsymbol{\alpha}_2,\cdots,\boldsymbol{\alpha}_n$ 线性无关. 故(A) 正确. 而(B)、(C)、(D) 既不是充分条件，也不是必要条件. 因此本题应选(A).

18. 四元线性方程组 $\begin{cases}x_1+x_4=0\\x_2=0\\x_1-x_4=0\end{cases}$ 的基础解系是[　　].

(A) $(0,0,0,0)^{\mathrm{T}}$　　　　(B) $(0,0,2,0)^{\mathrm{T}}$

(C) $(1,0,-1)^{\mathrm{T}}$　　　　(D) $(0,0,2,0)^{\mathrm{T}}$ 和 $(0,0,0,1)^{\mathrm{T}}$

解： 对方程组的系数矩阵施以初等行变换，化为阶梯形矩阵

$$\boldsymbol{A}=\begin{pmatrix}1&0&0&1\\0&1&0&0\\1&0&0&-1\end{pmatrix}\longrightarrow\begin{pmatrix}1&0&0&1\\0&1&0&0\\0&0&0&-2\end{pmatrix}\longrightarrow\begin{pmatrix}1&0&0&0\\0&1&0&0\\0&0&0&1\end{pmatrix}$$

$\mathrm{r}(\boldsymbol{A})=3<4=$ 未知量个数，原方程组的基础解系只含有一个解向量. 由此可知选项(D)是错误的. 选 x_3 为自由未知量，原方程组可化为

$$\begin{cases}x_1=0\\x_2=0\\x_4=0\end{cases}$$

当取 $x_3=2$ 时，得到原方程组的一个基础解系为

$$\boldsymbol{\xi}_1=(0,\ 0,\ 2,\ 0)^{\mathrm{T}}$$

故本题应选(B).

选项(A)虽然也是原方程组的一个解，但不是基础解系.

选项(C)是一个三维向量，根本不是原方程组的解.

19. 设齐次线性方程组 $\boldsymbol{Ax}=\boldsymbol{0}$，其中 $\boldsymbol{A}$ 为 $m\times n$ 矩阵，且 $\mathrm{r}(\boldsymbol{A})=n-3$. $\boldsymbol{\xi}_1$，$\boldsymbol{\xi}_2$，$\boldsymbol{\xi}_3$ 是方程组的三个线性无关的解向量，则 $\boldsymbol{Ax}=\boldsymbol{0}$ 的基础解系为[　　].

(A) $\boldsymbol{\xi}_1$，$\boldsymbol{\xi}_2+\boldsymbol{\xi}_3$　　(B) $\boldsymbol{\xi}_1$，$\boldsymbol{\xi}_1+\boldsymbol{\xi}_2$，$\boldsymbol{\xi}_1+\boldsymbol{\xi}_2+\boldsymbol{\xi}_3$

(C) $\boldsymbol{\xi}_1-\boldsymbol{\xi}_2$，$\boldsymbol{\xi}_2-\boldsymbol{\xi}_3$，$\boldsymbol{\xi}_3-\boldsymbol{\xi}_1$　　(D) $\boldsymbol{\xi}_3-\boldsymbol{\xi}_2-\boldsymbol{\xi}_1$，$\boldsymbol{\xi}_3+\boldsymbol{\xi}_2+\boldsymbol{\xi}_1$，$-2\boldsymbol{\xi}_3$

解： 由 $\mathrm{r}(\boldsymbol{A})=n-3<n$，方程组 $\boldsymbol{Ax}=\boldsymbol{0}$ 存在基础解系，且基础解系中应含有 $n-(n-3)=3$ 个线性无关的解向量. 故可直接排除选项(A).

根据齐次线性方程组解的性质，(B)、(C)、(D)中的向量都是方程组的解，故只需验证各向量组是否线性无关.

对于(C)，有

$$(\boldsymbol{\xi}_1-\boldsymbol{\xi}_2)+(\boldsymbol{\xi}_2-\boldsymbol{\xi}_3)+(\boldsymbol{\xi}_3-\boldsymbol{\xi}_1)=\boldsymbol{0}$$

即(C)中的向量组线性相关.

对于(D)，有

$$(\boldsymbol{\xi}_3-\boldsymbol{\xi}_2-\boldsymbol{\xi}_1)+(\boldsymbol{\xi}_3+\boldsymbol{\xi}_2+\boldsymbol{\xi}_1)-2\boldsymbol{\xi}_3=\boldsymbol{0}$$

即(D)中的向量组线性相关.

因此，本题只能选(B)，不难证明，(B)中的三个向量确实是线性无关的(请读者自证).

※**20.** 在投入产出表中，有以下关系式：

① $\sum\limits_{j=1}^{n}x_{kj}=\sum\limits_{i=1}^{n}x_{ik}\quad(k=1,\ 2,\ \cdots,\ n)$

② $y_k=z_k\quad(k=1,\ 2,\ \cdots,\ n)$

③ $\sum\limits_{i=1}^{n}y_i=\sum\limits_{j=1}^{n}z_j$

④ $\sum\limits_{j=1}^{n}x_{kj}+y_k=\sum\limits_{i=1}^{n}x_{ik}+z_k\quad(k=1,\ 2,\ \cdots,\ n)$

其中正确的是[　　].

(A) ①，②　　(B) ③，④

(C) ①，③　　(D) ②，④

解： ① $\sum\limits_{j=1}^{n}x_{kj}$ 是投入产出表第Ⅰ象限中第 k 部门分配给各部门用于生产消耗的产品

(价值)之和，而$\sum_{i=1}^{n} x_{ik}$是第Ⅰ象限中第k列，即第k个部门对所有生产部门的消耗量之和，因而二者是不相等的. 故不正确.

② 由 $y_k = x_k - \sum_{j=1}^{n} x_{kj}$ 及 $z_k = x_k - \sum_{i=1}^{n} x_{ik}$，又由 ① 知

$$\sum_{j=1}^{n} x_{kj} \neq \sum_{i=1}^{n} x_{ik}$$

所以 $y_k \neq z_k$. 故 ② 不正确. 因此，可判断本题应选(B). 实际上，对于 ③，因为

$$\begin{aligned}\sum_{i=1}^{n} y_i &= \sum_{j=1}^{n} y_i \\ &= \sum_{j=1}^{n} \left(x_j - \sum_{k=1}^{n} x_{jk}\right) = \sum_{j=1}^{n} x_j - \sum_{j=1}^{n} \sum_{k=1}^{n} x_{jk}\end{aligned}$$

$$\sum_{j=1}^{n} z_j = \sum_{j=1}^{n} \left(x_j - \sum_{i=1}^{n} x_{ij}\right) = \sum_{j=1}^{n} x_j - \sum_{j=1}^{n} \sum_{i=1}^{n} x_{ij}$$

且$\sum_{j=1}^{n} \sum_{k=1}^{n} x_{jk} = \sum_{j=1}^{n} \sum_{i=1}^{n} x_{ij}$，所以

$$\sum_{i=1}^{n} y_i = \sum_{j=1}^{n} z_j$$

对于 ④，由于

$$x_k = \sum_{j=1}^{n} x_{kj} + y_k$$

$$x_k = \sum_{i=1}^{n} x_{ik} + z_k$$

所以

$$\sum_{j=1}^{n} x_{kj} + y_k = \sum_{i=1}^{n} x_{ik} + z_k$$

由以上分析知本题中只有结论 ③ 和 ④ 正确. 故本题应选(B).

(二)参考题(附解答)

(A)

1. 已知线性方程组

$$\begin{cases} x_1 + x_2 + \lambda x_3 = 4 \\ x_1 - x_2 + 2x_3 = -4 \\ -x_1 + \lambda x_2 + x_3 = \lambda^2 \end{cases}$$

λ取何值时，方程组无解、有唯一解和无穷多解？在方程组有无穷多解时，求出方程组的全

部解.

解： 对方程组的增广矩阵施以初等行变换，化为阶梯形矩阵：

$$(\boldsymbol{A} \mid \boldsymbol{b})=\left(\begin{array}{ccc:c}1 & 1 & \lambda & 4 \\ 1 & -1 & 2 & -4 \\ -1 & \lambda & 1 & \lambda^2\end{array}\right) \longrightarrow\left(\begin{array}{ccc:c}1 & 1 & \lambda & 4 \\ 0 & -2 & 2-\lambda & -8 \\ 0 & \lambda+1 & \lambda+1 & \lambda^2+4\end{array}\right)$$

$$\longrightarrow\left(\begin{array}{ccc:c}1 & 1 & \lambda & 4 \\ 0 & -2 & 2-\lambda & -8 \\ 0 & 0 & -\frac{1}{2}(\lambda+1)(\lambda-4) & \lambda(\lambda-4)\end{array}\right) \qquad (*)$$

当 $\lambda=-1$ 时，$\mathrm{r}(\boldsymbol{A})=2$，$\mathrm{r}(\boldsymbol{A} \mid \boldsymbol{b})=3$，方程组无解.

当 $\lambda\neq-1$ 且 $\lambda\neq4$ 时，$\mathrm{r}(\boldsymbol{A})=\mathrm{r}(\boldsymbol{A} \mid \boldsymbol{b})=3$，方程组有唯一解.

当 $\lambda=4$ 时，$\mathrm{r}(\boldsymbol{A})=\mathrm{r}(\boldsymbol{A} \mid \boldsymbol{b})=2<3$，方程组有无穷多解. 对上面最后一个矩阵（$*$）继续施以初等行变换，化为简化的阶梯形矩阵：

$$\left(\begin{array}{ccc:c}1 & 1 & 4 & 4 \\ 0 & -2 & -2 & -8 \\ 0 & 0 & 0 & 0\end{array}\right) \longrightarrow\left(\begin{array}{ccc:c}1 & 0 & 3 & 0 \\ 0 & 1 & 1 & 4 \\ 0 & 0 & 0 & 0\end{array}\right)$$

由此可知，与原方程组同解的方程组为

$$\begin{cases}x_1=-3x_3 \\ x_2=4-x_3\end{cases}$$

令自由未知量 $x_3=c$，则原方程组的全部解为

$$\begin{cases}x_1=-3c \\ x_2=4-c \quad (c\text{ 为任意常数}) \\ x_3=c\end{cases}$$

2. 设向量 $\boldsymbol{\alpha}_1=(1,2,3)^{\mathrm{T}}$，$\boldsymbol{\alpha}_2=(2,3,a+3)^{\mathrm{T}}$，$\boldsymbol{\alpha}_3=(1,a+2,a)^{\mathrm{T}}$，$\boldsymbol{\beta}=(1,3,3)^{\mathrm{T}}$. 试讨论当 a 为何值时，

(1) $\boldsymbol{\beta}$ 不能由 $\boldsymbol{\alpha}_1$，$\boldsymbol{\alpha}_2$，$\boldsymbol{\alpha}_3$ 线性表示.

(2) $\boldsymbol{\beta}$ 可由 $\boldsymbol{\alpha}_1$，$\boldsymbol{\alpha}_2$，$\boldsymbol{\alpha}_3$ 唯一地线性表示，并求出表示式.

(3) $\boldsymbol{\beta}$ 可由 $\boldsymbol{\alpha}_1$，$\boldsymbol{\alpha}_2$，$\boldsymbol{\alpha}_3$ 线性表示，但表示法不唯一，并求出表示式.

解： 设有数 k_1，k_2，k_3，使得

$$k_1\boldsymbol{\alpha}_1+k_2\boldsymbol{\alpha}_2+k_3\boldsymbol{\alpha}_3=\boldsymbol{\beta} \qquad ①$$

记矩阵 $\boldsymbol{A}=(\boldsymbol{\alpha}_1,\boldsymbol{\alpha}_2,\boldsymbol{\alpha}_3)$，对矩阵 $(\boldsymbol{A} \mid \boldsymbol{\beta})$ 施以初等行变换，化为阶梯形矩阵：

$$(\boldsymbol{A} \mid \boldsymbol{\beta})=\left(\begin{array}{ccc:c}1 & 2 & 1 & 1 \\ 2 & 3 & a+2 & 3 \\ 3 & a+3 & a & 3\end{array}\right) \longrightarrow\left(\begin{array}{ccc:c}1 & 2 & 1 & 1 \\ 0 & -1 & a & 1 \\ 0 & a-3 & a-3 & 0\end{array}\right)$$

$$\longrightarrow\left(\begin{array}{ccc:c}1 & 2 & 1 & 1 \\ 0 & -1 & a & 1 \\ 0 & 0 & (a-3)(a+1) & a-3\end{array}\right)$$

由此看出：

(1) 当 $a=-1$ 时，$r(\boldsymbol{A})=2$，$r(\boldsymbol{A} \vdots \boldsymbol{\beta})=3$，线性方程组①无解，即 $\boldsymbol{\beta}$ 不能由 $\boldsymbol{\alpha}_1$，$\boldsymbol{\alpha}_2$，$\boldsymbol{\alpha}_3$ 线性表示.

(2) 当 $a\neq-1$ 且 $a\neq3$ 时，$r(\boldsymbol{A})=r(\boldsymbol{A} \vdots \boldsymbol{\beta})=3$，线性方程组①有唯一解，由上面最后一个矩阵可求得 $k_1=\frac{a+2}{a+1}$，$k_2=-\frac{1}{a+1}$，$k_3=\frac{1}{a+1}$. 所以，$\boldsymbol{\beta}$ 可由 $\boldsymbol{\alpha}_1$，$\boldsymbol{\alpha}_2$，$\boldsymbol{\alpha}_3$ 唯一地线性表示，即

$$\boldsymbol{\beta}=\frac{a+2}{a+1}\boldsymbol{\alpha}_1-\frac{1}{a+1}\boldsymbol{\alpha}_2+\frac{1}{a+1}\boldsymbol{\alpha}_3$$

(3) 当 $a=3$ 时，$r(\boldsymbol{A})=r(\boldsymbol{A} \vdots \boldsymbol{\beta})=2<3$，线性方程组①有无穷多解. 对上面最后一个矩阵继续施以初等行变换，有

$$(\boldsymbol{A} \vdots \boldsymbol{\beta})\longrightarrow\left(\begin{array}{ccc:c}1 & 0 & 7 & 3\\0 & 1 & -3 & -1\\0 & 0 & 0 & 0\end{array}\right)$$

于是可得

$$k_1=3-7c,\ k_2=-1+3c,\ k_3=c\quad(c\text{ 为任意常数})$$

此时，$\boldsymbol{\beta}$ 可由 $\boldsymbol{\alpha}_1$，$\boldsymbol{\alpha}_2$，$\boldsymbol{\alpha}_3$ 线性表示，但表示式不唯一，即有

$$\boldsymbol{\beta}=(3-7c)\boldsymbol{\alpha}_1+(-1+3c)\boldsymbol{\alpha}_2+c\boldsymbol{\alpha}_3\quad(c\text{ 为任意常数})$$

3. 设有向量组(Ⅰ)：$\boldsymbol{\alpha}_1=(1,3,4)^{\mathrm{T}}$，$\boldsymbol{\alpha}_2=(1,1,2)^{\mathrm{T}}$和向量组(Ⅱ)：$\boldsymbol{\beta}_1=(4,5,9)^{\mathrm{T}}$，$\boldsymbol{\beta}_2=(-1,1,a)^{\mathrm{T}}$. 试问：$a$ 为何值时，向量组(Ⅰ)与(Ⅱ)等价？当两个向量组等价时，求出它们相互表示的表示式.

分析： 只需讨论 a 为何值时，向量组(Ⅰ)和(Ⅱ)可以相互线性表示. 为此，需判断 a 为何值时，线性方程组

$$x_1\boldsymbol{\alpha}_1+x_2\boldsymbol{\alpha}_2=\boldsymbol{\beta}_i\quad(i=1,2)$$

有解，同时判断 α 为何值时线性方程组

$$y_1\boldsymbol{\beta}_1+y_2\boldsymbol{\beta}_2=\boldsymbol{\alpha}_j\quad(j=1,2)$$

也有解. 为了简便，可以直接对矩阵 $(\boldsymbol{\alpha}_1,\boldsymbol{\alpha}_2,\boldsymbol{\beta}_1,\boldsymbol{\beta}_2)$ 施以初等行变换，将其化为阶梯形矩阵.

解： 设矩阵 $\boldsymbol{A}=(\boldsymbol{\alpha}_1,\boldsymbol{\alpha}_2,\boldsymbol{\beta}_1,\boldsymbol{\beta}_2)$，对 $\boldsymbol{A}$ 施以初等行变换：

$$\boldsymbol{A}=\left(\begin{array}{cc:cc}1 & 1 & 4 & -1\\3 & 1 & 5 & 1\\4 & 2 & 9 & a\end{array}\right)\longrightarrow\left(\begin{array}{cc:cc}1 & 1 & 4 & -1\\0 & -2 & -7 & 4\\0 & -2 & -7 & a+4\end{array}\right)$$

$$\longrightarrow\left(\begin{array}{cc:cc}1 & 1 & 4 & -1\\0 & 1 & \frac{7}{2} & -2\\0 & 0 & 0 & a\end{array}\right)\tag{$*$}$$

由上面最后一个矩阵($*$)可知，当 $a=0$ 时，$r(\boldsymbol{\alpha}_1,\boldsymbol{\alpha}_2)=r(\boldsymbol{\alpha}_1,\boldsymbol{\alpha}_2,\boldsymbol{\beta}_1,\boldsymbol{\beta}_2)$，所以 $\boldsymbol{\beta}_1$，

$\boldsymbol{\beta}_2$ 可由 $\boldsymbol{\alpha}_1$，$\boldsymbol{\alpha}_2$ 线性表示. 对矩阵（∗）继续施以初等行变换，将 $\boldsymbol{A}$ 化为简化的阶梯形矩阵：

$$\boldsymbol{A}\longrightarrow\left(\begin{array}{cc:cc}1&0&\frac{1}{2}&1\\0&1&\frac{7}{2}&-2\\0&0&0&0\end{array}\right)$$

由此可得 $\boldsymbol{\beta}_1=\frac{1}{2}\boldsymbol{\alpha}_1+\frac{7}{2}\boldsymbol{\alpha}_2$，$\boldsymbol{\beta}_2=\boldsymbol{\alpha}_1-2\boldsymbol{\alpha}_2$.

类似地，当 $a=0$ 时，对 $\boldsymbol{A}$ 施以初等行变换，将 $\boldsymbol{\beta}_1$，$\boldsymbol{\beta}_2$ 所在的列化为单位向量：

$$\boldsymbol{A}=\left(\begin{array}{cc:cc}1&1&4&-1\\3&1&5&1\\4&2&9&0\end{array}\right)\longrightarrow\left(\begin{array}{cc:cc}4&2&9&0\\3&1&5&1\\4&2&9&0\end{array}\right)\longrightarrow\left(\begin{array}{cc:cc}\frac{4}{9}&\frac{2}{9}&1&0\\\frac{7}{9}&-\frac{1}{9}&0&1\\0&0&0&0\end{array}\right)$$

由此可得 $r(\boldsymbol{\beta}_1,\boldsymbol{\beta}_2)=r(\boldsymbol{\alpha}_1,\boldsymbol{\alpha}_2,\boldsymbol{\beta}_1,\boldsymbol{\beta}_2)$. 所以 $\boldsymbol{\alpha}_1$，$\boldsymbol{\alpha}_2$ 可由 $\boldsymbol{\beta}_1$，$\boldsymbol{\beta}_2$ 线性表示，且

$$\boldsymbol{\alpha}_1=\frac{4}{9}\boldsymbol{\beta}_1+\frac{7}{9}\boldsymbol{\beta}_2,\ \boldsymbol{\alpha}_2=\frac{2}{9}\boldsymbol{\beta}_1-\frac{1}{9}\boldsymbol{\beta}_2$$

当 $a=0$ 时，两个向量组可以相互线性表示. 故向量组（Ⅰ）和（Ⅱ）等价.

4. 设向量组 $\boldsymbol{\alpha}_1=(1+a,1,1,1)^T$，$\boldsymbol{\alpha}_2=(2,2+a,2,2)^T$，$\boldsymbol{\alpha}_3=(3,3,3+a,3)^T$，$\boldsymbol{\alpha}_4=(4,4,4,4+a)^T$. 问 a 为何值时，$\boldsymbol{\alpha}_1$，$\boldsymbol{\alpha}_2$，$\boldsymbol{\alpha}_3$，$\boldsymbol{\alpha}_4$ 线性相关？当 $\boldsymbol{\alpha}_1$，$\boldsymbol{\alpha}_2$，$\boldsymbol{\alpha}_3$，$\boldsymbol{\alpha}_4$ 线性相关时，求其一个极大线性无关组，并将其余向量用该极大线性无关组线性表示.

解： 方法 1　记矩阵 $\boldsymbol{A}=(\boldsymbol{\alpha}_1,\boldsymbol{\alpha}_2,\boldsymbol{\alpha}_3,\boldsymbol{\alpha}_4)$，对 $\boldsymbol{A}$ 施以初等行变换，化为阶梯形矩阵：

$$\boldsymbol{A}=\begin{pmatrix}1+a&2&3&4\\1&2+a&3&4\\1&2&3+a&4\\1&2&3&4+a\end{pmatrix}\longrightarrow\begin{pmatrix}1&2&3&4+a\\0&a&0&-a\\0&0&a&-a\\0&-2a&-3a&-a^2-5a\end{pmatrix}$$

$$\longrightarrow\begin{pmatrix}1&2&3&4+a\\0&a&0&-a\\0&0&a&-a\\0&0&0&-a(a+10)\end{pmatrix}\qquad(*)$$

当 $a=0$ 时，$r(\boldsymbol{A})=r(\boldsymbol{\alpha}_1,\boldsymbol{\alpha}_2,\boldsymbol{\alpha}_3,\boldsymbol{\alpha}_4)=1$. 因此 $\boldsymbol{\alpha}_1$，$\boldsymbol{\alpha}_2$，$\boldsymbol{\alpha}_3$，$\boldsymbol{\alpha}_4$ 线性相关. 由上面的矩阵（∗）不难看出，$\boldsymbol{\alpha}_1$ 为向量组 $\boldsymbol{\alpha}_1$，$\boldsymbol{\alpha}_2$，$\boldsymbol{\alpha}_3$，$\boldsymbol{\alpha}_4$ 的一个极大无关组，且

$$\boldsymbol{\alpha}_2=2\boldsymbol{\alpha}_1,\ \boldsymbol{\alpha}_3=3\boldsymbol{\alpha}_1,\ \boldsymbol{\alpha}_4=4\boldsymbol{\alpha}_1$$

当 $a=-10$ 时，$r(\boldsymbol{A})=r(\boldsymbol{\alpha}_1,\boldsymbol{\alpha}_2,\boldsymbol{\alpha}_3,\boldsymbol{\alpha}_4)=3$. 因此 $\boldsymbol{\alpha}_1$，$\boldsymbol{\alpha}_2$，$\boldsymbol{\alpha}_3$，$\boldsymbol{\alpha}_4$ 线性相关. 对上面的矩阵（∗）继续施以初等行变换，化为简化的阶梯形矩阵：

$$\begin{pmatrix}1&2&3&-6\\0&-10&0&10\\0&0&-10&10\\0&0&0&0\end{pmatrix}\longrightarrow\begin{pmatrix}1&0&0&-1\\0&1&0&-1\\0&0&1&-1\\0&0&0&0\end{pmatrix}$$

由此可知,向量组 $\boldsymbol{\alpha}_1$, $\boldsymbol{\alpha}_2$, $\boldsymbol{\alpha}_3$, $\boldsymbol{\alpha}_4$ 的一个极大无关组为 $\boldsymbol{\alpha}_1$, $\boldsymbol{\alpha}_2$, $\boldsymbol{\alpha}_3$, 且

$$\boldsymbol{\alpha}_4=-\boldsymbol{\alpha}_1-\boldsymbol{\alpha}_2-\boldsymbol{\alpha}_3$$

方法 2 设矩阵 $\boldsymbol{A}=(\boldsymbol{\alpha}_1, \boldsymbol{\alpha}_2, \boldsymbol{\alpha}_3, \boldsymbol{\alpha}_4)$, $\boldsymbol{A}$ 的行列式

$$|\boldsymbol{A}|=\begin{vmatrix} 1+a & 2 & 3 & 4 \\ 1 & 2+a & 3 & 4 \\ 1 & 2 & 3+a & 4 \\ 1 & 2 & 3 & 4+a \end{vmatrix}=a^3(a+10)$$

当 $|\boldsymbol{A}|=0$, 即 $a=0$ 或 $a=-10$ 时, $\boldsymbol{\alpha}_1$, $\boldsymbol{\alpha}_2$, $\boldsymbol{\alpha}_3$, $\boldsymbol{\alpha}_4$ 线性相关.

当 $a=0$ 时, $\boldsymbol{\alpha}_1=(1, 1, 1, 1)^{\mathrm{T}}$, $\boldsymbol{\alpha}_2=(2, 2, 2, 2)^{\mathrm{T}}$, $\boldsymbol{\alpha}_3=(3, 3, 3, 3)^{\mathrm{T}}$, $\boldsymbol{\alpha}_4=(4, 4, 4, 4)^{\mathrm{T}}$. 可以看出, $\boldsymbol{\alpha}_1$, $\boldsymbol{\alpha}_2$, $\boldsymbol{\alpha}_3$, $\boldsymbol{\alpha}_4$ 的一个极大线性无关组为 $\boldsymbol{\alpha}_1$, 且

$$\boldsymbol{\alpha}_2=2\boldsymbol{\alpha}_1, \boldsymbol{\alpha}_3=3\boldsymbol{\alpha}_1, \boldsymbol{\alpha}_4=4\boldsymbol{\alpha}_1$$

当 $a=-10$ 时, 对 $\boldsymbol{A}$ 施以初等行变换, 化为简化的阶梯形矩阵:

$$\boldsymbol{A}=\begin{pmatrix} -9 & 2 & 3 & 4 \\ 1 & -8 & 3 & 4 \\ 1 & 2 & -7 & 4 \\ 1 & 2 & 3 & -6 \end{pmatrix} \longrightarrow \begin{pmatrix} 1 & 2 & 3 & -6 \\ 0 & -10 & 0 & 10 \\ 0 & 0 & -10 & 10 \\ 0 & 20 & 30 & -50 \end{pmatrix} \longrightarrow \begin{pmatrix} 1 & 0 & 0 & -1 \\ 0 & 1 & 0 & -1 \\ 0 & 0 & 1 & -1 \\ 0 & 0 & 0 & 0 \end{pmatrix}$$

由此可知, 向量组 $\boldsymbol{\alpha}_1$, $\boldsymbol{\alpha}_2$, $\boldsymbol{\alpha}_3$, $\boldsymbol{\alpha}_4$ 的一个极大线性无关组为 $\boldsymbol{\alpha}_1$, $\boldsymbol{\alpha}_2$, $\boldsymbol{\alpha}_3$, 且

$$\boldsymbol{\alpha}_4=-\boldsymbol{\alpha}_1-\boldsymbol{\alpha}_2-\boldsymbol{\alpha}_3$$

5. 设向量组 $\boldsymbol{\alpha}_1$, $\boldsymbol{\alpha}_2$, $\boldsymbol{\alpha}_3$ 线性无关, 向量 $\boldsymbol{\beta}_1=2\boldsymbol{\alpha}_1+3\boldsymbol{\alpha}_2$, $\boldsymbol{\beta}_2=3\boldsymbol{\alpha}_2+2\boldsymbol{\alpha}_3$, $\boldsymbol{\beta}_3=2\boldsymbol{\alpha}_3+3\boldsymbol{\alpha}_1$, 试证: 向量组 $\boldsymbol{\beta}_1$, $\boldsymbol{\beta}_2$, $\boldsymbol{\beta}_3$ 线性无关.

证: *方法 1* 设有数 k_1, k_2, k_3, 使得

$$k_1\boldsymbol{\beta}_1+k_2\boldsymbol{\beta}_2+k_3\boldsymbol{\beta}_3=\boldsymbol{0}$$

即
$$k_1(2\boldsymbol{\alpha}_1+3\boldsymbol{\alpha}_2)+k_2(3\boldsymbol{\alpha}_2+2\boldsymbol{\alpha}_3)+k_3(2\boldsymbol{\alpha}_3+3\boldsymbol{\alpha}_1)=\boldsymbol{0}$$

化简得

$$(2k_1+3k_3)\boldsymbol{\alpha}_1+(3k_1+3k_2)\boldsymbol{\alpha}_2+(2k_2+2k_3)\boldsymbol{\alpha}_3=\boldsymbol{0}$$

因为向量组 $\boldsymbol{\alpha}_1$, $\boldsymbol{\alpha}_2$, $\boldsymbol{\alpha}_3$ 线性无关, 由上式得

$$\begin{cases} 2k_1 \qquad +3k_3=0 \\ 3k_1+3k_2 \qquad =0 \\ \qquad 2k_2+2k_3=0 \end{cases}$$

此方程组的系数行列式

$$\begin{vmatrix} 2 & 0 & 3 \\ 3 & 3 & 0 \\ 0 & 2 & 2 \end{vmatrix}=30\neq 0$$

故此方程组仅有零解 $k_1=0$, $k_2=0$, $k_3=0$, 即仅当 $k_1=k_2=k_3=0$ 时, 才有 $k_1\boldsymbol{\beta}_1+k_2\boldsymbol{\beta}_2+$

$k_3\boldsymbol{\beta}_3=\mathbf{0}$. 所以 $\boldsymbol{\beta}_1$, $\boldsymbol{\beta}_2$, $\boldsymbol{\beta}_3$ 线性无关.

方法 2 不妨设 $\boldsymbol{\alpha}_1$, $\boldsymbol{\alpha}_2$, $\boldsymbol{\alpha}_3$ 为行向量，记矩阵

$$\boldsymbol{A}=\begin{pmatrix}\boldsymbol{\beta}_1\\ \boldsymbol{\beta}_2\\ \boldsymbol{\beta}_3\end{pmatrix}=\begin{pmatrix}2\boldsymbol{\alpha}_1+3\boldsymbol{\alpha}_2\\ 3\boldsymbol{\alpha}_2+2\boldsymbol{\alpha}_3\\ 2\boldsymbol{\alpha}_3+3\boldsymbol{\alpha}_1\end{pmatrix}=\begin{pmatrix}2&3&0\\0&3&2\\3&0&2\end{pmatrix}\begin{pmatrix}\boldsymbol{\alpha}_1\\ \boldsymbol{\alpha}_2\\ \boldsymbol{\alpha}_3\end{pmatrix}$$

记矩阵

$$\boldsymbol{B}=\begin{pmatrix}2&3&0\\0&3&2\\3&0&2\end{pmatrix},\ \boldsymbol{C}=\begin{pmatrix}\boldsymbol{\alpha}_1\\ \boldsymbol{\alpha}_2\\ \boldsymbol{\alpha}_3\end{pmatrix}$$

则 $\boldsymbol{A}=\boldsymbol{BC}$，而

$$|\boldsymbol{B}|=\begin{vmatrix}2&3&0\\0&3&2\\3&0&2\end{vmatrix}=30\neq0$$

所以矩阵 $\boldsymbol{B}$ 可逆，于是 $\mathrm{r}(\boldsymbol{A})=\mathrm{r}(\boldsymbol{C})$. 而 $\boldsymbol{\alpha}_1$, $\boldsymbol{\alpha}_2$, $\boldsymbol{\alpha}_3$ 线性无关，有 $\mathrm{r}(\boldsymbol{C})=3$. 故 $\mathrm{r}(\boldsymbol{A})=3$，由此可知 $\boldsymbol{\beta}_1$, $\boldsymbol{\beta}_2$, $\boldsymbol{\beta}_3$ 线性无关.

方法 3 不妨设 $\boldsymbol{\alpha}_1$, $\boldsymbol{\alpha}_2$, $\boldsymbol{\alpha}_3$ 为行向量. 记矩阵

$$\boldsymbol{A}=\begin{pmatrix}\boldsymbol{\beta}_1\\ \boldsymbol{\beta}_2\\ \boldsymbol{\beta}_3\end{pmatrix}=\begin{pmatrix}2\boldsymbol{\alpha}_1+3\boldsymbol{\alpha}_2\\ 3\boldsymbol{\alpha}_2+2\boldsymbol{\alpha}_3\\ 2\boldsymbol{\alpha}_3+3\boldsymbol{\alpha}_1\end{pmatrix}$$

对 $\boldsymbol{A}$ 施以初等行变换，有

$$\boldsymbol{A}\longrightarrow\begin{pmatrix}2\boldsymbol{\alpha}_1-2\boldsymbol{\alpha}_3\\ 3\boldsymbol{\alpha}_2+2\boldsymbol{\alpha}_3\\ 2\boldsymbol{\alpha}_3+3\boldsymbol{\alpha}_1\end{pmatrix}\longrightarrow\begin{pmatrix}5\boldsymbol{\alpha}_1\\ 3\boldsymbol{\alpha}_2-3\boldsymbol{\alpha}_1\\ 2\boldsymbol{\alpha}_3+3\boldsymbol{\alpha}_1\end{pmatrix}\longrightarrow\begin{pmatrix}\boldsymbol{\alpha}_1\\ 3\boldsymbol{\alpha}_2\\ 2\boldsymbol{\alpha}_3\end{pmatrix}\longrightarrow\begin{pmatrix}\boldsymbol{\alpha}_1\\ \boldsymbol{\alpha}_2\\ \boldsymbol{\alpha}_3\end{pmatrix}$$

因为初等变换不改变矩阵 $\boldsymbol{A}$ 的秩，又已知 $\boldsymbol{\alpha}_1$, $\boldsymbol{\alpha}_2$, $\boldsymbol{\alpha}_3$ 线性无关，所以

$$\mathrm{r}(\boldsymbol{A})=\mathrm{r}\begin{pmatrix}\boldsymbol{\beta}_1\\ \boldsymbol{\beta}_2\\ \boldsymbol{\beta}_3\end{pmatrix}=\mathrm{r}\begin{pmatrix}\boldsymbol{\alpha}_1\\ \boldsymbol{\alpha}_2\\ \boldsymbol{\alpha}_3\end{pmatrix}=3$$

于是 $\boldsymbol{\beta}_1$, $\boldsymbol{\beta}_2$, $\boldsymbol{\beta}_3$ 线性无关.

6. 设向量组 $\boldsymbol{\alpha}_1$, $\boldsymbol{\alpha}_2$, $\cdots$, $\boldsymbol{\alpha}_s$ 线性无关，向量 $\boldsymbol{\alpha}=\sum\limits_{i=1}^{s}\boldsymbol{\alpha}_i$ $(s\geqslant2)$. 证明：向量组 $\boldsymbol{\alpha}-\boldsymbol{\alpha}_1$, $\boldsymbol{\alpha}-\boldsymbol{\alpha}_2$, $\cdots$, $\boldsymbol{\alpha}-\boldsymbol{\alpha}_s$ 线性无关.

证： 记 $\boldsymbol{\beta}_1=\boldsymbol{\alpha}-\boldsymbol{\alpha}_1$, $\boldsymbol{\beta}_2=\boldsymbol{\alpha}-\boldsymbol{\alpha}_2$, $\cdots$, $\boldsymbol{\beta}_s=\boldsymbol{\alpha}-\boldsymbol{\alpha}_s$，则 $\boldsymbol{\beta}_1=\boldsymbol{\alpha}_2+\boldsymbol{\alpha}_3+\cdots+\boldsymbol{\alpha}_s$, $\boldsymbol{\beta}_2=\boldsymbol{\alpha}_1+\boldsymbol{\alpha}_3+\cdots+\boldsymbol{\alpha}_s$, $\cdots$, $\boldsymbol{\beta}_s=\boldsymbol{\alpha}_1+\boldsymbol{\alpha}_2+\cdots+\boldsymbol{\alpha}_{s-1}$.

设有数 k_1, k_2, $\cdots$, k_s，使得

$$k_1\boldsymbol{\beta}_1+k_2\boldsymbol{\beta}_2+\cdots+k_s\boldsymbol{\beta}_s=\mathbf{0}$$

即 $k_1(\boldsymbol{\alpha}_2+\boldsymbol{\alpha}_3+\cdots+\boldsymbol{\alpha}_s)+k_2(\boldsymbol{\alpha}_1+\boldsymbol{\alpha}_3+\cdots+\boldsymbol{\alpha}_s)+\cdots+k_s(\boldsymbol{\alpha}_1+\boldsymbol{\alpha}_2+\cdots+\boldsymbol{\alpha}_{s-1})=\mathbf{0}$

所以

$$(k_2+k_3+\cdots+k_s)\boldsymbol{\alpha}_1+(k_1+k_3+\cdots+k_s)\boldsymbol{\alpha}_2+\cdots+(k_1+k_2+\cdots+k_{s-1})\boldsymbol{\alpha}_s=\mathbf{0}$$

因为 $\boldsymbol{\alpha}_1, \boldsymbol{\alpha}_2, \cdots, \boldsymbol{\alpha}_s$ 线性无关，故有

$$\begin{cases} k_2+k_3+\cdots+k_s=0 \\ k_1+k_3+\cdots+k_s=0 \\ \cdots\cdots \\ k_1+k_2+\cdots+k_{s-1}=0 \end{cases}$$

此方程组的系数行列式

$$\begin{vmatrix} 0 & 1 & 1 & \cdots & 1 \\ 1 & 0 & 1 & \cdots & 1 \\ \vdots & \vdots & \vdots & & \vdots \\ 1 & 1 & 1 & \cdots & 0 \end{vmatrix}=(s-1)(-1)^{s-1}\neq 0 \quad (s\geqslant 2)$$

所以该方程组仅有零解 $k_1=0$，$k_2=0$，…，$k_s=0$，即仅当 $k_1=k_2=\cdots=k_s=0$ 时，才有 $k_1\boldsymbol{\beta}_1+k_2\boldsymbol{\beta}_2+\cdots+k_s\boldsymbol{\beta}_s=\mathbf{0}$. 所以 $\boldsymbol{\alpha}-\boldsymbol{\alpha}_1, \boldsymbol{\alpha}-\boldsymbol{\alpha}_2, \cdots, \boldsymbol{\alpha}-\boldsymbol{\alpha}_s$ 线性无关.

第 6 题有多种证法，读者可参考第 5 题的证法自行给出其他证明.

7. 设向量组 $\boldsymbol{\alpha}_1, \boldsymbol{\alpha}_2, \cdots, \boldsymbol{\alpha}_s$ 和 $\boldsymbol{\beta}_1, \boldsymbol{\beta}_2, \cdots, \boldsymbol{\beta}_t$ 的秩分别为 r_1，r_2；向量组 $\boldsymbol{\alpha}_1, \boldsymbol{\alpha}_2, \cdots, \boldsymbol{\alpha}_s, \boldsymbol{\beta}_1, \boldsymbol{\beta}_2, \cdots, \boldsymbol{\beta}_t$ 的秩为 r_3. 证明：

$$\max\{r_1, r_2\}\leqslant r_3\leqslant r_1+r_2$$

证：不妨设向量组 $\boldsymbol{\alpha}_1, \boldsymbol{\alpha}_2, \cdots, \boldsymbol{\alpha}_s$ 和 $\boldsymbol{\beta}_1, \boldsymbol{\beta}_2, \cdots, \boldsymbol{\beta}_t$ 的极大无关组分别为（Ⅰ）：$\boldsymbol{\alpha}_1, \boldsymbol{\alpha}_2, \cdots, \boldsymbol{\alpha}_{r_1}$ 和（Ⅱ）：$\boldsymbol{\beta}_1, \boldsymbol{\beta}_2, \cdots, \boldsymbol{\beta}_{r_2}$. 设向量组 $\boldsymbol{\alpha}_1, \boldsymbol{\alpha}_2, \cdots, \boldsymbol{\alpha}_s, \boldsymbol{\beta}_1, \boldsymbol{\beta}_2, \cdots, \boldsymbol{\beta}_t$ 的极大无关组为

$$(\text{Ⅲ})\ \boldsymbol{\alpha}_{i_1}, \boldsymbol{\alpha}_{i_2}, \cdots, \boldsymbol{\alpha}_{i_k}, \boldsymbol{\beta}_{i_{k+1}}, \cdots, \boldsymbol{\beta}_{i_{r_3}} \quad (0\leqslant k\leqslant r_1)$$

于是向量组 $\boldsymbol{\alpha}_1, \boldsymbol{\alpha}_2, \cdots, \boldsymbol{\alpha}_s$ 可由（Ⅲ）线性表示，由此可知，其极大无关组（Ⅰ）也可由（Ⅲ）线性表示，而 $\boldsymbol{\alpha}_1, \boldsymbol{\alpha}_2, \cdots, \boldsymbol{\alpha}_{r_1}$ 线性无关，所以 $r_1\leqslant r_3$.

同理可证 $r_2\leqslant r_3$；从而 $\max\{r_1, r_2\}\leqslant r_3$.

又向量组（Ⅲ）线性无关，并且一定可以由向量组（Ⅰ）和（Ⅱ）合并后所得到的向量组线性表示. 所以 $r_3\leqslant r_1+r_2$. 综上分析，有

$$\max\{r_1, r_2\}\leqslant r_3\leqslant r_1+r_2$$

本题的结论可作为定理使用，特别地，如果记矩阵 $\boldsymbol{A}=(\boldsymbol{\alpha}_1, \boldsymbol{\alpha}_2, \cdots, \boldsymbol{\alpha}_s)$，$\boldsymbol{B}=(\boldsymbol{\beta}_1, \boldsymbol{\beta}_2, \cdots, \boldsymbol{\beta}_t)$，则本题的结论可以改述为分块矩阵 $(\boldsymbol{A}, \boldsymbol{B})$ 的秩与矩阵 $\boldsymbol{A}$，$\boldsymbol{B}$ 的秩的关系：

$$\max\{\mathrm{r}(\boldsymbol{A}), \mathrm{r}(\boldsymbol{B})\}\leqslant \mathrm{r}(\boldsymbol{A}, \boldsymbol{B})\leqslant \mathrm{r}(\boldsymbol{A})+\mathrm{r}(\boldsymbol{B})$$

8. 设 $\boldsymbol{A}$ 是 $n\times m$ 矩阵，$\boldsymbol{B}$ 是 $m\times n$ 矩阵，其中 $m>n$. 如果 $\boldsymbol{AB}=\boldsymbol{I}$，证明：矩阵 $\boldsymbol{B}$ 的列向量组线性无关.

证：方法 1　将矩阵 $\boldsymbol{B}$ 按列分块为 $\boldsymbol{B}=(\boldsymbol{\beta}_1, \boldsymbol{\beta}_2, \cdots, \boldsymbol{\beta}_n)$，设有数 $k_1, k_2, \cdots, k_n$，使得

$$k_1\boldsymbol{\beta}_1+k_2\boldsymbol{\beta}_2+\cdots+k_n\boldsymbol{\beta}_n=\boldsymbol{0}$$

此式可写成

$$(\boldsymbol{\beta}_1, \boldsymbol{\beta}_2, \cdots, \boldsymbol{\beta}_n)\begin{pmatrix}k_1\\k_2\\\vdots\\k_n\end{pmatrix}=\boldsymbol{0}$$

记 $\boldsymbol{K}=(k_1, k_2, \cdots, k_n)^{\mathrm{T}}$，上式又可写成

$$\boldsymbol{BK}=\boldsymbol{0}$$

在上式两边左乘矩阵 $\boldsymbol{A}$，由于 $\boldsymbol{AB}=\boldsymbol{I}$，可得

$$\boldsymbol{ABK}=\boldsymbol{IK}=\boldsymbol{K}=\boldsymbol{0}$$

所以 $k_1=0, k_2=0, \cdots, k_n=0$，由此可知：$\boldsymbol{B}$ 的列向量组 $\boldsymbol{\beta}_1, \boldsymbol{\beta}_2, \cdots, \boldsymbol{\beta}_n$ 线性无关.

方法 2　因为 $\boldsymbol{AB}=\boldsymbol{I}$，所以 $\mathrm{r}(\boldsymbol{AB})=\mathrm{r}(\boldsymbol{I})=n$. 又

$$n=\mathrm{r}(\boldsymbol{AB})\leqslant\min\{\mathrm{r}(\boldsymbol{A}), \mathrm{r}(\boldsymbol{B})\}\leqslant\mathrm{r}(\boldsymbol{B})$$

即 $\mathrm{r}(\boldsymbol{B})\geqslant n$. 而矩阵 $\boldsymbol{B}$ 为 $m\times n$ 矩阵，且 $m>n$，故必有 $\mathrm{r}(\boldsymbol{B})\leqslant n$. 于是 $\mathrm{r}(\boldsymbol{B})=n$，由此可得 $\boldsymbol{B}$ 的列向量组线性无关.

方法 3　设矩阵 $\boldsymbol{A}=(a_{ij})_{n\times m}$，矩阵 $\boldsymbol{B}$ 的行向量组为 $\boldsymbol{\alpha}_1, \boldsymbol{\alpha}_2, \cdots, \boldsymbol{\alpha}_m$，单位矩阵的行向量组为 $\boldsymbol{\varepsilon}_1, \boldsymbol{\varepsilon}_2, \cdots, \boldsymbol{\varepsilon}_n$，则 $\boldsymbol{\alpha}_1, \boldsymbol{\alpha}_2, \cdots, \boldsymbol{\alpha}_m$ 可以由 $\boldsymbol{\varepsilon}_1, \boldsymbol{\varepsilon}_2, \cdots, \boldsymbol{\varepsilon}_n$ 线性表示，又 $\boldsymbol{AB}=\boldsymbol{I}$ 可以写为

$$\begin{pmatrix}a_{11}&a_{12}&\cdots&a_{1m}\\a_{21}&a_{22}&\cdots&a_{2m}\\\vdots&\vdots&&\vdots\\a_{n1}&a_{n2}&\cdots&a_{nm}\end{pmatrix}\begin{pmatrix}\boldsymbol{\alpha}_1\\\boldsymbol{\alpha}_2\\\vdots\\\boldsymbol{\alpha}_m\end{pmatrix}=\begin{pmatrix}\boldsymbol{\varepsilon}_1\\\boldsymbol{\varepsilon}_2\\\vdots\\\boldsymbol{\varepsilon}_n\end{pmatrix}$$

所以

$$\boldsymbol{\varepsilon}_i=a_{i1}\boldsymbol{\alpha}_1+a_{i2}\boldsymbol{\alpha}_2+\cdots+a_{im}\boldsymbol{\alpha}_m\quad(i=1, 2, \cdots, n)$$

即向量组 $\boldsymbol{\varepsilon}_1, \boldsymbol{\varepsilon}_2, \cdots, \boldsymbol{\varepsilon}_n$ 也可由 $\boldsymbol{\alpha}_1, \boldsymbol{\alpha}_2, \cdots, \boldsymbol{\alpha}_m$ 线性表示. 因此向量组 $\boldsymbol{\alpha}_1, \boldsymbol{\alpha}_2, \cdots, \boldsymbol{\alpha}_m$ 与 $\boldsymbol{\varepsilon}_1, \boldsymbol{\varepsilon}_2, \cdots, \boldsymbol{\varepsilon}_n$ 等价. 于是

$$\mathrm{r}(\boldsymbol{\alpha}_1, \boldsymbol{\alpha}_2, \cdots, \boldsymbol{\alpha}_m)=\mathrm{r}(\boldsymbol{\varepsilon}_1, \boldsymbol{\varepsilon}_2, \cdots, \boldsymbol{\varepsilon}_n)$$

而 $\mathrm{r}(\boldsymbol{\varepsilon}_1, \boldsymbol{\varepsilon}_2, \cdots, \boldsymbol{\varepsilon}_n)=\mathrm{r}(\boldsymbol{I})=n$，所以 $\mathrm{r}(\boldsymbol{\alpha}_1, \boldsymbol{\alpha}_2, \cdots, \boldsymbol{\alpha}_m)=n$，由于矩阵 $\boldsymbol{B}$ 的秩等于其行秩、列秩，可知 $\boldsymbol{B}$ 的列秩也是 n，所以，矩阵 $\boldsymbol{B}$ 的列向量组线性无关.

9. 设向量组 $\boldsymbol{\alpha}_1, \boldsymbol{\alpha}_2, \cdots, \boldsymbol{\alpha}_s$ 线性无关，向量组 $\boldsymbol{\beta}_1, \boldsymbol{\beta}_2, \cdots, \boldsymbol{\beta}_t$ 可由 $\boldsymbol{\alpha}_1, \boldsymbol{\alpha}_2, \cdots, \boldsymbol{\alpha}_s$ 线性

表示：

$$
\begin{aligned}
\boldsymbol{\beta}_1&=c_{11}\boldsymbol{\alpha}_1+c_{21}\boldsymbol{\alpha}_2+\cdots+c_{s1}\boldsymbol{\alpha}_s\\
\boldsymbol{\beta}_2&=c_{12}\boldsymbol{\alpha}_1+c_{22}\boldsymbol{\alpha}_2+\cdots+c_{s2}\boldsymbol{\alpha}_s\\
&\cdots\cdots\\
\boldsymbol{\beta}_t&=c_{1t}\boldsymbol{\alpha}_1+c_{2t}\boldsymbol{\alpha}_2+\cdots+c_{st}\boldsymbol{\alpha}_s
\end{aligned} \qquad ①
$$

记矩阵 $\boldsymbol{C}=(c_{ij})_{s\times t}$，证明：向量组 $\boldsymbol{\beta}_1, \boldsymbol{\beta}_2, \cdots, \boldsymbol{\beta}_t$ 线性相关的充分必要条件为 $\mathrm{r}(\boldsymbol{C})<t$.

证：为了方便，设本题中的向量均为列向量，则式①可记为

$$
(\boldsymbol{\beta}_1, \boldsymbol{\beta}_2, \cdots, \boldsymbol{\beta}_t)=(\boldsymbol{\alpha}_1, \boldsymbol{\alpha}_2, \cdots, \boldsymbol{\alpha}_s)\begin{pmatrix} c_{11} & c_{12} & \cdots & c_{1t}\\ c_{21} & c_{22} & \cdots & c_{2t}\\ \vdots & \vdots & & \vdots\\ c_{s1} & c_{s2} & \cdots & c_{st}\end{pmatrix}
$$

即
$$
(\boldsymbol{\beta}_1, \boldsymbol{\beta}_2, \cdots, \boldsymbol{\beta}_t)=(\boldsymbol{\alpha}_1, \boldsymbol{\alpha}_2, \cdots, \boldsymbol{\alpha}_s)\boldsymbol{C} \qquad ②
$$

必要性　设向量组 $\boldsymbol{\beta}_1, \boldsymbol{\beta}_2, \cdots, \boldsymbol{\beta}_t$ 线性相关. 需证明 $\mathrm{r}(\boldsymbol{C})<t$. 由题设条件，存在不全为零的数 $\bar{x}_1, \bar{x}_2, \cdots, \bar{x}_t$，使得

$$
\bar{x}_1\boldsymbol{\beta}_1+\bar{x}_2\boldsymbol{\beta}_2+\cdots+\bar{x}_t\boldsymbol{\beta}_t=\boldsymbol{0}
$$

记 $\bar{\boldsymbol{x}}=(\bar{x}_1, \bar{x}_2, \cdots, \bar{x}_t)^{\mathrm{T}}$，上式可记为

$$
(\boldsymbol{\beta}_1, \boldsymbol{\beta}_2, \cdots, \boldsymbol{\beta}_t)\bar{\boldsymbol{x}}=\boldsymbol{0} \qquad ③
$$

将式②代入式③，有

$$
(\boldsymbol{\alpha}_1, \boldsymbol{\alpha}_2, \cdots, \boldsymbol{\alpha}_s)\boldsymbol{C}\bar{\boldsymbol{x}}=\boldsymbol{0}
$$

因为 $\boldsymbol{\alpha}_1, \boldsymbol{\alpha}_2, \cdots, \boldsymbol{\alpha}_s$ 线性无关，故由上式可知，$\boldsymbol{\alpha}_1, \boldsymbol{\alpha}_2, \cdots, \boldsymbol{\alpha}_s$ 的组合系数 $\boldsymbol{C}\bar{\boldsymbol{x}}=\boldsymbol{0}$，这表明：齐次线性方程组 $\boldsymbol{C}\boldsymbol{x}=\boldsymbol{0}$ 有非零解 $\bar{\boldsymbol{x}}\neq\boldsymbol{0}$. 故必有 $\mathrm{r}(\boldsymbol{C})<t$.

充分性　设 $\mathrm{r}(\boldsymbol{C})<t$，需证明向量组 $\boldsymbol{\beta}_1, \boldsymbol{\beta}_2, \cdots, \boldsymbol{\beta}_t$ 线性相关.

考察齐次线性方程组 $\boldsymbol{C}\boldsymbol{x}=\boldsymbol{0}$，因 $\mathrm{r}(\boldsymbol{C})<t$，故此方程组必有非零解 $\bar{\boldsymbol{x}}=(\bar{x}_1, \bar{x}_2, \cdots, \bar{x}_t)\neq\boldsymbol{0}$. 这时

$$
\bar{x}_1\boldsymbol{\beta}_1+\bar{x}_2\boldsymbol{\beta}_2+\cdots+\bar{x}_t\boldsymbol{\beta}_t=(\boldsymbol{\beta}_1, \boldsymbol{\beta}_2, \cdots, \boldsymbol{\beta}_t)\bar{\boldsymbol{x}}=(\boldsymbol{\alpha}_1, \boldsymbol{\alpha}_2, \cdots, \boldsymbol{\alpha}_s)\boldsymbol{C}\bar{\boldsymbol{x}}=\boldsymbol{0}
$$

所以 $\boldsymbol{\beta}_1, \boldsymbol{\beta}_2, \cdots, \boldsymbol{\beta}_t$ 线性相关.

10. 设 $\boldsymbol{A}^*$ 是 $n(n\geqslant 2)$ 阶矩阵 $\boldsymbol{A}$ 的伴随矩阵. 试证：

$$
\mathrm{r}(\boldsymbol{A}^*)=\begin{cases} n, & 若\ \mathrm{r}(\boldsymbol{A})=n\\ 1, & 若\ \mathrm{r}(\boldsymbol{A})=n-1\\ 0, & 若\ \mathrm{r}(\boldsymbol{A})<n-1\end{cases}
$$

证：对于 n 阶矩阵 $\boldsymbol{A}$，总有 $\boldsymbol{A}\boldsymbol{A}^*=|\boldsymbol{A}|\boldsymbol{I}$.

若 $\mathrm{r}(\boldsymbol{A})=n$，则 $|\boldsymbol{A}|\neq 0$，在 $\boldsymbol{A}\boldsymbol{A}^*=|\boldsymbol{A}|\boldsymbol{I}$ 两边取行列式，有

$$
|\boldsymbol{A}|\cdot|\boldsymbol{A}^*|=|\boldsymbol{A}|^n
$$

于是 $|\boldsymbol{A}^*|=|\boldsymbol{A}|^{n-1}\neq 0$，所以 $\mathrm{r}(\boldsymbol{A}^*)=n$.

若 $\mathrm{r}(\boldsymbol{A})=n-1$，则 $|\boldsymbol{A}|=0$，且 $|\boldsymbol{A}|$ 的元素 a_{ij} 的代数余子式 $A_{ij}(1\leqslant i, j\leqslant n)$ 中至少有一个不等于 0. 由此可知 $\mathrm{r}(\boldsymbol{A}^*)\geqslant 1$. 又 $\boldsymbol{A}\boldsymbol{A}^*=|\boldsymbol{A}|\boldsymbol{I}=\boldsymbol{O}$，所以 $\mathrm{r}(\boldsymbol{A})+\mathrm{r}(\boldsymbol{A}^*)\leqslant n$，于是 $\mathrm{r}(\boldsymbol{A}^*)\leqslant n-\mathrm{r}(\boldsymbol{A})=n-(n-1)=1$，可见 $\mathrm{r}(\boldsymbol{A}^*)=1$.

若 $\mathrm{r}(\boldsymbol{A})<n-1$，则 $|\boldsymbol{A}|=0$，且 $|\boldsymbol{A}|$ 的任一元素 a_{ij} 的代数余子式 $A_{ij}=0$ $(i, j=1, 2, \cdots, n)$，所以 $\boldsymbol{A}^*=\boldsymbol{O}$，可得 $\mathrm{r}(\boldsymbol{A}^*)=0$.

11. 设 $\boldsymbol{A}$ 为 n 阶矩阵，且满足 $\boldsymbol{A}^2=\boldsymbol{I}$，证明：

$$\mathrm{r}(\boldsymbol{A}+\boldsymbol{I})+\mathrm{r}(\boldsymbol{A}-\boldsymbol{I})=n$$

证： 由 $\boldsymbol{A}^2=\boldsymbol{I}$，有 $\boldsymbol{A}^2-\boldsymbol{I}=\boldsymbol{O}$，所以

$$(\boldsymbol{A}+\boldsymbol{I})(\boldsymbol{A}-\boldsymbol{I})=\boldsymbol{O}$$

由此得到

$$\mathrm{r}(\boldsymbol{A}+\boldsymbol{I})+\mathrm{r}(\boldsymbol{A}-\boldsymbol{I})\leqslant n$$

又 $(\boldsymbol{A}+\boldsymbol{I})+(\boldsymbol{I}-\boldsymbol{A})=2\boldsymbol{I}$，可得

$$\mathrm{r}(\boldsymbol{A}+\boldsymbol{I})+\mathrm{r}(\boldsymbol{I}-\boldsymbol{A})\geqslant \mathrm{r}[(\boldsymbol{A}+\boldsymbol{I})+(\boldsymbol{I}-\boldsymbol{A})]=\mathrm{r}(2\boldsymbol{I})=n$$

注意到 $\mathrm{r}(\boldsymbol{A}-\boldsymbol{I})=\mathrm{r}(\boldsymbol{I}-\boldsymbol{A})$，上式即为

$$\mathrm{r}(\boldsymbol{A}+\boldsymbol{I})+\mathrm{r}(\boldsymbol{A}-\boldsymbol{I})\geqslant n$$

所以 $\mathrm{r}(\boldsymbol{A}+\boldsymbol{I})+\mathrm{r}(\boldsymbol{A}-\boldsymbol{I})=n$.

12. 设矩阵 $\boldsymbol{A}=\begin{pmatrix}1 & 3 & 2 & 3\\ 1 & 2 & 1 & t\\ 2 & 3 & t-1 & t+1\end{pmatrix}$. 若齐次线性方程组 $\boldsymbol{A}\boldsymbol{x}=\boldsymbol{0}$ 的基础解系中含有两个线性无关的解向量. 试求方程组 $\boldsymbol{A}\boldsymbol{x}=\boldsymbol{0}$ 的全部解.

解： 因为 $\boldsymbol{A}$ 是 3×4 矩阵，所以 $\boldsymbol{A}\boldsymbol{x}=\boldsymbol{0}$ 是四元齐次线性方程组. 根据题设条件，方程组 $\boldsymbol{A}\boldsymbol{x}=\boldsymbol{0}$ 的基础解系中线性无关的解向量的个数为

$$4-\mathrm{r}(\boldsymbol{A})=2$$

由此可得 $\mathrm{r}(\boldsymbol{A})=2$. 对矩阵 $\boldsymbol{A}$ 施以初等行变换：

$$\boldsymbol{A}=\begin{pmatrix}1 & 3 & 2 & 3\\ 1 & 2 & 1 & t\\ 2 & 3 & t-1 & t+1\end{pmatrix}\longrightarrow\begin{pmatrix}1 & 3 & 2 & 3\\ 0 & -1 & -1 & t-3\\ 0 & -3 & t-5 & t-5\end{pmatrix}$$

$$\longrightarrow\begin{pmatrix}1 & 3 & 2 & 3\\ 0 & 1 & 1 & 3-t\\ 0 & 0 & t-2 & -2t+4\end{pmatrix}\qquad (*)$$

由上面最后一个矩阵可以看出，要使 $\mathrm{r}(\boldsymbol{A})=2$，只需 $t=2$. 此时，继续对矩阵（*）施以初等行变换，将 $\boldsymbol{A}$ 化为简化的阶梯形矩阵：

$$A \longrightarrow \begin{pmatrix} 1 & 0 & -1 & 0 \\ 0 & 1 & 1 & 1 \\ 0 & 0 & 0 & 0 \end{pmatrix}$$

可得原方程组的同解方程组为

$$\begin{cases} x_1 = x_3 \\ x_2 = -x_3 - x_4 \end{cases}$$

令自由未知量 $\begin{pmatrix} x_3 \\ x_4 \end{pmatrix}$ 分别取 $\begin{pmatrix} 1 \\ 0 \end{pmatrix}$，$\begin{pmatrix} 0 \\ 1 \end{pmatrix}$，得方程组 $\boldsymbol{A}\boldsymbol{x}=\boldsymbol{0}$ 的基础解系

$$\boldsymbol{\xi}_1=(1,\ -1,\ 1,\ 0)^{\mathrm{T}},\ \boldsymbol{\xi}_2=(0,\ -1,\ 0,\ 1)^{\mathrm{T}}$$

所以，方程组 $\boldsymbol{A}\boldsymbol{x}=\boldsymbol{0}$ 的全部解为

$$\boldsymbol{x}=c_1\boldsymbol{\xi}_1+c_2\boldsymbol{\xi}_2=c_1\begin{pmatrix} 1 \\ -1 \\ 1 \\ 0 \end{pmatrix}+c_2\begin{pmatrix} 0 \\ -1 \\ 0 \\ 1 \end{pmatrix} \quad (c_1,\ c_2 \text{ 为任意常数})$$

13. 已知 $\boldsymbol{\eta}_1=(1,\ -1,\ 0)^{\mathrm{T}}$ 和 $\boldsymbol{\eta}_2=(6,\ -2,\ 3)^{\mathrm{T}}$ 是线性方程组

$$\begin{cases} ax_1+bx_2+cx_3=d \\ 2x_1+x_2-3x_3=1 \\ x_1-x_2-2x_3=2 \end{cases}$$

的两个解. 求此方程组的全部解，并用对应的导出组的基础解系表示.

解： 已知方程组的矩阵形式为 $\boldsymbol{A}\boldsymbol{x}=\boldsymbol{b}$，其中

$$\boldsymbol{A}=\begin{pmatrix} a & b & c \\ 2 & 1 & -3 \\ 1 & -1 & -2 \end{pmatrix},\quad \boldsymbol{b}=\begin{pmatrix} d \\ 1 \\ 2 \end{pmatrix}$$

此方程组有解，且不唯一，所以 $\mathrm{r}(\boldsymbol{A})=\mathrm{r}(\boldsymbol{A} \vdots \boldsymbol{b})<3$. 又增广矩阵 $(\boldsymbol{A} \vdots \boldsymbol{b})$ 中已有二阶子式

$$\begin{vmatrix} 2 & 1 \\ 1 & -1 \end{vmatrix}=-3\neq 0$$

可见，$\mathrm{r}(\boldsymbol{A} \vdots \boldsymbol{b})\geqslant 2$. 于是，$\mathrm{r}(\boldsymbol{A})=\mathrm{r}(\boldsymbol{A} \vdots \boldsymbol{b})=2$，且对应的导出组 $\boldsymbol{A}\boldsymbol{x}=\boldsymbol{0}$ 的基础解系中应含有 $3-2=1$ 个解. 由题设条件，$\boldsymbol{\eta}_2-\boldsymbol{\eta}_1$ 是 $\boldsymbol{A}\boldsymbol{x}=\boldsymbol{0}$ 的解，而

$$\boldsymbol{\eta}_2-\boldsymbol{\eta}_1=(5,\ -1,\ 3)^{\mathrm{T}}\neq\boldsymbol{0}$$

故 $\boldsymbol{\eta}_2-\boldsymbol{\eta}_1$ 是 $\boldsymbol{A}\boldsymbol{x}=\boldsymbol{0}$ 的一个基础解系，由此得到原方程组的全部解为

$$\boldsymbol{x}=\boldsymbol{\eta}_1+c(\boldsymbol{\eta}_2-\boldsymbol{\eta}_1)=\begin{pmatrix} 1 \\ -1 \\ 0 \end{pmatrix}+c\begin{pmatrix} 5 \\ -1 \\ 3 \end{pmatrix} \quad (c \text{ 为任意常数})$$

14. a，b 为何值时，线性方程组

$$\begin{cases} x_1+x_2+x_3+x_4=-1 \\ x_1+2x_2+3x_3+3x_4=1 \\ x_1-x_3+(a-2)x_4=b \\ 2x_1+3x_2+(a+3)x_3+4x_4=0 \end{cases}$$

有唯一解？无解？有无穷多解？当方程组有无穷多解时，求出它的通解，并用其导出组的基础解系表示.

解：对方程组的增广矩阵施以初等行变换，化为阶梯形矩阵：

$$(\boldsymbol{A} \vdots \boldsymbol{b})=\left(\begin{array}{cccc:c} 1 & 1 & 1 & 1 & -1 \\ 1 & 2 & 3 & 3 & 1 \\ 1 & 0 & -1 & a-2 & b \\ 2 & 3 & a+3 & 4 & 0 \end{array}\right) \longrightarrow \left(\begin{array}{cccc:c} 1 & 1 & 1 & 1 & -1 \\ 0 & 1 & 2 & 2 & 2 \\ 0 & -1 & -2 & a-3 & b+1 \\ 0 & 1 & a+1 & 2 & 2 \end{array}\right)$$

$$\longrightarrow \left(\begin{array}{cccc:c} 1 & 1 & 1 & 1 & -1 \\ 0 & 1 & 2 & 2 & 2 \\ 0 & 0 & 0 & a-1 & b+3 \\ 0 & 0 & a-1 & 0 & 0 \end{array}\right) \longrightarrow \left(\begin{array}{cccc:c} 1 & 1 & 1 & 1 & -1 \\ 0 & 1 & 2 & 2 & 2 \\ 0 & 0 & a-1 & 0 & 0 \\ 0 & 0 & 0 & a-1 & b+3 \end{array}\right)$$

由上面最后一个矩阵可知：

当 $a\neq1$，b 为任意数时，$\mathrm{r}(\boldsymbol{A})=\mathrm{r}(\boldsymbol{A} \vdots \boldsymbol{b})=4$，故方程组有唯一解.

当 $a=1$ 且 $b\neq-3$ 时，$\mathrm{r}(\boldsymbol{A})=2$，$\mathrm{r}(\boldsymbol{A} \vdots \boldsymbol{b})=3$，故方程组无解.

当 $a=1$ 且 $b=-3$ 时，$\mathrm{r}(\boldsymbol{A})=\mathrm{r}(\boldsymbol{A} \vdots \boldsymbol{b})=2<4$，此时方程组有无穷多解.

对上面最后一个矩阵继续施以初等行变换，化为简化的阶梯形矩阵：

$$\left(\begin{array}{cccc:c} 1 & 1 & 1 & 1 & -1 \\ 0 & 1 & 2 & 2 & 2 \\ 0 & 0 & 0 & 0 & 0 \\ 0 & 0 & 0 & 0 & 0 \end{array}\right) \longrightarrow \left(\begin{array}{cccc:c} 1 & 0 & -1 & -1 & -3 \\ 0 & 1 & 2 & 2 & 2 \\ 0 & 0 & 0 & 0 & 0 \\ 0 & 0 & 0 & 0 & 0 \end{array}\right)$$

由此可得原方程组的同解方程组

$$\begin{cases} x_1=-3+x_3+x_4 \\ x_2=2-2x_3-2x_4 \end{cases}$$

令自由未知量 $x_3=x_4=0$，得原方程组的一个特解

$$\boldsymbol{\eta}=(-3,\ 2,\ 0,\ 0)^{\mathrm{T}}$$

原方程组的导出组的同解方程组为

$$\begin{cases} x_1=x_3+x_4 \\ x_2=-2x_3-2x_4 \end{cases}$$

令自由未知量$\begin{pmatrix} x_3 \\ x_4 \end{pmatrix}$分别取$\begin{pmatrix} 1 \\ 0 \end{pmatrix}$，$\begin{pmatrix} 0 \\ 1 \end{pmatrix}$，得导出组的基础解系

$$\boldsymbol{\xi}_1=(1, -2, 1, 0)^{\mathrm{T}}, \quad \boldsymbol{\xi}_2=(1, -2, 0, 1)^{\mathrm{T}}$$

则原方程组的通解为 $\boldsymbol{x}=\boldsymbol{\eta}+c_1\boldsymbol{\xi}_1+c_2\boldsymbol{\xi}_2$，即

$$\boldsymbol{x}=\begin{pmatrix} -3 \\ 2 \\ 0 \\ 0 \end{pmatrix}+c_1\begin{pmatrix} 1 \\ -2 \\ 1 \\ 0 \end{pmatrix}+c_2\begin{pmatrix} 1 \\ -2 \\ 0 \\ 1 \end{pmatrix} \quad (c_1, c_2 \text{ 为任意常数})$$

15. 已知线性方程组

$$\begin{cases} x_1+a_1x_2+a_1^2x_3=a_1^3 \\ x_1+a_2x_2+a_2^2x_3=a_2^3 \\ x_1+a_3x_2+a_3^2x_3=a_3^3 \\ x_1+a_4x_2+a_4^2x_3=a_4^3 \end{cases}$$

(1) 证明：若 a_1，a_2，a_3，a_4 两两不相等，则此线性方程组无解.

(2) 设当 $a_1=a_3=k$，$a_2=a_4=-k$ $(k\neq 0)$ 时，$\boldsymbol{\eta}_1$，$\boldsymbol{\eta}_2$ 是该方程组的两个解，其中

$$\boldsymbol{\eta}_1=(-1, 1, 1)^{\mathrm{T}}, \boldsymbol{\eta}_2=(1, 1, -1)^{\mathrm{T}}$$

试求此方程组的通解.

解：(1) 记方程组的系数矩阵为 $\boldsymbol{A}_{4\times 3}$，增广矩阵为 $\overline{\boldsymbol{A}}$，则 $\mathrm{r}(\boldsymbol{A})\leqslant 3$，而 $\overline{\boldsymbol{A}}$ 的行列式

$$|\overline{\boldsymbol{A}}|=\begin{vmatrix} 1 & a_1 & a_1^2 & a_1^3 \\ 1 & a_2 & a_2^2 & a_2^3 \\ 1 & a_3 & a_3^2 & a_3^3 \\ 1 & a_4 & a_4^2 & a_4^3 \end{vmatrix} \quad (\text{范德蒙行列式})$$

$$=(a_4-a_3)(a_4-a_2)(a_4-a_1)(a_3-a_2)(a_3-a_1)(a_2-a_1)$$

当 a_1，a_2，a_3，a_4 两两不相等时，有 $|\boldsymbol{A}|\neq 0$，所以 $\mathrm{r}(\overline{\boldsymbol{A}})=4\neq\mathrm{r}(\boldsymbol{A})$. 故此线性方程组无解.

(2) 当 $a_1=a_3=k$，$a_2=a_4=-k$ 时，原方程组化为

$$\begin{cases} x_1+kx_2+k^2x_3=k^3 \\ x_1-kx_2+k^2x_3=-k^3 \\ x_1+kx_2+k^2x_3=k^3 \\ x_1-kx_2+k^2x_3=-k^3 \end{cases} \quad (k\neq 0)$$

即

$$\begin{cases} x_1+kx_2+k^2x_3=k^3 \\ x_1-kx_2+k^2x_3=-k^3 \end{cases} \tag{*}$$

由已知条件，$\boldsymbol{\eta}_1=(-1,1,1)^{\mathrm{T}}$，$\boldsymbol{\eta}_2=(1,1,-1)^{\mathrm{T}}$是方程组（*）的解，所以

$$\boldsymbol{\xi}=\boldsymbol{\eta}_2-\boldsymbol{\eta}_1=(1,1,-1)^{\mathrm{T}}-(-1,1,1)^{\mathrm{T}}=(2,0,-2)^{\mathrm{T}}$$

是对应的导出组的解.

又方程组（*）的系数矩阵中，有二阶子式

$$\begin{vmatrix} 1 & k \\ 1 & -k \end{vmatrix}=-2k\neq 0$$

所以方程组（*）对应的导出组的基础解系中应含 $3-2=1$ 个解向量. 由于 $\boldsymbol{\xi}\neq\mathbf{0}$，可知 $\boldsymbol{\xi}=(2,0,-2)^{\mathrm{T}}$即为方程组（*）的导出组的一个基础解系. 于是，方程组（*）的通解为

$$\boldsymbol{x}=\boldsymbol{\eta}_1+c\boldsymbol{\xi}=\begin{pmatrix} -1 \\ 1 \\ 1 \end{pmatrix}+c\begin{pmatrix} 2 \\ 0 \\ -2 \end{pmatrix}\quad (c\text{ 为任意常数})$$

16. 已知齐次线性方程组

$$\begin{cases} (1+a)x_1+x_2+\cdots+x_n=0 \\ 2x_1+(2+a)x_2+\cdots+2x_n=0 \\ \cdots\cdots \\ nx_1+nx_2+\cdots+(n+a)x_n=0 \end{cases}\quad (n\geqslant 2)$$

试问 a 取何值时，该方程组仅有零解？有非零解？在方程组有非零解时，用其基础解系表示方程组的通解.

解： 方程组的系数矩阵 $\boldsymbol{A}$ 的行列式

$$|\boldsymbol{A}|=\begin{vmatrix} 1+a & 1 & 1 & \cdots & 1 \\ 2 & 2+a & 2 & \cdots & 2 \\ \vdots & \vdots & \vdots & & \vdots \\ n & n & n & \cdots & n+a \end{vmatrix}$$

$$=\left[\frac{n(n+1)}{2}+a\right]\begin{vmatrix} 1 & 1 & 1 & \cdots & 1 \\ 2 & 2+a & 2 & \cdots & 2 \\ \vdots & \vdots & \vdots & & \vdots \\ n & n & n & \cdots & n+a \end{vmatrix}$$

$$=\left[\frac{n(n+1)}{2}+a\right]\begin{vmatrix} 1 & 1 & 1 & \cdots & 1 \\ 0 & a & 0 & \cdots & 0 \\ \vdots & \vdots & \vdots & & \vdots \\ 0 & 0 & 0 & \cdots & a \end{vmatrix}=\left[\frac{n(n+1)}{2}+a\right]a^{n-1}$$

由此可知，当 $a\neq 0$ 且 $a\neq -\dfrac{n(n+1)}{2}$时，$|\boldsymbol{A}|\neq 0$，方程组仅有零解.

当 $a=0$ 时，系数矩阵 $\boldsymbol{A}$ 化为

$$\boldsymbol{A}=\begin{pmatrix}1&1&1&\cdots&1\\2&2&2&\cdots&2\\\vdots&\vdots&\vdots&&\vdots\\n&n&n&\cdots&n\end{pmatrix}$$

可得 $\mathrm{r}(\boldsymbol{A})=1$，所以方程组有非零解. 对应的同解方程组为

$$x_1+x_2+\cdots+x_n=0$$

由此得原方程组的一个基础解系：

$$\boldsymbol{\xi}_1=(-1,1,0,\cdots,0)^{\mathrm{T}},\ \boldsymbol{\xi}_2=(-1,0,1,\cdots,0)^{\mathrm{T}},\ \cdots,$$
$$\boldsymbol{\xi}_{n-1}=(-1,0,0,\cdots,1)^{\mathrm{T}}$$

所求方程组的通解为

$$\boldsymbol{x}=c_1\boldsymbol{\xi}_1+c_2\boldsymbol{\xi}_2+\cdots+c_{n-1}\boldsymbol{\xi}_{n-1}\quad(c_1,c_2,\cdots,c_{n-1}\text{为任意常数})$$

当 $a=-\dfrac{n(n+1)}{2}$时，对方程组的系数矩阵施以初等行变换：

$$\boldsymbol{A}=\begin{pmatrix}1+a&1&1&\cdots&1\\2&2+a&2&\cdots&2\\3&3&3+a&\cdots&3\\\vdots&\vdots&\vdots&&\vdots\\n&n&n&\cdots&n+a\end{pmatrix}\longrightarrow\begin{pmatrix}1+a&1&1&\cdots&1\\-2a&a&0&\cdots&0\\-3a&0&a&\cdots&0\\\vdots&\vdots&\vdots&&\vdots\\-na&0&0&\cdots&a\end{pmatrix}$$

$$\longrightarrow\begin{pmatrix}1+a&1&1&\cdots&1\\-2&1&0&\cdots&0\\-3&0&1&\cdots&0\\\vdots&\vdots&\vdots&&\vdots\\-n&0&0&\cdots&1\end{pmatrix}\longrightarrow\begin{pmatrix}a+\dfrac{n(n+1)}{2}&0&0&\cdots&0\\-2&1&0&\cdots&0\\-3&0&1&\cdots&0\\\vdots&\vdots&\vdots&&\vdots\\-n&0&0&\cdots&1\end{pmatrix}$$

$$\longrightarrow\begin{pmatrix}0&0&0&\cdots&0\\-2&1&0&\cdots&0\\-3&0&1&\cdots&0\\\vdots&\vdots&\vdots&&\vdots\\-n&0&0&\cdots&1\end{pmatrix}$$

由此可得，$\mathrm{r}(\boldsymbol{A})=n-1<n$，方程组有非零解，对应的同解方程组为

$$\begin{cases}-2x_1+x_2=0\\-3x_1+x_3=0\\\quad\cdots\cdots\\-nx_1+x_n=0\end{cases}$$

令自由未知量 $x_1=1$，得方程组的一个基础解系 $\boldsymbol{\xi}=(1,2,3,\cdots,n)^{\mathrm{T}}$，方程组的通

解为

$$\boldsymbol{x}=c\boldsymbol{\xi} \quad (c\text{ 为任意常数})$$

17. 设线性方程组

$$\begin{cases} x_1+x_2+x_3=0 \\ x_1+2x_2+ax_3=0 \\ x_1+4x_2+a^2x_3=0 \end{cases} \qquad (\text{Ⅰ})$$

与方程

$$x_1+2x_2+x_3=a-1 \qquad (\text{Ⅱ})$$

有公共解，求 a 的值及所有的公共解.

解： 方法 1　由已知条件，方程组（Ⅰ）和 方程（Ⅱ）有公共解. 所以，方程组

$$\begin{cases} x_1+x_2+x_3=0 \\ x_1+2x_2+ax_3=0 \\ x_1+4x_2+a^2x_3=0 \\ x_1+2x_2+x_3=a-1 \end{cases} \qquad (\text{Ⅲ})$$

有解. 对方程组（Ⅲ）的增广矩阵（$\boldsymbol{A} \vdots \boldsymbol{b}$）施以初等行变换，将其化为阶梯形矩阵：

$$(\boldsymbol{A} \vdots \boldsymbol{b})=\left(\begin{array}{ccc:c} 1 & 1 & 1 & 0 \\ 1 & 2 & a & 0 \\ 1 & 4 & a^2 & 0 \\ 1 & 2 & 1 & a-1 \end{array}\right) \longrightarrow \left(\begin{array}{ccc:c} 1 & 1 & 1 & 0 \\ 0 & 1 & a-1 & 0 \\ 0 & 3 & a^2-1 & 0 \\ 0 & 1 & 0 & a-1 \end{array}\right)$$

$$\longrightarrow \left(\begin{array}{ccc:c} 1 & 1 & 1 & 0 \\ 0 & 1 & a-1 & 0 \\ 0 & 0 & (a-1)(a-2) & 0 \\ 0 & 0 & 1-a & a-1 \end{array}\right)$$

$$\longrightarrow \left(\begin{array}{ccc:c} 1 & 1 & 1 & 0 \\ 0 & 1 & a-1 & 0 \\ 0 & 0 & a-1 & 1-a \\ 0 & 0 & 0 & (a-1)(a-2) \end{array}\right) \qquad (*)$$

由于方程组（Ⅲ）有解，必有 $\mathrm{r}(\boldsymbol{A})=\mathrm{r}(\boldsymbol{A} \vdots \boldsymbol{b})$，故 $(a-1)(a-2)=0$，得 $a=1$ 或 $a=2$.

当 $a=1$ 时，矩阵（$*$）化为

$$\left(\begin{array}{ccc:c} 1 & 1 & 1 & 0 \\ 0 & 1 & 0 & 0 \\ 0 & 0 & 0 & 0 \\ 0 & 0 & 0 & 0 \end{array}\right) \longrightarrow \left(\begin{array}{ccc:c} 1 & 0 & 1 & 0 \\ 0 & 1 & 0 & 0 \\ 0 & 0 & 0 & 0 \\ 0 & 0 & 0 & 0 \end{array}\right)$$

方程组（Ⅲ）的同解方程组为

$$\begin{cases} x_1=-x_3 \\ x_2=0 \end{cases}$$

令 $x_3=1$，得方程组（Ⅲ）的一个基础解系 $\boldsymbol{\xi}=(-1,0,1)^T$.

于是，方程组（Ⅰ）和方程（Ⅱ）的全部公共解为

$$\boldsymbol{x}=c\boldsymbol{\xi}=c(-1,0,1)^T \quad (c\text{ 为任意常数})$$

当 $a=2$ 时，矩阵（*）化为

$$\left(\begin{array}{ccc:c} 1 & 1 & 1 & 0 \\ 0 & 1 & 1 & 0 \\ 0 & 0 & 1 & -1 \\ 0 & 0 & 0 & 0 \end{array}\right) \longrightarrow \left(\begin{array}{ccc:c} 1 & 0 & 0 & 0 \\ 0 & 1 & 0 & 1 \\ 0 & 0 & 1 & -1 \\ 0 & 0 & 0 & 0 \end{array}\right)$$

由此可知，方程组（Ⅲ）有唯一解 $\boldsymbol{x}=(0,1,-1)^T$，即方程组（Ⅰ）和方程（Ⅱ）有公共解 $\boldsymbol{x}=(0,1,-1)^T$.

方法 2 先解方程组（Ⅰ）. 方程组（Ⅰ）的系数行列式

$$\begin{vmatrix} 1 & 1 & 1 \\ 1 & 2 & a \\ 1 & 4 & a^2 \end{vmatrix}=(a-1)(a-2)$$

所以，当 $a\neq1$ 且 $a\neq2$ 时，方程组（Ⅰ）仅有零解 $\boldsymbol{x}=(0,0,0)^T$，但 $\boldsymbol{x}=(0,0,0)^T$ 不是方程（Ⅱ）的解. 故此时方程组（Ⅰ）和方程（Ⅱ）无公共解.

当 $a=1$ 时，对方程组（Ⅰ）的系数矩阵施以初等行变换，有

$$\begin{pmatrix} 1 & 1 & 1 \\ 1 & 2 & 1 \\ 1 & 4 & 1 \end{pmatrix} \longrightarrow \begin{pmatrix} 1 & 1 & 1 \\ 0 & 1 & 0 \\ 0 & 3 & 0 \end{pmatrix} \longrightarrow \begin{pmatrix} 1 & 0 & 1 \\ 0 & 1 & 0 \\ 0 & 0 & 0 \end{pmatrix}$$

由此可得方程组（Ⅰ）的全部解为

$$\boldsymbol{x}=c(-1,0,1)^T \quad (c\text{ 为任意常数})$$

将此解代入方程（Ⅱ），可知它也是方程（Ⅱ）的解. 即方程组（Ⅰ）和方程（Ⅱ）的全部公共解为

$$\boldsymbol{x}=c(-1,0,1)^T \quad (c\text{ 为任意常数})$$

当 $a=2$ 时，对方程组（Ⅰ）的系数矩阵施以初等行变换，有

$$\begin{pmatrix} 1 & 1 & 1 \\ 1 & 2 & 2 \\ 1 & 4 & 4 \end{pmatrix} \longrightarrow \begin{pmatrix} 1 & 1 & 1 \\ 0 & 1 & 1 \\ 0 & 3 & 3 \end{pmatrix} \longrightarrow \begin{pmatrix} 1 & 0 & 0 \\ 0 & 1 & 1 \\ 0 & 0 & 0 \end{pmatrix}$$

由此可得方程组（Ⅰ）的全部解

$$x=k(0,-1,1)^T \quad (k\text{ 为任意常数})$$

将此解代入方程（Ⅱ），可得当$k=-1$时，此解也是方程（Ⅱ）的解. 这时，方程组（Ⅰ）和方程（Ⅱ）的公共解为

$$x=(0,1,-1)^T$$

18. 已知四元齐次线性方程组

$$(\text{Ⅰ})\begin{cases} 3x_2+x_3+2x_4=0 \\ 3x_1+x_2+3x_4=0 \end{cases}$$

如果另一四元齐次线性方程组（Ⅱ）的一个基础解系为

$$\boldsymbol{\alpha}_1=(1,0,2,-1)^T,\ \boldsymbol{\alpha}_2=(0,1,-4,-2)^T$$

(1) 求方程组（Ⅰ）的一个基础解系.

(2) 求方程组（Ⅰ）和（Ⅱ）的公共解.

解：(1) 在方程组（Ⅰ）中取x_2，x_4为自由未知量，可得方程组（Ⅰ）的同解方程组为

$$\begin{cases} x_3=-3x_2-2x_4 \\ x_1=-\dfrac{1}{3}x_2-x_4 \end{cases}$$

令自由未知量$\begin{pmatrix}x_2\\x_4\end{pmatrix}$分别取$\begin{pmatrix}3\\0\end{pmatrix}$，$\begin{pmatrix}0\\1\end{pmatrix}$，可得方程组（Ⅰ）的一个基础解系为

$$\boldsymbol{\xi}_1=(-1,3,-9,0)^T,\ \boldsymbol{\xi}_2=(-1,0,-2,1)^T$$

(2) *方法 1* 由题设条件，方程组（Ⅱ）的通解为

$$k_1\boldsymbol{\alpha}_1+k_2\boldsymbol{\alpha}_2=(k_1,k_2,2k_1-4k_2,-k_1-2k_2)^T$$

其中k_1，k_2为任意常数.

为求得方程组（Ⅰ）和（Ⅱ）的公共解，将方程组（Ⅱ）的上述通解代入方程组（Ⅰ），有

$$\begin{cases} 3k_2+(2k_1-4k_2)+2(-k_1-2k_2)=0 \\ 3k_1+k_2+3(-k_1-2k_2)=0 \end{cases}$$

解得$k_2=0$，k_1可为任意常数，所以方程组（Ⅰ）和（Ⅱ）的公共解为$k_1\boldsymbol{\alpha}_1=k_1(1,0,2,-1)^T$.

方法 2 由本题的 (1) 可知，方程组（Ⅰ）的通解为$c_1\boldsymbol{\xi}_1+c_2\boldsymbol{\xi}_2$($c_1$，$c_2$为任意常数)，又由已知条件，方程组（Ⅱ）的通解为$k_1\boldsymbol{\alpha}_1+k_2\boldsymbol{\alpha}_2$($k_1$，$k_2$为任意常数). 若设$\boldsymbol{\eta}$为方程组（Ⅰ），（Ⅱ）的公共解，则

$$\boldsymbol{\eta}=c_1\boldsymbol{\xi}_1+c_2\boldsymbol{\xi}_2=k_1\boldsymbol{\alpha}_1+k_2\boldsymbol{\alpha}_2$$

即

$$c_1\begin{pmatrix}-1\\3\\-9\\0\end{pmatrix}+c_2\begin{pmatrix}-1\\0\\-2\\1\end{pmatrix}=k_1\begin{pmatrix}1\\0\\2\\-1\end{pmatrix}+k_2\begin{pmatrix}0\\1\\-4\\-2\end{pmatrix}$$

可得

$$\begin{cases}c_1+\ c_2+\ k_1 \qquad =0\\3c_1 \qquad\quad -\ k_2=0\\9c_1+2c_2+2k_1-4k_2=0\\ \qquad c_2+\ k_1+2k_2=0\end{cases}$$

解得 $c_1=0$，$c_2=-k_1$，$k_2=0$. 因此方程组（Ⅰ），（Ⅱ）的公共解为

$$\boldsymbol{\eta}=-k_1\boldsymbol{\xi}_2=k_1(1,0,2,-1)^{\mathrm{T}}$$

19. 设 $\boldsymbol{A}$ 为 $m\times n$ 矩阵，已知齐次线性方程组 $\boldsymbol{Ax}=\boldsymbol{0}$ 的一个基础解系为 $\boldsymbol{\xi}_1$，$\boldsymbol{\xi}_2$，…，$\boldsymbol{\xi}_t$，而向量 $\boldsymbol{\beta}$ 不是方程组 $\boldsymbol{Ax}=\boldsymbol{0}$ 的解，即 $\boldsymbol{A\beta}\neq\boldsymbol{0}$. 证明：$\boldsymbol{\beta}$，$\boldsymbol{\beta}+\boldsymbol{\xi}_1$，$\boldsymbol{\beta}+\boldsymbol{\xi}_2$，…，$\boldsymbol{\beta}+\boldsymbol{\xi}_t$ 线性无关.

证：设有一组数 k，k_1，k_2，…，k_t，使得

$$k\boldsymbol{\beta}+k_1(\boldsymbol{\beta}+\boldsymbol{\xi}_1)+k_2(\boldsymbol{\beta}+\boldsymbol{\xi}_2)+\cdots+k_t(\boldsymbol{\beta}+\boldsymbol{\xi}_t)=\boldsymbol{0}$$

化简后，有

$$(k+\sum_{i=1}^{t}k_i)\boldsymbol{\beta}=-\sum_{i=1}^{t}k_i\boldsymbol{\xi}_i \qquad ①$$

在上式两边左乘矩阵 $\boldsymbol{A}$，由于 $\boldsymbol{A\xi}_i=\boldsymbol{0}$ $(1\leqslant i\leqslant t)$，可得

$$(k+\sum_{i=1}^{t}k_i)\boldsymbol{A\beta}=-\sum_{i=1}^{t}k_i\boldsymbol{A\xi}_i=\boldsymbol{0} \qquad ②$$

因为 $\boldsymbol{A\beta}\neq\boldsymbol{0}$，由式②可得

$$k+\sum_{i=1}^{t}k_i=0 \qquad ③$$

将式③代入式①，有

$$\sum_{i=1}^{t}k_i\boldsymbol{\xi}_i=k_1\boldsymbol{\xi}_1+k_2\boldsymbol{\xi}_2+\cdots+k_t\boldsymbol{\xi}_t=\boldsymbol{0}$$

由题设条件可知，向量组 $\boldsymbol{\xi}_1$，$\boldsymbol{\xi}_2$，…，$\boldsymbol{\xi}_t$ 线性无关，所以 $k_1=0$，$k_2=0$，…，$k_t=0$. 将此结果代入式③，得 $k=0$. 因此向量组 $\boldsymbol{\beta}$，$\boldsymbol{\beta}+\boldsymbol{\xi}_1$，$\boldsymbol{\beta}+\boldsymbol{\xi}_2$，…，$\boldsymbol{\beta}+\boldsymbol{\xi}_t$ 线性无关.

20. 设 $\boldsymbol{A}$ 为 $m\times n$ 矩阵. 已知 $\boldsymbol{\eta}$ 是非齐次线性方程组 $\boldsymbol{Ax}=\boldsymbol{b}$ 的一个解向量，而 $\boldsymbol{\xi}_1$，$\boldsymbol{\xi}_2$，…，$\boldsymbol{\xi}_t$ 是其导出组 $\boldsymbol{Ax}=\boldsymbol{0}$ 的基础解系. 证明：$\boldsymbol{\eta}$，$\boldsymbol{\eta}+\boldsymbol{\xi}_1$，$\boldsymbol{\eta}+\boldsymbol{\xi}_2$，…，$\boldsymbol{\eta}+\boldsymbol{\xi}_t$ 是方程组 $\boldsymbol{Ax}=\boldsymbol{b}$ 解向量组的极大无关组.

证： 由题设条件，有 $\boldsymbol{A\eta}=\boldsymbol{b}\neq\boldsymbol{0}$. 而 $\boldsymbol{\xi}_1$，$\boldsymbol{\xi}_2$，…，$\boldsymbol{\xi}_t$ 是齐次线性方程组 $\boldsymbol{Ax}=\boldsymbol{0}$ 的一个基础解系，利用上一题的结论，则 $\boldsymbol{\eta}$，$\boldsymbol{\eta}+\boldsymbol{\xi}_1$，$\boldsymbol{\eta}+\boldsymbol{\xi}_2$，…，$\boldsymbol{\eta}+\boldsymbol{\xi}_t$ 线性无关. 所以，只需再证：方程组 $\boldsymbol{Ax}=\boldsymbol{b}$ 的任意一个解 $\bar{\boldsymbol{x}}$ 都可以由此向量组线性表示. 实际上，有

$$\begin{aligned}\bar{\boldsymbol{x}} &= \boldsymbol{\eta}+c_1\boldsymbol{\xi}_1+c_2\boldsymbol{\xi}_2+\cdots+c_t\boldsymbol{\xi}_t \\ &= \left(1-\sum_{i=1}^{t}c_i\right)\boldsymbol{\eta}+c_1(\boldsymbol{\eta}+\boldsymbol{\xi}_1)+c_2(\boldsymbol{\eta}+\boldsymbol{\xi}_2)+\cdots+c_t(\boldsymbol{\eta}+\boldsymbol{\xi}_t)\end{aligned}$$

因此，$\boldsymbol{\eta}$，$\boldsymbol{\eta}+\boldsymbol{\xi}_1$，$\boldsymbol{\eta}+\boldsymbol{\xi}_2$，…，$\boldsymbol{\eta}+\boldsymbol{\xi}_t$ 是方程组 $\boldsymbol{Ax}=\boldsymbol{b}$ 解向量组的极大无关组.

(B)

1. 已知向量 $\boldsymbol{\alpha}_1=(1,2,1)^{\mathrm{T}}$，$\boldsymbol{\alpha}_2=(2,3,a)^{\mathrm{T}}$，$\boldsymbol{\alpha}_3=(1,a+2,-2)^{\mathrm{T}}$，$\boldsymbol{\beta}=(1,3,0)^{\mathrm{T}}$. 若 $\boldsymbol{\beta}$ 可由 $\boldsymbol{\alpha}_1$，$\boldsymbol{\alpha}_2$，$\boldsymbol{\alpha}_3$ 线性表示，但表示式不唯一，则 $a=$[　　].

(A) -1　　(B) 1　　(C) -3　　(D) 3

解： 设矩阵 $\overline{\boldsymbol{A}}=(\boldsymbol{\alpha}_1,\boldsymbol{\alpha}_2,\boldsymbol{\alpha}_3\mid\boldsymbol{\beta})$，对矩阵 $\overline{\boldsymbol{A}}$ 施以初等行变换，化为阶梯形矩阵：

$$\overline{\boldsymbol{A}}=\left(\begin{array}{ccc|c}1&2&1&1\\2&3&a+2&3\\1&a&-2&0\end{array}\right)\longrightarrow\left(\begin{array}{ccc|c}1&2&1&1\\0&-1&a&1\\0&a-2&-3&-1\end{array}\right)$$

$$\longrightarrow\left(\begin{array}{ccc|c}1&2&1&1\\0&1&-a&-1\\0&0&(a+1)(a-3)&a-3\end{array}\right)$$

若 $\boldsymbol{\beta}$ 可由 $\boldsymbol{\alpha}_1$，$\boldsymbol{\alpha}_2$，$\boldsymbol{\alpha}_3$ 线性表示，但表示式不唯一，则必有 $\mathrm{r}(\boldsymbol{\alpha}_1,\boldsymbol{\alpha}_2,\boldsymbol{\alpha}_3)=\mathrm{r}(\overline{\boldsymbol{A}})=2<3$. 由此可得 $a=3$，故本题应选 (D).

当 $\boldsymbol{\beta}$ 不可由 $\boldsymbol{\alpha}_1$，$\boldsymbol{\alpha}_2$，$\boldsymbol{\alpha}_3$ 表示时，$a=-1$；当 $\boldsymbol{\beta}$ 可由 $\boldsymbol{\alpha}_1$，$\boldsymbol{\alpha}_2$，$\boldsymbol{\alpha}_3$ 唯一地线性表示时，$a\neq-1$ 且 $a\neq3$. 故 (A)，(B)，(C) 均不符合题意.

2. 下面有五个命题：

①零向量可由任一向量组 $\boldsymbol{\alpha}_1$，$\boldsymbol{\alpha}_2$，…，$\boldsymbol{\alpha}_s$ 线性表示.

②任一 n 维列向量 $\boldsymbol{\alpha}$ 都可由 n 维单位列向量组 $\boldsymbol{\varepsilon}_1$，$\boldsymbol{\varepsilon}_2$，…，$\boldsymbol{\varepsilon}_n$ 线性表示.

③对于非齐次线性方程组 $\boldsymbol{Ax}=\boldsymbol{b}$，向量 $\boldsymbol{b}$ 必可由 $\boldsymbol{A}$ 的列向量组线性表示.

④向量组 $\boldsymbol{\alpha}_1$，$\boldsymbol{\alpha}_2$，…，$\boldsymbol{\alpha}_s$ 中任一向量 $\boldsymbol{\alpha}_i(1\leqslant i\leqslant s)$ 都可以由此向量组线性表示.

⑤若向量组 $\boldsymbol{\alpha}_1$，$\boldsymbol{\alpha}_2$，…，$\boldsymbol{\alpha}_s$ 线性相关，则其中任一向量 $\boldsymbol{\alpha}_i(1\leqslant i\leqslant s)$ 都可由其余向量线性表示.

这五个命题中正确的是[　　].

(A)①③⑤　　(B) ①②④　　(C) ①④⑤　　(D) ①②⑤

解： ①正确. 因为对任意向量组 $\boldsymbol{\alpha}_1$，$\boldsymbol{\alpha}_2$，…，$\boldsymbol{\alpha}_s$，取数 $k_1=0$，$k_2=0$，…，$k_s=0$，则有

$$\boldsymbol{0}=k_1\boldsymbol{\alpha}_1+k_2\boldsymbol{\alpha}_2+\cdots+k_s\boldsymbol{\alpha}_s$$

②正确. 因为对任一 $\boldsymbol{\alpha}=(a_1,a_2,\cdots,a_n)^{\mathrm{T}}$，有

$$\boldsymbol{\alpha}=a_1\boldsymbol{\varepsilon}_1+a_2\boldsymbol{\varepsilon}_2+\cdots+a_n\boldsymbol{\varepsilon}_n$$

③不正确. 当线性方程组 $\boldsymbol{A}\boldsymbol{x}=\boldsymbol{b}$ 无解时，向量 $\boldsymbol{b}$ 不能由 $\boldsymbol{A}$ 的列向量组线性表示.

④正确. 实际上，对任一向量 $\boldsymbol{\alpha}_i(1\leqslant i\leqslant s)$，有

$$\boldsymbol{\alpha}_i=0\boldsymbol{\alpha}_1+\cdots+0\boldsymbol{\alpha}_{i-1}+\boldsymbol{\alpha}_i+0\boldsymbol{\alpha}_{i+1}+\cdots+0\boldsymbol{\alpha}_s$$

故④正确. 至此，已可以看出各选项中只有 (B) 正确.

⑤不正确，例如，$\boldsymbol{\alpha}_1=(1,0,0)^{\mathrm{T}}$，$\boldsymbol{\alpha}_2=(2,0,0)^{\mathrm{T}}$，$\boldsymbol{\alpha}_3=(0,0,1)^{\mathrm{T}}$，则 $\boldsymbol{\alpha}_1$，$\boldsymbol{\alpha}_2$，$\boldsymbol{\alpha}_3$ 线性相关，但 $\boldsymbol{\alpha}_3$ 不能由 $\boldsymbol{\alpha}_1$，$\boldsymbol{\alpha}_2$ 线性表示.

3. 设三阶矩阵 $\boldsymbol{A}=\begin{pmatrix}1&-1&1\\2&4&-2\\-3&-3&5\end{pmatrix}$，$\boldsymbol{\alpha}=\begin{pmatrix}1\\-2\\a\end{pmatrix}$，已知 $\boldsymbol{A}\boldsymbol{\alpha}$ 与 $\boldsymbol{\alpha}$ 线性相关，则 $a=$ [　　].

(A) -1 或 3　　(B) 1 或 -3　　(C) -1 或 2　　(D) 1 或 -2

解: 记 $\boldsymbol{A}\boldsymbol{\alpha}=\boldsymbol{\beta}$，则

$$\boldsymbol{\beta}=\begin{pmatrix}1&-1&1\\2&4&-2\\-3&-3&5\end{pmatrix}\begin{pmatrix}1\\-2\\a\end{pmatrix}=\begin{pmatrix}3+a\\-6-2a\\3+5a\end{pmatrix}$$

如果向量 $\boldsymbol{\beta}$ 与 $\boldsymbol{\alpha}$ 线性相关，则齐次线性方程组

$$x_1\boldsymbol{\alpha}+x_2\boldsymbol{\beta}=\mathbf{0}$$

必有非零解. 方程组的系数矩阵 $(\boldsymbol{\alpha},\boldsymbol{\beta})$ 的秩应小于 2. 对矩阵 $(\boldsymbol{\alpha},\boldsymbol{\beta})$ 施以初等行变换，有

$$(\boldsymbol{\alpha},\boldsymbol{\beta})=\begin{pmatrix}1&3+a\\-2&-6-2a\\a&3+5a\end{pmatrix}\longrightarrow\begin{pmatrix}1&3+a\\0&0\\0&-(a-3)(a+1)\end{pmatrix}$$

当 $a=-1$ 或 $a=3$ 时，$\mathrm{r}(\boldsymbol{\alpha},\boldsymbol{\beta})=1<2$，符合题意. 故本题应选 (A).

4. 若向量组 $\boldsymbol{\alpha}_1=(1,2,-1,-2)^{\mathrm{T}}$，$\boldsymbol{\alpha}_2=(2,t,3,1)^{\mathrm{T}}$，$\boldsymbol{\alpha}_3=(3,1,2,-1)^{\mathrm{T}}$线性相关，则 $t=$[　　].

(A) 1　　(B) 2　　(C) -2　　(D) -1

解: 记矩阵 $\boldsymbol{A}=(\boldsymbol{\alpha}_1,\boldsymbol{\alpha}_2,\boldsymbol{\alpha}_3)$，对 $\boldsymbol{A}$ 施以初等行变换:

$$\boldsymbol{A}=\begin{pmatrix}1&2&3\\2&t&1\\-1&3&2\\-2&1&-1\end{pmatrix}\longrightarrow\begin{pmatrix}1&2&3\\0&t-4&-5\\0&5&5\\0&5&5\end{pmatrix}\longrightarrow\begin{pmatrix}1&2&3\\0&1&1\\0&0&-t-1\\0&0&0\end{pmatrix}$$

可以看出，若 $\boldsymbol{\alpha}_1$，$\boldsymbol{\alpha}_2$，$\boldsymbol{\alpha}_3$ 线性相关，则 $\mathrm{r}(\boldsymbol{A})<3$，此时必有 $t=-1$. 故本题应选 (D).

5. 已知向量组 $\boldsymbol{\alpha}_1$，$\boldsymbol{\alpha}_2$，$\boldsymbol{\alpha}_3$ 线性无关，则向量组 [　　].

(A) $\boldsymbol{\alpha}_1+\boldsymbol{\alpha}_2$，$\boldsymbol{\alpha}_2+\boldsymbol{\alpha}_3$，$\boldsymbol{\alpha}_3-\boldsymbol{\alpha}_1$ 线性无关

(B) $\boldsymbol{\alpha}_1-\boldsymbol{\alpha}_2$，$\boldsymbol{\alpha}_2-\boldsymbol{\alpha}_3$，$\boldsymbol{\alpha}_1-2\boldsymbol{\alpha}_2+\boldsymbol{\alpha}_3$ 线性无关

(C) $\boldsymbol{\alpha}_1+2\boldsymbol{\alpha}_2$，$2\boldsymbol{\alpha}_2+3\boldsymbol{\alpha}_3$，$3\boldsymbol{\alpha}_3+\boldsymbol{\alpha}_1$ 线性无关

(D) $\boldsymbol{\alpha}_1+\boldsymbol{\alpha}_2+\boldsymbol{\alpha}_3$，$\boldsymbol{\alpha}_1-2\boldsymbol{\alpha}_2+\boldsymbol{\alpha}_3$，$2\boldsymbol{\alpha}_1-\boldsymbol{\alpha}_2+2\boldsymbol{\alpha}_3$ 线性无关

解：对于选项 (A)，(B)，(D) 有

$$(\boldsymbol{\alpha}_1+\boldsymbol{\alpha}_2)-(\boldsymbol{\alpha}_2+\boldsymbol{\alpha}_3)+(\boldsymbol{\alpha}_3-\boldsymbol{\alpha}_1)=\mathbf{0}$$
$$(\boldsymbol{\alpha}_1-\boldsymbol{\alpha}_2)-(\boldsymbol{\alpha}_2-\boldsymbol{\alpha}_3)-(\boldsymbol{\alpha}_1-2\boldsymbol{\alpha}_2+\boldsymbol{\alpha}_3)=\mathbf{0}$$
$$(\boldsymbol{\alpha}_1+\boldsymbol{\alpha}_2+\boldsymbol{\alpha}_3)+(\boldsymbol{\alpha}_1-2\boldsymbol{\alpha}_2+\boldsymbol{\alpha}_3)-(2\boldsymbol{\alpha}_1-\boldsymbol{\alpha}_2+2\boldsymbol{\alpha}_3)=\mathbf{0}$$

可知 (A)，(B)，(D) 均不正确. 本题应选 (C).

实际上，对于 (C)，设有数 k_1，k_2，k_3，使得

$$k_1(\boldsymbol{\alpha}_1+2\boldsymbol{\alpha}_2)+k_2(2\boldsymbol{\alpha}_2+3\boldsymbol{\alpha}_3)+k_3(3\boldsymbol{\alpha}_3+\boldsymbol{\alpha}_1)=\mathbf{0}$$

即
$$(k_1+k_3)\boldsymbol{\alpha}_1+(2k_1+2k_2)\boldsymbol{\alpha}_2+(3k_2+3k_3)\boldsymbol{\alpha}_3=\mathbf{0}$$

因为 $\boldsymbol{\alpha}_1$，$\boldsymbol{\alpha}_2$，$\boldsymbol{\alpha}_3$ 线性无关，有

$$\begin{cases}k_1+k_3=0\\k_1+k_2=0\\k_2+k_3=0\end{cases}\tag{*}$$

此方程组的系数行列式

$$\begin{vmatrix}1&0&1\\1&1&0\\0&1&1\end{vmatrix}=2\neq0$$

所以方程组 (*) 仅有零解 $k_1=0$，$k_2=0$，$k_3=0$. 由此得 $\boldsymbol{\alpha}_1+2\boldsymbol{\alpha}_2$，$2\boldsymbol{\alpha}_2+3\boldsymbol{\alpha}_3$，$3\boldsymbol{\alpha}_3+\boldsymbol{\alpha}_1$ 线性无关.

6. n 维向量组 $\boldsymbol{\alpha}_1$，$\boldsymbol{\alpha}_2$，…，$\boldsymbol{\alpha}_s$ 线性无关的充分必要条件是 [　　].

(A) $\boldsymbol{\alpha}_1$，$\boldsymbol{\alpha}_2$，…，$\boldsymbol{\alpha}_s$ 都不是零向量

(B) 存在一组不全为零的数 k_1，k_2，…，k_s，使得 $k_1\boldsymbol{\alpha}_1+k_2\boldsymbol{\alpha}_2+\cdots+k_s\boldsymbol{\alpha}_s\neq\mathbf{0}$

(C) $\boldsymbol{\alpha}_1$，$\boldsymbol{\alpha}_2$，…，$\boldsymbol{\alpha}_s$ 中任意两个向量线性无关

(D) $\boldsymbol{\alpha}_1$，$\boldsymbol{\alpha}_2$，…，$\boldsymbol{\alpha}_s$ 中任意一个向量都不能由其余向量线性表示

解：(A) 只是 $\boldsymbol{\alpha}_1$，$\boldsymbol{\alpha}_2$，…，$\boldsymbol{\alpha}_s$ 线性无关的必要条件，但非充分条件. 例如，$\boldsymbol{\alpha}_1=(1,1,0)^{\mathrm{T}}$，$\boldsymbol{\alpha}_2=(1,0,1)^{\mathrm{T}}$，$\boldsymbol{\alpha}_3=(2,1,1)^{\mathrm{T}}$都不是零向量，但 $\boldsymbol{\alpha}_1$，$\boldsymbol{\alpha}_2$，$\boldsymbol{\alpha}_3$ 线性相关.

(B) 与 $\boldsymbol{\alpha}_1$，$\boldsymbol{\alpha}_2$，…，$\boldsymbol{\alpha}_s$ 是否线性无关没有关系. 例如：对于 $\boldsymbol{\alpha}_1=(1,1,0)^{\mathrm{T}}$，$\boldsymbol{\alpha}_2=(1,0,1)^{\mathrm{T}}$，$\boldsymbol{\alpha}_3=(2,1,1)^{\mathrm{T}}$，存在数 $k_1=k_2=k_3=1$，使 $\boldsymbol{\alpha}_1+\boldsymbol{\alpha}_2+\boldsymbol{\alpha}_3\neq\mathbf{0}$. 但由此不能得出 $\boldsymbol{\alpha}_1$，$\boldsymbol{\alpha}_2$，$\boldsymbol{\alpha}_3$ 线性无关的结论. 反之，向量 $\boldsymbol{\alpha}_1$，$\boldsymbol{\alpha}_2$，$\boldsymbol{\alpha}_3$ 线性相关，也存在不全为零的数 $k_1=1$，$k_2=1$，$k_3=1$，使 $k_1\boldsymbol{\alpha}_1+k_2\boldsymbol{\alpha}_2+k_3\boldsymbol{\alpha}_3\neq\mathbf{0}$.

(C) 是 $\boldsymbol{\alpha}_1$，$\boldsymbol{\alpha}_2$，…，$\boldsymbol{\alpha}_s$ 线性无关的必要条件，但非充分条件. 例如，$\boldsymbol{\alpha}_1=(1,0,0)^{\mathrm{T}}$，$\boldsymbol{\alpha}_2=(0,1,0)^{\mathrm{T}}$，$\boldsymbol{\alpha}_3=(1,1,0)^{\mathrm{T}}$，两两线性无关. 但 $\boldsymbol{\alpha}_1$，$\boldsymbol{\alpha}_2$，$\boldsymbol{\alpha}_3$ 线性相关.

故本题应选 (D). 实际上，此选项是定理“向量组 $\boldsymbol{\alpha}_1$，$\boldsymbol{\alpha}_2$，…，$\boldsymbol{\alpha}_s$ 线性相关的充要条件是其中至少有一个向量可以由其余向量线性表示”的逆否命题.

7. 设 n 阶矩阵 $\boldsymbol{A}$ 的秩 $\mathrm{r}(\boldsymbol{A})=r<n$，则 [　　].

(A) $\boldsymbol{A}$ 中必有 r 个行向量线性无关

(B) $\boldsymbol{A}$ 的任意 r 个行向量线性无关

(C) $\boldsymbol{A}$ 的任意 $r-1$ 个行向量线性无关

(D) 非齐次线性方程组 $\boldsymbol{Ax}=\boldsymbol{b}$ 必有无穷多解

解: 因为 $\mathrm{r}(\boldsymbol{A})=r<n$,可知矩阵 $\boldsymbol{A}$ 的行秩等于 r,所以 $\boldsymbol{A}$ 的行向量组中必有 r 个行向量线性无关,而任意 $r+1$ 个行向量线性相关,但任意 r 个行向量未必线性无关,故 (A) 正确,(B) 不正确.

选项 (C) 不正确. 当 $\mathrm{r}(\boldsymbol{A})=r$ 时,只能说"$\boldsymbol{A}$ 的行向量中必有 $r-1$ 个向量线性无关".

选项 (D) 不正确. 因为 $\mathrm{r}(\boldsymbol{A})=r<n$,不能推出 $\mathrm{r}(\boldsymbol{A})=\mathrm{r}(\boldsymbol{A},\boldsymbol{b})=r$,故方程组 $\boldsymbol{Ax}=\boldsymbol{b}$ 不一定有解.

8. 设矩阵 $\boldsymbol{A}=\begin{pmatrix} a_1b_1 & a_1b_2 & \cdots & a_1b_n \\ a_2b_1 & a_2b_2 & \cdots & a_2b_n \\ \vdots & \vdots & & \vdots \\ a_nb_1 & a_nb_2 & \cdots & a_nb_n \end{pmatrix}$,其中 $a_i\neq 0$,$b_i\neq 0$ $(i=1,2,\cdots,n)$,则矩阵 $\boldsymbol{A}$ 的秩 $\mathrm{r}(\boldsymbol{A})=$[ ].

(A) n (B) $n-1$ (C) 2 (D) 1

解: 由已知条件,矩阵 $\boldsymbol{A}\neq\boldsymbol{O}$,所以 $\mathrm{r}(\boldsymbol{A})\geqslant 1$. 若记向量 $\boldsymbol{\alpha}=(a_1,a_2,\cdots,a_n)^{\mathrm{T}}$,$\boldsymbol{\beta}=(b_1,b_2,\cdots,b_n)^{\mathrm{T}}$,则

$$\boldsymbol{A}=\begin{pmatrix} a_1 \\ a_2 \\ \vdots \\ a_n \end{pmatrix}(b_1,b_2,\cdots,b_n)=\boldsymbol{\alpha}\boldsymbol{\beta}^{\mathrm{T}}$$

由于 $\mathrm{r}(\boldsymbol{A})=\mathrm{r}(\boldsymbol{\alpha}\boldsymbol{\beta}^{\mathrm{T}})\leqslant\min\{\mathrm{r}(\boldsymbol{\alpha}),\mathrm{r}(\boldsymbol{\beta})\}$,而 $\mathrm{r}(\boldsymbol{\alpha})=\mathrm{r}(\boldsymbol{\beta})=1$,所以 $\mathrm{r}(\boldsymbol{A})\leqslant 1$. 于是 $\mathrm{r}(\boldsymbol{A})=1$. 可见只有 (D) 正确.

9. 齐次线性方程组

$$\begin{cases} x_1+x_2+x_3=0 \\ x_1+tx_2+x_3=0 \\ x_1+x_2+tx_3=0 \end{cases}$$

的系数矩阵为 $\boldsymbol{A}$. 若存在三阶非零矩阵 $\boldsymbol{B}$,使 $\boldsymbol{AB}=\boldsymbol{O}$,则 [ ].

(A) $t=-2$,且 $|\boldsymbol{B}|=0$ (B) $t=-2$,且 $|\boldsymbol{B}|\neq 0$

(C) $t=1$,且 $|\boldsymbol{B}|\neq 0$ (D) $t=1$,且 $|\boldsymbol{B}|=0$

解: 由于 $\boldsymbol{AB}=\boldsymbol{O}$,且 $\boldsymbol{B}\neq\boldsymbol{O}$,可知齐次线性方程组 $\boldsymbol{Ax}=\boldsymbol{0}$ 有非零解,所以

$$|\boldsymbol{A}|=\begin{vmatrix} 1 & 1 & 1 \\ 1 & t & 1 \\ 1 & 1 & t \end{vmatrix}=(t-1)^2=0$$

由此可得 $t=1$. 可排除 (A)和(B). 又 $\boldsymbol{AB}=\boldsymbol{O}$,可知

$$r(\boldsymbol{A})+r(\boldsymbol{B})\leqslant 3$$

而 $t=1$ 时，有 $r(\boldsymbol{A})=1$，所以 $r(\boldsymbol{B})\leqslant 2$. 由此可知必有 $|\boldsymbol{B}|=0$. 故本题应选 (D).

10. 设 $\boldsymbol{A}$ 为 $m\times n$ 矩阵，$r(\boldsymbol{A})=r$，则对非齐次线性方程组 $\boldsymbol{Ax}=\boldsymbol{b}$，[ ].

(A) 当 $r=n$ 时，方程组 $\boldsymbol{Ax}=\boldsymbol{b}$ 有唯一解

(B) 当 $r<n$ 时，方程组 $\boldsymbol{Ax}=\boldsymbol{b}$ 有无穷多解

(C) 当 $r=m$ 时，方程组 $\boldsymbol{Ax}=\boldsymbol{b}$ 有解

(D) 当 $m=n$ 时，方程组 $\boldsymbol{Ax}=\boldsymbol{b}$ 有解

解：(A) 不正确. 当 $r(\boldsymbol{A})=r=n$ 时，不能得到 $r(\boldsymbol{A})=r(\boldsymbol{A}\vdots\boldsymbol{b})$ 的结论，方程组 $\boldsymbol{Ax}=\boldsymbol{b}$ 未必有解，更谈不上有唯一解. 例如，方程组

$$\begin{cases} x_1-x_2=1 \\ x_1+x_2=2 \\ 3x_1+x_2=4 \end{cases}$$

的系数矩阵、增广矩阵分别为

$$\boldsymbol{A}=\begin{pmatrix} 1 & -1 \\ 1 & 1 \\ 3 & 1 \end{pmatrix}, \quad (\boldsymbol{A}\vdots\boldsymbol{b})=\left(\begin{array}{cc:c} 1 & -1 & 1 \\ 1 & 1 & 2 \\ 3 & 1 & 4 \end{array}\right)$$

不难计算 $r(\boldsymbol{A})=2$，$r(\boldsymbol{A}\vdots\boldsymbol{b})=3$. 可见此时方程组无解.

(B) 不正确. 因为由 $r(\boldsymbol{A})=r<n$，不能推知 $r(\boldsymbol{A})=r(\boldsymbol{A}\vdots\boldsymbol{b})$，从而不能断定方程组 $\boldsymbol{Ax}=\boldsymbol{b}$ 有解.

(C) 当 $r(\boldsymbol{A})=r=m$ 时，因为 $r(\boldsymbol{A})\leqslant r(\boldsymbol{A}\vdots\boldsymbol{b})\leqslant m$，从而 $r(\boldsymbol{A})=r(\boldsymbol{A}\vdots\boldsymbol{b})=m$. 故方程组 $\boldsymbol{Ax}=\boldsymbol{b}$ 必有解. 本题应选 (C).

(D) 不正确. 理由类似选项 (A)和(B).

11. 已知 $\boldsymbol{\xi}_1$，$\boldsymbol{\xi}_2$ 是齐次线性方程组 $\boldsymbol{Ax}=\boldsymbol{0}$ 的一个基础解系，则 [ ].

(A) $\boldsymbol{\xi}_1-\boldsymbol{\xi}_2$，$2\boldsymbol{\xi}_1+\boldsymbol{\xi}_2$ 也是 $\boldsymbol{Ax}=\boldsymbol{0}$ 的一个基础解系

(B) $\boldsymbol{\xi}_1-\boldsymbol{\xi}_2$，$\boldsymbol{\xi}_2-\boldsymbol{\xi}_1$ 也是 $\boldsymbol{Ax}=\boldsymbol{0}$ 的一个基础解系

(C) $c(\boldsymbol{\xi}_1+\boldsymbol{\xi}_2)$ 是 $\boldsymbol{Ax}=\boldsymbol{0}$ 的通解（全部解），c 为任意常数

(D) $c\boldsymbol{\xi}_1+\boldsymbol{\xi}_2$ 是 $\boldsymbol{Ax}=\boldsymbol{0}$ 的通解（全部解），c 为任意常数

解：由已知条件，$\boldsymbol{Ax}=\boldsymbol{0}$ 的任何两个线性无关的解向量都是此方程组的一个基础解系.

(A) 由 $\boldsymbol{A}(\boldsymbol{\xi}_1-\boldsymbol{\xi}_2)=\boldsymbol{A\xi}_1-\boldsymbol{A\xi}_2=\boldsymbol{0}$，$\boldsymbol{A}(2\boldsymbol{\xi}_1+\boldsymbol{\xi}_2)=2\boldsymbol{A\xi}_1+\boldsymbol{A\xi}_2=\boldsymbol{0}$，可知 $\boldsymbol{\xi}_1-\boldsymbol{\xi}_2$，$2\boldsymbol{\xi}_1+\boldsymbol{\xi}_2$ 仍是 $\boldsymbol{Ax}=\boldsymbol{0}$ 的解向量.

记 $\boldsymbol{\eta}_1=\boldsymbol{\xi}_1-\boldsymbol{\xi}_2$，$\boldsymbol{\eta}_2=2\boldsymbol{\xi}_1+\boldsymbol{\xi}_2$，则其矩阵形式为

$$(\boldsymbol{\eta}_1, \boldsymbol{\eta}_2)=(\boldsymbol{\xi}_1, \boldsymbol{\xi}_2)\begin{pmatrix} 1 & 2 \\ -1 & 1 \end{pmatrix}$$

由于 $\begin{pmatrix} 1 & 2 \\ -1 & 1 \end{pmatrix}$ 的秩为 2，故 $\boldsymbol{\eta}_1$，$\boldsymbol{\eta}_2$ 仍线性无关. 所以 $\boldsymbol{\xi}_1-\boldsymbol{\xi}_2$，$2\boldsymbol{\xi}_1+\boldsymbol{\xi}_2$ 也是 $\boldsymbol{Ax}=\boldsymbol{0}$ 的一个基础解系. 故本题应选 (A).

(B) 不正确. 因为$(\boldsymbol{\xi}_1-\boldsymbol{\xi}_2)+(\boldsymbol{\xi}_2-\boldsymbol{\xi}_1)=\mathbf{0}$，所以，$\boldsymbol{\xi}_1-\boldsymbol{\xi}_2$，$\boldsymbol{\xi}_2-\boldsymbol{\xi}_1$ 线性相关，不能成为 $\boldsymbol{A}\boldsymbol{x}=\mathbf{0}$ 的基础解系.

(C) 不正确. 因为 $c(\boldsymbol{\xi}_1+\boldsymbol{\xi}_2)$ 不能表示方程组 $\boldsymbol{A}\boldsymbol{x}=\mathbf{0}$ 的全部解. 例如，当$c=0$ 时，$c(\boldsymbol{\xi}_1+\boldsymbol{\xi}_2)=\mathbf{0}$ 是方程组的零解；当 $c\neq 0$ 时，由于 $c(\boldsymbol{\xi}_1+\boldsymbol{\xi}_2)$与 $\boldsymbol{\xi}_2$ 线性无关（请自行证明），方程组 $\boldsymbol{A}\boldsymbol{x}=\mathbf{0}$ 的解 $\boldsymbol{\xi}_2$ 不能由 $c(\boldsymbol{\xi}_1+\boldsymbol{\xi}_2)$线性表示.

由类似的分析可知 (D) 不正确.

12. 设 $\boldsymbol{\eta}_1$，$\boldsymbol{\eta}_2$，$\boldsymbol{\eta}_3$ 是四元非齐次线性方程组 $\boldsymbol{A}\boldsymbol{x}=\boldsymbol{b}$ 的解向量，其中 $\boldsymbol{\eta}_1=(1,1,1,1)^{\mathrm{T}}$，$\boldsymbol{\eta}_2+\boldsymbol{\eta}_3=(2,4,6,8)^{\mathrm{T}}$. 若 $\mathrm{r}(\boldsymbol{A})=3$，则线性方程组 $\boldsymbol{A}\boldsymbol{x}=\boldsymbol{b}$ 的通解 $\boldsymbol{x}=$[　　].

(A) $\begin{pmatrix}1\\1\\1\\1\end{pmatrix}+c\begin{pmatrix}0\\-1\\-2\\-3\end{pmatrix}$　　(B) $\begin{pmatrix}1\\1\\1\\1\end{pmatrix}+c\begin{pmatrix}1\\2\\3\\4\end{pmatrix}$

(C) $\begin{pmatrix}1\\2\\3\\4\end{pmatrix}+c\begin{pmatrix}1\\1\\1\\1\end{pmatrix}$　　(D) $\begin{pmatrix}1\\2\\3\\4\end{pmatrix}+c\begin{pmatrix}1\\0\\1\\0\end{pmatrix}$

解: 由题设条件，方程组 $\boldsymbol{A}\boldsymbol{x}=\boldsymbol{b}$ 的解不唯一. 由 $\mathrm{r}(\boldsymbol{A})=3$ 可知，对应的导出组 $\boldsymbol{A}\boldsymbol{x}=\mathbf{0}$ 的基础解系中应含 $4-\mathrm{r}(\boldsymbol{A})=1$ 个解向量.

又 $\boldsymbol{\eta}_1$ 和$\dfrac{\boldsymbol{\eta}_2+\boldsymbol{\eta}_3}{2}$都是方程组 $\boldsymbol{A}\boldsymbol{x}=\boldsymbol{b}$ 的解，所以 $\boldsymbol{\eta}_1-\dfrac{\boldsymbol{\eta}_2+\boldsymbol{\eta}_3}{2}$是对应的导出组$\boldsymbol{A}\boldsymbol{x}=\mathbf{0}$ 的解. 因为

$$\boldsymbol{\eta}_1-\frac{\boldsymbol{\eta}_2+\boldsymbol{\eta}_3}{2}=(1,1,1,1)^{\mathrm{T}}-(1,2,3,4)^{\mathrm{T}}=(0,-1,-2,-3)^{\mathrm{T}}\neq\mathbf{0}$$

记 $\boldsymbol{\xi}=\boldsymbol{\eta}_1-\dfrac{\boldsymbol{\eta}_2+\boldsymbol{\eta}_3}{2}=(0,-1,-2,-3)^{\mathrm{T}}$，则 $\boldsymbol{\xi}$ 是 $\boldsymbol{A}\boldsymbol{x}=\mathbf{0}$ 的一个基础解系. 因此 $\boldsymbol{A}\boldsymbol{x}=\boldsymbol{b}$ 的通解（全部解）为

$$\boldsymbol{x}=\boldsymbol{\eta}_1+c\boldsymbol{\xi}=\begin{pmatrix}1\\1\\1\\1\end{pmatrix}+c\begin{pmatrix}0\\-1\\-2\\-3\end{pmatrix}$$

故本题应选（A).

13. 线性方程组$\begin{cases}x_1+3x_2+x_3=2\\2x_1+6x_2+3x_3=6\end{cases}$与$\begin{cases}-x_1-x_2+3x_3=4\\x_1+5x_2+6x_3=10\end{cases}$的公共解 [　　].

(A) $\boldsymbol{x}=(-1,2,-3)^{\mathrm{T}}$　　(B) $\boldsymbol{x}=(3,-1,2)^{\mathrm{T}}$

(C) $\boldsymbol{x}=c(3,-1,2)^{\mathrm{T}}$　　(D) 不存在

解: 直接将两个方程组合在一起求解. 对合并后的方程组的增广矩阵施以初等行变换：

$$\begin{pmatrix} 1 & 3 & 1 & \vdots & 2 \\ 2 & 6 & 3 & \vdots & 6 \\ -1 & -1 & 3 & \vdots & 4 \\ 1 & 5 & 6 & \vdots & 10 \end{pmatrix} \longrightarrow \begin{pmatrix} 1 & 3 & 1 & \vdots & 2 \\ 0 & 0 & 1 & \vdots & 2 \\ 0 & 2 & 4 & \vdots & 6 \\ 0 & 2 & 5 & \vdots & 8 \end{pmatrix} \longrightarrow \begin{pmatrix} 1 & 3 & 1 & \vdots & 2 \\ 0 & 1 & 2 & \vdots & 3 \\ 0 & 0 & 1 & \vdots & 2 \\ 0 & 0 & 1 & \vdots & 2 \end{pmatrix} \longrightarrow \begin{pmatrix} 1 & 0 & 0 & \vdots & 3 \\ 0 & 1 & 0 & \vdots & -1 \\ 0 & 0 & 1 & \vdots & 2 \\ 0 & 0 & 0 & \vdots & 0 \end{pmatrix}$$

由此可得两个方程组的公共解为

$$x_1=3,\ x_2=-1,\ x_3=2$$

故本题应选 (B).

14. 设有齐次线性方程组 $\boldsymbol{Ax}=\boldsymbol{0}$ 和 $\boldsymbol{Bx}=\boldsymbol{0}$，其中 $\boldsymbol{A}$，$\boldsymbol{B}$ 均为 $m\times n$ 矩阵. 下面有四个命题：

①若 $\boldsymbol{Ax}=\boldsymbol{0}$ 的解都是 $\boldsymbol{Bx}=\boldsymbol{0}$ 的解，则 $\mathrm{r}(\boldsymbol{A})\geqslant\mathrm{r}(\boldsymbol{B})$

②若 $\mathrm{r}(\boldsymbol{A})\geqslant\mathrm{r}(\boldsymbol{B})$,则 $\boldsymbol{Ax}=\boldsymbol{0}$ 的解都是 $\boldsymbol{Bx}=\boldsymbol{0}$ 的解

③若 $\boldsymbol{Ax}=\boldsymbol{0}$ 与 $\boldsymbol{Bx}=\boldsymbol{0}$ 同解，则 $\mathrm{r}(\boldsymbol{A})=\mathrm{r}(\boldsymbol{B})$

④若 $\mathrm{r}(\boldsymbol{A})=\mathrm{r}(\boldsymbol{B})$，则 $\boldsymbol{Ax}=\boldsymbol{0}$ 与 $\boldsymbol{Bx}=\boldsymbol{0}$ 同解

以上命题中正确的是 [　　].

(A) ②④　　　(B) ①③④　　　(C) ①③　　　(D) ②③④

解：记 $\mathrm{r}(\boldsymbol{A})=r_1$，$\mathrm{r}(\boldsymbol{B})=r_2$.

①设齐次线性方程组 $\boldsymbol{Ax}=\boldsymbol{0}$ 的一个基础解系为 $\boldsymbol{\alpha}_1$，$\boldsymbol{\alpha}_2$，…，$\boldsymbol{\alpha}_{n-r_1}$；方程组 $\boldsymbol{Bx}=\boldsymbol{0}$ 的一个基础解系为 $\boldsymbol{\beta}_1$，$\boldsymbol{\beta}_2$，…，$\boldsymbol{\beta}_{n-r_2}$.

若 $\boldsymbol{Ax}=\boldsymbol{0}$ 的解都是 $\boldsymbol{Bx}=\boldsymbol{0}$ 的解，则任一 $\boldsymbol{\alpha}_i(i=1,2,\cdots,n-r_1)$ 都是方程组 $\boldsymbol{Bx}=\boldsymbol{0}$ 的解，所以 $\boldsymbol{\alpha}_i$ 必可由 $\boldsymbol{\beta}_1$，$\boldsymbol{\beta}_2$，…，$\boldsymbol{\beta}_{n-r_2}$ 线性表示. 又 $\boldsymbol{\alpha}_1$，$\boldsymbol{\alpha}_2$，…，$\boldsymbol{\alpha}_{n-r_1}$ 线性无关，由此可得 $n-r_1\leqslant n-r_2$，即 $r_1\geqslant r_2$. 于是命题①正确.

②若 $\mathrm{r}(\boldsymbol{A})\geqslant\mathrm{r}(\boldsymbol{B})$，由于 $\boldsymbol{Ax}=\boldsymbol{0}$ 与 $\boldsymbol{Bx}=\boldsymbol{0}$ 可以是两个没有关系的方程组，故 $\boldsymbol{Ax}=\boldsymbol{0}$ 的解未必是 $\boldsymbol{Bx}=0$ 的解. 例如,设线性方程组

$$\begin{cases} x_1+x_3=0 \\ x_2-x_3=0 \end{cases} \quad 和 \quad \begin{cases} x_2+2x_3=0 \\ -x_1+x_2-3x_3=0 \end{cases}$$

的系数矩阵分别为 $\boldsymbol{A}$，$\boldsymbol{B}$，显然 $\mathrm{r}(\boldsymbol{A})=\mathrm{r}(\boldsymbol{B})=2$，但方程组 $\boldsymbol{Ax}=\boldsymbol{0}$ 的解 $\boldsymbol{x}=(-1,1,1)^{\mathrm{T}}$ 不是 $\boldsymbol{Bx}=\boldsymbol{0}$ 的解. 故命题②不正确.

③若 $\boldsymbol{Ax}=\boldsymbol{0}$ 与 $\boldsymbol{Bx}=\boldsymbol{0}$ 同解，则利用命题①，有 $\mathrm{r}(\boldsymbol{A})\geqslant\mathrm{r}(\boldsymbol{B})$ 且 $\mathrm{r}(\boldsymbol{B})\geqslant\mathrm{r}(\boldsymbol{A})$，所以 $\mathrm{r}(\boldsymbol{A})=\mathrm{r}(\boldsymbol{B})$.

④不正确. 这可由命题②所举例子直接看出.

综上分析，本题应选 (C).

第四章 矩阵的特征值

(一) 习题解答与注释

(A)

1. 求下列矩阵 $\boldsymbol{A}$ 的特征值及特征向量：

(1) $\boldsymbol{A}=\begin{pmatrix}2&1\\1&2\end{pmatrix}$ (2) $\boldsymbol{A}=\begin{pmatrix}5&6&-3\\-1&0&1\\1&2&1\end{pmatrix}$

(3) $\boldsymbol{A}=\begin{pmatrix}1&1&1&1\\1&1&-1&-1\\1&-1&1&-1\\1&-1&-1&1\end{pmatrix}$ (4) $\boldsymbol{A}=\begin{pmatrix}0&0&1\\0&1&0\\1&0&0\end{pmatrix}$

(5) $\boldsymbol{A}=\begin{pmatrix}1&3&1&2\\0&-1&1&3\\0&0&2&5\\0&0&0&2\end{pmatrix}$

解：(1)矩阵 $\boldsymbol{A}$ 的特征方程

$$|\lambda\boldsymbol{I}-\boldsymbol{A}|=\begin{vmatrix}\lambda-2&-1\\-1&\lambda-2\end{vmatrix}=(\lambda-1)(\lambda-3)=0$$

得 $\boldsymbol{A}$ 的特征值为 $\lambda_1=1$，$\lambda_2=3$.

当 $\lambda_1=1$ 时，解齐次线性方程组 $(\boldsymbol{I}-\boldsymbol{A})\boldsymbol{x}=\boldsymbol{0}$：

$$\boldsymbol{I}-\boldsymbol{A}=\begin{pmatrix}-1&-1\\-1&-1\end{pmatrix}\longrightarrow\begin{pmatrix}1&1\\0&0\end{pmatrix}$$

得同解方程组

$$x_1=-x_2$$

令自由未知量 $x_2=1$，得此方程组的一个基础解系 $\boldsymbol{\alpha}_1=(-1,1)^{\mathrm{T}}$. 所以 $\boldsymbol{A}$ 对应于 $\lambda_1=1$ 的全部特征向量为

$$c_1\boldsymbol{\alpha}_1=c_1\begin{pmatrix}-1\\1\end{pmatrix}\quad(c_1 \text{ 为任意非零常数})$$

当 $\lambda_2=3$ 时，解齐次线性方程组 $(3\boldsymbol{I}-\boldsymbol{A})\boldsymbol{x}=\boldsymbol{0}$：

$$3\boldsymbol{I}-\boldsymbol{A}=\begin{pmatrix}1&-1\\-1&1\end{pmatrix}\longrightarrow\begin{pmatrix}1&-1\\0&0\end{pmatrix}$$

得同解方程组

$$x_1=x_2$$

令自由未知量 $x_2=1$，可得该方程组的一个基础解系 $\boldsymbol{\alpha}_2=(1,1)^{\mathrm{T}}$. 所以 $\boldsymbol{A}$ 的对应于 $\lambda_2=3$ 的全部特征向量为

$$c_2\boldsymbol{\alpha}_2=c_2\begin{pmatrix}1\\1\end{pmatrix}\quad(c_2 \text{ 为任意非零常数})$$

(2)矩阵 $\boldsymbol{A}$ 的特征多项式

$$|\lambda\boldsymbol{I}-\boldsymbol{A}|=\begin{vmatrix}\lambda-5&-6&3\\1&\lambda&-1\\-1&-2&\lambda-1\end{vmatrix}=\begin{vmatrix}\lambda-5&-6&3\\1&\lambda&-1\\0&\lambda-2&\lambda-2\end{vmatrix}$$

$$=(\lambda-2)\begin{vmatrix}\lambda-5&-6&3\\1&\lambda&-1\\0&1&1\end{vmatrix}=(\lambda-2)\begin{vmatrix}\lambda-5&-9&3\\1&\lambda+1&-1\\0&0&1\end{vmatrix}$$

$$=(\lambda-2)^3$$

由此可得 $\boldsymbol{A}$ 的特征值 $\lambda_1=\lambda_2=\lambda_3=2$.

当 $\lambda_1=\lambda_2=\lambda_3=2$ 时，解齐次线性方程组 $(2\boldsymbol{I}-\boldsymbol{A})\boldsymbol{x}=\boldsymbol{0}$：

$$2\boldsymbol{I}-\boldsymbol{A}=\begin{pmatrix}-3&-6&3\\1&2&-1\\-1&-2&1\end{pmatrix}\longrightarrow\begin{pmatrix}1&2&-1\\0&0&0\\0&0&0\end{pmatrix}$$

得同解方程组

$$x_1=-2x_2+x_3$$

令自由未知量 $\begin{pmatrix}x_2\\x_3\end{pmatrix}$ 分别取 $\begin{pmatrix}1\\0\end{pmatrix}$，$\begin{pmatrix}0\\1\end{pmatrix}$，可得方程组的一个基础解系

$$\boldsymbol{\alpha}_1=(-2,1,0)^{\mathrm{T}},\ \boldsymbol{\alpha}_2=(1,0,1)^{\mathrm{T}}$$

所以，矩阵 $\boldsymbol{A}$ 的对应于特征值 2 的全部特征向量为

$$c_1\boldsymbol{\alpha}_1+c_2\boldsymbol{\alpha}_2=c_1\begin{pmatrix}-2\\1\\0\end{pmatrix}+c_2\begin{pmatrix}1\\0\\1\end{pmatrix}\quad(c_1,c_2 \text{ 为任意不全为零的常数})$$

(3)矩阵 $\boldsymbol{A}$ 的特征多项式

$$|\lambda \boldsymbol{I}-\boldsymbol{A}|=\begin{vmatrix}\lambda-1 & -1 & -1 & -1\\ -1 & \lambda-1 & 1 & 1\\ -1 & 1 & \lambda-1 & 1\\ -1 & 1 & 1 & \lambda-1\end{vmatrix}=\begin{vmatrix}\lambda-2 & 0 & 0 & -1\\ 0 & \lambda-2 & 0 & 1\\ 0 & 0 & \lambda-2 & 1\\ \lambda-2 & 2-\lambda & 2-\lambda & \lambda-1\end{vmatrix}$$

$$=(\lambda-2)^3\begin{vmatrix}1 & 0 & 0 & -1\\ 0 & 1 & 0 & 1\\ 0 & 0 & 1 & 1\\ 1 & -1 & -1 & \lambda-1\end{vmatrix}=(\lambda+2)(\lambda-2)^3$$

由此得到 $\boldsymbol{A}$ 的特征值为 $\lambda_1=-2$，$\lambda_2=\lambda_3=\lambda_4=2$.

当 $\lambda_1=-2$ 时，解齐次线性方程组 $(-2\boldsymbol{I}-\boldsymbol{A})\boldsymbol{x}=\boldsymbol{0}$：

$$-2\boldsymbol{I}-\boldsymbol{A}=\begin{pmatrix}-3 & -1 & -1 & -1\\ -1 & -3 & 1 & 1\\ -1 & 1 & -3 & 1\\ -1 & 1 & 1 & -3\end{pmatrix}\longrightarrow\begin{pmatrix}-1 & 1 & 1 & -3\\ 0 & -4 & 0 & 4\\ 0 & 0 & -4 & 4\\ 0 & -4 & -4 & 8\end{pmatrix}$$

$$\longrightarrow\begin{pmatrix}-1 & 1 & 1 & -3\\ 0 & 1 & 0 & -1\\ 0 & 0 & 1 & -1\\ 0 & 0 & -1 & 1\end{pmatrix}\longrightarrow\begin{pmatrix}1 & 0 & 0 & 1\\ 0 & 1 & 0 & -1\\ 0 & 0 & 1 & -1\\ 0 & 0 & 0 & 0\end{pmatrix}$$

得同解方程组

$$\begin{cases}x_1=-x_4\\ x_2=x_4\\ x_3=x_4\end{cases}$$

令自由未知量 $x_4=1$，可得方程组的一个基础解系 $\boldsymbol{\alpha}_1=(-1,1,1,1)^{\mathrm{T}}$. 所以 $\boldsymbol{A}$ 的对应于 $\lambda_1=-2$ 的全部特征向量为

$$c_1\boldsymbol{\alpha}_1=c_1(-1,1,1,1)^{\mathrm{T}}\quad(c_1\text{ 为任意非零常数})$$

当 $\lambda_2=\lambda_3=\lambda_4=2$ 时，解齐次线性方程组 $(2\boldsymbol{I}-\boldsymbol{A})\boldsymbol{x}=\boldsymbol{0}$：

$$2\boldsymbol{I}-\boldsymbol{A}=\begin{pmatrix}1 & -1 & -1 & -1\\ -1 & 1 & 1 & 1\\ -1 & 1 & 1 & 1\\ -1 & 1 & 1 & 1\end{pmatrix}\longrightarrow\begin{pmatrix}1 & -1 & -1 & -1\\ 0 & 0 & 0 & 0\\ 0 & 0 & 0 & 0\\ 0 & 0 & 0 & 0\end{pmatrix}$$

得同解方程组

$$x_1=x_2+x_3+x_4$$

令自由未知量 $\begin{pmatrix}x_2\\ x_3\\ x_4\end{pmatrix}$ 分别取 $\begin{pmatrix}1\\ 0\\ 0\end{pmatrix}$，$\begin{pmatrix}0\\ 1\\ 0\end{pmatrix}$，$\begin{pmatrix}0\\ 0\\ 1\end{pmatrix}$，可得方程组的一个基础解系：

$$\boldsymbol{\alpha}_2=(1,1,0,0)^{\mathrm{T}},\quad \boldsymbol{\alpha}_3=(1,0,1,0)^{\mathrm{T}},\quad \boldsymbol{\alpha}_4=(1,0,0,1)^{\mathrm{T}}$$

所以 $\boldsymbol{A}$ 的对应于特征值 2 的全部特征向量为

$$c_2\boldsymbol{\alpha}_2+c_3\boldsymbol{\alpha}_3+c_4\boldsymbol{\alpha}_4=c_2\begin{pmatrix}1\\1\\0\\0\end{pmatrix}+c_3\begin{pmatrix}1\\0\\1\\0\end{pmatrix}+c_4\begin{pmatrix}1\\0\\0\\1\end{pmatrix}$$

（c_2，c_3，c_4 为任意不全为零的常数）

(4)矩阵 $\boldsymbol{A}$ 的特征多项式为

$$|\lambda\boldsymbol{I}-\boldsymbol{A}|=\begin{vmatrix}\lambda & 0 & -1\\0 & \lambda-1 & 0\\-1 & 0 & \lambda\end{vmatrix}=(\lambda+1)(\lambda-1)^2$$

由此得到 $\boldsymbol{A}$ 的特征值为 $\lambda_1=-1$，$\lambda_2=\lambda_3=1$.

当 $\lambda_1=-1$ 时，解齐次线性方程组 $(-\boldsymbol{I}-\boldsymbol{A})\boldsymbol{x}=\boldsymbol{0}$：

$$-\boldsymbol{I}-\boldsymbol{A}=\begin{pmatrix}-1 & 0 & -1\\0 & -2 & 0\\-1 & 0 & -1\end{pmatrix}\longrightarrow\begin{pmatrix}1 & 0 & 1\\0 & 1 & 0\\0 & 0 & 0\end{pmatrix}$$

得同解方程组

$$\begin{cases}x_1=-x_3\\x_2=0\end{cases}$$

令自由未知量 $x_3=1$，可得方程组的一个基础解系 $\boldsymbol{\alpha}_1=(-1,0,1)^{\mathrm{T}}$，所以，矩阵 $\boldsymbol{A}$ 的对应于 $\lambda_1=-1$ 的全部特征向量为

$$c_1\boldsymbol{\alpha}_1=c_1\begin{pmatrix}-1\\0\\1\end{pmatrix}\quad（c_1 \text{ 为任意非零常数}）$$

当 $\lambda_2=\lambda_3=1$ 时，解齐次线性方程组 $(\boldsymbol{I}-\boldsymbol{A})\boldsymbol{x}=\boldsymbol{0}$：

$$\boldsymbol{I}-\boldsymbol{A}=\begin{pmatrix}1 & 0 & -1\\0 & 0 & 0\\-1 & 0 & 1\end{pmatrix}\longrightarrow\begin{pmatrix}1 & 0 & -1\\0 & 0 & 0\\0 & 0 & 0\end{pmatrix}$$

得同解方程组

$$x_1=x_3$$

令自由未知量 $\begin{pmatrix}x_2\\x_3\end{pmatrix}$ 分别取 $\begin{pmatrix}1\\0\end{pmatrix}$，$\begin{pmatrix}0\\1\end{pmatrix}$，可得方程组的一个基础解系

$$\boldsymbol{\alpha}_2=(0,1,0)^{\mathrm{T}},\ \boldsymbol{\alpha}_3=(1,0,1)^{\mathrm{T}}$$

所以，$\boldsymbol{A}$ 的对应于 $\lambda_2=\lambda_3=1$ 的全部特征向量为

$$c_2\boldsymbol{\alpha}_2+c_3\boldsymbol{\alpha}_3=c_2\begin{pmatrix}0\\1\\0\end{pmatrix}+c_3\begin{pmatrix}1\\0\\1\end{pmatrix}\quad（c_2，c_3 \text{ 为任意不全为零的常数}）$$

注释 在计算熟练后，解齐次线性方程组 $(\lambda_i\boldsymbol{I}-\boldsymbol{A})\boldsymbol{x}=\boldsymbol{0}$ 的计算过程可略去，直接写出求得的基础解系即可. 如下题.

(5)矩阵 $\boldsymbol{A}$ 的特征多项式

$$|\lambda\boldsymbol{I}-\boldsymbol{A}|=\begin{vmatrix}\lambda-1 & -3 & -1 & -2\\ 0 & \lambda+1 & -1 & -3\\ 0 & 0 & \lambda-2 & -5\\ 0 & 0 & 0 & \lambda-2\end{vmatrix}=(\lambda+1)(\lambda-1)(\lambda-2)^2$$

由此得 $\boldsymbol{A}$ 的特征值 $\lambda_1=-1$，$\lambda_2=1$，$\lambda_3=\lambda_4=2$.

当 $\lambda_1=-1$ 时，解齐次线性方程组 $(-\boldsymbol{I}-\boldsymbol{A})\boldsymbol{x}=\boldsymbol{0}$，可得基础解系 $\boldsymbol{\alpha}_1=\left(-\dfrac{3}{2},1,0,0\right)^{\mathrm{T}}$. 所以，$\boldsymbol{A}$ 的对应于 $\lambda_1=-1$ 的全部特征向量为

$$c_1\boldsymbol{\alpha}_1=c_1\left(-\frac{3}{2},1,0,0\right)^{\mathrm{T}}\quad(c_1\text{ 为任意非零常数})$$

当 $\lambda_2=1$ 时，解齐次线性方程组 $(\boldsymbol{I}-\boldsymbol{A})\boldsymbol{x}=\boldsymbol{0}$. 可得基础解系 $\boldsymbol{\alpha}_2=(1,0,0,0)^{\mathrm{T}}$. 所以，$\boldsymbol{A}$ 的对应于 $\lambda_2=1$ 的全部特征向量为

$$c_2\boldsymbol{\alpha}_2=c_2(1,0,0,0)^{\mathrm{T}}\quad(c_2\text{ 为任意非零常数})$$

当 $\lambda_3=\lambda_4=2$ 时，解齐次线性方程组 $(2\boldsymbol{I}-\boldsymbol{A})\boldsymbol{x}=\boldsymbol{0}$，得基础解系 $\boldsymbol{\alpha}_3=\left(2,\dfrac{1}{3},1,0\right)^{\mathrm{T}}$. 所以，$\boldsymbol{A}$ 的对应于 $\lambda_3=\lambda_4=2$ 的全部特征向量为

$$c_3\boldsymbol{\alpha}_3=c_3\left(2,\frac{1}{3},1,0\right)^{\mathrm{T}}\quad(c_3\text{ 为任意非零常数})$$

2. 已知矩阵 $\boldsymbol{A}=\begin{pmatrix}3 & 2 & -1\\ a & -2 & 2\\ 3 & b & -1\end{pmatrix}$，如果 $\boldsymbol{A}$ 的特征值 λ_1 对应的一个特征向量 $\boldsymbol{\alpha}_1=(1,-2,3)^{\mathrm{T}}$，求 a，b 和 λ_1 的值.

解： 根据矩阵的特征值和特征向量的定义，有 $\boldsymbol{A}\boldsymbol{\alpha}_1=\lambda_1\boldsymbol{\alpha}_1$，即

$$\begin{pmatrix}3 & 2 & -1\\ a & -2 & 2\\ 3 & b & -1\end{pmatrix}\begin{pmatrix}1\\ -2\\ 3\end{pmatrix}=\lambda_1\begin{pmatrix}1\\ -2\\ 3\end{pmatrix}$$

即

$$\begin{pmatrix}-4\\ a+10\\ -2b\end{pmatrix}=\begin{pmatrix}\lambda_1\\ -2\lambda_1\\ 3\lambda_1\end{pmatrix}\quad\text{或}\quad\begin{cases}-4=\lambda_1\\ a+10=-2\lambda_1\\ -2b=3\lambda_1\end{cases}$$

解得 $\quad a=-2$，$b=6$，$\lambda_1=-4$

3. 设 λ_0 是 n 阶矩阵 $\boldsymbol{A}$ 的一个特征值，试证：

(1) $k\lambda_0$ 是矩阵 $k\boldsymbol{A}$ 的一个特征值(k 为任意实数).

(2) 若 $\boldsymbol{A}$ 可逆，则 $\dfrac{1}{\lambda_0}$ 是 $\boldsymbol{A}^{-1}$ 的一个特征值.

(3) $1+\lambda_0$ 是矩阵 $\boldsymbol{I}+\boldsymbol{A}$ 的一个特征值.

证： 设 $\boldsymbol{A}$ 的对应于特征值 λ_0 的特征向量为 $\boldsymbol{\alpha}$ ($\boldsymbol{\alpha}\neq\boldsymbol{0}$)，则 $\boldsymbol{A}\boldsymbol{\alpha}=\lambda_0\boldsymbol{\alpha}$.

(1) 在 $\boldsymbol{A}\boldsymbol{\alpha}=\lambda_0\boldsymbol{\alpha}$ 两边乘以数 k，有

$$(k\boldsymbol{A})\boldsymbol{\alpha}=k\lambda_0\boldsymbol{\alpha}\quad(\boldsymbol{\alpha}\neq\boldsymbol{0})$$

即 $k\lambda_0$ 是矩阵 $k\boldsymbol{A}$ 的一个特征值.

(2)若 $\boldsymbol{A}$ 可逆，有 $\lambda_0\neq 0$，在 $\boldsymbol{A\alpha}=\lambda_0\boldsymbol{\alpha}$ 两边左乘 $\boldsymbol{A}^{-1}$，得 $\boldsymbol{\alpha}=\lambda_0\boldsymbol{A}^{-1}\boldsymbol{\alpha}$，即

$$\boldsymbol{A}^{-1}\boldsymbol{\alpha}=\frac{1}{\lambda_0}\boldsymbol{\alpha}\quad(\boldsymbol{\alpha}\neq\boldsymbol{0})$$

所以$\frac{1}{\lambda_0}$是 $\boldsymbol{A}^{-1}$的一个特征值.

(3)在 $\boldsymbol{A\alpha}=\lambda_0\boldsymbol{\alpha}$ 两边同加向量 $\boldsymbol{\alpha}$，有

$$(\boldsymbol{I}+\boldsymbol{A})\boldsymbol{\alpha}=(1+\lambda_0)\boldsymbol{\alpha}\quad(\boldsymbol{\alpha}\neq\boldsymbol{0})$$

所以 $1+\lambda_0$ 是 $\boldsymbol{I}+\boldsymbol{A}$ 的一个特征值.

4. 如果 n 阶矩阵 $\boldsymbol{A}$ 满足 $\boldsymbol{A}^2=\boldsymbol{A}$，则称 $\boldsymbol{A}$ 为幂等矩阵. 试证：幂等矩阵的特征值只能是 0 或 1.

证： 设 λ 是 $\boldsymbol{A}$ 的任一特征值，对应的特征向量为 $\boldsymbol{\alpha}$，则

$$\boldsymbol{A\alpha}=\lambda\boldsymbol{\alpha}\quad(\boldsymbol{\alpha}\neq\boldsymbol{0})$$

在上式两边左乘矩阵 $\boldsymbol{A}$，得 $\boldsymbol{A}^2\boldsymbol{\alpha}=\lambda\boldsymbol{A\alpha}=\lambda^2\boldsymbol{\alpha}$. 又 $\boldsymbol{A}^2=\boldsymbol{A}$，所以

$$\boldsymbol{A}^2\boldsymbol{\alpha}=\boldsymbol{A\alpha}=\lambda\boldsymbol{\alpha}$$

于是 $\lambda^2\boldsymbol{\alpha}=\lambda\boldsymbol{\alpha}$，即$(\lambda^2-\lambda)\boldsymbol{\alpha}=\boldsymbol{0}$，而 $\boldsymbol{\alpha}\neq\boldsymbol{0}$，故必有

$$\lambda^2-\lambda=0$$

所以 λ 只能是 0 或 1.

注释 本题的结论只给出了幂等矩阵特征值的范围是 0，1. 而不能肯定 $\boldsymbol{A}$ 的特征值是 0，1. 例如：

（ⅰ）矩阵 $\boldsymbol{A}=\boldsymbol{I}$，满足 $\boldsymbol{A}^2=\boldsymbol{A}$. 但 0 不是 $\boldsymbol{A}$ 的特征值.

（ⅱ）矩阵 $\boldsymbol{A}=\boldsymbol{O}$，满足 $\boldsymbol{A}^2=\boldsymbol{A}$，但 1 不是 $\boldsymbol{A}$ 的特征值.

5. 设三阶矩阵 $\boldsymbol{A}$ 的特征值为 $\lambda_1=-1$，$\lambda_2=1$，$\lambda_3=2$，矩阵 $\boldsymbol{B}=2\boldsymbol{A}^2+2\boldsymbol{A}-3\boldsymbol{E}$. 求矩阵 $\boldsymbol{B}$ 的特征值和$|\boldsymbol{B}|$.

解： 设矩阵 $\boldsymbol{B}$ 的特征值为 μ_1，μ_2，μ_3，利用 §4.1 例 5 和本习题第 3 题的结论，有 $\mu_i=2\lambda_i^2+2\lambda_i-3$ $(i=1,2,3)$. 于是，有

$$\mu_1=-3,\ \mu_2=1,\ \mu_3=9$$
$$|\boldsymbol{B}|=\mu_1\mu_2\mu_3=(-3)\times 1\times 9=-27$$

6. 设矩阵 $\boldsymbol{A}=\begin{pmatrix}x&0&2\\0&3&0\\2&0&2\end{pmatrix}$的一个特征值 $\lambda_1=0$，求 $\boldsymbol{A}$ 的其他特征值 λ_2，λ_3 的值.

解： 根据特征值的性质，有 $\lambda_1\lambda_2\lambda_3=|\boldsymbol{A}|$，而 $\lambda_1=0$，故

$$|\boldsymbol{A}|=\begin{vmatrix}x&0&2\\0&3&0\\2&0&2\end{vmatrix}=6x-12=0$$

所以 $x=2$. 于是 $\boldsymbol{A}$ 的特征多项式

$$|\lambda\boldsymbol{I}-\boldsymbol{A}|=\begin{vmatrix}\lambda-2 & 0 & -2\\ 0 & \lambda-3 & 0\\ -2 & 0 & \lambda-2\end{vmatrix}=\lambda(\lambda-3)(\lambda-4)$$

得 $\boldsymbol{A}$ 的其他特征值为 $\lambda_2=3$，$\lambda_3=4$.

7. 设 $\boldsymbol{A}$ 是 n 阶矩阵，且 $\boldsymbol{A}^{\mathrm{T}}\boldsymbol{A}=\boldsymbol{I}$，$|\boldsymbol{A}|=-1$，试证：$-1$ 是 $\boldsymbol{A}$ 的一个特征值.

证：因为 $\boldsymbol{A}^{\mathrm{T}}\boldsymbol{A}=\boldsymbol{I}$，$|\boldsymbol{A}|=|\boldsymbol{A}^{\mathrm{T}}|=-1$，所以

$$\begin{aligned}|-\boldsymbol{I}-\boldsymbol{A}|&=|-\boldsymbol{A}^{\mathrm{T}}\boldsymbol{A}-\boldsymbol{A}|=|(-\boldsymbol{A}^{\mathrm{T}}-\boldsymbol{I})\boldsymbol{A}|=|\boldsymbol{A}|\cdot|(-\boldsymbol{A}-\boldsymbol{I})^{\mathrm{T}}|\\&=|\boldsymbol{A}|\cdot|-\boldsymbol{I}-\boldsymbol{A}|=-|-\boldsymbol{I}-\boldsymbol{A}|\end{aligned}$$

由此可得 $2|-\boldsymbol{I}-\boldsymbol{A}|=0$，即 $|-\boldsymbol{I}-\boldsymbol{A}|=0$. 故 -1 是 $\boldsymbol{A}$ 的一个特征值.

注释 要证明数 λ_0 是矩阵 $\boldsymbol{A}$ 的一个特征值，向量 $\boldsymbol{\alpha}(\boldsymbol{\alpha}\neq\boldsymbol{0})$ 是 $\boldsymbol{A}$ 的对应于特征值 λ_0 的特征向量，只需证明 λ_0 和 $\boldsymbol{\alpha}$ 满足

$$\boldsymbol{A\alpha}=\lambda_0\boldsymbol{\alpha}\quad(\boldsymbol{\alpha}\neq\boldsymbol{0})$$

若只需说明 λ_0 是 $\boldsymbol{A}$ 的一个特征值，则可以验证上式，或验证 $|\lambda_0\boldsymbol{I}-\boldsymbol{A}|=0$.

8. 设 λ_1，λ_2 是 n 阶矩阵 $\boldsymbol{A}$ 的两个不同特征值，对应的特征向量分别为 $\boldsymbol{\alpha}_1$，$\boldsymbol{\alpha}_2$. 试证：$c_1\boldsymbol{\alpha}_1+c_2\boldsymbol{\alpha}_2$($c_1$，$c_2$ 为任意非零常数)不是 $\boldsymbol{A}$ 的特征向量.

证：用反证法. 设 $c_1\boldsymbol{\alpha}_1+c_2\boldsymbol{\alpha}_2$ 是 $\boldsymbol{A}$ 的属于特征值 λ 的特征向量. 于是 $\boldsymbol{A}(c_1\boldsymbol{\alpha}_1+c_2\boldsymbol{\alpha}_2)=\lambda(c_1\boldsymbol{\alpha}_1+c_2\boldsymbol{\alpha}_2)$. 又由题设条件，有 $\boldsymbol{A\alpha}_1=\lambda_1\boldsymbol{\alpha}_1$，$\boldsymbol{A\alpha}_2=\lambda_2\boldsymbol{\alpha}_2$. 所以

$$\boldsymbol{A}(c_1\boldsymbol{\alpha}_1+c_2\boldsymbol{\alpha}_2)=c_1\boldsymbol{A\alpha}_1+c_2\boldsymbol{A\alpha}_2=c_1\lambda_1\boldsymbol{\alpha}_1+c_2\lambda_2\boldsymbol{\alpha}_2$$

由此可得 $\lambda(c_1\boldsymbol{\alpha}_1+c_2\boldsymbol{\alpha}_2)=c_1\lambda_1\boldsymbol{\alpha}_1+c_2\lambda_2\boldsymbol{\alpha}_2$，即

$$c_1(\lambda-\lambda_1)\boldsymbol{\alpha}_1+c_2(\lambda-\lambda_2)\boldsymbol{\alpha}_2=\boldsymbol{0}$$

又 $\lambda_1\neq\lambda_2$，所以 $\boldsymbol{\alpha}_1$，$\boldsymbol{\alpha}_2$ 线性无关. 故必有 $c_1(\lambda-\lambda_1)=0$，$c_2(\lambda-\lambda_2)=0$. 而 $c_1\neq0$，$c_2\neq0$，于是得 $\lambda=\lambda_1$，$\lambda=\lambda_2$，即 $\lambda_1=\lambda_2$，与已知矛盾. 所以 $c_1\boldsymbol{\alpha}_1+c_2\boldsymbol{\alpha}_2$ 不是 $\boldsymbol{A}$ 的特征向量.

9. 设矩阵 $\boldsymbol{A}$ 非奇异，证明：$\boldsymbol{AB}\sim\boldsymbol{BA}$.

证：因为 $|\boldsymbol{A}|\neq0$，可知 $\boldsymbol{A}$ 可逆，又

$$\boldsymbol{A}^{-1}(\boldsymbol{AB})\boldsymbol{A}=(\boldsymbol{A}^{-1}\boldsymbol{A})\boldsymbol{BA}=\boldsymbol{BA}$$

所以 $\boldsymbol{AB}\sim\boldsymbol{BA}$.

10. 证明：相似矩阵有相同的秩.

证：设 $\boldsymbol{A}$，$\boldsymbol{B}$ 为同阶方阵，且 $\boldsymbol{A}\sim\boldsymbol{B}$，则存在可逆矩阵 $\boldsymbol{P}$，有 $\boldsymbol{P}^{-1}\boldsymbol{AP}=\boldsymbol{B}$. 这等价于对矩阵 $\boldsymbol{A}$ 施行了一系列初等变换得到矩阵 $\boldsymbol{B}$. 所以，$\mathrm{r}(\boldsymbol{A})=\mathrm{r}(\boldsymbol{B})$.

11. 设 $\boldsymbol{A}\sim\boldsymbol{B}$. 证明：$\boldsymbol{A}^k\sim\boldsymbol{B}^k$($k$ 为正整数).

证：因为 $\boldsymbol{A}\sim\boldsymbol{B}$，所以存在可逆矩阵 $\boldsymbol{P}$，使得

$$\boldsymbol{P}^{-1}\boldsymbol{AP}=\boldsymbol{B}$$

于是，$(\boldsymbol{P}^{-1}\boldsymbol{AP})^k=\boldsymbol{B}^k$，即

$$\begin{aligned}&\underbrace{(\boldsymbol{P}^{-1}\boldsymbol{AP})(\boldsymbol{P}^{-1}\boldsymbol{AP})\cdots(\boldsymbol{P}^{-1}\boldsymbol{AP})}_{k\text{个}}=\boldsymbol{P}^{-1}\boldsymbol{A}(\boldsymbol{PP}^{-1})\boldsymbol{A}(\boldsymbol{PP}^{-1})\cdots(\boldsymbol{PP}^{-1})\boldsymbol{AP}\\&=\boldsymbol{P}^{-1}\boldsymbol{A}^k\boldsymbol{P}=\boldsymbol{B}^k\end{aligned}$$

所以 $\boldsymbol{A}^k \sim \boldsymbol{B}^k$.

12. 设 $\boldsymbol{A}\sim\boldsymbol{B}$，$\boldsymbol{C}\sim\boldsymbol{D}$，证明：

$$\begin{pmatrix}\boldsymbol{A} & \boldsymbol{O}\\ \boldsymbol{O} & \boldsymbol{C}\end{pmatrix}\sim\begin{pmatrix}\boldsymbol{B} & \boldsymbol{O}\\ \boldsymbol{O} & \boldsymbol{D}\end{pmatrix}$$

证：由 $\boldsymbol{A}\sim\boldsymbol{B}$，$\boldsymbol{C}\sim\boldsymbol{D}$，必存在可逆矩阵 $\boldsymbol{P}$ 和 $\boldsymbol{Q}$，使得

$$\boldsymbol{P}^{-1}\boldsymbol{A}\boldsymbol{P}=\boldsymbol{B},\ \boldsymbol{Q}^{-1}\boldsymbol{C}\boldsymbol{Q}=\boldsymbol{D}$$

令分块矩阵 $\boldsymbol{T}=\begin{pmatrix}\boldsymbol{P} & \boldsymbol{O}\\ \boldsymbol{O} & \boldsymbol{Q}\end{pmatrix}$，则 $\boldsymbol{T}^{-1}=\begin{pmatrix}\boldsymbol{P}^{-1} & \boldsymbol{O}\\ \boldsymbol{O} & \boldsymbol{Q}^{-1}\end{pmatrix}$，且

$$\begin{aligned}\boldsymbol{T}^{-1}\begin{pmatrix}\boldsymbol{A} & \boldsymbol{O}\\ \boldsymbol{O} & \boldsymbol{C}\end{pmatrix}\boldsymbol{T} &= \begin{pmatrix}\boldsymbol{P}^{-1} & \boldsymbol{O}\\ \boldsymbol{O} & \boldsymbol{Q}^{-1}\end{pmatrix}\begin{pmatrix}\boldsymbol{A} & \boldsymbol{O}\\ \boldsymbol{O} & \boldsymbol{C}\end{pmatrix}\begin{pmatrix}\boldsymbol{P} & \boldsymbol{O}\\ \boldsymbol{O} & \boldsymbol{Q}\end{pmatrix}\\ &= \begin{pmatrix}\boldsymbol{P}^{-1}\boldsymbol{A}\boldsymbol{P} & \boldsymbol{O}\\ \boldsymbol{O} & \boldsymbol{Q}^{-1}\boldsymbol{C}\boldsymbol{Q}\end{pmatrix}=\begin{pmatrix}\boldsymbol{B} & \boldsymbol{O}\\ \boldsymbol{O} & \boldsymbol{D}\end{pmatrix}\end{aligned}$$

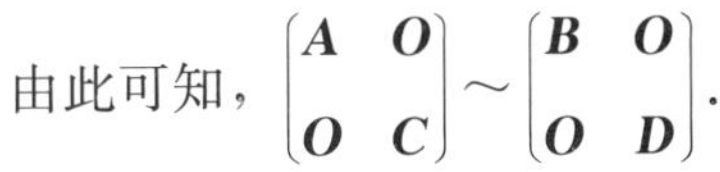

由此可知，$\begin{pmatrix}\boldsymbol{A} & \boldsymbol{O}\\ \boldsymbol{O} & \boldsymbol{C}\end{pmatrix}\sim\begin{pmatrix}\boldsymbol{B} & \boldsymbol{O}\\ \boldsymbol{O} & \boldsymbol{D}\end{pmatrix}$.

13. 第 1 题中的各矩阵，如果与对角矩阵相似，则写出相似对角矩阵 $\boldsymbol{\Lambda}$ 及 $\boldsymbol{P}$.

解：(1)二阶矩阵 $\boldsymbol{A}=\begin{pmatrix}2 & 1\\ 1 & 2\end{pmatrix}$ 有互不相同的特征值 $\lambda_1=1$，$\lambda_2=3$，所以 $\boldsymbol{A}$ 可与对角矩阵相似.

由已求得的两个线性无关的特征向量 $\boldsymbol{\alpha}_1=(-1,1)^{\mathrm{T}}$，$\boldsymbol{\alpha}_2=(1,1)^{\mathrm{T}}$，得 $\boldsymbol{P}=(\boldsymbol{\alpha}_1,\boldsymbol{\alpha}_2)=\begin{pmatrix}-1 & 1\\ 1 & 1\end{pmatrix}$，记 $\boldsymbol{\Lambda}=\begin{pmatrix}1 & 0\\ 0 & 3\end{pmatrix}$，则

$$\boldsymbol{P}^{-1}\boldsymbol{A}\boldsymbol{P}=\boldsymbol{\Lambda}$$

(2)三阶矩阵 $\boldsymbol{A}$ 有三重特征值，$\lambda_1=\lambda_2=\lambda_3=2$，但对应的线性无关的特征向量只有两个：

$$\boldsymbol{\alpha}_1=(-2,1,0)^{\mathrm{T}},\ \boldsymbol{\alpha}_2=(1,0,1)^{\mathrm{T}}$$

所以 $\boldsymbol{A}$ 不能与对角矩阵相似.

(3)四阶矩阵 $\boldsymbol{A}$ 的特征值 $\lambda_1=-2$，$\lambda_2=\lambda_3=\lambda_4=2$. 对应于 $\lambda_1=-2$ 的特征向量

$$\boldsymbol{\alpha}_1=(-1,1,1,1)^{\mathrm{T}}$$

对应于 $\lambda_2=\lambda_3=\lambda_4=2$ 的线性无关的特征向量有三个：

$$\boldsymbol{\alpha}_2=(1,1,0,0)^{\mathrm{T}},\ \boldsymbol{\alpha}_3=(1,0,1,0)^{\mathrm{T}},\ \boldsymbol{\alpha}_4=(1,0,0,1)^{\mathrm{T}}$$

所以矩阵 $\boldsymbol{A}$ 有四个线性无关的特征向量，可以相似于对角矩阵，记

$$\boldsymbol{P}=(\boldsymbol{\alpha}_1,\boldsymbol{\alpha}_2,\boldsymbol{\alpha}_3,\boldsymbol{\alpha}_4)=\begin{pmatrix}-1 & 1 & 1 & 1\\ 1 & 1 & 0 & 0\\ 1 & 0 & 1 & 0\\ 1 & 0 & 0 & 1\end{pmatrix},\ \boldsymbol{\Lambda}=\begin{pmatrix}-2 & & & \\ & 2 & & \\ & & 2 & \\ & & & 2\end{pmatrix}$$

则 $\qquad\boldsymbol{P}^{-1}\boldsymbol{A}\boldsymbol{P}=\boldsymbol{\Lambda}$

(4)三阶矩阵 $\boldsymbol{A}$ 的特征值 $\lambda_1=-1$，$\lambda_2=\lambda_3=1$，对应于 $\lambda_1=-1$ 的特征向量为

$\boldsymbol{\alpha}_1=(-1, 0, 1)^{\mathrm{T}}$

对应于 $\lambda_2=\lambda_3=1$ 的特征向量为

$\boldsymbol{\alpha}_2=(0, 1, 0)^{\mathrm{T}}$, $\boldsymbol{\alpha}_3=(1, 0, 1)^{\mathrm{T}}$

所以矩阵 $\boldsymbol{A}$ 有三个线性无关的特征向量，可相似于对角矩阵. 记

$$\boldsymbol{P}=(\boldsymbol{\alpha}_1, \boldsymbol{\alpha}_2, \boldsymbol{\alpha}_3)=\begin{pmatrix}-1 & 0 & 1\\ 0 & 1 & 0\\ 1 & 0 & 1\end{pmatrix}, \boldsymbol{\Lambda}=\begin{pmatrix}-1 & & \\ & 1 & \\ & & 1\end{pmatrix}$$

则

$$\boldsymbol{P}^{-1}\boldsymbol{A}\boldsymbol{P}=\boldsymbol{\Lambda}$$

(5)四阶矩阵 $\boldsymbol{A}$ 的特征值 $\lambda_1=-1$, $\lambda_2=1$, $\lambda_3=\lambda_4=2$. 对应于二重特征值 $\lambda_3=\lambda_4=2$ 的线性无关的特征向量只有一个 $\boldsymbol{\alpha}_3=\left(2, \frac{1}{3}, 1, 0\right)^{\mathrm{T}}$. 于是，$\boldsymbol{A}$ 仅有三个线性无关的特征向量 $\boldsymbol{\alpha}_1$, $\boldsymbol{\alpha}_2$, $\boldsymbol{\alpha}_3$，故 $\boldsymbol{A}$ 不能与对角矩阵相似.

14. 已知矩阵 $\boldsymbol{A}=\begin{pmatrix}2 & 0 & 0\\ 0 & 0 & 1\\ 0 & 1 & x\end{pmatrix}$ 和 $\boldsymbol{B}=\begin{pmatrix}2 & 0 & 0\\ 0 & 3 & 4\\ 0 & -2 & y\end{pmatrix}$ 相似，求 x, y 的值.

解: *方法 1* 由 $\boldsymbol{A}\sim\boldsymbol{B}$ 可知，$\boldsymbol{A}$ 与 $\boldsymbol{B}$ 有相同的特征值，且 $|\boldsymbol{A}|=|\boldsymbol{B}|$，设 $\boldsymbol{A}$, $\boldsymbol{B}$ 的特征值均为 λ_1, λ_2, λ_3，则

$$\lambda_1+\lambda_2+\lambda_3=2+0+x=2+3+y$$

即 $$x-y=3 \qquad ①$$

又

$$|\boldsymbol{A}|=\begin{vmatrix}2 & 0 & 0\\ 0 & 0 & 1\\ 0 & 1 & x\end{vmatrix}=-2, \quad |\boldsymbol{B}|=\begin{vmatrix}2 & 0 & 0\\ 0 & 3 & 4\\ 0 & -2 & y\end{vmatrix}=2(3y+8)$$

所以 $$2(3y+8)=-2 \qquad ②$$

由式②得 $y=-3$，代入式①得 $x=0$.

方法 2 因为 $\boldsymbol{A}\sim\boldsymbol{B}$，故 $\boldsymbol{A}$, $\boldsymbol{B}$ 有相同的特征多项式：$|\lambda\boldsymbol{I}-\boldsymbol{A}|=|\lambda\boldsymbol{I}-\boldsymbol{B}|$，即

$$\begin{vmatrix}\lambda-2 & 0 & 0\\ 0 & \lambda & -1\\ 0 & -1 & \lambda-x\end{vmatrix}=\begin{vmatrix}\lambda-2 & 0 & 0\\ 0 & \lambda-3 & -4\\ 0 & 2 & \lambda-y\end{vmatrix}$$

由此可得

$$(\lambda-2)(\lambda^2-x\lambda-1)=(\lambda-2)[\lambda^2-(3+y)\lambda+3y+8]$$

比较等式两端 λ 的同次幂的系数，有

$$\begin{cases}x=3+y\\ -1=3y+8\end{cases}$$

解得 $x=0$, $y=-3$.

15. 设矩阵 $\boldsymbol{A}$ 与 $\boldsymbol{B}$ 相似，其中

$$A=\begin{pmatrix}1&-1&1\\2&4&-2\\-3&-3&a\end{pmatrix},\quad B=\begin{pmatrix}2&&\\&2&\\&&b\end{pmatrix}$$

求 a，b 的值. 并求可逆矩阵 $\boldsymbol{P}$，使 $\boldsymbol{P}^{-1}\boldsymbol{AP}=\boldsymbol{B}$.

解：矩阵 $\boldsymbol{A}\sim\boldsymbol{B}$，且 $\boldsymbol{B}$ 是一个对角矩阵，其特征值 $\lambda_1=\lambda_2=2$，$\lambda_3=b$，所以 $\boldsymbol{A}$ 的特征方程 $|\lambda\boldsymbol{I}-\boldsymbol{A}|=0$ 必有根 $\lambda_1=\lambda_2=2$，$\lambda_3=b$，而

$$|\lambda\boldsymbol{I}-\boldsymbol{A}|=\begin{vmatrix}\lambda-1&1&-1\\-2&\lambda-4&2\\3&3&\lambda-a\end{vmatrix}$$

$$=(\lambda-2)[\lambda^2-(a+3)\lambda+3(a-1)] \quad ①$$

可见 2 必是方程

$$\lambda^2-(a+3)\lambda+3(a-1)=0 \quad ②$$

的根. 将 $\lambda=2$ 代入上面的方程②，得 $a=5$.

当 $a=5$ 时，方程②化为

$$\lambda^2-8\lambda+12=0$$

其根为 2 和 6. 由此可知 $b=6$.

当 $\lambda_1=\lambda_2=2$ 时，解齐次线性方程组 $(2\boldsymbol{I}-\boldsymbol{A})\boldsymbol{x}=\boldsymbol{0}$，得基础解系

$$\boldsymbol{\xi}_1=(1,\ -1,\ 0)^{\mathrm{T}},\quad \boldsymbol{\xi}_2=(1,\ 0,\ 1)^{\mathrm{T}}$$

当 $\lambda_3=6$ 时，解齐次线性方程组 $(6\boldsymbol{I}-\boldsymbol{A})\boldsymbol{x}=\boldsymbol{0}$，得基础解系

$$\boldsymbol{\xi}_3=(1,\ -2,\ 3)^{\mathrm{T}}$$

令矩阵

$$\boldsymbol{P}=(\boldsymbol{\xi}_1,\ \boldsymbol{\xi}_2,\ \boldsymbol{\xi}_3)=\begin{pmatrix}1&1&1\\-1&0&-2\\0&1&3\end{pmatrix}$$

则 $\boldsymbol{P}^{-1}\boldsymbol{AP}=\boldsymbol{B}$.

16. 计算向量 $\boldsymbol{\alpha}$ 与 $\boldsymbol{\beta}$ 的内积：

(1) $\boldsymbol{\alpha}=(1,\ -2,\ 2)^{\mathrm{T}}$，$\boldsymbol{\beta}=(2,\ 2,\ -1)^{\mathrm{T}}$

(2) $\boldsymbol{\alpha}=\left(\frac{\sqrt{2}}{2},\ -\frac{1}{2},\ \frac{\sqrt{2}}{4},\ -1\right)^{\mathrm{T}}$，$\boldsymbol{\beta}=\left(-\frac{\sqrt{2}}{2},\ -2,\ \sqrt{2},\ \frac{1}{2}\right)^{\mathrm{T}}$

解：(1) 向量 $\boldsymbol{\alpha}$ 与 $\boldsymbol{\beta}$ 的内积

$$\boldsymbol{\alpha}^{\mathrm{T}}\boldsymbol{\beta}=(1,\ -2,\ 2)\begin{pmatrix}2\\2\\-1\end{pmatrix}=1\times2+(-2)\times2+2\times(-1)=-4$$

(2) $\boldsymbol{\alpha}$ 与 $\boldsymbol{\beta}$ 的内积

$$\boldsymbol{\alpha}^{\mathrm{T}}\boldsymbol{\beta}=\left(\frac{\sqrt{2}}{2},\ -\frac{1}{2},\ \frac{\sqrt{2}}{4},\ -1\right)\begin{pmatrix}-\frac{\sqrt{2}}{2}\\ -2\\ \sqrt{2}\\ \frac{1}{2}\end{pmatrix}$$

$$=\frac{\sqrt{2}}{2}\times\left(-\frac{\sqrt{2}}{2}\right)+\left(-\frac{1}{2}\right)\times(-2)+\frac{\sqrt{2}}{4}\times\sqrt{2}+(-1)\times\frac{1}{2}$$

$$=\frac{1}{2}$$

17. 把下列向量单位化:

(1)$\boldsymbol{\alpha}=(2,\ 0,\ -5,\ -1)^{\mathrm{T}}$

(2)$\boldsymbol{\alpha}=(-3,\ 4,\ 0,\ 0)^{\mathrm{T}}$

解:(1)向量 $\boldsymbol{\alpha}$ 的长度

$$\|\boldsymbol{\alpha}\|=\sqrt{2^2+(-5)^2+(-1)^2}=\sqrt{30}$$

所以
$$\frac{1}{\|\boldsymbol{\alpha}\|}\boldsymbol{\alpha}=\left(\frac{2}{\sqrt{30}},\ 0,\ -\frac{5}{\sqrt{30}},\ -\frac{1}{\sqrt{30}}\right)^{\mathrm{T}}$$

(2)向量 $\boldsymbol{\alpha}$ 的长度

$$\|\boldsymbol{\alpha}\|=\sqrt{(-3)^2+4^2}=5$$

所以

$$\frac{1}{\|\boldsymbol{\alpha}\|}\boldsymbol{\alpha}=\left(-\frac{3}{5},\ \frac{4}{5},\ 0,\ 0\right)^{\mathrm{T}}$$

18. 将下列线性无关的向量组正交化:

(1)$\boldsymbol{\alpha}_1=(1,\ 2,\ 2,\ -1)^{\mathrm{T}}$, $\boldsymbol{\alpha}_2=(1,\ 1,\ -5,\ 3)^{\mathrm{T}}$, $\boldsymbol{\alpha}_3=(3,\ 2,\ 8,\ -7)^{\mathrm{T}}$

(2)$\boldsymbol{\alpha}_1=(1,\ -2,\ 2)^{\mathrm{T}}$, $\boldsymbol{\alpha}_2=(-1,\ 0,\ -1)^{\mathrm{T}}$, $\boldsymbol{\alpha}_3=(5,\ -3,\ -7)^{\mathrm{T}}$

解:(1)利用施密特正交化方法,令

$$\boldsymbol{\beta}_1=\boldsymbol{\alpha}_1=(1,\ 2,\ 2,\ -1)^{\mathrm{T}}$$

$$\boldsymbol{\beta}_2=\boldsymbol{\alpha}_2-\frac{\boldsymbol{\alpha}_2^{\mathrm{T}}\boldsymbol{\beta}_1}{\boldsymbol{\beta}_1^{\mathrm{T}}\boldsymbol{\beta}_1}\boldsymbol{\beta}_1=(1,\ 1,\ -5,\ 3)^{\mathrm{T}}+\frac{10}{10}(1,\ 2,\ 2,\ -1)^{\mathrm{T}}$$

$$=(2,\ 3,\ -3,\ 2)^{\mathrm{T}}$$

$$\boldsymbol{\beta}_3=\boldsymbol{\alpha}_3-\frac{\boldsymbol{\alpha}_3^{\mathrm{T}}\boldsymbol{\beta}_1}{\boldsymbol{\beta}_1^{\mathrm{T}}\boldsymbol{\beta}_1}\boldsymbol{\beta}_1-\frac{\boldsymbol{\alpha}_3^{\mathrm{T}}\boldsymbol{\beta}_2}{\boldsymbol{\beta}_2^{\mathrm{T}}\boldsymbol{\beta}_2}\boldsymbol{\beta}_2$$

$$=(3,\ 2,\ 8,\ -7)^{\mathrm{T}}-\frac{30}{10}(1,\ 2,\ 2,\ -1)^{\mathrm{T}}+\frac{26}{26}(2,\ 3,\ -3,\ 2)^{\mathrm{T}}$$

$$=(2,\ -1,\ -1,\ -2)^{\mathrm{T}}$$

则 $\boldsymbol{\beta}_1$, $\boldsymbol{\beta}_2$, $\boldsymbol{\beta}_3$ 为所求的正交向量组.

(2)利用施密特正交化方法,令

$$\boldsymbol{\beta}_1=(1,\ -2,\ 2)^{\mathrm{T}}$$

$$\boldsymbol{\beta}_2=\boldsymbol{\alpha}_2-\frac{\boldsymbol{\alpha}_2^{\mathrm{T}}\boldsymbol{\beta}_1}{\boldsymbol{\beta}_1^{\mathrm{T}}\boldsymbol{\beta}_1}\boldsymbol{\beta}_1=(-1,\ 0,\ -1)^{\mathrm{T}}+\frac{3}{9}(1,\ -2,\ 2)^{\mathrm{T}}$$

$$=\left(-\frac{2}{3},\ -\frac{2}{3},\ -\frac{1}{3}\right)^{\mathrm{T}}$$

$$\boldsymbol{\beta}_3=\boldsymbol{\alpha}_3-\frac{\boldsymbol{\alpha}_3^{\mathrm{T}}\boldsymbol{\beta}_1}{\boldsymbol{\beta}_1^{\mathrm{T}}\boldsymbol{\beta}_1}\boldsymbol{\beta}_1-\frac{\boldsymbol{\alpha}_3^{\mathrm{T}}\boldsymbol{\beta}_2}{\boldsymbol{\beta}_2^{\mathrm{T}}\boldsymbol{\beta}_2}\boldsymbol{\beta}_2$$

$$=(5,\ -3,\ -7)^{\mathrm{T}}+\frac{1}{3}(1,\ -2,\ 2)^{\mathrm{T}}-\frac{1}{1}\left(-\frac{2}{3},\ -\frac{2}{3},\ -\frac{1}{3}\right)^{\mathrm{T}}$$

$$=(6,\ -3,\ -6)^{\mathrm{T}}$$

则 $\boldsymbol{\beta}_1,\boldsymbol{\beta}_2,\boldsymbol{\beta}_3$ 为所求的正交向量组

19. 判断下列矩阵是否为正交矩阵：

(1) $\boldsymbol{Q}=\begin{pmatrix}\frac{\sqrt{3}}{2} & -\frac{1}{2}\\ \frac{1}{2} & \frac{\sqrt{3}}{2}\end{pmatrix}$　(2) $\boldsymbol{Q}=\begin{pmatrix}\frac{1}{9} & -\frac{8}{9} & -\frac{4}{9}\\ -\frac{8}{9} & \frac{1}{9} & -\frac{4}{9}\\ -\frac{4}{9} & -\frac{4}{9} & \frac{7}{9}\end{pmatrix}$

解：(1)因为

$$\boldsymbol{Q}^{\mathrm{T}}\boldsymbol{Q}=\begin{pmatrix}\frac{\sqrt{3}}{2} & \frac{1}{2}\\ -\frac{1}{2} & \frac{\sqrt{3}}{2}\end{pmatrix}\begin{pmatrix}\frac{\sqrt{3}}{2} & -\frac{1}{2}\\ \frac{1}{2} & \frac{\sqrt{3}}{2}\end{pmatrix}=\begin{pmatrix}1 & 0\\ 0 & 1\end{pmatrix}$$

所以 $\boldsymbol{Q}$ 为正交矩阵.

(2)因为

$$\boldsymbol{Q}^{\mathrm{T}}\boldsymbol{Q}=\begin{pmatrix}\frac{1}{9} & -\frac{8}{9} & -\frac{4}{9}\\ -\frac{8}{9} & \frac{1}{9} & -\frac{4}{9}\\ -\frac{4}{9} & -\frac{4}{9} & \frac{7}{9}\end{pmatrix}\begin{pmatrix}\frac{1}{9} & -\frac{8}{9} & -\frac{4}{9}\\ -\frac{8}{9} & \frac{1}{9} & -\frac{4}{9}\\ -\frac{4}{9} & -\frac{4}{9} & \frac{7}{9}\end{pmatrix}$$

$$=\begin{pmatrix}1 & 0 & 0\\ 0 & 1 & 0\\ 0 & 0 & 1\end{pmatrix}$$

所以 $\boldsymbol{Q}$ 为正交矩阵.

20. 设 $\boldsymbol{\alpha}$ 为 n 维列向量，$\boldsymbol{A}$ 为 n 阶正交矩阵，证明：$\|\boldsymbol{A\alpha}\|=\|\boldsymbol{\alpha}\|$.

证：$\boldsymbol{A\alpha}$ 仍为 n 维列向量，有

$$\|\boldsymbol{A\alpha}\|=\sqrt{(\boldsymbol{A\alpha})^{\mathrm{T}}(\boldsymbol{A\alpha})}=\sqrt{\boldsymbol{\alpha}^{\mathrm{T}}(\boldsymbol{A}^{\mathrm{T}}\boldsymbol{A})\boldsymbol{\alpha}}$$

$$=\sqrt{\boldsymbol{\alpha}^{\mathrm{T}}\boldsymbol{\alpha}}=\|\boldsymbol{\alpha}\|$$

21. 证明正交矩阵的下述性质：

(1)若 $\boldsymbol{Q}$ 为正交矩阵，则其行列式的值为 1 或 -1.

(2)若 $\boldsymbol{Q}$ 为正交矩阵，则 $\boldsymbol{Q}$ 可逆，且 $\boldsymbol{Q}^{-1}=\boldsymbol{Q}^{\mathrm{T}}$.

(3)若 $\boldsymbol{P}$, $\boldsymbol{Q}$ 都是正交矩阵，则它们的乘积 $\boldsymbol{PQ}$ 也是正交矩阵.

证：(1)根据正交矩阵的定义，有 $\boldsymbol{Q}^{\mathrm{T}}\boldsymbol{Q}=\boldsymbol{I}$，两边取行列式，得

$$|Q^TQ|=|Q^T|\cdot|Q|=|Q|^2=|I|=1$$

所以，$|Q|=1$ 或 -1.

(2)因为 $Q^TQ=I$，故根据可逆矩阵的定义，有

$$Q^{-1}=Q^T$$

(3)因为 $P^TP=I$，$Q^TQ=I$，故有

$$(PQ)^T(PQ)=Q^TP^TPQ=Q^TQ=I$$

所以 PQ 也是正交矩阵.

22. 设 A 是正交矩阵，试证：A^{-1} 和 A^* 也是正交矩阵.

证： 由题设条件可知，$A^TA=I$，所以 $A^{-1}=A^T$.

于是

$$(A^{-1})^T(A^{-1})=(A^T)^{-1}A^{-1}=(A^{-1})^{-1}A^{-1}=AA^{-1}=I$$

即 A^{-1} 仍为正交矩阵.

又 $A^*A=|A|I$，可知 $A^*=|A|A^{-1}$. 所以

$$\begin{aligned}(A^*)^TA^*&=(|A|A^{-1})^T(|A|A^{-1})\\&=|A|^2(A^{-1})^TA^{-1}\\&=|A|^2I\end{aligned}$$

由第 21 题(1)，有 $|A|^2=1$，所以

$$(A^*)^TA^*=I$$

即 A^* 也是正交矩阵.

23. 求正交矩阵 Q，使 $Q^{-1}AQ$ 为对角矩阵.

(1)$A=\begin{pmatrix}1&1&1\\1&1&1\\1&1&1\end{pmatrix}$　(2)$A=\begin{pmatrix}3&2&4\\2&0&2\\4&2&3\end{pmatrix}$

解： (1)矩阵 A 的特征多项式

$$|\lambda I-A|=\begin{vmatrix}\lambda-1&-1&-1\\-1&\lambda-1&-1\\-1&-1&\lambda-1\end{vmatrix}=(\lambda-3)\begin{vmatrix}1&-1&-1\\1&\lambda-1&-1\\1&-1&\lambda-1\end{vmatrix}$$

$$=\lambda^2(\lambda-3)$$

由此可得 A 的特征值为 $\lambda_1=\lambda_2=0$，$\lambda_3=3$.

当 $\lambda_1=\lambda_2=0$ 时，解齐次线性方程组 $(0I-A)x=0$，得基础解系

$$\alpha_1=(-1,1,0)^T,\quad \alpha_2=(-1,0,1)^T$$

当 $\lambda_3=3$ 时，解齐次线性方程组 $(3I-A)x=0$，得基础解系

$$\alpha_3=(1,1,1)^T$$

将向量组 α_1，α_2 正交化，令

$$\beta_1=\alpha_1=(-1,1,0)^T$$

$$\beta_2=\alpha_2-\frac{\alpha_2^T\beta_1}{\beta_1^T\beta_1}\beta_1=(-1,0,1)^T-\frac{1}{2}(-1,1,0)^T$$

$$=\left(-\frac{1}{2},-\frac{1}{2},1\right)^T$$

再将 $\boldsymbol{\beta}_1$，$\boldsymbol{\beta}_2$，$\boldsymbol{\alpha}_3$ 单位化，令

$$\boldsymbol{\gamma}_1=\frac{1}{\|\boldsymbol{\beta}_1\|}\boldsymbol{\beta}_1=\left(-\frac{1}{\sqrt{2}},\frac{1}{\sqrt{2}},0\right)^{\mathrm{T}}$$

$$\boldsymbol{\gamma}_2=\frac{1}{\|\boldsymbol{\beta}_2\|}\boldsymbol{\beta}_2=\left(-\frac{1}{\sqrt{6}},-\frac{1}{\sqrt{6}},\frac{2}{\sqrt{6}}\right)^{\mathrm{T}}$$

$$\boldsymbol{\gamma}_3=\frac{1}{\|\boldsymbol{\alpha}_3\|}\boldsymbol{\alpha}_3=\left(\frac{1}{\sqrt{3}},\frac{1}{\sqrt{3}},\frac{1}{\sqrt{3}}\right)^{\mathrm{T}}$$

得单位正交向量组 $\boldsymbol{\gamma}_1$，$\boldsymbol{\gamma}_2$，$\boldsymbol{\gamma}_3$，令

$$\boldsymbol{Q}=(\boldsymbol{\gamma}_1,\boldsymbol{\gamma}_2,\boldsymbol{\gamma}_3)=\begin{pmatrix}-\frac{1}{\sqrt{2}} & -\frac{1}{\sqrt{6}} & \frac{1}{\sqrt{3}}\\ \frac{1}{\sqrt{2}} & -\frac{1}{\sqrt{6}} & \frac{1}{\sqrt{3}}\\ 0 & \frac{2}{\sqrt{6}} & \frac{1}{\sqrt{3}}\end{pmatrix}$$

则 $\boldsymbol{Q}$ 为正交矩阵，且

$$\boldsymbol{Q}^{-1}\boldsymbol{A}\boldsymbol{Q}=\begin{pmatrix}0 & & \\ & 0 & \\ & & 3\end{pmatrix}$$

(2)矩阵 $\boldsymbol{A}$ 的特征多项式

$$|\lambda\boldsymbol{I}-\boldsymbol{A}|=\begin{vmatrix}\lambda-3 & -2 & -4\\ -2 & \lambda & -2\\ -4 & -2 & \lambda-3\end{vmatrix}=\begin{vmatrix}\lambda+1 & -2 & -4\\ 0 & \lambda & -2\\ -\lambda-1 & -2 & \lambda-3\end{vmatrix}$$

$$=(\lambda+1)\begin{vmatrix}1 & -2 & -4\\ 0 & \lambda & -2\\ -1 & -2 & \lambda-3\end{vmatrix}=(\lambda+1)^2(\lambda-8)$$

所以矩阵 $\boldsymbol{A}$ 的特征值为 $\lambda_1=\lambda_2=-1$，$\lambda_3=8$.

当 $\lambda_1=\lambda_2=-1$ 时，解齐次线性方程组 $(-\boldsymbol{I}-\boldsymbol{A})\boldsymbol{x}=\boldsymbol{0}$，得基础解系

$$\boldsymbol{\alpha}_1=(-1,2,0)^{\mathrm{T}},\quad \boldsymbol{\alpha}_2=(-1,0,1)^{\mathrm{T}}$$

当 $\lambda_3=8$ 时，解齐次线性方程组 $(8\boldsymbol{I}-\boldsymbol{A})\boldsymbol{x}=\boldsymbol{0}$，得基础解系

$$\boldsymbol{\alpha}_3=(2,1,2)^{\mathrm{T}}$$

将向量 $\boldsymbol{\alpha}_1$，$\boldsymbol{\alpha}_2$ 正交化，令

$$\boldsymbol{\beta}_1=\boldsymbol{\alpha}_1=(-1,2,0)^{\mathrm{T}}$$

$$\boldsymbol{\beta}_2=\boldsymbol{\alpha}_2-\frac{\boldsymbol{\alpha}_2^{\mathrm{T}}\boldsymbol{\beta}_1}{\boldsymbol{\beta}_1^{\mathrm{T}}\boldsymbol{\beta}_1}\boldsymbol{\beta}_1=(-1,0,1)^{\mathrm{T}}-\frac{1}{5}(-1,2,0)^{\mathrm{T}}$$

$$=\left(-\frac{4}{5},-\frac{2}{5},1\right)^{\mathrm{T}}$$

再将 $\boldsymbol{\beta}_1$，$\boldsymbol{\beta}_2$，$\boldsymbol{\alpha}_3$ 单位化，令

$$\boldsymbol{\gamma}_1=\frac{1}{\|\boldsymbol{\beta}_1\|}\boldsymbol{\beta}_1=\left(-\frac{1}{\sqrt{5}},\frac{2}{\sqrt{5}},0\right)^{\mathrm{T}}$$

$$\boldsymbol{\gamma}_2=\frac{1}{\|\boldsymbol{\beta}_2\|}\boldsymbol{\beta}_2=\left(-\frac{4}{\sqrt{45}},-\frac{2}{\sqrt{45}},\frac{5}{\sqrt{45}}\right)^{\mathrm{T}}$$

$$\boldsymbol{\gamma}_3=\frac{1}{\|\boldsymbol{\alpha}_3\|}\boldsymbol{\alpha}_3=\left(\frac{2}{3},\frac{1}{3},\frac{2}{3}\right)^{\mathrm{T}}$$

得单位正交向量组 $\boldsymbol{\gamma}_1$，$\boldsymbol{\gamma}_2$，$\boldsymbol{\gamma}_3$，令

$$\boldsymbol{Q}=(\boldsymbol{\gamma}_1,\boldsymbol{\gamma}_2,\boldsymbol{\gamma}_3)=\begin{pmatrix}-\frac{1}{\sqrt{5}} & -\frac{4}{\sqrt{45}} & \frac{2}{3}\\ \frac{2}{\sqrt{5}} & -\frac{2}{\sqrt{45}} & \frac{1}{3}\\ 0 & \frac{5}{\sqrt{45}} & \frac{2}{3}\end{pmatrix}$$

则 $\boldsymbol{Q}$ 为正交矩阵，且 $\boldsymbol{Q}^{-1}\boldsymbol{A}\boldsymbol{Q}=\begin{pmatrix}-1 & & \\ & -1 & \\ & & 8\end{pmatrix}$.

24. 设三阶实对称矩阵 $\boldsymbol{A}$ 的特征值是 1，2，3，矩阵 $\boldsymbol{A}$ 的对应于 1，2 的特征向量分别为

$$\boldsymbol{\alpha}_1=(-1,-1,1)^{\mathrm{T}},\quad \boldsymbol{\alpha}_2=(1,-2,-1)^{\mathrm{T}}$$

(1)求 $\boldsymbol{A}$ 的对应于特征值 3 的特征向量.

(2)求矩阵 $\boldsymbol{A}$.

解：(1)设 $\boldsymbol{A}$ 的对应于特征值 3 的特征向量为

$$\boldsymbol{\alpha}_3=(x_1,x_2,x_3)^{\mathrm{T}}$$

由于实对称矩阵对应于不同特征值的特征向量正交，故必有

$$\begin{cases}\boldsymbol{\alpha}_1^{\mathrm{T}}\boldsymbol{\alpha}_3=-x_1-x_2+x_3=0\\ \boldsymbol{\alpha}_2^{\mathrm{T}}\boldsymbol{\alpha}_3=x_1-2x_2-x_3=0\end{cases}$$

解此方程组，得其基础解系为$(1,0,1)^{\mathrm{T}}$，则 $\boldsymbol{A}$ 的对应于特征值 3 的全部特征向量为

$$\boldsymbol{\alpha}_3=c(1,0,1)^{\mathrm{T}}\quad (c\text{ 为任意非零常数})$$

(2)取 $c=1$，$\boldsymbol{\alpha}_3=(1,0,1)^{\mathrm{T}}$，令矩阵

$$\boldsymbol{P}=(\boldsymbol{\alpha}_1,\boldsymbol{\alpha}_2,\boldsymbol{\alpha}_3)=\begin{pmatrix}-1 & 1 & 1\\ -1 & -2 & 0\\ 1 & -1 & 1\end{pmatrix},\ \boldsymbol{\Lambda}=\begin{pmatrix}1 & 0 & 0\\ 0 & 2 & 0\\ 0 & 0 & 3\end{pmatrix}$$

则 $\boldsymbol{P}^{-1}\boldsymbol{A}\boldsymbol{P}=\boldsymbol{\Lambda}$，故 $\boldsymbol{A}=\boldsymbol{P}\boldsymbol{\Lambda}\boldsymbol{P}^{-1}$. 不难计算

$$\boldsymbol{P}^{-1}=\begin{pmatrix}-\frac{1}{3} & -\frac{1}{3} & \frac{1}{3}\\ \frac{1}{6} & -\frac{1}{3} & -\frac{1}{6}\\ \frac{1}{2} & 0 & \frac{1}{2}\end{pmatrix}$$

所以 $\quad A=P\Lambda P^{-1}=\dfrac{1}{6}\begin{pmatrix}13 & -2 & 5\\ -2 & 10 & 2\\ 5 & 2 & 13\end{pmatrix}$

(B)

1. 三阶矩阵 $\boldsymbol{A}$ 的特征值为 -2，1，3，则下列矩阵中非奇异矩阵是[　　].

(A) $2\boldsymbol{I}-\boldsymbol{A}$　　(B) $2\boldsymbol{I}+\boldsymbol{A}$　　(C) $\boldsymbol{I}-\boldsymbol{A}$　　(D) $\boldsymbol{A}-3\boldsymbol{I}$

解： 由已知条件，矩阵 $\boldsymbol{A}$ 的特征方程 $|\lambda\boldsymbol{I}-\boldsymbol{A}|=0$ 的根为 -2，1，3，所以

$$|-2\boldsymbol{I}-\boldsymbol{A}|=0,\quad |\boldsymbol{I}-\boldsymbol{A}|=0,\quad |3\boldsymbol{I}-\boldsymbol{A}|=0$$

可见(A)中矩阵 $2\boldsymbol{I}-\boldsymbol{A}$ 是非奇异矩阵. 故本题应选(A).

(B) $|2\boldsymbol{I}+\boldsymbol{A}|=|-(-2\boldsymbol{I}-\boldsymbol{A})|=(-1)^3|-2\boldsymbol{I}-\boldsymbol{A}|=0$

故 $2\boldsymbol{I}+\boldsymbol{A}$ 是奇异矩阵.

(C)已知 1 是矩阵 $\boldsymbol{A}$ 的特征值，故 $|\boldsymbol{I}-\boldsymbol{A}|=0$，即 $\boldsymbol{I}-\boldsymbol{A}$ 是奇异矩阵.

在(D)中，因为 $\boldsymbol{A}$ 有特征值 3，故

$$|\boldsymbol{A}-3\boldsymbol{I}|=|-(3\boldsymbol{I}-\boldsymbol{A})|=(-1)^3|3\boldsymbol{I}-\boldsymbol{A}|=0$$

即 $\boldsymbol{A}-3\boldsymbol{I}$ 是奇异的.

2. 设 $\lambda_0=2$ 是可逆矩阵 $\boldsymbol{A}$ 的一个特征值，则矩阵 $\left(\dfrac{1}{3}\boldsymbol{A}^2\right)^{-1}$ 必有一个特征值为[　　].

(A) $\dfrac{4}{3}$　　(B) $\dfrac{3}{4}$　　(C) $-\dfrac{3}{4}$　　(D) $-\dfrac{4}{3}$

解： 因为 $\boldsymbol{A}$ 有特征值 $\lambda_0=2$，则 $\boldsymbol{A}^2$ 必有特征值 $\lambda_0^2=4$，矩阵 $\dfrac{1}{3}\boldsymbol{A}^2$ 必有特征值 $\dfrac{1}{3}\lambda_0^2=\dfrac{4}{3}$. 故 $\left(\dfrac{1}{3}\boldsymbol{A}^2\right)^{-1}$ 必有特征值 $\dfrac{3}{\lambda_0^2}=\dfrac{3}{4}$. 本题应选(B).

注释 如果矩阵 $\boldsymbol{A}$ 有一个特征值 λ_0，可以证明：$\boldsymbol{A}^m$(m 为正整数)一定有特征值 λ_0^m. 一般地，设 $f(\boldsymbol{A})=a_0\boldsymbol{I}+a_1\boldsymbol{A}+\cdots+a_m\boldsymbol{A}^m$ 是矩阵多项式，则 $f(\lambda_0)=a_0+a_1\lambda_0+\cdots+a_m\lambda_0^m$ 必是 $f(\boldsymbol{A})$ 的一个特征值. 解题时，可以直接利用这一结论.

3. 设 λ_1，λ_2 都是 n 阶矩阵 $\boldsymbol{A}$ 的特征值，$\lambda_1\neq\lambda_2$，且 $\boldsymbol{\alpha}_1$，$\boldsymbol{\alpha}_2$ 分别是 $\boldsymbol{A}$ 的对应于 λ_1 与 λ_2 的特征向量，则[　　].

(A) $c_1=0$ 且 $c_2=0$ 时，$\boldsymbol{\alpha}=c_1\boldsymbol{\alpha}_1+c_2\boldsymbol{\alpha}_2$ 必是 $\boldsymbol{A}$ 的特征向量

(B) $c_1\neq0$ 且 $c_2\neq0$ 时，$\boldsymbol{\alpha}=c_1\boldsymbol{\alpha}_1+c_2\boldsymbol{\alpha}_2$ 必是 $\boldsymbol{A}$ 的特征向量

(C) $c_1c_2=0$ 时，$\boldsymbol{\alpha}=c_1\boldsymbol{\alpha}_1+c_2\boldsymbol{\alpha}_2$ 必是 $\boldsymbol{A}$ 的特征向量

(D) $c_1\neq0$ 而 $c_2=0$ 时，$\boldsymbol{\alpha}=c_1\boldsymbol{\alpha}_1+c_2\boldsymbol{\alpha}_2$ 是 $\boldsymbol{A}$ 的特征向量

解： (A)当 $c_1=0$ 且 $c_2=0$ 时，$\boldsymbol{\alpha}=\boldsymbol{0}$，而零向量不是任一 n 阶矩阵的特征向量. 故(A)错.

(B)当 $c_1\neq0$ 且 $c_2\neq0$ 时，由于 $\lambda_1\neq\lambda_2$，利用习题四(A)的第 8 题，可知 $\boldsymbol{\alpha}=c_1\boldsymbol{\alpha}_1+c_2\boldsymbol{\alpha}_2$ 不是 $\boldsymbol{A}$ 的特征向量. 故(B)错.

(C)当 $c_1c_2=0$ 时，有 $c_1=0$ 或 $c_2=0$，但可能 $c_1=0$ 且 $c_2=0$. 由选项(A)知，此时 $\boldsymbol{\alpha}=\mathbf{0}$ 不是 $\boldsymbol{A}$ 的特征向量. 故(C)错.

综上分析，本题应选(D). 事实上，当 $c_1\neq 0$ 而 $c_2=0$ 时，$\boldsymbol{\alpha}=c_1\boldsymbol{\alpha}_1(c_1\neq 0)$ 为 $\boldsymbol{A}$ 的对应于 λ_1 的特征向量.

4. 与矩阵 $\boldsymbol{A}=\begin{pmatrix}1&0&0\\0&1&0\\0&0&2\end{pmatrix}$ 相似的矩阵是[　　].

(A) $\begin{pmatrix}1&1&0\\0&2&1\\0&0&1\end{pmatrix}$　　(B) $\begin{pmatrix}1&1&0\\0&1&0\\0&0&2\end{pmatrix}$

(C) $\begin{pmatrix}1&0&1\\0&1&0\\0&0&2\end{pmatrix}$　　(D) $\begin{pmatrix}1&0&1\\0&2&1\\0&0&1\end{pmatrix}$

解: 矩阵 $\boldsymbol{A}$ 和各选项的矩阵的特征值都是 $\lambda_1=\lambda_2=1$，$\lambda_3=2$，其中 $\boldsymbol{A}$ 是对角矩阵. 故只需判断各选项中矩阵是否与对角矩阵 $\boldsymbol{A}$ 相似，为了简便，各选项矩阵依次记为 $\boldsymbol{A}_1$，$\boldsymbol{A}_2$，$\boldsymbol{A}_3$，$\boldsymbol{A}_4$.

(A)对于 $\lambda_1=\lambda_2=1$，解齐次线性方程组 $(\boldsymbol{I}-\boldsymbol{A}_1)\boldsymbol{x}=\mathbf{0}$，得基础解系 $\boldsymbol{\alpha}_1=(1,\ 0,\ 0)^{\mathrm{T}}$，即二重特征值 1 只对应一个线性无关的特征向量. 故(A)中矩阵不能与 $\boldsymbol{A}$ 相似.

类似地，可判断(B)，(D)中矩阵不与 $\boldsymbol{A}$ 相似.

(C)对于 $\lambda_1=\lambda_2=1$，解齐次线性方程组 $(\boldsymbol{I}-\boldsymbol{A}_3)\boldsymbol{x}=\mathbf{0}$，有

$$\boldsymbol{I}-\boldsymbol{A}_3=\begin{pmatrix}0&0&-1\\0&0&0\\0&0&-1\end{pmatrix}\longrightarrow\begin{pmatrix}0&0&1\\0&0&0\\0&0&0\end{pmatrix}$$

可得基础解系 $\boldsymbol{\alpha}_1=(1,\ 0,\ 0)^{\mathrm{T}}$，$\boldsymbol{\alpha}_2=(0,\ 1,\ 0)^{\mathrm{T}}$，故 $\boldsymbol{A}_3$ 可与对角矩阵 $\boldsymbol{A}$ 相似，应选(C).

也可由 $\mathrm{r}(\boldsymbol{I}-\boldsymbol{A}_3)=1$，知 $\boldsymbol{A}_3$ 与对角矩阵 $\boldsymbol{A}$ 相似，从而(C)正确.

5. 矩阵 $\boldsymbol{A}$ 与 $\boldsymbol{B}$ 相似的充分条件是[　　].

(A) $|\boldsymbol{A}|=|\boldsymbol{B}|$

(B) $\mathrm{r}(\boldsymbol{A})=\mathrm{r}(\boldsymbol{B})$

(C) $\boldsymbol{A}$ 与 $\boldsymbol{B}$ 有相同的特征多项式

(D) n 阶矩阵 $\boldsymbol{A}$ 与 $\boldsymbol{B}$ 有相同的特征值且 n 个特征值互不相同

解: (A)，(B)，(C)都是矩阵 $\boldsymbol{A}$ 与 $\boldsymbol{B}$ 相似的必要条件，而不是充分条件. 由上一题也可看出(A)，(B)，(C)均不正确. 可知(D)正确，故本题应选(D).

名师解题

6. 设 $\boldsymbol{A}$，$\boldsymbol{B}$ 为 n 阶矩阵，且 $\boldsymbol{A}$ 与 $\boldsymbol{B}$ 相似，则[　　].

(A) $\lambda\boldsymbol{I}-\boldsymbol{A}=\lambda\boldsymbol{I}-\boldsymbol{B}$

(B) $\boldsymbol{A}$ 与 $\boldsymbol{B}$ 有相同的特征值和特征向量

(C) $\boldsymbol{A}$ 与 $\boldsymbol{B}$ 都相似于一个对角矩阵

(D)对任意常数 t，$t\boldsymbol{I}-\boldsymbol{A}$ 与 $t\boldsymbol{I}-\boldsymbol{B}$ 相似

解: (A)由 $\lambda\boldsymbol{I}-\boldsymbol{A}=\lambda\boldsymbol{I}-\boldsymbol{B}$，可得 $\boldsymbol{A}=\boldsymbol{B}$，而 $\boldsymbol{A}$ 与 $\boldsymbol{B}$ 相似未必有 $\boldsymbol{A}=\boldsymbol{B}$，故(A)错.

(B)若 $\boldsymbol{A}$ 与 $\boldsymbol{B}$ 相似，则 $\boldsymbol{A}$，$\boldsymbol{B}$ 有相同的特征值，但未必有相同的特征向量，实际上，若 $\boldsymbol{A}\sim\boldsymbol{B}$，则存在可逆矩阵 $\boldsymbol{P}$，有 $\boldsymbol{P}^{-1}\boldsymbol{A}\boldsymbol{P}=\boldsymbol{B}$，即

$$\boldsymbol{B}\boldsymbol{P}^{-1}=\boldsymbol{P}^{-1}\boldsymbol{A} \tag{$*$}$$

设 $\boldsymbol{A}$ 的一个特征值为λ，对应的特征向量为 $\boldsymbol{\alpha}$，则 $\boldsymbol{A}\boldsymbol{\alpha}=\lambda\boldsymbol{\alpha}(\boldsymbol{\alpha}\neq\boldsymbol{0})$. 由式($*$)可得

$$\boldsymbol{B}\boldsymbol{P}^{-1}\boldsymbol{\alpha}=\boldsymbol{P}^{-1}\boldsymbol{A}\boldsymbol{\alpha}=\boldsymbol{P}^{-1}\lambda\boldsymbol{\alpha}$$

即

$$\boldsymbol{B}(\boldsymbol{P}^{-1}\boldsymbol{\alpha})=\lambda(\boldsymbol{P}^{-1}\boldsymbol{\alpha})$$

由此可知，矩阵 $\boldsymbol{B}$ 也有特征值λ，但对应的特征向量为 $\boldsymbol{P}^{-1}\boldsymbol{\alpha}$，而不是 $\boldsymbol{\alpha}$. 故(B)错.

(C)由 $\boldsymbol{A}$ 与 $\boldsymbol{B}$ 相似，不能判断 $\boldsymbol{A}$，$\boldsymbol{B}$ 是否有 n 个线性无关的特征向量，$\boldsymbol{A}$，$\boldsymbol{B}$ 不一定与某一对角矩阵相似. 故(C)错.

(D)是正确的. 因为 $\boldsymbol{A}$ 与 $\boldsymbol{B}$ 相似，则存在可逆矩阵 $\boldsymbol{P}$，有 $\boldsymbol{P}^{-1}\boldsymbol{A}\boldsymbol{P}=\boldsymbol{B}$. 而

$$\boldsymbol{P}^{-1}(t\boldsymbol{I}-\boldsymbol{A})\boldsymbol{P}=t\boldsymbol{I}-\boldsymbol{P}^{-1}\boldsymbol{A}\boldsymbol{P}=t\boldsymbol{I}-\boldsymbol{B}$$

所以对任意常数 t，都有 $t\boldsymbol{I}-\boldsymbol{A}$ 相似于 $t\boldsymbol{I}-\boldsymbol{B}$.

7. 设三阶矩阵 $\boldsymbol{A}=\begin{pmatrix}0&0&1\\x&1&0\\1&0&0\end{pmatrix}$有三个线性无关的特征向量，则 $x=$[　　].

(A) -1　　(B) 0　　(C) 1　　(D) 2

解： 由已知条件，矩阵 $\boldsymbol{A}$ 一定可以与一个对角矩阵相似，$\boldsymbol{A}$ 的特征多项式

$$|\lambda\boldsymbol{I}-\boldsymbol{A}|=\begin{vmatrix}\lambda&0&-1\\-x&\lambda-1&0\\-1&0&\lambda\end{vmatrix}=(\lambda+1)(\lambda-1)^2$$

由此可知，$\boldsymbol{A}$ 的特征值$\lambda_1=-1$，$\lambda_2=\lambda_3=1$，因此，对于二重特征值 $\lambda_2=\lambda_3=1$，$\mathrm{r}(\boldsymbol{I}-\boldsymbol{A})=3-2=1$. 对矩阵 $\boldsymbol{I}-\boldsymbol{A}$ 施以初等行变换：

$$\boldsymbol{I}-\boldsymbol{A}=\begin{pmatrix}1&0&-1\\-x&0&0\\-1&0&1\end{pmatrix}\longrightarrow\begin{pmatrix}1&0&-1\\-x&0&0\\0&0&0\end{pmatrix}$$

要使 $\mathrm{r}(\boldsymbol{I}-\boldsymbol{A})=1$，必有 $x=0$，故本题应选(B).

8. 设矩阵 $\boldsymbol{A}$ 与 $\boldsymbol{B}$ 相似，其中 $\boldsymbol{A}=\begin{pmatrix}1&2&3\\-1&x&2\\0&0&1\end{pmatrix}$，已知矩阵 $\boldsymbol{B}$ 有特征值 1，2，3，则 $x=$[　　].

(A) 4　　(B) -3　　(C) -4　　(D) 3

解： 因为 $\boldsymbol{A}\sim\boldsymbol{B}$，可知矩阵 $\boldsymbol{A}$ 与 $\boldsymbol{B}$ 有相同的特征值 1，2，3，所以

$$1+2+3=1+x+1$$

得 $x=4$，故本题应选(A).

注释　本题也可利用矩阵 $\boldsymbol{A}$ 的特征值之积等于 $|\boldsymbol{A}|$，直接得到

$$|\boldsymbol{A}|=x+2=1\times2\times3$$

从而 $x=4$，故本题选(A).

9. 下述结论中，不正确的是[　　].

(A)若向量 $\boldsymbol{\alpha}$ 与 $\boldsymbol{\beta}$ 正交，则对任意实数 a，b，$a\boldsymbol{\alpha}$ 与 $b\boldsymbol{\beta}$ 也正交

(B)若向量 $\boldsymbol{\beta}$ 与向量 $\boldsymbol{\alpha}_1$，$\boldsymbol{\alpha}_2$ 都正交，则 $\boldsymbol{\beta}$ 与 $\boldsymbol{\alpha}_1$，$\boldsymbol{\alpha}_2$ 的任一线性组合也正交

(C)若向量 $\boldsymbol{\alpha}$ 与 $\boldsymbol{\beta}$ 正交，则 $\boldsymbol{\alpha}$，$\boldsymbol{\beta}$ 中至少有一个是零向量

(D)若向量 $\boldsymbol{\alpha}$ 与任意同维向量正交，则 $\boldsymbol{\alpha}$ 是零向量

解：(A)因 $\boldsymbol{\alpha}$ 与 $\boldsymbol{\beta}$ 正交，即 $\boldsymbol{\alpha}^{\mathrm{T}}\boldsymbol{\beta}=0$，则对任意实数 a，b

$$(a\boldsymbol{\alpha})^{\mathrm{T}}(b\boldsymbol{\beta})=ab\boldsymbol{\alpha}^{\mathrm{T}}\boldsymbol{\beta}=0$$

所以 $a\boldsymbol{\alpha}$ 与 $b\boldsymbol{\beta}$ 正交.

(B)因 $\boldsymbol{\beta}$ 与 $\boldsymbol{\alpha}_1$ 正交，即 $\boldsymbol{\beta}^{\mathrm{T}}\boldsymbol{\alpha}_1=0$，$\boldsymbol{\beta}$ 与 $\boldsymbol{\alpha}_2$ 正交，即 $\boldsymbol{\beta}^{\mathrm{T}}\boldsymbol{\alpha}_2=0$，所以对于$a\boldsymbol{\alpha}_1+b\boldsymbol{\alpha}_2$，有

$$\boldsymbol{\beta}^{\mathrm{T}}(a\boldsymbol{\alpha}_1+b\boldsymbol{\alpha}_2)=a\boldsymbol{\beta}^{\mathrm{T}}\boldsymbol{\alpha}_1+b\boldsymbol{\beta}^{\mathrm{T}}\boldsymbol{\alpha}_2=0$$

故 $\boldsymbol{\beta}$ 与 $\boldsymbol{\alpha}_1$，$\boldsymbol{\alpha}_2$ 的线性组合正交.

(C)若 $\boldsymbol{\alpha}$ 与 $\boldsymbol{\beta}$ 正交，其中不一定有零向量，如 $\boldsymbol{\alpha}=\begin{pmatrix}1\\0\end{pmatrix}$，$\boldsymbol{\beta}=\begin{pmatrix}0\\1\end{pmatrix}$正交，它们都不是零向量. 故(C)不正确，本题应选(C).

(D)设 $\boldsymbol{\alpha}=(a_1, a_2, \cdots, a_n)^{\mathrm{T}}$，因为 $\boldsymbol{\alpha}$ 与任意同维向量正交，可取初始单位向量组 $\boldsymbol{\varepsilon}_1$，$\boldsymbol{\varepsilon}_2$，$\cdots$，$\boldsymbol{\varepsilon}_n$，有

$$\boldsymbol{\alpha}^{\mathrm{T}}\boldsymbol{\varepsilon}_i=0\quad(i=1, 2, \cdots, n)$$

其中 $\boldsymbol{\varepsilon}_i=(0, \cdots, 0, \overset{\text{第}i\text{列}}{1}, 0, \cdots, 0)^{\mathrm{T}}$，可得 $a_i=0(i=1, 2, \cdots, n)$，即 $\boldsymbol{\alpha}=\boldsymbol{0}$. 故(D)亦正确.

10. 设 $\boldsymbol{A}$ 为 n 阶实对称矩阵，则[　　].

(A) $\boldsymbol{A}$ 的 n 个特征向量两两正交

(B) $\boldsymbol{A}$ 的 n 个特征向量组成单位正交向量组

(C) 对于 $\boldsymbol{A}$ 的 k 重特征值 λ_0，有 $\mathrm{r}(\lambda_0\boldsymbol{I}-\boldsymbol{A})=n-k$

(D) 对于 $\boldsymbol{A}$ 的 k 重特征值 λ_0，有 $\mathrm{r}(\lambda_0\boldsymbol{I}-\boldsymbol{A})=k$

解：实对称矩阵 $\boldsymbol{A}$ 的属于不同特征值的特征向量正交，但未必两两都正交；n 个特征向量未必组成单位正交向量组，故(A)和(B)均不正确.

由于实对称矩阵 $\boldsymbol{A}$ 必可对角化，$\boldsymbol{A}$ 的属于 k 重特征值 λ_0 的线性无关的特征向量必有 k 个，故 $\mathrm{r}(\lambda_0\boldsymbol{I}-\boldsymbol{A})=n-k$. 本题应选(C).

※**11.** $\boldsymbol{A}$ 为三阶矩阵，λ_1，λ_2，λ_3 为其特征值，$\lim\limits_{n\to\infty}\boldsymbol{A}^n=\boldsymbol{O}$ 的充分条件是[　　].

(A) $|\lambda_1|=1$，$|\lambda_2|<1$，$|\lambda_3|<1$

(B) $|\lambda_1|<1$，$|\lambda_2|=|\lambda_3|=1$

(C) $|\lambda_1|<1$，$|\lambda_2|<1$，$|\lambda_3|<1$

(D) $|\lambda_1|=|\lambda_2|=|\lambda_3|=1$

解：因 $\boldsymbol{A}^m\to\boldsymbol{O}(m\to\infty)$的充分必要条件是 $\boldsymbol{A}$ 的所有特征值 λ_i 的模都小于 1，即 $|\lambda_i|<1$ $(i=1, 2, 3)$，由此可知，本题应选(C).

(二)参考题(附解答)

(A)

1. 求矩阵$\boldsymbol{A}=\begin{pmatrix}3&3&2\\1&1&-2\\-3&-1&0\end{pmatrix}$的实特征值和对应的特征向量.

解: 矩阵 $\boldsymbol{A}$ 的特征多项式

$$|\lambda\boldsymbol{I}-\boldsymbol{A}|=\begin{vmatrix}\lambda-3&-3&-2\\-1&\lambda-1&2\\3&1&\lambda\end{vmatrix}=\begin{vmatrix}\lambda-3&-3&-2\\\lambda-4&\lambda-4&0\\3&1&\lambda\end{vmatrix}$$

$$=(\lambda-4)\begin{vmatrix}\lambda&-3&-2\\0&1&0\\2&1&\lambda\end{vmatrix}$$

$$=(\lambda-4)(\lambda^2+4)$$

由此可知,矩阵 $\boldsymbol{A}$ 仅有实特征值$\lambda=4$,解齐次线性方程组$(4\boldsymbol{I}-\boldsymbol{A})\boldsymbol{x}=\boldsymbol{0}$,可得其基础解系 $\boldsymbol{\alpha}=(-1,\ -1,\ 1)^{\mathrm{T}}$,所以 $\boldsymbol{A}$ 的对应于$\lambda=4$ 的全部特征向量为

$$c\,\boldsymbol{\alpha}=c(-1,\ -1,\ 1)^{\mathrm{T}}\quad(c\text{ 为任意非零常数})$$

2. 设矩阵$\boldsymbol{A}=\begin{pmatrix}3&1&1\\1&3&1\\1&1&3\end{pmatrix}$,若向量 $\boldsymbol{\alpha}=(1,\ 1,\ k)^{\mathrm{T}}$ 是矩阵 $\boldsymbol{A}^{-1}$的对应于特征值λ 的一个特征向量,求λ 和k 的值.

解: 由题设条件,$\boldsymbol{A}^{-1}\boldsymbol{\alpha}=\lambda\boldsymbol{\alpha}$. 在此式两边左乘矩阵 $\boldsymbol{A}$,得 $\boldsymbol{\alpha}=\lambda\boldsymbol{A}\boldsymbol{\alpha}$,即

$$\begin{pmatrix}1\\1\\k\end{pmatrix}=\lambda\begin{pmatrix}3&1&1\\1&3&1\\1&1&3\end{pmatrix}\begin{pmatrix}1\\1\\k\end{pmatrix}=\lambda\begin{pmatrix}4+k\\4+k\\2+3k\end{pmatrix}$$

由此可得方程组

$$\begin{cases}1=\lambda(4+k)\\k=\lambda(2+3k)\end{cases}$$

解得 $k=-2$ 或 $k=1$,对应地,$\lambda=\dfrac{1}{2}$或$\lambda=\dfrac{1}{5}$,即

$$\begin{cases}k=-2\\\lambda=\dfrac{1}{2}\end{cases};\ \begin{cases}k=1\\\lambda=\dfrac{1}{5}\end{cases}$$

3. 设三阶矩阵 $\boldsymbol{A}$ 有特征值 -1, 1, 3, 矩阵 $\boldsymbol{B}=\boldsymbol{A}^2-3\boldsymbol{A}+2\boldsymbol{I}$, 求 $|\boldsymbol{B}+\boldsymbol{I}|$.

解: 利用本书习题四(B)第 2 题的注释, 如果 $\boldsymbol{A}$ 有特征值 λ, 则矩阵 $\boldsymbol{B}=\boldsymbol{A}^2-3\boldsymbol{A}+2\boldsymbol{I}$ 有特征值 $\lambda^2-3\lambda+2$. 所以, 矩阵 $\boldsymbol{B}$ 的特征值

$$\mu_1=(-1)^2-3(-1)+2=6,\ \mu_2=1^2-3\times1+2=0$$
$$\mu_3=3^2-3\times3+2=2$$

于是, 矩阵 $\boldsymbol{B}+\boldsymbol{I}$ 有特征值 μ_1+1, μ_2+1, μ_3+1, 所以

$$|\boldsymbol{B}+\boldsymbol{I}|=7\times1\times3=21$$

4. 设矩阵 $\boldsymbol{A}=\begin{pmatrix}a & -1 & c\\ 5 & b & 3\\ 1-c & 0 & -a\end{pmatrix}$, $|\boldsymbol{A}|=-1$. 又 $\boldsymbol{A}$ 的伴随矩阵 $\boldsymbol{A}^*$ 有一个特征值 λ_0, 属于 λ_0 的一个特征向量为 $\boldsymbol{\alpha}=(-1,-1,1)^{\mathrm{T}}$, 求 a, b, c 和 λ_0 的值.

解: 由题设条件, 有 $\boldsymbol{A}^*\boldsymbol{\alpha}=\lambda_0\boldsymbol{\alpha}$. 在此式两边左乘矩阵 $\boldsymbol{A}$, 得

$$\boldsymbol{A}\boldsymbol{A}^*\boldsymbol{\alpha}=\lambda_0\boldsymbol{A}\boldsymbol{\alpha}$$

又 $|\boldsymbol{A}|=-1$, $\boldsymbol{A}\boldsymbol{A}^*=|\boldsymbol{A}|\boldsymbol{I}=-\boldsymbol{I}$, 故上式化为

$$\lambda_0\boldsymbol{A}\boldsymbol{\alpha}=-\boldsymbol{I}\boldsymbol{\alpha}=-\boldsymbol{\alpha}$$

即
$$\lambda_0\begin{pmatrix}a & -1 & c\\ 5 & b & 3\\ 1-c & 0 & -a\end{pmatrix}\begin{pmatrix}-1\\-1\\1\end{pmatrix}=-\begin{pmatrix}-1\\-1\\1\end{pmatrix}$$

化简得到方程组

$$\begin{cases}\lambda_0(-a+1+c)=1 & ①\\ \lambda_0(-5-b+3)=1 & ②\\ \lambda_0(-1+c-a)=-1 & ③\end{cases}$$

由式①和式③可得 $a=c$, $\lambda_0=1$, 代入式②得 $b=-3$, 由此又有

$$|\boldsymbol{A}|=\begin{vmatrix}a & -1 & a\\ 5 & -3 & 3\\ 1-a & 0 & -a\end{vmatrix}=a-3=-1$$

解得 $a=2$. 于是, $a=2$, $b=-3$, $c=2$, $\lambda_0=1$.

5. 设矩阵 $\boldsymbol{A}=\begin{pmatrix}2 & 0 & 0\\ 1 & 2 & -1\\ 1 & 0 & 1\end{pmatrix}$, 向量 $\boldsymbol{\beta}=\begin{pmatrix}1\\2\\2\end{pmatrix}$, 求 $\boldsymbol{A}^{10}\boldsymbol{\beta}$.

分析: 直接计算 $\boldsymbol{A}^{10}$, 再计算 $\boldsymbol{A}^{10}\boldsymbol{\beta}$, 计算量过大, 因此可先判断矩阵 $\boldsymbol{A}$ 是否可对角化.

解: 矩阵 $\boldsymbol{A}$ 的特征多项式

$$|\lambda\boldsymbol{I}-\boldsymbol{A}|=\begin{vmatrix}\lambda-2 & 0 & 0\\ -1 & \lambda-2 & 1\\ -1 & 0 & \lambda-1\end{vmatrix}=(\lambda-1)(\lambda-2)^2$$

由此可得矩阵 $\boldsymbol{A}$ 的特征值 $\lambda_1=1$，$\lambda_2=\lambda_3=2$.

对于 $\lambda_1=1$，解齐次线性方程组 $(\boldsymbol{I}-\boldsymbol{A})\boldsymbol{x}=\boldsymbol{0}$，得基础解系 $\boldsymbol{\alpha}_1=(0,1,1)^{\mathrm{T}}$.

对于 $\lambda_2=\lambda_3=2$，解齐次线性方程组 $(2\boldsymbol{I}-\boldsymbol{A})\boldsymbol{x}=\boldsymbol{0}$，得基础解系 $\boldsymbol{\alpha}_2=(0,1,0)^{\mathrm{T}}$，$\boldsymbol{\alpha}_3=(1,0,1)^{\mathrm{T}}$.

向量 $\boldsymbol{\alpha}_1$，$\boldsymbol{\alpha}_2$，$\boldsymbol{\alpha}_3$ 线性无关，令矩阵

$$\boldsymbol{P}=(\boldsymbol{\alpha}_1,\boldsymbol{\alpha}_2,\boldsymbol{\alpha}_3)=\begin{pmatrix}0&0&1\\1&1&0\\1&0&1\end{pmatrix},\ \boldsymbol{\Lambda}=\begin{pmatrix}1&0&0\\0&2&0\\0&0&2\end{pmatrix}$$

则矩阵 $\boldsymbol{P}$ 可逆，且 $\boldsymbol{P}^{-1}\boldsymbol{A}\boldsymbol{P}=\boldsymbol{\Lambda}$，由此得

$$\boldsymbol{A}=\boldsymbol{P}\boldsymbol{\Lambda}\boldsymbol{P}^{-1}$$

于是，$\boldsymbol{A}^{10}=\boldsymbol{P}\boldsymbol{\Lambda}^{10}\boldsymbol{P}^{-1}=\boldsymbol{P}\begin{pmatrix}1&0&0\\0&2^{10}&0\\0&0&2^{10}\end{pmatrix}\boldsymbol{P}^{-1}$. 容易计算

$$\boldsymbol{P}^{-1}=\begin{pmatrix}0&0&1\\1&1&0\\1&0&1\end{pmatrix}^{-1}=\begin{pmatrix}-1&0&1\\1&1&-1\\1&0&0\end{pmatrix}$$

所以

$$\begin{aligned}\boldsymbol{A}^{10}\boldsymbol{\beta}&=\begin{pmatrix}0&0&1\\1&1&0\\1&0&1\end{pmatrix}\begin{pmatrix}1&0&0\\0&2^{10}&0\\0&0&2^{10}\end{pmatrix}\begin{pmatrix}-1&0&1\\1&1&-1\\1&0&0\end{pmatrix}\begin{pmatrix}1\\2\\2\end{pmatrix}\\&=\begin{pmatrix}2^{10}&0&0\\2^{10}-1&2^{10}&1-2^{10}\\2^{10}-1&0&1\end{pmatrix}\begin{pmatrix}1\\2\\2\end{pmatrix}=\begin{pmatrix}2^{10}\\2^{10}+1\\2^{10}+1\end{pmatrix}\end{aligned}$$

6. 设矩阵 $\boldsymbol{A}=\begin{pmatrix}-2&a&-1\\3&b&5\\2&-1&2\end{pmatrix}$，已知 $\boldsymbol{\alpha}=\begin{pmatrix}-1\\1\\1\end{pmatrix}$ 是矩阵 $\boldsymbol{A}$ 的一个特征向量.

(1)求常数 a，b 的值.

(2)判断矩阵 $\boldsymbol{A}$ 是否可相似于一个对角矩阵.

解：(1)设 λ 是 $\boldsymbol{A}$ 的一个特征值，并且 $\boldsymbol{A}$ 的对应于 λ 的特征向量为 $\boldsymbol{\alpha}=(-1,1,1)^{\mathrm{T}}$. 于是，$\boldsymbol{A}\boldsymbol{\alpha}=\lambda\boldsymbol{\alpha}$，即

$$\begin{pmatrix}-2&a&-1\\3&b&5\\2&-1&2\end{pmatrix}\begin{pmatrix}-1\\1\\1\end{pmatrix}=\lambda\begin{pmatrix}-1\\1\\1\end{pmatrix}$$

由此可得

$$\begin{cases}1+a=-\lambda\\2+b=\lambda\\-1=\lambda\end{cases}$$

所以 $a=0$, $b=-3$, $\lambda=-1$.

(2)利用(1)的计算结果，有

$$\boldsymbol{A}=\begin{pmatrix}-2&0&-1\\3&-3&5\\2&-1&2\end{pmatrix}$$

矩阵 $\boldsymbol{A}$ 的特征多项式

$$|\lambda\boldsymbol{I}-\boldsymbol{A}|=\begin{vmatrix}\lambda+2&0&1\\-3&\lambda+3&-5\\-2&1&\lambda-2\end{vmatrix}=\lambda^3+3\lambda^2+3\lambda+1$$
$$=(\lambda+1)^3$$

所以 $\boldsymbol{A}$ 有三重特征值 $\lambda_1=\lambda_2=\lambda_3=-1$.

对于三重特征值 -1，解齐次线性方程组 $(-\boldsymbol{I}-\boldsymbol{A})\boldsymbol{x}=\boldsymbol{0}$，对其系数矩阵施以初等行变换：

$$-\boldsymbol{I}-\boldsymbol{A}=\begin{pmatrix}1&0&1\\-3&2&-5\\-2&1&-3\end{pmatrix}\longrightarrow\begin{pmatrix}1&0&1\\0&1&-1\\0&0&0\end{pmatrix}$$

可得 $r(-\boldsymbol{I}-\boldsymbol{A})=2$，基础解系为 $\boldsymbol{\alpha}=(-1, 1, 1)^{\mathrm{T}}$，即 $\boldsymbol{A}$ 仅有一个线性无关的特征向量，所以 $\boldsymbol{A}$ 不能与对角矩阵相似.

7. 设三阶矩阵 $\boldsymbol{A}$ 的特征值 $\lambda_1=-2$, $\lambda_2=1$, $\lambda_3=5$，对应的特征向量分别为 $\boldsymbol{\alpha}_1=(-1, 0, 1)^{\mathrm{T}}$, $\boldsymbol{\alpha}_2=(0, 1, 1)^{\mathrm{T}}$, $\boldsymbol{\alpha}_3=(1, 1, 1)^{\mathrm{T}}$，求矩阵 $\boldsymbol{A}$.

解： 由已知条件，矩阵 $\boldsymbol{A}$ 有三个互不相同的特征值，故 $\boldsymbol{A}$ 可与对角矩阵相似，令 $\boldsymbol{P}=(\boldsymbol{\alpha}_1, \boldsymbol{\alpha}_2, \boldsymbol{\alpha}_3)=\begin{pmatrix}-1&0&1\\0&1&1\\1&1&1\end{pmatrix}$, $\boldsymbol{\Lambda}=\begin{pmatrix}-2&0&0\\0&1&0\\0&0&5\end{pmatrix}$，则 $\boldsymbol{P}^{-1}\boldsymbol{AP}=\boldsymbol{\Lambda}$，由此可得 $\boldsymbol{A}=\boldsymbol{P\Lambda P}^{-1}$，不难计算

$$\boldsymbol{P}^{-1}=\begin{pmatrix}-1&0&1\\0&1&1\\1&1&1\end{pmatrix}^{-1}=\begin{pmatrix}0&-1&1\\-1&2&-1\\1&-1&1\end{pmatrix}$$

于是

$$\boldsymbol{A}=\begin{pmatrix}-1&0&1\\0&1&1\\1&1&1\end{pmatrix}\begin{pmatrix}-2&0&0\\0&1&0\\0&0&5\end{pmatrix}\begin{pmatrix}0&-1&1\\-1&2&-1\\1&-1&1\end{pmatrix}$$

$$=\begin{pmatrix}5&-7&7\\4&-3&4\\4&-1&2\end{pmatrix}$$

8. 设三维列向量 $\boldsymbol{\alpha}_1$，$\boldsymbol{\alpha}_2$，$\boldsymbol{\alpha}_3$ 线性无关，$\boldsymbol{A}$ 为三阶矩阵，且满足

$$\boldsymbol{A\alpha}_1=\boldsymbol{\alpha}_1+\boldsymbol{\alpha}_2+\boldsymbol{\alpha}_3,\ \boldsymbol{A\alpha}_2=2\boldsymbol{\alpha}_2+\boldsymbol{\alpha}_3,\ \boldsymbol{A\alpha}_3=2\boldsymbol{\alpha}_2+3\boldsymbol{\alpha}_3 \qquad ①$$

(1) 求矩阵 $\boldsymbol{B}$，使得 $\boldsymbol{A}(\boldsymbol{\alpha}_1,\boldsymbol{\alpha}_2,\boldsymbol{\alpha}_3)=(\boldsymbol{\alpha}_1,\boldsymbol{\alpha}_2,\boldsymbol{\alpha}_3)\boldsymbol{B}$.

(2) 求矩阵 $\boldsymbol{A}$ 的特征值.

(3) 求可逆矩阵 $\boldsymbol{P}$，使 $\boldsymbol{P}^{-1}\boldsymbol{AP}$ 为对角矩阵.

解：(1) 条件①可写成矩阵形式

$$\boldsymbol{A}(\boldsymbol{\alpha}_1,\boldsymbol{\alpha}_2,\boldsymbol{\alpha}_3)=(\boldsymbol{\alpha}_1,\boldsymbol{\alpha}_2,\boldsymbol{\alpha}_3)\begin{pmatrix}1&0&0\\1&2&2\\1&1&3\end{pmatrix} \qquad ②$$

可得

$$\boldsymbol{B}=\begin{pmatrix}1&0&0\\1&2&2\\1&1&3\end{pmatrix}$$

(2) 记矩阵 $\boldsymbol{Q}=(\boldsymbol{\alpha}_1,\boldsymbol{\alpha}_2,\boldsymbol{\alpha}_3)$. 因为 $\boldsymbol{\alpha}_1$，$\boldsymbol{\alpha}_2$，$\boldsymbol{\alpha}_3$ 线性无关，所以矩阵 $\boldsymbol{Q}$ 可逆. 因此式②可写成

$$\boldsymbol{Q}^{-1}\boldsymbol{AQ}=\boldsymbol{B}$$

即矩阵 $\boldsymbol{A}$ 与 $\boldsymbol{B}$ 相似，从而 $\boldsymbol{A}$ 与 $\boldsymbol{B}$ 有相同的特征值. 由矩阵 $\boldsymbol{B}$ 的特征多项式

$$|\lambda\boldsymbol{I}-\boldsymbol{B}|=\begin{vmatrix}\lambda-1&0&0\\-1&\lambda-2&-2\\-1&-1&\lambda-3\end{vmatrix}=(\lambda-1)^2(\lambda-4)$$

可得矩阵 $\boldsymbol{B}$ 的特征值 $\lambda_1=\lambda_2=1$，$\lambda_3=4$，即 $\boldsymbol{A}$ 也有特征值 $\lambda_1=\lambda_2=1$，$\lambda_3=4$.

(3) 因为 $\boldsymbol{A}$ 与 $\boldsymbol{B}$ 相似，故可先将矩阵 $\boldsymbol{B}$ 对角化.

对于 $\lambda_1=\lambda_2=1$，解齐次线性方程组 $(\boldsymbol{I}-\boldsymbol{B})\boldsymbol{x}=\boldsymbol{0}$，得基础解系 $\boldsymbol{\xi}_1=(-1,1,0)^{\mathrm{T}}$，$\boldsymbol{\xi}_2=(-2,0,1)^{\mathrm{T}}$.

对于 $\lambda_3=4$，解齐次线性方程组 $(4\boldsymbol{I}-\boldsymbol{B})\boldsymbol{x}=\boldsymbol{0}$，得基础解系 $\boldsymbol{\xi}_3=(0,1,1)^{\mathrm{T}}$.

记矩阵

$$\boldsymbol{R}=(\boldsymbol{\xi}_1,\boldsymbol{\xi}_2,\boldsymbol{\xi}_3)=\begin{pmatrix}-1&-2&0\\1&0&1\\0&1&1\end{pmatrix},\ \boldsymbol{\Lambda}=\begin{pmatrix}1&0&0\\0&1&0\\0&0&4\end{pmatrix}$$

则 $\boldsymbol{R}^{-1}\boldsymbol{B}\boldsymbol{R}=\boldsymbol{\Lambda}$，将 $\boldsymbol{B}=\boldsymbol{Q}^{-1}\boldsymbol{A}\boldsymbol{Q}$ 代入，得

$$\boldsymbol{R}^{-1}\boldsymbol{Q}^{-1}\boldsymbol{A}\boldsymbol{Q}\boldsymbol{R}=\boldsymbol{\Lambda}\text{，即 }(\boldsymbol{Q}\boldsymbol{R})^{-1}\boldsymbol{A}(\boldsymbol{Q}\boldsymbol{R})=\boldsymbol{\Lambda}$$

记矩阵 $\boldsymbol{P}=\boldsymbol{Q}\boldsymbol{R}$，上式化为 $\boldsymbol{P}^{-1}\boldsymbol{A}\boldsymbol{P}=\boldsymbol{\Lambda}$，其中

$$\begin{aligned}\boldsymbol{P}&=\boldsymbol{Q}\boldsymbol{R}=(\boldsymbol{\alpha}_1,\boldsymbol{\alpha}_2,\boldsymbol{\alpha}_3)\begin{pmatrix}-1&-2&0\\1&0&1\\0&1&1\end{pmatrix}\\&=(-\boldsymbol{\alpha}_1+\boldsymbol{\alpha}_2,-2\boldsymbol{\alpha}_1+\boldsymbol{\alpha}_3,\boldsymbol{\alpha}_2+\boldsymbol{\alpha}_3)\end{aligned}$$

9. 设矩阵 $\boldsymbol{A}=\begin{pmatrix}-2&1&a\\0&2&0\\-4&1&3\end{pmatrix}$ 的特征方程有一个二重根，求 a 的值，并讨论矩阵 $\boldsymbol{A}$ 是否可与对角矩阵相似.

解： 矩阵 $\boldsymbol{A}$ 的特征多项式

$$\begin{aligned}|\lambda\boldsymbol{I}-\boldsymbol{A}|&=\begin{vmatrix}\lambda+2&-1&-a\\0&\lambda-2&0\\4&-1&\lambda-3\end{vmatrix}\qquad\text{(按第二行展开)}\\&=(\lambda-2)(\lambda^2-\lambda+4a-6)\end{aligned}$$

(1) 若 $\lambda=2$ 是矩阵 $\boldsymbol{A}$ 的二重特征值，则必有

$$2^2-2+4a-6=0$$

可得 $a=1$，此时

$$|\lambda\boldsymbol{I}-\boldsymbol{A}|=(\lambda-2)^2(\lambda+1)$$

所以矩阵 $\boldsymbol{A}$ 有特征值 $\lambda_1=\lambda_2=2$，$\lambda_3=-1$.

对于 $\lambda_1=\lambda_2=2$，齐次线性方程组 $(2\boldsymbol{I}-\boldsymbol{A})\boldsymbol{x}=\boldsymbol{0}$ 的系数矩阵

$$2\boldsymbol{I}-\boldsymbol{A}=\begin{pmatrix}4&-1&-1\\0&0&0\\4&-1&-1\end{pmatrix}$$

不难看出，$\mathrm{r}(2\boldsymbol{I}-\boldsymbol{A})=1$，故二重特征值 2 对应的线性无关的特征向量有两个，所以 $\boldsymbol{A}$ 可与对角矩阵相似.

(2) 若 $\lambda=2$ 不是矩阵 $\boldsymbol{A}$ 的二重特征值，则 $\lambda^2-\lambda+4a-6$ 必为完全平方，所以 $4a-6=\left(\frac{1}{2}\right)^2$，得 $a=\frac{25}{16}$，此时

$$|\lambda\boldsymbol{I}-\boldsymbol{A}|=(\lambda-2)\left(\lambda-\frac{1}{2}\right)^2$$

即矩阵 $\boldsymbol{A}$ 的特征值 $\lambda_1=2$，$\lambda_2=\lambda_3=\frac{1}{2}$.

对于 $\lambda_2=\lambda_3=\frac{1}{2}$，齐次线性方程组 $\left(\frac{1}{2}\boldsymbol{I}-\boldsymbol{A}\right)\boldsymbol{x}=\boldsymbol{0}$ 的系数矩阵

$$\frac{1}{2}\boldsymbol{I}-\boldsymbol{A}=\begin{pmatrix}\frac{5}{2} & -1 & -\frac{25}{16}\\ 0 & -\frac{3}{2} & 0\\ 4 & -1 & -\frac{5}{2}\end{pmatrix}$$

其秩 $\mathrm{r}\left(\frac{1}{2}\boldsymbol{I}-\boldsymbol{A}\right)=2$，故二重特征值 $\frac{1}{2}$ 对应的线性无关的特征向量只有一个. 此时，矩阵 $\boldsymbol{A}$ 不能与对角矩阵相似.

10. 设 n 阶矩阵($n\geqslant 2$)

$$\boldsymbol{A}=\begin{pmatrix}1 & a & \cdots & a\\ a & 1 & \cdots & a\\ \vdots & \vdots & & \vdots\\ a & a & \cdots & 1\end{pmatrix}\qquad (a\neq 0)$$

(1) 求 $\boldsymbol{A}$ 的特征值和特征向量.

(2) 求可逆矩阵 $\boldsymbol{P}$，使得 $\boldsymbol{P}^{-1}\boldsymbol{AP}$ 为对角矩阵.

解：(1) 矩阵 $\boldsymbol{A}$ 的特征多项式

$$|\lambda\boldsymbol{I}-\boldsymbol{A}|=\begin{vmatrix}\lambda-1 & -a & \cdots & -a\\ -a & \lambda-1 & \cdots & -a\\ \vdots & \vdots & & \vdots\\ -a & -a & \cdots & \lambda-1\end{vmatrix}$$

$$=[\lambda-1-(n-1)a]\begin{vmatrix}1 & -a & \cdots & -a\\ 1 & \lambda-1 & \cdots & -a\\ \vdots & \vdots & & \vdots\\ 1 & -a & \cdots & \lambda-1\end{vmatrix}$$

$$=[\lambda-1-(n-1)a]\cdot[\lambda-(1-a)]^{n-1}$$

得 $\boldsymbol{A}$ 的特征值 $\lambda_1=1+(n-1)a$，$\lambda_2=\cdots=\lambda_n=1-a$.

对于 $\lambda_1=1+(n-1)a$，解齐次线性方程组 $(\lambda_1\boldsymbol{I}-\boldsymbol{A})\boldsymbol{x}=\boldsymbol{0}$，对其系数矩阵 $\lambda_1\boldsymbol{I}-\boldsymbol{A}$ 施以初等行变换：

$$\lambda_1\boldsymbol{I}-\boldsymbol{A}=\begin{pmatrix}(n-1)a & -a & \cdots & -a\\ -a & (n-1)a & \cdots & -a\\ \vdots & \vdots & & \vdots\\ -a & -a & \cdots & (n-1)a\end{pmatrix}$$

$$\longrightarrow\begin{pmatrix}1&0&\cdots&0&-1\\0&1&\cdots&0&-1\\\vdots&\vdots&&\vdots&\vdots\\0&0&\cdots&1&-1\\0&0&\cdots&0&0\end{pmatrix}$$

得基础解系 $\boldsymbol{\alpha}_1=(1,1,\cdots,1)^{\mathrm{T}}$. 所以 $\boldsymbol{A}$ 的对应于 $\lambda_1=1+(n-1)a$ 的全部特征向量为

$$c_1\boldsymbol{\alpha}_1=c_1(1,1,\cdots,1)^{\mathrm{T}}\quad(c_1\text{ 为任意非零常数})$$

对于 $\lambda_2=\cdots=\lambda_n=1-a$，解齐次线性方程组 $(\lambda_2\boldsymbol{I}-\boldsymbol{A})\boldsymbol{x}=\boldsymbol{0}$，对 $\lambda_2\boldsymbol{I}-\boldsymbol{A}$ 施以初等行变换：

$$\lambda_2\boldsymbol{I}-\boldsymbol{A}=\begin{pmatrix}-a&-a&\cdots&-a\\-a&-a&\cdots&-a\\\vdots&\vdots&&\vdots\\-a&-a&\cdots&-a\end{pmatrix}\longrightarrow\begin{pmatrix}1&1&\cdots&1\\0&0&\cdots&0\\\vdots&\vdots&&\vdots\\0&0&\cdots&0\end{pmatrix}$$

可得基础解系

$$\boldsymbol{\alpha}_2=(1,-1,0,\cdots,0)^{\mathrm{T}},\cdots,\boldsymbol{\alpha}_n=(1,0,0,\cdots,-1)^{\mathrm{T}}$$

则 $\boldsymbol{A}$ 的对应于 λ_2 的全部特征向量为

$$c_2\boldsymbol{\alpha}_2+\cdots+c_n\boldsymbol{\alpha}_n\quad(c_2,\cdots,c_n\text{ 是任意不全为零的常数})$$

(2) 因为矩阵 $\boldsymbol{A}$ 有 n 个线性无关的特征向量，故 $\boldsymbol{A}$ 可与对角矩阵相似，令矩阵 $\boldsymbol{P}=(\boldsymbol{\alpha}_1,\boldsymbol{\alpha}_2,\cdots,\boldsymbol{\alpha}_n)$，则

$$\boldsymbol{P}^{-1}\boldsymbol{A}\boldsymbol{P}=\begin{pmatrix}1+(n-1)a&0&\cdots&0\\0&1-a&\cdots&0\\\vdots&\vdots&&\vdots\\0&0&\cdots&1-a\end{pmatrix}$$

11. 设 n 阶矩阵 $\boldsymbol{A}\neq\boldsymbol{O}$，且满足 $\boldsymbol{A}^m=\boldsymbol{O}$ (m 为正整数).

(1) 求 $\boldsymbol{A}$ 的特征值.

(2) 判断矩阵 $\boldsymbol{A}$ 是否可相似于一个对角矩阵.

(3) 证明：$|\boldsymbol{I}+\boldsymbol{A}|=1$.

解：(1) 设 λ 为 $\boldsymbol{A}$ 的任一特征值，对应的特征向量为 $\boldsymbol{\alpha}$，则 $\boldsymbol{A}\boldsymbol{\alpha}=\lambda\boldsymbol{\alpha}$ ($\boldsymbol{\alpha}\neq\boldsymbol{0}$)，两边左乘矩阵 $\boldsymbol{A}$，有

$$\boldsymbol{A}^2\boldsymbol{\alpha}=\lambda\boldsymbol{A}\boldsymbol{\alpha}=\lambda^2\boldsymbol{\alpha}$$

类似地，有 $\boldsymbol{A}^3\boldsymbol{\alpha}=\lambda^2\boldsymbol{A}\boldsymbol{\alpha}=\lambda^3\boldsymbol{\alpha}$，$\cdots$，$\boldsymbol{A}^m\boldsymbol{\alpha}=\lambda^m\boldsymbol{\alpha}$. 因 $\boldsymbol{A}^m=\boldsymbol{O}$，可得 $\lambda^m\boldsymbol{\alpha}=\boldsymbol{0}$，而 $\boldsymbol{\alpha}\neq\boldsymbol{0}$，故 $\lambda=0$. 即 $\boldsymbol{A}$ 的任一特征值 $\lambda_i=0(i=1,2,\cdots,n)$.

(2) 对于 $\boldsymbol{A}$ 的特征值 $\lambda=0$，考察齐次线性方程组 $(0\boldsymbol{I}-\boldsymbol{A})\boldsymbol{x}=\boldsymbol{0}$. 因为 $\boldsymbol{A}\neq\boldsymbol{O}$，所以

$$r(0\boldsymbol{I}-\boldsymbol{A})=r(-\boldsymbol{A})=r(\boldsymbol{A})\geqslant 1$$

可知方程组$(0\boldsymbol{I}-\boldsymbol{A})\boldsymbol{x}=\boldsymbol{0}$的基础解系中所含线性无关的向量个数不超过$n-1$，即$\boldsymbol{A}$不可能有$n$个线性无关的特征向量. 所以$\boldsymbol{A}$不能相似于对角矩阵.

(3) 由 (1) 的结论，$\boldsymbol{A}$的任一特征值$\lambda_i=0$ $(i=1, 2, \cdots, n)$，所以矩阵$\boldsymbol{I}+\boldsymbol{A}$的特征值$\mu_i=\lambda_i+1=1(i=1, 2, \cdots, n)$，于是

$$|\boldsymbol{I}+\boldsymbol{A}|=\mu_1\mu_2\cdots\mu_n=1$$

12. 设矩阵$\boldsymbol{A}=\boldsymbol{I}-\boldsymbol{\alpha}\boldsymbol{\alpha}^{\mathrm{T}}$，其中$\boldsymbol{\alpha}$为$n$维非零列向量，且$\boldsymbol{\alpha}^{\mathrm{T}}\boldsymbol{\alpha}=k$. 若$\boldsymbol{A}$是正交矩阵，求$k$的值.

解: 由题设条件，有$\boldsymbol{A}^{\mathrm{T}}\boldsymbol{A}=\boldsymbol{I}$，又

$$\begin{aligned}\boldsymbol{A}^{\mathrm{T}}\boldsymbol{A}&=(\boldsymbol{I}-\boldsymbol{\alpha}\boldsymbol{\alpha}^{\mathrm{T}})^{\mathrm{T}}(\boldsymbol{I}-\boldsymbol{\alpha}\boldsymbol{\alpha}^{\mathrm{T}})\\&=(\boldsymbol{I}-\boldsymbol{\alpha}\boldsymbol{\alpha}^{\mathrm{T}})(\boldsymbol{I}-\boldsymbol{\alpha}\boldsymbol{\alpha}^{\mathrm{T}})\\&=\boldsymbol{I}-2\boldsymbol{\alpha}\boldsymbol{\alpha}^{\mathrm{T}}+\boldsymbol{\alpha}(a^{\mathrm{T}}a)\boldsymbol{\alpha}^{\mathrm{T}}\\&=\boldsymbol{I}+(k-2)\boldsymbol{\alpha}\boldsymbol{\alpha}^{\mathrm{T}}\end{aligned}$$

所以$(k-2)\boldsymbol{\alpha}\boldsymbol{\alpha}^{\mathrm{T}}=\boldsymbol{O}$，而$\boldsymbol{\alpha}\neq\boldsymbol{0}$，故矩阵$\boldsymbol{\alpha}\boldsymbol{\alpha}^{\mathrm{T}}\neq\boldsymbol{O}$，可得$k-2=0$，所以$k=2$.

13. 设$\boldsymbol{A}$，$\boldsymbol{B}$为n阶正交矩阵，且$|\boldsymbol{A}|+|\boldsymbol{B}|=0$，证明:$|\boldsymbol{A}+\boldsymbol{B}|=0$.

证: 由已知条件，有

$$\boldsymbol{A}\boldsymbol{A}^{\mathrm{T}}=\boldsymbol{A}^{\mathrm{T}}\boldsymbol{A}=\boldsymbol{I},\ \boldsymbol{B}\boldsymbol{B}^{\mathrm{T}}=\boldsymbol{B}^{\mathrm{T}}\boldsymbol{B}=\boldsymbol{I}$$

又$|\boldsymbol{B}|=-|\boldsymbol{A}|$，所以

$$\begin{aligned}|\boldsymbol{A}+\boldsymbol{B}|&=|\boldsymbol{A}\boldsymbol{B}^{\mathrm{T}}\boldsymbol{B}+\boldsymbol{A}\boldsymbol{A}^{\mathrm{T}}\boldsymbol{B}|=|\boldsymbol{A}(\boldsymbol{A}^{\mathrm{T}}+\boldsymbol{B}^{\mathrm{T}})\boldsymbol{B}|\\&=|\boldsymbol{A}|\cdot|(\boldsymbol{A}+\boldsymbol{B})^{\mathrm{T}}|\cdot|\boldsymbol{B}|\\&=-|\boldsymbol{A}|^2\cdot|\boldsymbol{A}+\boldsymbol{B}|\end{aligned}$$

由此可得$|\boldsymbol{A}+\boldsymbol{B}|\cdot(1+|\boldsymbol{A}|^2)=0$. 于是$|\boldsymbol{A}+\boldsymbol{B}|=0$.

14. 设$\boldsymbol{A}$为n阶正交矩阵，证明：

(1) 若$|\boldsymbol{A}|=-1$，则-1是$\boldsymbol{A}$的特征值.

(2) 若$|\boldsymbol{A}|=1$，n为奇数，则1是$\boldsymbol{A}$的特征值.

证: (1) 因为$\boldsymbol{A}\boldsymbol{A}^{\mathrm{T}}=\boldsymbol{I}$，所以

$$\begin{aligned}|-\boldsymbol{I}-\boldsymbol{A}|&=|-\boldsymbol{A}\boldsymbol{A}^{\mathrm{T}}-\boldsymbol{A}|=|\boldsymbol{A}(-\boldsymbol{A}^{\mathrm{T}}-\boldsymbol{I})|\\&=|\boldsymbol{A}|\cdot|(-\boldsymbol{I}-\boldsymbol{A})^{\mathrm{T}}|=-|-\boldsymbol{I}-\boldsymbol{A}|\end{aligned}$$

移项后可得，$2|-\boldsymbol{I}-\boldsymbol{A}|=0$，于是$|-\boldsymbol{I}-\boldsymbol{A}|=0$，即$-1$是$\boldsymbol{A}$的特征值.

(2) $$\begin{aligned}|\boldsymbol{I}-\boldsymbol{A}|&=|\boldsymbol{A}\boldsymbol{A}^{\mathrm{T}}-\boldsymbol{A}|=|-\boldsymbol{A}(\boldsymbol{I}-\boldsymbol{A}^{\mathrm{T}})|\\&=|-\boldsymbol{A}|\cdot|(\boldsymbol{I}-\boldsymbol{A})^{\mathrm{T}}|=(-1)^n|\boldsymbol{A}|\cdot|\boldsymbol{I}-\boldsymbol{A}|\\&=-|\boldsymbol{I}-\boldsymbol{A}|\end{aligned}$$

移项后得$2|\boldsymbol{I}-\boldsymbol{A}|=0$. 故$|\boldsymbol{I}-\boldsymbol{A}|=0$. 所以1是$\boldsymbol{A}$的特征值.

15. 设三阶实对称矩阵$\boldsymbol{A}$的特征值$\lambda_1=-1$，$\lambda_2=\lambda_3=1$，对应于λ_1的特征向量为$\boldsymbol{\alpha}_1=(0, 1, 1)^{\mathrm{T}}$，求矩阵$\boldsymbol{A}$.

解: 设 $\boldsymbol{A}$ 的对应于特征值 $\lambda_2=\lambda_3=1$ 的特征向量为 $\boldsymbol{\alpha}=(x_1, x_2, x_3)^{\mathrm{T}}$，则 $\boldsymbol{\alpha}$ 与 $\boldsymbol{\alpha}_1$ 正交：$\boldsymbol{\alpha}_1^{\mathrm{T}}\boldsymbol{\alpha}=0$，得线性方程组

$$x_2+x_3=0$$

其基础解系为 $\boldsymbol{\alpha}_2=(1, 0, 0)^{\mathrm{T}}$，$\boldsymbol{\alpha}_3=(0, 1, -1)^{\mathrm{T}}$，即 $\boldsymbol{A}$ 的对应于二重特征值 1 的线性无关的特征向量为 $\boldsymbol{\alpha}_2$，$\boldsymbol{\alpha}_3$，由此可知，$\boldsymbol{\alpha}_1$，$\boldsymbol{\alpha}_2$，$\boldsymbol{\alpha}_3$ 线性无关.

记矩阵 $\boldsymbol{P}=(\boldsymbol{\alpha}_1, \boldsymbol{\alpha}_2, \boldsymbol{\alpha}_3)$，则 $\boldsymbol{P}$ 可逆，并且

$$\boldsymbol{P}^{-1}\boldsymbol{A}\boldsymbol{P}=\boldsymbol{\Lambda}$$

其中

$$\boldsymbol{P}=\begin{pmatrix}0 & 1 & 0\\ 1 & 0 & 1\\ 1 & 0 & -1\end{pmatrix}, \boldsymbol{\Lambda}=\begin{pmatrix}-1 & 0 & 0\\ 0 & 1 & 0\\ 0 & 0 & 1\end{pmatrix}$$

于是

$$\boldsymbol{A}=\boldsymbol{P}\boldsymbol{\Lambda}\boldsymbol{P}^{-1}=\begin{pmatrix}0 & 1 & 0\\ 1 & 0 & 1\\ 1 & 0 & -1\end{pmatrix}\begin{pmatrix}-1 & 0 & 0\\ 0 & 1 & 0\\ 0 & 0 & 1\end{pmatrix}\begin{pmatrix}0 & \frac{1}{2} & \frac{1}{2}\\ 1 & 0 & 0\\ 0 & \frac{1}{2} & -\frac{1}{2}\end{pmatrix}$$

$$=\begin{pmatrix}1 & 0 & 0\\ 0 & 0 & -1\\ 0 & -1 & 0\end{pmatrix}$$

16. 设三阶实对称矩阵 $\boldsymbol{A}$ 的各行元素之和均为 3，向量 $\boldsymbol{\alpha}_1=(-1, 2, -1)^{\mathrm{T}}$，$\boldsymbol{\alpha}_2=(0, -1, 1)^{\mathrm{T}}$ 是线性方程组 $\boldsymbol{A}\boldsymbol{x}=\boldsymbol{0}$ 的两个解.

(1) 求 $\boldsymbol{A}$ 的特征值和特征向量.

(2) 求正交矩阵 $\boldsymbol{Q}$ 和对角矩阵 $\boldsymbol{\Lambda}$，使得 $\boldsymbol{Q}^{\mathrm{T}}\boldsymbol{A}\boldsymbol{Q}=\boldsymbol{\Lambda}$.

解: 由题设条件，有 $\boldsymbol{A}\boldsymbol{\alpha}_1=\boldsymbol{0}$，$\boldsymbol{A}\boldsymbol{\alpha}_2=\boldsymbol{0}$，即

$$\boldsymbol{A}\boldsymbol{\alpha}_1=0\boldsymbol{\alpha}_1\ (\boldsymbol{\alpha}_1\neq\boldsymbol{0}),\ \boldsymbol{A}\boldsymbol{\alpha}_2=0\boldsymbol{\alpha}_2\ (\boldsymbol{\alpha}_2\neq\boldsymbol{0})$$

所以矩阵 $\boldsymbol{A}$ 有二重特征值 $\lambda_1=\lambda_2=0$，对应的特征向量为 $\boldsymbol{\alpha}_1$，$\boldsymbol{\alpha}_2$，且 $\boldsymbol{\alpha}_1$，$\boldsymbol{\alpha}_2$ 线性无关，所以 $\boldsymbol{A}$ 的对应于 0 的全部特征向量为

$$c_1\boldsymbol{\alpha}_1+c_2\boldsymbol{\alpha}_2\quad (c_1, c_2 \text{ 为任意不全为零的常数})$$

又 $\boldsymbol{A}$ 各行元素之和均等于 3，所以

$$\boldsymbol{A}\begin{pmatrix}1\\1\\1\end{pmatrix}=\begin{pmatrix}3\\3\\3\end{pmatrix}=3\begin{pmatrix}1\\1\\1\end{pmatrix}$$

由此可知，$\boldsymbol{A}$ 有特征值 $\lambda_3=3$，对应的特征向量 $\boldsymbol{\alpha}_3=(1, 1, 1)^{\mathrm{T}}$. 所以 $\boldsymbol{A}$ 的对应于 $\lambda_3=3$

的全部特征向量为

$$c_3\boldsymbol{\alpha}_3\quad (c_3 \text{ 是任意非零常数})$$

(2) 利用施密特正交化方法将 $\boldsymbol{\alpha}_1$，$\boldsymbol{\alpha}_2$ 正交化. 令

$$\boldsymbol{\beta}_1=\boldsymbol{\alpha}_1=(-1,\ 2,\ -1)^{\mathrm{T}}$$

$$\boldsymbol{\beta}_2=\boldsymbol{\alpha}_2-\frac{\boldsymbol{\beta}_1^{\mathrm{T}}\boldsymbol{\alpha}_2}{\boldsymbol{\beta}_1^{\mathrm{T}}\boldsymbol{\beta}_1}\boldsymbol{\beta}_1=\boldsymbol{\alpha}_2+\frac{1}{2}\boldsymbol{\beta}_1=\left(-\frac{1}{2},\ 0,\ \frac{1}{2}\right)^{\mathrm{T}}$$

再将 $\boldsymbol{\beta}_1$，$\boldsymbol{\beta}_2$，$\boldsymbol{\alpha}_3$ 单位化：

$$\boldsymbol{\gamma}_1=\frac{1}{\|\boldsymbol{\beta}_1\|}\boldsymbol{\beta}_1=\left(-\frac{1}{\sqrt{6}},\frac{2}{\sqrt{6}},\ -\frac{1}{\sqrt{6}}\right)^{\mathrm{T}}$$

$$\boldsymbol{\gamma}_2=\frac{1}{\|\boldsymbol{\beta}_2\|}\boldsymbol{\beta}_2=\left(-\frac{1}{\sqrt{2}},\ 0,\frac{1}{\sqrt{2}}\right)^{\mathrm{T}}$$

$$\boldsymbol{\gamma}_3=\frac{1}{\|\boldsymbol{\alpha}_3\|}\boldsymbol{\alpha}_3=\left(\frac{1}{\sqrt{3}},\frac{1}{\sqrt{3}},\frac{1}{\sqrt{3}}\right)^{\mathrm{T}}$$

设矩阵

$$\boldsymbol{Q}=\begin{pmatrix}-\frac{1}{\sqrt{6}} & -\frac{1}{\sqrt{2}} & \frac{1}{\sqrt{3}}\\ \frac{2}{\sqrt{6}} & 0 & \frac{1}{\sqrt{3}}\\ -\frac{1}{\sqrt{6}} & \frac{1}{\sqrt{2}} & \frac{1}{\sqrt{3}}\end{pmatrix},\ \boldsymbol{\Lambda}=\begin{pmatrix}0&0&0\\0&0&0\\0&0&3\end{pmatrix}$$

则 $\boldsymbol{Q}$ 为正交矩阵，且 $\boldsymbol{Q}^{\mathrm{T}}\boldsymbol{A}\boldsymbol{Q}=\boldsymbol{\Lambda}$.

(B)

1. 设 $\boldsymbol{\alpha}=(1,\ -1,\ 2)^{\mathrm{T}}$ 是矩阵 $\boldsymbol{A}=\begin{pmatrix}2&1&2\\2&b&a\\1&a&3\end{pmatrix}$ 的一个特征向量，则 a，b 的值分别为[　　].

(A) 5；2　　　　(B) 1；−3

(C) −2；5　　　　(D) −3；1

解： 设特征向量 $\boldsymbol{\alpha}$ 对应的特征值为 λ，则 $\boldsymbol{A}\boldsymbol{\alpha}=\lambda\boldsymbol{\alpha}$，即

$$\begin{pmatrix}2&1&2\\2&b&a\\1&a&3\end{pmatrix}\begin{pmatrix}1\\-1\\2\end{pmatrix}=\lambda\begin{pmatrix}1\\-1\\2\end{pmatrix}$$

由此可得

$$\begin{pmatrix}5\\2-b+2a\\7-a\end{pmatrix}=\begin{pmatrix}\lambda\\-\lambda\\2\lambda\end{pmatrix}$$

所以$\lambda=5$，$2-b+2a=-\lambda$，$7-a=2\lambda$，解得$a=-3$，$b=1$，故本题应选 (D).

2. 设矩阵$\boldsymbol{A}=\begin{pmatrix}-1&1&0\\x&y&0\\1&0&2\end{pmatrix}$. 已知$\boldsymbol{A}$的特征值是$\lambda_1=2$，$\lambda_2=\lambda_3=1$，则 [　　].

(A) $x=-4$，$y=3$　　(B) $x=-4$，$y=-3$

(C) $x=4$，$y=-3$　　(D) $x=4$，$y=3$

解： 利用矩阵特征值的性质，有

$$-1+y+2=\lambda_1+\lambda_2+\lambda_3=4$$

所以$y=3$. 可排除 (B)和(C).

又$|\boldsymbol{A}|=\lambda_1\lambda_2\lambda_3=2$，而

$$|\boldsymbol{A}|=\begin{vmatrix}-1&1&0\\x&y&0\\1&0&2\end{vmatrix}=2(-x-y)$$

得$-2(x+y)=2$. 代入$y=3$，得$x=-4$. 故本题应选(A).

3. 设三阶矩阵$\boldsymbol{A}$的特征值$\lambda_1=-1$，$\lambda_2=1$，$\lambda_3=3$，矩阵$\boldsymbol{B}=(\boldsymbol{A}^*)^2-2\boldsymbol{I}$，其中$\boldsymbol{A}^*$是矩阵$\boldsymbol{A}$的伴随矩阵，则$|\boldsymbol{B}|=$[　　].

(A) -54　　(B) -49

(C) -36　　(D) -24

解： 因为$|\boldsymbol{A}|=\lambda_1\lambda_2\lambda_3=-3\neq0$，所以$\boldsymbol{A}$可逆，对应于$\boldsymbol{A}$的每一特征值$\lambda_i(i=1, 2, 3)$，伴随矩阵$\boldsymbol{A}^*$有特征值$\dfrac{|\boldsymbol{A}|}{\lambda_i}(i=1, 2, 3)$，于是矩阵$\boldsymbol{B}$有特征值$\mu_i=\left(\dfrac{|\boldsymbol{A}|}{\lambda_i}\right)^2-2$ $(i=1, 2, 3)$，即$\boldsymbol{B}$的特征值为

$$\mu_1=7,\ \mu_2=7,\ \mu_3=-1$$

所以$|\boldsymbol{B}|=\mu_1\mu_2\mu_3=-49$. 故本题应选 (B).

4. 设$\boldsymbol{A}$为三阶矩阵，满足$|2\boldsymbol{A}+3\boldsymbol{I}|=0$，$|2\boldsymbol{A}-3\boldsymbol{I}|=0$，$|\boldsymbol{A}-\boldsymbol{I}|=0$，则$|\boldsymbol{A}^*+3\boldsymbol{A}^{-1}|=$[　　].

(A)$-\dfrac{3}{16}$　　(B)$\dfrac{3}{16}$

(C)$-\dfrac{1}{16}$　　(D)$\dfrac{1}{16}$

解： 由$|2\boldsymbol{A}+3\boldsymbol{I}|=0$，有

$$|2\boldsymbol{A}+3\boldsymbol{I}|=\left|-2\left(-\frac{3}{2}\boldsymbol{I}-\boldsymbol{A}\right)\right|=(-2)^3\left|-\frac{3}{2}\boldsymbol{I}-\boldsymbol{A}\right|=0$$

所以$\left|-\frac{3}{2}\boldsymbol{I}-\boldsymbol{A}\right|=0$，即$\boldsymbol{A}$有特征值$\lambda_1=-\frac{3}{2}$.

类似地，由$|2\boldsymbol{A}-3\boldsymbol{I}|=0$和$|\boldsymbol{A}-\boldsymbol{I}|=0$，可得$\boldsymbol{A}$有特征值$\lambda_2=\frac{3}{2}$，$\lambda_3=1$.

又$|\boldsymbol{A}|=\lambda_1\lambda_2\lambda_3=-\frac{9}{4}$，所以$\boldsymbol{A}$可逆，于是$\boldsymbol{A}^*$有特征值$\mu_i=\frac{|\boldsymbol{A}|}{\lambda_i}(i=1,2,3)$，即$\boldsymbol{A}^*$的特征值为

$$\mu_1=\frac{3}{2},\ \mu_2=-\frac{3}{2},\ \mu_3=-\frac{9}{4}$$

因为$\boldsymbol{A}^{-1}=\frac{1}{|\boldsymbol{A}|}\boldsymbol{A}^*$，所以

$$\begin{aligned}|\boldsymbol{A}^*+3\boldsymbol{A}^{-1}|&=\left|\boldsymbol{A}^*-\frac{4}{3}\boldsymbol{A}^*\right|=\left|-\frac{1}{3}\boldsymbol{A}^*\right|\\&=\left(-\frac{1}{3}\right)^3|\boldsymbol{A}^*|=-\frac{1}{27}\cdot\mu_1\mu_2\mu_3\\&=-\frac{3}{16}\end{aligned}$$

故本题应选(A).

5. 设λ_1，λ_2是n阶矩阵$\boldsymbol{A}$的特征值，$\boldsymbol{\alpha}_1$，$\boldsymbol{\alpha}_2$分别是$\boldsymbol{A}$的对应于λ_1，λ_2的特征向量，则[　　].

(A)当$\lambda_1=\lambda_2$时，$\boldsymbol{\alpha}_1$与$\boldsymbol{\alpha}_2$必成比例

(B)当$\lambda_1=\lambda_2$时，$\boldsymbol{\alpha}_1$与$\boldsymbol{\alpha}_2$必不成比例

(C)当$\lambda_1\neq\lambda_2$时，$\boldsymbol{\alpha}_1$与$\boldsymbol{\alpha}_2$必成比例

(D)当$\lambda_1\neq\lambda_2$时，$\boldsymbol{\alpha}_1$与$\boldsymbol{\alpha}_2$必不成比例

解：当$\lambda_1=\lambda_2$时，矩阵$\boldsymbol{A}$至少有二重特征值，对应于$\lambda_1=\lambda_2$的线性无关的特征向量的个数可能等于1，也可能大于1. 因此，$\boldsymbol{\alpha}_1$，$\boldsymbol{\alpha}_2$可能线性相关，也可能线性无关，故选项(A)和(B)都未必成立.

当$\lambda_1\neq\lambda_2$时，因为$\boldsymbol{A}$的对应于不同特征值的特征向量必线性无关，可知$\boldsymbol{\alpha}_1$，$\boldsymbol{\alpha}_2$线性无关，即$\boldsymbol{\alpha}_1$，$\boldsymbol{\alpha}_2$必不成比例. 故本题应选(D).

6. 设三阶矩阵$\boldsymbol{A}$与$\boldsymbol{B}$相似，已知$\boldsymbol{A}$的特征值为$\frac{1}{3}$，$\frac{1}{4}$，$\frac{1}{5}$，则$|\boldsymbol{B}^{-1}-2\boldsymbol{I}|=$[　　].

(A) 6　　　　(B) 60

(C) $\frac{1}{6}$　　　　(D) -1

解：因为$\boldsymbol{A}\sim\boldsymbol{B}$，可知$\boldsymbol{A}$与$\boldsymbol{B}$有相同的特征值，因此，矩阵$\boldsymbol{B}$有特征值$\frac{1}{3}$，$\frac{1}{4}$，$\frac{1}{5}$，从而矩阵$\boldsymbol{B}^{-1}$有特征值3，4，5；矩阵$\boldsymbol{B}^{-1}-2\boldsymbol{I}$有特征值1，2，3. 故$|\boldsymbol{B}^{-1}-2\boldsymbol{I}|=1\times2\times3=6$，本题应选(A).

7. 设$\boldsymbol{A}$，$\boldsymbol{B}$均为n阶矩阵，现有下列四个结论：

①若$\boldsymbol{A}\sim\boldsymbol{B}$，则$|\boldsymbol{A}|=|\boldsymbol{B}|$；

②若 $\boldsymbol{A}\sim\boldsymbol{B}$，则 $\mathrm{r}(\boldsymbol{A})=\mathrm{r}(\boldsymbol{B})$；

③若 $\boldsymbol{A}\sim\boldsymbol{B}$，则 $\boldsymbol{A}$，$\boldsymbol{B}$ 有相同的特征值和特征向量；

④若 $\boldsymbol{A}\sim\boldsymbol{B}$，则 $\boldsymbol{A}^k\sim\boldsymbol{B}^k$($k$ 为正整数).

其中结论正确的是[　　]

(A) ①，②，③　　(B) ①，②，④

(C) ①，③，④　　(D) ②，③，④

解: 若 $\boldsymbol{A}\sim\boldsymbol{B}$，则存在可逆矩阵 $\boldsymbol{P}$，使得 $\boldsymbol{P}^{-1}\boldsymbol{A}\boldsymbol{P}=\boldsymbol{B}$，由此可知，$\mathrm{r}(\boldsymbol{A})=\mathrm{r}(\boldsymbol{B})$，且

$$|\boldsymbol{P}^{-1}\boldsymbol{A}\boldsymbol{P}|=|\boldsymbol{P}^{-1}|\cdot|\boldsymbol{A}|\cdot|\boldsymbol{P}|=|\boldsymbol{A}|=|\boldsymbol{B}|$$

由 $\boldsymbol{P}^{-1}\boldsymbol{A}\boldsymbol{P}=\boldsymbol{B}$，又有 $\boldsymbol{B}^k=(\boldsymbol{P}^{-1}\boldsymbol{A}\boldsymbol{P})^k$，即

$$\boldsymbol{B}^k=\underbrace{(\boldsymbol{P}^{-1}\boldsymbol{A}\boldsymbol{P})(\boldsymbol{P}^{-1}\boldsymbol{A}\boldsymbol{P})\cdots(\boldsymbol{P}^{-1}\boldsymbol{A}\boldsymbol{P})}_{k\text{个}}=\boldsymbol{P}^{-1}\boldsymbol{A}^k\boldsymbol{P}$$

所以 $\boldsymbol{A}^k\sim\boldsymbol{B}^k$. 由此可知①，②，④正确，故应选(B).

对于③，若 $\boldsymbol{A}\sim\boldsymbol{B}$，则 $\boldsymbol{A}$，$\boldsymbol{B}$ 有相同的特征值，但未必有相同的特征向量，实际上，若 $\boldsymbol{A}$ 对应于特征值 λ 的特征向量为 $\boldsymbol{\alpha}$，则 $\boldsymbol{A}\boldsymbol{\alpha}=\lambda\boldsymbol{\alpha}(\boldsymbol{\alpha}\neq\boldsymbol{0})$. 由 $\boldsymbol{P}^{-1}\boldsymbol{A}\boldsymbol{P}=\boldsymbol{B}$，可得 $\boldsymbol{A}=\boldsymbol{P}\boldsymbol{B}\boldsymbol{P}^{-1}$，于是，$\boldsymbol{A}\boldsymbol{\alpha}=\lambda\boldsymbol{\alpha}$ 化为 $\boldsymbol{P}\boldsymbol{B}\boldsymbol{P}^{-1}\boldsymbol{\alpha}=\lambda\boldsymbol{\alpha}$，即

$$\boldsymbol{B}(\boldsymbol{P}^{-1}\boldsymbol{\alpha})=\lambda(\boldsymbol{P}^{-1}\boldsymbol{\alpha})$$

由于 $\boldsymbol{\alpha}\neq\boldsymbol{0}$，也有 $\boldsymbol{P}^{-1}\boldsymbol{\alpha}\neq\boldsymbol{0}$，因此矩阵 $\boldsymbol{B}$ 对应于特征值 λ 的特征向量为$\boldsymbol{P}^{-1}\boldsymbol{\alpha}$. 一般地，$\boldsymbol{P}^{-1}\boldsymbol{\alpha}\neq\boldsymbol{\alpha}$.

8. 设 λ_1，λ_2 是矩阵 $\boldsymbol{A}$ 的两个不同的特征值，对应的特征向量分别为 $\boldsymbol{\alpha}_1$，$\boldsymbol{\alpha}_2$，则 $\boldsymbol{\alpha}_1$，$\boldsymbol{A}(\boldsymbol{\alpha}_1+\boldsymbol{\alpha}_2)$线性无关的充分必要条件是[　　].

(A) $\lambda_1\neq0$　　(B) $\lambda_2\neq0$

(C) $\lambda_1=0$　　(D) $\lambda_2=0$

解: 由题设条件，有 $\boldsymbol{A}\boldsymbol{\alpha}_1=\lambda_1\boldsymbol{\alpha}_1$，$\boldsymbol{A}\boldsymbol{\alpha}_2=\lambda_2\boldsymbol{\alpha}_2$，且 $\boldsymbol{\alpha}_1$，$\boldsymbol{\alpha}_2$ 线性无关，又 $\boldsymbol{A}(\boldsymbol{\alpha}_1+\boldsymbol{\alpha}_2)=\lambda_1\boldsymbol{\alpha}_1+\lambda_2\boldsymbol{\alpha}_2$，所以 $\boldsymbol{\alpha}_1$ 与 $\boldsymbol{A}(\boldsymbol{\alpha}_1+\boldsymbol{\alpha}_2)$线性无关的充分必要条件是齐次线性方程组

$$x_1\boldsymbol{\alpha}_1+x_2(\lambda_1\boldsymbol{\alpha}_1+\lambda_2\boldsymbol{\alpha}_2)=\boldsymbol{0} \quad ①$$

仅有零解 $x_1=0$，$x_2=0$. 方程组①可化为

$$(x_1+\lambda_1x_2)\boldsymbol{\alpha}_1+\lambda_2x_2\boldsymbol{\alpha}_2=\boldsymbol{0} \quad ②$$

因为 $\boldsymbol{\alpha}_1$，$\boldsymbol{\alpha}_2$ 线性无关，故必有

$$\begin{cases}x_1+\lambda_1x_2=0\\ \lambda_2x_2=0\end{cases} \quad ③$$

因此，方程组①仅有零解等价于方程组③的系数行列式

$$\begin{vmatrix}1 & \lambda_1\\ 0 & \lambda_2\end{vmatrix}\neq0$$

即 $\lambda_2 \neq 0$，故本题应选(B).

9. 设 $\boldsymbol{A}$ 是 n 阶矩阵，将 $\boldsymbol{A}$ 的第 i 行与第 j 行互换后，再将所得矩阵的第 i 列与第 j 列互换得到矩阵 $\boldsymbol{B}$，下面有关矩阵 $\boldsymbol{A}$，$\boldsymbol{B}$ 的五个结论：

① $\boldsymbol{A}$ 与 $\boldsymbol{B}$ 相似；② $|\boldsymbol{A}|=|\boldsymbol{B}|$；③ $\mathrm{r}(\boldsymbol{A})=\mathrm{r}(\boldsymbol{B})$

④ 存在 n 阶可逆矩阵 $\boldsymbol{P}$，$\boldsymbol{Q}$，使得 $\boldsymbol{PAQ}=\boldsymbol{B}$；

⑤ 存在正交矩阵 $\boldsymbol{Q}$，使得 $\boldsymbol{Q}^{\mathrm{T}}\boldsymbol{AQ}=\boldsymbol{B}$.

其中正确的结论个数为[　　].

(A) 2 个　　　　(B) 3 个

(C) 4 个　　　　(D) 5 个

解： 由题设条件，有

$$\boldsymbol{B}=\boldsymbol{I}(i\ j)\boldsymbol{A}\boldsymbol{I}(i\ j)$$

由于 $\boldsymbol{I}(i\ j)=[\boldsymbol{I}(i\ j)]^{-1}=[\boldsymbol{I}(i\ j)]^{\mathrm{T}}$，取 $\boldsymbol{P}=\boldsymbol{I}(i\ j)$，则

$$\boldsymbol{B}=\boldsymbol{P}^{-1}\boldsymbol{AP}$$

即 $\boldsymbol{A}\sim\boldsymbol{B}$，且 $|\boldsymbol{A}|=|\boldsymbol{B}|$，$\mathrm{r}(\boldsymbol{A})=\mathrm{r}(\boldsymbol{B})$，即①，②，③均正确.

令 $\boldsymbol{P}=\boldsymbol{Q}=\boldsymbol{I}(i\ j)$，则 $\boldsymbol{P}$，$\boldsymbol{Q}$ 可逆，$\boldsymbol{B}=\boldsymbol{PAQ}$. 可知④正确.

令 $\boldsymbol{Q}=\boldsymbol{I}(i\ j)$，则 $\boldsymbol{Q}^{\mathrm{T}}\boldsymbol{Q}=\boldsymbol{I}$，即 $\boldsymbol{Q}$ 为正交矩阵，且 $\boldsymbol{Q}^{\mathrm{T}}\boldsymbol{AQ}=\boldsymbol{B}$，可知⑤正确. 综上分析，本题应选(D).

10. 设二阶实对称矩阵 $\boldsymbol{A}$ 的特征值为 1，2. 对应于特征值 1 的特征向量为 $\boldsymbol{\alpha}_1=(1,-1)^{\mathrm{T}}$，则矩阵 $\boldsymbol{A}=$[　　].

(A) $\begin{pmatrix} \frac{1}{2} & \frac{3}{2} \\ \frac{3}{2} & -1 \end{pmatrix}$　　(B) $\begin{pmatrix} \frac{3}{2} & \frac{1}{2} \\ \frac{1}{2} & \frac{1}{2} \end{pmatrix}$

(C) $\begin{pmatrix} \frac{3}{2} & \frac{1}{2} \\ \frac{1}{2} & \frac{3}{2} \end{pmatrix}$　　(D) $\begin{pmatrix} \frac{3}{2} & -\frac{1}{2} \\ -\frac{1}{2} & \frac{3}{2} \end{pmatrix}$

解： 设 $\boldsymbol{A}$ 对应于特征值 2 的特征向量为 $\boldsymbol{\alpha}_2=(x_1, x_2)^{\mathrm{T}}$，则 $\boldsymbol{\alpha}_1$ 与 $\boldsymbol{\alpha}_2$ 正交，即

$$\boldsymbol{\alpha}_1^{\mathrm{T}}\boldsymbol{\alpha}_2=x_1-x_2=0$$

解此齐次线性方程组，得基础解系 $\boldsymbol{\alpha}_2=(1,1)^{\mathrm{T}}$，$\boldsymbol{\alpha}_2$ 是 $\boldsymbol{A}$ 对应于特征值 2 的特征向量. 因实对称矩阵 $\boldsymbol{A}$ 一定可对角化，令矩阵

$$\boldsymbol{P}=(\boldsymbol{\alpha}_1, \boldsymbol{\alpha}_2)=\begin{pmatrix} 1 & 1 \\ -1 & 1 \end{pmatrix}$$

则不难求得 $\boldsymbol{P}^{-1}=\begin{pmatrix} \frac{1}{2} & -\frac{1}{2} \\ \frac{1}{2} & \frac{1}{2} \end{pmatrix}$，且 $\boldsymbol{P}^{-1}\boldsymbol{AP}=\begin{pmatrix} 1 & 0 \\ 0 & 2 \end{pmatrix}$，所以

$$\boldsymbol{A}=\boldsymbol{P}\begin{pmatrix}1&0\\0&2\end{pmatrix}\boldsymbol{P}^{-1}=\begin{pmatrix}1&1\\-1&1\end{pmatrix}\begin{pmatrix}1&0\\0&2\end{pmatrix}\begin{pmatrix}\frac{1}{2}&-\frac{1}{2}\\\frac{1}{2}&\frac{1}{2}\end{pmatrix}=\begin{pmatrix}\frac{3}{2}&\frac{1}{2}\\\frac{1}{2}&\frac{3}{2}\end{pmatrix}$$

故本题应选(C).

11. 设$\boldsymbol{A}$，$\boldsymbol{B}$都是n阶实对称矩阵，矩阵$\boldsymbol{A}$与$\boldsymbol{B}$相似的充分必要条件是[　　].

(A)$|\lambda\boldsymbol{I}-\boldsymbol{A}|=|\lambda\boldsymbol{I}-\boldsymbol{B}|$　　(B) $\lambda\boldsymbol{I}-\boldsymbol{A}=\lambda\boldsymbol{I}-\boldsymbol{B}$

(C)$|\boldsymbol{A}|=|\boldsymbol{B}|$　　(D) $\boldsymbol{A}$，$\boldsymbol{B}$均有n个互异的特征值

解：(A) 若$\boldsymbol{A}\sim\boldsymbol{B}$，则$|\lambda\boldsymbol{I}-\boldsymbol{A}|=|\lambda\boldsymbol{I}-\boldsymbol{B}|$；反之，若$|\lambda\boldsymbol{I}-\boldsymbol{A}|=|\lambda\boldsymbol{I}-\boldsymbol{B}|$，则$\boldsymbol{A}$，$\boldsymbol{B}$有相同的特征值，记为$\lambda_1$，$\lambda_2$，…，$\lambda_n$，因为$\boldsymbol{A}$，$\boldsymbol{B}$都是实对称矩阵，故$\boldsymbol{A}$，$\boldsymbol{B}$都可对角化，且

$$\boldsymbol{A}\sim\begin{pmatrix}\lambda_1&&&\\&\lambda_2&&\\&&\ddots&\\&&&\lambda_n\end{pmatrix},\ \boldsymbol{B}\sim\begin{pmatrix}\lambda_1&&&\\&\lambda_2&&\\&&\ddots&\\&&&\lambda_n\end{pmatrix}$$

由此可得$\boldsymbol{A}\sim\boldsymbol{B}$，故本题应选(A).

(B) 是$\boldsymbol{A}$，$\boldsymbol{B}$相似的充分条件，但非必要条件.

(C) 是$\boldsymbol{A}$，$\boldsymbol{B}$相似的必要条件，但非充分条件.

(D) 既不是$\boldsymbol{A}$，$\boldsymbol{B}$相似的必要条件，也不是充分条件.

※第五章 二次型

(一)习题解答与注释

(A)

1. 写出下列各二次型的矩阵.

(1) $x_1^2-2x_1x_2+3x_1x_3-2x_2^2+8x_2x_3+3x_3^2$

(2) $x_1x_2-x_1x_3+2x_2x_3+x_4^2$

解: (1) 该二次型的矩阵

$$\boldsymbol{A}=\begin{pmatrix}1&-1&\frac{3}{2}\\-1&-2&4\\\frac{3}{2}&4&3\end{pmatrix}$$

(2) 该二次型的矩阵

$$\boldsymbol{A}=\begin{pmatrix}0&\frac{1}{2}&-\frac{1}{2}&0\\\frac{1}{2}&0&1&0\\-\frac{1}{2}&1&0&0\\0&0&0&1\end{pmatrix}$$

2. 写出下列各对称矩阵所对应的二次型.

(1)

$$A=\begin{pmatrix}1&-1&-3&1\\-1&0&-2&\frac{1}{2}\\-3&-2&\frac{1}{3}&-\frac{3}{2}\\1&\frac{1}{2}&-\frac{3}{2}&0\end{pmatrix}$$

(2)

$$A=\begin{pmatrix}0&1&\frac{1}{2}&-\frac{3}{2}\\1&0&-1&-1\\\frac{1}{2}&-1&0&3\\-\frac{3}{2}&-1&3&0\end{pmatrix}$$

解：(1) 对称矩阵 $\boldsymbol{A}$ 所对应的二次型为 $f(\boldsymbol{x})=\boldsymbol{x}^{\mathrm{T}}\boldsymbol{A}\boldsymbol{x}$，即

$$f(x_1,x_2,x_3,x_4)=(x_1,x_2,x_3,x_4)\begin{pmatrix}1&-1&-3&1\\-1&0&-2&\frac{1}{2}\\-3&-2&\frac{1}{3}&-\frac{3}{2}\\1&\frac{1}{2}&-\frac{3}{2}&0\end{pmatrix}\begin{pmatrix}x_1\\x_2\\x_3\\x_4\end{pmatrix}$$

$$=x_1^2-2x_1x_2-6x_1x_3+2x_1x_4-4x_2x_3+x_2x_4+\frac{1}{3}x_3^2-3x_3x_4$$

掌握二次型与其矩阵的对应规律后，应一步直接写出二次型.

(2) 对称矩阵 $\boldsymbol{A}$ 对应的二次型为

$$f(x_1,x_2,x_3,x_4)=2x_1x_2+x_1x_3-3x_1x_4-2x_2x_3-2x_2x_4+6x_3x_4$$

3. 求第 1 题中各二次型的秩.

解：(1) 对二次型的矩阵 $\boldsymbol{A}$ 施以初等行变换，将其化为阶梯形矩阵：

$$A=\begin{pmatrix}1&-1&\frac{3}{2}\\-1&-2&4\\\frac{3}{2}&4&3\end{pmatrix}\longrightarrow\begin{pmatrix}1&-1&\frac{3}{2}\\0&-3&\frac{11}{2}\\0&\frac{11}{2}&\frac{3}{4}\end{pmatrix}\longrightarrow\begin{pmatrix}1&-1&\frac{3}{2}\\0&-3&\frac{11}{2}\\0&0&\frac{65}{6}\end{pmatrix}$$

所以 $\mathrm{r}(\boldsymbol{A})=3$，即二次型的秩是 3.

(2) 对二次型的矩阵 $\boldsymbol{A}$ 施以初等行变换，化为阶梯形矩阵：

$$\boldsymbol{A}=\begin{pmatrix}0 & \frac{1}{2} & -\frac{1}{2} & 0\\ \frac{1}{2} & 0 & 1 & 0\\ -\frac{1}{2} & 1 & 0 & 0\\ 0 & 0 & 0 & 1\end{pmatrix}\longrightarrow\begin{pmatrix}\frac{1}{2} & 0 & 1 & 0\\ 0 & \frac{1}{2} & -\frac{1}{2} & 0\\ 0 & 1 & 1 & 0\\ 0 & 0 & 0 & 1\end{pmatrix}\longrightarrow\begin{pmatrix}\frac{1}{2} & 0 & 1 & 0\\ 0 & 1 & -1 & 0\\ 0 & 0 & 2 & 0\\ 0 & 0 & 0 & 1\end{pmatrix}$$

所以 $\mathrm{r}(\boldsymbol{A})=4$. 故二次型的秩为 4.

注释 二次型的矩阵 $\boldsymbol{A}$ 一定是对称矩阵，其主对角线元素 a_{ii} 与二次型中平方项 x_i^2 的系数相同，而非主对角线元素 a_{ij} 恰是二次型中交叉项 x_ix_j 的系数的一半. 反之，已知对称矩阵 $\boldsymbol{A}$ 时，利用上述规律可唯一确定一个二次型. 在这一意义下，二次型与对称矩阵是一一对应的. 同时，对称矩阵 $\boldsymbol{A}$ 的秩称为对应的二次型的秩.

4. 对于对称矩阵 $\boldsymbol{A}$ 与 $\boldsymbol{B}$，求出非奇异矩阵 $\boldsymbol{C}$，使 $\boldsymbol{C}^{\mathrm{T}}\boldsymbol{A}\boldsymbol{C}=\boldsymbol{B}$.

(1) $\boldsymbol{A}=\begin{pmatrix}0 & 1 & 1\\ 1 & 2 & 1\\ 1 & 1 & 0\end{pmatrix}\qquad \boldsymbol{B}=\begin{pmatrix}2 & 1 & 1\\ 1 & 0 & 1\\ 1 & 1 & 0\end{pmatrix}$

(2) $\boldsymbol{A}=\begin{pmatrix}0 & \frac{1}{2} & -\frac{1}{2}\\ \frac{1}{2} & 0 & -1\\ -\frac{1}{2} & -1 & 0\end{pmatrix}\qquad \boldsymbol{B}=\begin{pmatrix}1 & \frac{1}{2} & -\frac{3}{2}\\ \frac{1}{2} & 0 & -1\\ -\frac{3}{2} & -1 & 0\end{pmatrix}$

解： (1) 可以看出，矩阵 $\boldsymbol{A}$ 交换第一行和第二行后，再交换第一列和第二列就得到矩阵 $\boldsymbol{B}$. 取矩阵 $\boldsymbol{C}=\boldsymbol{I}(1\ 2)$，其中 $\boldsymbol{I}(1\ 2)$ 为第一种初等矩阵，即

$$\boldsymbol{C}=\begin{pmatrix}0 & 1 & 0\\ 1 & 0 & 0\\ 0 & 0 & 1\end{pmatrix}$$

则

$$\boldsymbol{C}^{\mathrm{T}}\boldsymbol{A}\boldsymbol{C}=\begin{pmatrix}0 & 1 & 0\\ 1 & 0 & 0\\ 0 & 0 & 1\end{pmatrix}\begin{pmatrix}0 & 1 & 1\\ 1 & 2 & 1\\ 1 & 1 & 0\end{pmatrix}\begin{pmatrix}0 & 1 & 0\\ 1 & 0 & 0\\ 0 & 0 & 1\end{pmatrix}=\begin{pmatrix}2 & 1 & 1\\ 1 & 0 & 1\\ 1 & 1 & 0\end{pmatrix}=\boldsymbol{B}$$

(2) 可以看出，把矩阵 $\boldsymbol{A}$ 的第二行加到第一行上，然后把 $\boldsymbol{A}$ 的第二列加到第一列上就可以得到矩阵 $\boldsymbol{B}$. 所以，可取矩阵 $\boldsymbol{C}=\boldsymbol{I}(1\ 2(1))$，即

$$\boldsymbol{C}=\begin{pmatrix}1 & 0 & 0\\ 1 & 1 & 0\\ 0 & 0 & 1\end{pmatrix}$$

则

$$C^{\mathrm{T}}AC=\begin{pmatrix}1&1&0\\0&1&0\\0&0&1\end{pmatrix}\begin{pmatrix}0&\frac{1}{2}&-\frac{1}{2}\\\frac{1}{2}&0&-1\\-\frac{1}{2}&-1&0\end{pmatrix}\begin{pmatrix}1&0&0\\1&1&0\\0&0&1\end{pmatrix}$$

$$=\begin{pmatrix}1&\frac{1}{2}&-\frac{3}{2}\\\frac{1}{2}&0&-1\\-\frac{3}{2}&-1&0\end{pmatrix}$$

5. 分别用配方法和初等变换法化下列二次型为标准形和规范形.

(1) $f(x_1,x_2,x_3)=x_1^2+5x_2^2-4x_3^2+2x_1x_2-4x_1x_3$

(2) $f(x_1,x_2,x_3)=x_1x_2-4x_1x_3+6x_2x_3$

解: (1) *方法 1* 用配方法，有

$$\begin{aligned}f(x_1,x_2,x_3)&=(x_1+x_2-2x_3)^2+4x_2^2+4x_2x_3-8x_3^2\\&=(x_1+x_2-2x_3)^2+4\left(x_2+\frac{1}{2}x_3\right)^2-9x_3^2\end{aligned}$$

令

$$\begin{cases}y_1=x_1+x_2-2x_3\\y_2=x_2+\frac{1}{2}x_3\\y_3=x_3\end{cases}$$

即

$$\begin{cases}x_1=y_1-y_2+\frac{5}{2}y_3\\x_2=y_2-\frac{1}{2}y_3\\x_3=y_3\end{cases},\quad |C_1|=\begin{vmatrix}1&-1&\frac{5}{2}\\0&1&-\frac{1}{2}\\0&0&1\end{vmatrix}=1\neq 0$$

由此可得二次型的标准形

$$f=y_1^2+4y_2^2-9y_3^2$$

进而，令

$$\begin{cases}z_1=y_1\\z_2=2y_2\\z_3=3y_3\end{cases}$$

即

$$\begin{cases} y_1 = z_1 \\ y_2 = \dfrac{1}{2}z_2, \\ y_3 = \dfrac{1}{3}z_3 \end{cases} \quad |\boldsymbol{C}_2| = \begin{vmatrix} 1 & 0 & 0 \\ 0 & \frac{1}{2} & 0 \\ 0 & 0 & \frac{1}{3} \end{vmatrix} = \frac{1}{6} \neq 0$$

得二次型的规范形

$$f = z_1^2 + z_2^2 - z_3^2$$

所用的线性变换为 $\boldsymbol{x} = \boldsymbol{C}_1\boldsymbol{y} = \boldsymbol{C}_1\boldsymbol{C}_2\boldsymbol{z}$. 记 $\boldsymbol{C} = \boldsymbol{C}_1\boldsymbol{C}_2$，则

$$\boldsymbol{C} = \begin{pmatrix} 1 & -1 & \frac{5}{2} \\ 0 & 1 & -\frac{1}{2} \\ 0 & 0 & 1 \end{pmatrix} \begin{pmatrix} 1 & 0 & 0 \\ 0 & \frac{1}{2} & 0 \\ 0 & 0 & \frac{1}{3} \end{pmatrix} = \begin{pmatrix} 1 & -\frac{1}{2} & \frac{5}{6} \\ 0 & \frac{1}{2} & -\frac{1}{6} \\ 0 & 0 & \frac{1}{3} \end{pmatrix}$$

即二次型经线性变换 $\boldsymbol{x} = \boldsymbol{C}\boldsymbol{z}$：

$$\begin{cases} x_1 = z_1 - \dfrac{1}{2}z_2 + \dfrac{5}{6}z_3 \\ x_2 = \qquad \dfrac{1}{2}z_2 - \dfrac{1}{6}z_3 \\ x_3 = \qquad\qquad \dfrac{1}{3}z_3 \end{cases}$$

可化为规范形.

方法 2　用初等变换法. 二次型 f 的矩阵

$$\boldsymbol{A} = \begin{pmatrix} 1 & 1 & -2 \\ 1 & 5 & 0 \\ -2 & 0 & -4 \end{pmatrix}$$

$$\begin{pmatrix} \boldsymbol{A} \\ \cdots \\ \boldsymbol{I} \end{pmatrix} = \begin{pmatrix} 1 & 1 & -2 \\ 1 & 5 & 0 \\ -2 & 0 & -4 \\ \hdashline 1 & 0 & 0 \\ 0 & 1 & 0 \\ 0 & 0 & 1 \end{pmatrix} \xrightarrow[\substack{\times(-1)\\ \times 2}]{} \begin{pmatrix} 1 & 0 & 0 \\ 1 & 4 & 2 \\ -2 & 2 & -8 \\ \hdashline 1 & -1 & 2 \\ 0 & 1 & 0 \\ 0 & 0 & 1 \end{pmatrix} \xrightarrow{\times(-1)\quad \times 2} \begin{pmatrix} 1 & 0 & 0 \\ 0 & 4 & 2 \\ 0 & 2 & -8 \\ \hdashline 1 & -1 & 2 \\ 0 & 1 & 0 \\ 0 & 0 & 1 \end{pmatrix} \xrightarrow{\times\left(-\frac{1}{2}\right)}$$

$$\begin{pmatrix}1&0&0\\0&4&0\\0&2&-9\\ \hdashline 1&-1&\frac{5}{2}\\0&1&-\frac{1}{2}\\0&0&1\end{pmatrix}\xrightarrow{\times\left(-\frac{1}{2}\right)}\begin{pmatrix}1&0&0\\0&4&0\\0&0&-9\\ \hdashline 1&-1&\frac{5}{2}\\0&1&-\frac{1}{2}\\0&0&1\end{pmatrix}$$

所以，取

$$\boldsymbol{C}_1=\begin{pmatrix}1&-1&\frac{5}{2}\\0&1&-\frac{1}{2}\\0&0&1\end{pmatrix},\quad |\boldsymbol{C}_1|=1\neq 0$$

令

$$\begin{cases}x_1=y_1-y_2+\frac{5}{2}y_3\\x_2=\qquad y_2-\frac{1}{2}y_3\\x_3=\qquad\qquad y_3\end{cases}$$

可得二次型的标准形 $f=y_1^2+4y_2^2-9y_3^2$.

进而，令

$$\begin{cases}z_1=y_1\\z_2=2y_2\\z_3=3y_3\end{cases}$$

即

$$\begin{cases}y_1=z_1\\y_2=\frac{1}{2}z_2\\y_3=\frac{1}{3}z_3\end{cases},\quad |\boldsymbol{C}_2|=\begin{vmatrix}1&0&0\\0&\frac{1}{2}&0\\0&0&\frac{1}{3}\end{vmatrix}=\frac{1}{6}\neq 0$$

得二次型的规范形

$$f=z_1^2+z_2^2-z_3^2$$

所用的线性变换与方法 1 的相同.

(2) 方法 1　用配方法.

令

$$\begin{cases}x_1=y_1\\x_2=y_1+y_2\\x_3=y_3\end{cases}，其矩阵\ \boldsymbol{C}_1=\begin{pmatrix}1&0&0\\1&1&0\\0&0&1\end{pmatrix},\quad |\boldsymbol{C}_1|=1\neq 0$$

则二次型化为

$$
\begin{aligned}
f &= y_1(y_1+y_2)-4y_1y_3+6(y_1+y_2)y_3 \\
&= y_1^2+y_1y_2+2y_1y_3+6y_2y_3 \\
&= (y_1+\frac{1}{2}y_2+y_3)^2-\frac{1}{4}y_2^2-y_3^2+5y_2y_3 \\
&= (y_1+\frac{1}{2}y_2+y_3)^2-\frac{1}{4}(y_2-10y_3)^2+24y_3^2
\end{aligned}
$$

令

$$
\begin{cases}
z_1 = y_1+\frac{1}{2}y_2+y_3 \\
z_2 = \qquad y_2-10y_3 \\
z_3 = \qquad\qquad y_3
\end{cases}
$$

即

$$
\begin{cases}
y_1 = z_1-\frac{1}{2}z_2-6z_3 \\
y_2 = \qquad z_2+10z_3 \\
y_3 = \qquad\qquad z_3
\end{cases},\quad |\boldsymbol{C}_2| = \begin{vmatrix} 1 & -\frac{1}{2} & -6 \\ 0 & 1 & 10 \\ 0 & 0 & 1 \end{vmatrix} = 1 \neq 0
$$

得二次型的标准形

$$
f = z_1^2-\frac{1}{4}z_2^2+24z_3^2
$$

进而，令

$$
\begin{cases}
z_1 = w_1 \\
z_2 = 2w_3 \\
z_3 = \frac{1}{\sqrt{24}}w_2
\end{cases},\quad |\boldsymbol{C}_3| = \begin{vmatrix} 1 & 0 & 0 \\ 0 & 0 & 2 \\ 0 & \frac{1}{\sqrt{24}} & 0 \end{vmatrix} = -\frac{2}{\sqrt{24}} \neq 0
$$

可得二次型的规范形

$$
f = w_1^2+w_2^2-w_3^2
$$

所用的线性变换 $\boldsymbol{x}=\boldsymbol{C}_1\boldsymbol{y}=\boldsymbol{C}_1\boldsymbol{C}_2\boldsymbol{z}=\boldsymbol{C}_1\boldsymbol{C}_2\boldsymbol{C}_3\boldsymbol{w}$，记 $\boldsymbol{C}=\boldsymbol{C}_1\boldsymbol{C}_2\boldsymbol{C}_3$，则

$$
\boldsymbol{C} = \begin{pmatrix} 1 & 0 & 0 \\ 1 & 1 & 0 \\ 0 & 0 & 1 \end{pmatrix}\begin{pmatrix} 1 & -\frac{1}{2} & -6 \\ 0 & 1 & 10 \\ 0 & 0 & 1 \end{pmatrix}\begin{pmatrix} 1 & 0 & 0 \\ 0 & 0 & 2 \\ 0 & \frac{1}{\sqrt{24}} & 0 \end{pmatrix} = \begin{pmatrix} 1 & -\frac{6}{\sqrt{24}} & -1 \\ 1 & \frac{4}{\sqrt{24}} & 1 \\ 0 & \frac{1}{\sqrt{24}} & 0 \end{pmatrix}
$$

即二次型经线性变换 $\boldsymbol{x}=\boldsymbol{C}\boldsymbol{w}$：

$$
\begin{cases}
x_1 = w_1-\frac{6}{\sqrt{24}}w_2-w_3 \\
x_2 = w_1+\frac{4}{\sqrt{24}}w_2+w_3 \\
x_3 = \qquad \frac{1}{\sqrt{24}}w_2
\end{cases}
$$

可化为规范形.

方法 2　用初等变换法，二次型 f 的矩阵

$$\boldsymbol{A}=\begin{pmatrix}0 & \frac{1}{2} & -2\\ \frac{1}{2} & 0 & 3\\ -2 & 3 & 0\end{pmatrix}$$

$$\begin{pmatrix}\boldsymbol{A}\\ \cdots\\ \boldsymbol{I}\end{pmatrix}=\left(\begin{array}{ccc}0 & \frac{1}{2} & -2\\ \frac{1}{2} & 0 & 3\\ -2 & 3 & 0\\ \hline 1 & 0 & 0\\ 0 & 1 & 0\\ 0 & 0 & 1\end{array}\right)\xrightarrow{\times 1}\left(\begin{array}{ccc}\frac{1}{2} & \frac{1}{2} & -2\\ \frac{1}{2} & 0 & 3\\ 1 & 3 & 0\\ \hline 1 & 0 & 0\\ 1 & 1 & 0\\ 0 & 0 & 1\end{array}\right)\xrightarrow{\times 1}\left(\begin{array}{ccc}1 & \frac{1}{2} & 1\\ \frac{1}{2} & 0 & 3\\ 1 & 3 & 0\\ \hline 1 & 0 & 0\\ 1 & 1 & 0\\ 0 & 0 & 1\end{array}\right)$$

$\times\left(-\frac{1}{2}\right)$, $\times(-1)$

$$\longrightarrow\left(\begin{array}{ccc}1 & 0 & 0\\ \frac{1}{2} & -\frac{1}{4} & \frac{5}{2}\\ 1 & \frac{5}{2} & -1\\ \hline 1 & -\frac{1}{2} & -1\\ 1 & \frac{1}{2} & -1\\ 0 & 0 & 1\end{array}\right)\xrightarrow{\times\left(-\frac{1}{2}\right),\ \times(-1)}\left(\begin{array}{ccc}1 & 0 & 0\\ 0 & -\frac{1}{4} & \frac{5}{2}\\ 0 & \frac{5}{2} & -1\\ \hline 1 & -\frac{1}{2} & -1\\ 1 & \frac{1}{2} & -1\\ 0 & 0 & 1\end{array}\right)$$

$\times 10$

$$\longrightarrow\left(\begin{array}{ccc}1 & 0 & 0\\ 0 & -\frac{1}{4} & 0\\ 0 & \frac{5}{2} & 24\\ \hline 1 & -\frac{1}{2} & -6\\ 1 & \frac{1}{2} & 4\\ 0 & 0 & 1\end{array}\right)\xrightarrow{\times 10}\left(\begin{array}{ccc}1 & 0 & 0\\ 0 & -\frac{1}{4} & 0\\ 0 & 0 & 24\\ \hline 1 & -\frac{1}{2} & -6\\ 1 & \frac{1}{2} & 4\\ 0 & 0 & 1\end{array}\right)$$

取

$$C_1=\begin{pmatrix}1 & -\frac{1}{2} & -6\\ 1 & \frac{1}{2} & 4\\ 0 & 0 & 1\end{pmatrix},\quad |C_1|=1\neq 0$$

令

$$\begin{cases}x_1=y_1-\frac{1}{2}y_2-6y_3\\ x_2=y_1+\frac{1}{2}y_2+4y_3\\ x_3=\qquad\qquad\quad y_3\end{cases}$$

可得二次型的标准形

$$f=y_1^2-\frac{1}{4}y_2^2+24y_3^2$$

再令

$$\begin{cases}y_1=z_1\\ y_2=2z_3\\ y_3=\frac{1}{\sqrt{24}}z_2\end{cases},\quad |C_2|=\begin{vmatrix}1 & 0 & 0\\ 0 & 0 & 2\\ 0 & \frac{1}{\sqrt{24}} & 0\end{vmatrix}=-\frac{1}{\sqrt{6}}\neq 0$$

可得二次型的规范形 $f=z_1^2+z_2^2-z_3^2$.

所用的线性变换 $\boldsymbol{x}=\boldsymbol{C}_1\boldsymbol{y}=\boldsymbol{C}_1\boldsymbol{C}_2\boldsymbol{z}$. 记 $\boldsymbol{C}=\boldsymbol{C}_1\boldsymbol{C}_2$，则

$$\boldsymbol{C}=\begin{pmatrix}1 & -\frac{1}{2} & -6\\ 1 & \frac{1}{2} & 4\\ 0 & 0 & 1\end{pmatrix}\begin{pmatrix}1 & 0 & 0\\ 0 & 0 & 2\\ 0 & \frac{1}{\sqrt{24}} & 0\end{pmatrix}=\begin{pmatrix}1 & -\frac{6}{\sqrt{24}} & -1\\ 1 & \frac{4}{\sqrt{24}} & 1\\ 0 & \frac{1}{\sqrt{24}} & 0\end{pmatrix}$$

即二次型 f 经线性变换 $\boldsymbol{x}=\boldsymbol{C}\boldsymbol{z}$：

$$\begin{cases}x_1=z_1-\frac{6}{\sqrt{24}}z_2-z_3\\ x_2=z_1+\frac{4}{\sqrt{24}}z_2+z_3\\ x_3=\qquad\frac{1}{\sqrt{24}}z_2\end{cases}$$

可以化为规范形.

注释 将二次型化为标准形时，由于所用的方法不同，其标准形也可能不同，即二次型的标准形不是唯一的. 但同一个二次型的标准形中所含正、负平方项的个数是唯一确定的，或者说，二次型的规范形是唯一确定的.

6. 求一非奇异矩阵 $\boldsymbol{C}$，使 $\boldsymbol{C}^{\mathrm{T}}\boldsymbol{AC}$ 为对角矩阵.

(1) $\boldsymbol{A}=\begin{pmatrix}1&2&0\\2&0&1\\0&1&3\end{pmatrix}$ (2) $\boldsymbol{A}=\begin{pmatrix}0&1&-2\\1&0&-1\\-2&-1&0\end{pmatrix}$

解：(1) 用配方法. 对称矩阵 $\boldsymbol{A}$ 对应的二次型为

$$\begin{aligned}f(x_1,x_2,x_3)&=x_1^2+3x_3^2+4x_1x_2+2x_2x_3\\&=(x_1+2x_2)^2-4x_2^2+2x_2x_3+3x_3^2\\&=(x_1+2x_2)^2-4\left(x_2-\frac{1}{4}x_3\right)^2+\frac{13}{4}x_3^2\end{aligned}$$

令

$$\begin{cases}y_1=x_1+2x_2\\y_2=x_2-\dfrac{1}{4}x_3\\y_3=x_3\end{cases}，即\begin{cases}x_1=y_1-2y_2-\dfrac{1}{2}y_3\\x_2=y_2+\dfrac{1}{4}y_3\\x_3=y_3\end{cases}$$

则二次型 f 的标准形为

$$f=y_1^2-4y_2^2+\frac{13}{4}y_3^2$$

所作线性变换的矩阵

$$\boldsymbol{C}=\begin{pmatrix}1&-2&-\dfrac{1}{2}\\0&1&\dfrac{1}{4}\\0&0&1\end{pmatrix}$$

并且 $|\boldsymbol{C}|=1\neq 0$，有

$$\boldsymbol{C}^{\mathrm{T}}\boldsymbol{AC}=\begin{pmatrix}1&0&0\\0&-4&0\\0&0&\dfrac{13}{4}\end{pmatrix}$$

(2) 用配方法. 对称矩阵 $\boldsymbol{A}$ 对应的二次型为

$$f(x_1,x_2,x_3)=2x_1x_2-4x_1x_3-2x_2x_3$$

令

$$\begin{cases}x_1=y_1\\x_2=y_1+y_2\\x_3=y_3\end{cases}，其矩阵 \boldsymbol{C}_1=\begin{pmatrix}1&0&0\\1&1&0\\0&0&1\end{pmatrix}$$

则二次型化为

$$f=2y_1^2+2y_1y_2-6y_1y_3-2y_2y_3$$

$$= 2\left(y_1 + \frac{1}{2}y_2 - \frac{3}{2}y_3\right)^2 - \frac{1}{2}y_2^2 - \frac{9}{2}y_3^2 + y_2y_3$$

$$= 2\left(y_1 + \frac{1}{2}y_2 - \frac{3}{2}y_3\right)^2 - \frac{1}{2}(y_2 - y_3)^2 - 4y_3^2$$

令

$$\begin{cases} z_1 = y_1 + \frac{1}{2}y_2 - \frac{3}{2}y_3 \\ z_2 = \quad\quad y_2 - y_3, \\ z_3 = \quad\quad\quad\quad y_3 \end{cases} \quad 即 \begin{cases} y_1 = z_1 - \frac{1}{2}z_2 + z_3 \\ y_2 = \quad\quad z_2 + z_3 \\ y_3 = \quad\quad\quad\quad z_3 \end{cases}$$

其矩阵

$$\boldsymbol{C}_2 = \begin{pmatrix} 1 & -\frac{1}{2} & 1 \\ 0 & 1 & 1 \\ 0 & 0 & 1 \end{pmatrix}, \quad |\boldsymbol{C}_2| = 1 \neq 0$$

记矩阵 $\boldsymbol{C} = \boldsymbol{C}_1\boldsymbol{C}_2$，则

$$\boldsymbol{C} = \begin{pmatrix} 1 & 0 & 0 \\ 1 & 1 & 0 \\ 0 & 0 & 1 \end{pmatrix} \begin{pmatrix} 1 & -\frac{1}{2} & 1 \\ 0 & 1 & 1 \\ 0 & 0 & 1 \end{pmatrix} = \begin{pmatrix} 1 & -\frac{1}{2} & 1 \\ 1 & \frac{1}{2} & 2 \\ 0 & 0 & 1 \end{pmatrix}$$

于是，二次型 f 经线性变换 $\boldsymbol{x} = \boldsymbol{C}\boldsymbol{z}$ 化为标准形 $f = 2z_1^2 - \frac{1}{2}z_2^2 - 4z_3^2$，且

$$\boldsymbol{C}^{\mathrm{T}}\boldsymbol{A}\boldsymbol{C} = \begin{pmatrix} 2 & 0 & 0 \\ 0 & -\frac{1}{2} & 0 \\ 0 & 0 & -4 \end{pmatrix}$$

此题未限制使用何种方法. 实际上，本题也可用初等变换法或正交变换法求解.

7. 用正交变换法把下列二次型化为标准形，并写出所作的变换.

(1) $f(x_1, x_2, x_3, x_4) = 2x_1x_2 - 2x_3x_4$

(2) $f(x_1, x_2, x_3) = x_1^2 + 2x_2^2 + 3x_3^2 - 4x_1x_2 - 4x_2x_3$

解：(1) 二次型 f 的矩阵

$$\boldsymbol{A} = \begin{pmatrix} 0 & 1 & 0 & 0 \\ 1 & 0 & 0 & 0 \\ 0 & 0 & 0 & -1 \\ 0 & 0 & -1 & 0 \end{pmatrix}$$

矩阵 $\boldsymbol{A}$ 的特征多项式

$$|\lambda \boldsymbol{I}-\boldsymbol{A}|=\begin{vmatrix}\lambda & -1 & 0 & 0\\ -1 & \lambda & 0 & 0\\ 0 & 0 & \lambda & 1\\ 0 & 0 & 1 & \lambda\end{vmatrix}=\begin{vmatrix}\lambda & -1\\ -1 & \lambda\end{vmatrix}\begin{vmatrix}\lambda & 1\\ 1 & \lambda\end{vmatrix}=(\lambda-1)^2(\lambda+1)^2$$

令 $|\lambda \boldsymbol{I}-\boldsymbol{A}|=0$，得 $\boldsymbol{A}$ 的特征值 $\lambda_1=\lambda_2=1$，$\lambda_3=\lambda_4=-1$.

当 $\lambda_1=\lambda_2=1$ 时，解齐次线性方程组 $(\boldsymbol{I}-\boldsymbol{A})\boldsymbol{x}=\boldsymbol{0}$，得对应的特征向量 $\boldsymbol{\alpha}_1=(1, 1, 0, 0)^{\mathrm{T}}$，$\boldsymbol{\alpha}_2=(0, 0, -1, 1)^{\mathrm{T}}$. $\boldsymbol{\alpha}_1$，$\boldsymbol{\alpha}_2$ 已是正交向量组，只需将其单位化：

$$\boldsymbol{\beta}_1=\frac{1}{\|\boldsymbol{\alpha}_1\|}\boldsymbol{\alpha}_1=\left(\frac{1}{\sqrt{2}}, \frac{1}{\sqrt{2}}, 0, 0\right)^{\mathrm{T}}$$

$$\boldsymbol{\beta}_2=\frac{1}{\|\boldsymbol{\alpha}_2\|}\boldsymbol{\alpha}_2=\left(0, 0, -\frac{1}{\sqrt{2}}, \frac{1}{\sqrt{2}}\right)^{\mathrm{T}}$$

当 $\lambda_3=\lambda_4=-1$ 时，解齐次线性方程组 $(-\boldsymbol{I}-\boldsymbol{A})\boldsymbol{x}=\boldsymbol{0}$，得对应的特征向量 $\boldsymbol{\alpha}_3=(-1, 1, 0, 0)^{\mathrm{T}}$，$\boldsymbol{\alpha}_4=(0, 0, 1, 1)^{\mathrm{T}}$. $\boldsymbol{\alpha}_3$，$\boldsymbol{\alpha}_4$ 已是正交向量组，只需将其单位化：

$$\boldsymbol{\beta}_3=\frac{1}{\|\boldsymbol{\alpha}_3\|}\boldsymbol{\alpha}_3=\left(-\frac{1}{\sqrt{2}}, \frac{1}{\sqrt{2}}, 0, 0\right)^{\mathrm{T}}$$

$$\boldsymbol{\beta}_4=\frac{1}{\|\boldsymbol{\alpha}_4\|}\boldsymbol{\alpha}_4=\left(0, 0, \frac{1}{\sqrt{2}}, \frac{1}{\sqrt{2}}\right)^{\mathrm{T}}$$

令矩阵

$$\boldsymbol{Q}=(\boldsymbol{\beta}_1, \boldsymbol{\beta}_2, \boldsymbol{\beta}_3, \boldsymbol{\beta}_4)=\begin{pmatrix}\frac{1}{\sqrt{2}} & 0 & -\frac{1}{\sqrt{2}} & 0\\ \frac{1}{\sqrt{2}} & 0 & \frac{1}{\sqrt{2}} & 0\\ 0 & -\frac{1}{\sqrt{2}} & 0 & \frac{1}{\sqrt{2}}\\ 0 & \frac{1}{\sqrt{2}} & 0 & \frac{1}{\sqrt{2}}\end{pmatrix}$$

则由正交变换 $\boldsymbol{x}=\boldsymbol{Q}\boldsymbol{y}$，可得二次型的标准形

$$f=y_1^2+y_2^2-y_3^2-y_4^2$$

(2) 二次型的矩阵

$$\boldsymbol{A}=\begin{pmatrix}1 & -2 & 0\\ -2 & 2 & -2\\ 0 & -2 & 3\end{pmatrix}$$

矩阵 $\boldsymbol{A}$ 的特征多项式

$$|\lambda \boldsymbol{I}-\boldsymbol{A}|=\begin{vmatrix}\lambda-1 & 2 & 0\\ 2 & \lambda-2 & 2\\ 0 & 2 & \lambda-3\end{vmatrix}=(\lambda-2)(\lambda-5)(\lambda+1)$$

令 $|\lambda \boldsymbol{I}-\boldsymbol{A}|=0$，得矩阵 $\boldsymbol{A}$ 的特征值 $\lambda_1=2$，$\lambda_2=5$，$\lambda_3=-1$.

当 $\lambda_1=2$ 时，解齐次线性方程组 $(2\boldsymbol{I}-\boldsymbol{A})\boldsymbol{x}=\boldsymbol{0}$，得对应的特征向量 $\boldsymbol{\alpha}_1=(-2, 1, 2)^{\mathrm{T}}$.

当 $\lambda_2=5$ 时，解齐次线性方程组 $(5\boldsymbol{I}-\boldsymbol{A})\boldsymbol{x}=\boldsymbol{0}$，得对应的特征向量 $\boldsymbol{\alpha}_2=(1,-2,2)^{\mathrm{T}}$.
当 $\lambda_3=-1$ 时，解齐次线性方程组 $(-\boldsymbol{I}-\boldsymbol{A})\boldsymbol{x}=\boldsymbol{0}$，得对应的特征向量 $\boldsymbol{\alpha}_3=(2,2,1)^{\mathrm{T}}$.
$\boldsymbol{\alpha}_1$，$\boldsymbol{\alpha}_2$，$\boldsymbol{\alpha}_3$ 已是正交向量组，只需将其单位化：

$$\boldsymbol{\beta}_1=\frac{1}{\|\boldsymbol{\alpha}_1\|}\boldsymbol{\alpha}_1=\left(-\frac{2}{3},\frac{1}{3},\frac{2}{3}\right)^{\mathrm{T}},\quad \boldsymbol{\beta}_2=\frac{1}{\|\boldsymbol{\alpha}_2\|}\boldsymbol{\alpha}_2=\left(\frac{1}{3},-\frac{2}{3},\frac{2}{3}\right)^{\mathrm{T}},$$

$$\boldsymbol{\beta}_3=\frac{1}{\|\boldsymbol{\alpha}_3\|}\boldsymbol{\alpha}_3=\left(\frac{2}{3},\frac{2}{3},\frac{1}{3}\right)^{\mathrm{T}}$$

令矩阵

$$\boldsymbol{Q}=(\boldsymbol{\beta}_1,\boldsymbol{\beta}_2,\boldsymbol{\beta}_3)=\begin{pmatrix}-\frac{2}{3} & \frac{1}{3} & \frac{2}{3}\\ \frac{1}{3} & -\frac{2}{3} & \frac{2}{3}\\ \frac{2}{3} & \frac{2}{3} & \frac{1}{3}\end{pmatrix}$$

则 $\boldsymbol{Q}$ 为正交矩阵，二次型 f 经正交变换 $\boldsymbol{x}=\boldsymbol{Q}\boldsymbol{y}$ 可化为标准形

$$f=2y_1^2+5y_2^2-y_3^2$$

注释 用正交变换法将二次型 $f(\boldsymbol{x})=\boldsymbol{x}^{\mathrm{T}}\boldsymbol{A}\boldsymbol{x}$ 化为标准形(其中 $\boldsymbol{A}^{\mathrm{T}}=\boldsymbol{A}$)，只需求正交矩阵 $\boldsymbol{Q}$，使 $\boldsymbol{Q}^{\mathrm{T}}\boldsymbol{A}\boldsymbol{Q}$ 成为对角矩阵 $\boldsymbol{\Lambda}$，其中 $\boldsymbol{\Lambda}$ 的主对角线元素恰为 $\boldsymbol{A}$ 的 n 个特征值 $\lambda_1,\lambda_2,\cdots,\lambda_n$. 于是经过线性变换 $\boldsymbol{x}=\boldsymbol{Q}\boldsymbol{y}$，二次型 f 可化为标准形

$$f=\lambda_1y_1^2+\lambda_2y_2^2+\cdots+\lambda_ny_n^2$$

求正交矩阵 $\boldsymbol{Q}$，使对称矩阵 $\boldsymbol{A}$ 相似于对角矩阵 $\boldsymbol{\Lambda}$ 的方法可参阅上一章习题.

8. 将二次型 $f(x_1,x_2,x_3)=(x_1+x_2)^2+(x_2+x_3)^2+(x_1-x_3)^2$ 化为标准形.

解： $f(x_1,x_2,x_3)=2x_1^2+2x_2^2+2x_3^2+2x_1x_2+2x_2x_3-2x_1x_3$

$$=2\left(x_1+\frac{1}{2}x_2-\frac{1}{2}x_3\right)^2+\frac{3}{2}x_2^2+\frac{3}{2}x_3^2+3x_2x_3$$

$$=2\left(x_1+\frac{1}{2}x_2-\frac{1}{2}x_3\right)^2+\frac{3}{2}(x_2+x_3)^2$$

令

$$\begin{cases}y_1=x_1+\frac{1}{2}x_2-\frac{1}{2}x_3\\ y_2=x_2+x_3\\ y_3=x_3\end{cases}，即\begin{cases}x_1=y_1-\frac{1}{2}y_2+y_3\\ x_2=y_2-y_3\\ x_3=y_3\end{cases}$$

则此线性变换的矩阵

$$\boldsymbol{C}=\begin{pmatrix}1 & -\frac{1}{2} & 1\\ 0 & 1 & -1\\ 0 & 0 & 1\end{pmatrix},\quad |\boldsymbol{C}|=1\neq 0$$

于是，经非退化线性变换 $\boldsymbol{x}=\boldsymbol{C}\boldsymbol{y}$，可得二次型的标准形为

$$f = 2y_1^2 + \frac{3}{2}y_2^2$$

注释　求解此题时，如果直接作线性变换

$$\begin{cases} y_1 = x_1 + x_2 \\ y_2 = x_2 + x_3 \\ y_3 = x_1 - x_3 \end{cases}$$

就得到二次型的标准形

$$f = y_1^2 + y_2^2 + y_3^2$$

但这一解法是错误的. 因为上面所作的线性变换的矩阵是退化的. 实际上，该线性变换的矩阵

$$\boldsymbol{C} = \begin{pmatrix} 1 & 1 & 0 \\ 0 & 1 & 1 \\ 1 & 0 & -1 \end{pmatrix}$$

而 $|\boldsymbol{C}| = 0$. 故应注意必须用非退化线性变换化二次型为标准形或规范形.

9. 求 a 的值，使二次型为正定的.

(1) $f(x_1, x_2, x_3) = x_1^2 + x_2^2 + 5x_3^2 + 2ax_1x_2 - 2x_1x_3 + 4x_2x_3$

(2) $f(x_1, x_2, x_3) = 5x_1^2 + x_2^2 + ax_3^2 + 4x_1x_2 - 2x_1x_3 - 2x_2x_3$

解：(1) 二次型的矩阵

$$\boldsymbol{A} = \begin{pmatrix} 1 & a & -1 \\ a & 1 & 2 \\ -1 & 2 & 5 \end{pmatrix}$$

当 $\boldsymbol{A}$ 的各顺序主子式都大于零时，该二次型为正定的. 所以，应有

$$|\boldsymbol{A}_1| = 1 > 0, \quad |\boldsymbol{A}_2| = \begin{vmatrix} 1 & a \\ a & 1 \end{vmatrix} = 1 - a^2 > 0$$

$$|\boldsymbol{A}_3| = |\boldsymbol{A}| = \begin{vmatrix} 1 & a & -1 \\ a & 1 & 2 \\ -1 & 2 & 5 \end{vmatrix} = -a(5a + 4) > 0$$

由此解得 $-\frac{4}{5} < a < 0$ 时，二次型为正定的.

(2) 二次型的矩阵

$$\boldsymbol{A} = \begin{pmatrix} 5 & 2 & -1 \\ 2 & 1 & -1 \\ -1 & -1 & a \end{pmatrix}$$

根据二次型正定的充要条件，应有

$$|\boldsymbol{A}_1| = 5 > 0, \quad |\boldsymbol{A}_2| = \begin{vmatrix} 5 & 2 \\ 2 & 1 \end{vmatrix} = 1 > 0$$

$$|\boldsymbol{A}_3| = |\boldsymbol{A}| = \begin{vmatrix} 5 & 2 & -1 \\ 2 & 1 & -1 \\ -1 & -1 & a \end{vmatrix} = a - 2 > 0$$

可得 $a > 2$ 时，二次型为正定的.

10. 证明：若 $\boldsymbol{A}$ 为正定矩阵，则其伴随矩阵 $\boldsymbol{A}^*$ 也是正定矩阵.

证： 若 $\boldsymbol{A}$ 为正定矩阵，则 $\boldsymbol{A}^{\mathrm{T}} = \boldsymbol{A}$，且 $\boldsymbol{A}$ 的 n 个特征值 λ_1，λ_2，…，λ_n 均为正数.

因为 $\boldsymbol{A}\boldsymbol{A}^* = |\boldsymbol{A}|\,\boldsymbol{I}$，可知 $\boldsymbol{A}^* = |\boldsymbol{A}|\,\boldsymbol{A}^{-1}$. 所以

$$(\boldsymbol{A}^*)^{\mathrm{T}} = (|\boldsymbol{A}|\,\boldsymbol{A}^{-1})^{\mathrm{T}} = |\boldsymbol{A}| \cdot (\boldsymbol{A}^{\mathrm{T}})^{-1} = |\boldsymbol{A}|\,\boldsymbol{A}^{-1} = \boldsymbol{A}^*$$

可知 $\boldsymbol{A}^*$ 仍为对称矩阵. 又 $\boldsymbol{A}^*$ 的特征值依次为 $\dfrac{|\boldsymbol{A}|}{\lambda_1}$，$\dfrac{|\boldsymbol{A}|}{\lambda_2}$，…，$\dfrac{|\boldsymbol{A}|}{\lambda_n}$，而 $|\boldsymbol{A}| > 0$，故有 $\dfrac{|\boldsymbol{A}|}{\lambda_i} > 0$ $(i = 1, 2, \cdots, n)$，所以 $\boldsymbol{A}^*$ 仍为正定矩阵.

11. 设 $\boldsymbol{A}$ 为 n 阶正定矩阵，$\boldsymbol{B}$ 为 n 阶半正定矩阵. 试证：$\boldsymbol{A}+\boldsymbol{B}$ 为正定矩阵.

证： 对于任意的 $\boldsymbol{x} = (x_1, x_2, \cdots, x_n)^{\mathrm{T}} \neq \boldsymbol{0}$，有

$$\boldsymbol{x}^{\mathrm{T}}(\boldsymbol{A}+\boldsymbol{B})\boldsymbol{x} = \boldsymbol{x}^{\mathrm{T}}\boldsymbol{A}\boldsymbol{x} + \boldsymbol{x}^{\mathrm{T}}\boldsymbol{B}\boldsymbol{x}$$

而 $\boldsymbol{A}$ 为正定矩阵，$\boldsymbol{B}$ 为半正定矩阵，故有

$$\boldsymbol{x}^{\mathrm{T}}\boldsymbol{A}\boldsymbol{x} > 0, \quad \boldsymbol{x}^{\mathrm{T}}\boldsymbol{B}\boldsymbol{x} \geqslant 0$$

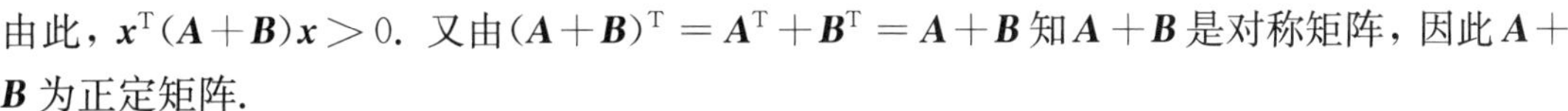

由此，$\boldsymbol{x}^{\mathrm{T}}(\boldsymbol{A}+\boldsymbol{B})\boldsymbol{x} > 0$. 又由 $(\boldsymbol{A}+\boldsymbol{B})^{\mathrm{T}} = \boldsymbol{A}^{\mathrm{T}} + \boldsymbol{B}^{\mathrm{T}} = \boldsymbol{A}+\boldsymbol{B}$ 知 $\boldsymbol{A}+\boldsymbol{B}$ 是对称矩阵，因此 $\boldsymbol{A}+\boldsymbol{B}$ 为正定矩阵.

12. 证明：设 $\boldsymbol{A}$，$\boldsymbol{B}$ 分别为 m，n 阶正定矩阵，则分块矩阵

$$\boldsymbol{C} = \begin{pmatrix} \boldsymbol{A} & \boldsymbol{O} \\ \boldsymbol{O} & \boldsymbol{B} \end{pmatrix}$$

也是正定矩阵.

证： *方法 1*　因为 $\boldsymbol{A}$，$\boldsymbol{B}$ 为正定矩阵，所以 $\boldsymbol{A}^{\mathrm{T}} = \boldsymbol{A}$，$\boldsymbol{B}^{\mathrm{T}} = \boldsymbol{B}$，有

$$\boldsymbol{C}^{\mathrm{T}} = \begin{pmatrix} \boldsymbol{A} & \boldsymbol{O} \\ \boldsymbol{O} & \boldsymbol{B} \end{pmatrix}^{\mathrm{T}} = \begin{pmatrix} \boldsymbol{A}^{\mathrm{T}} & \boldsymbol{O} \\ \boldsymbol{O} & \boldsymbol{B}^{\mathrm{T}} \end{pmatrix} = \begin{pmatrix} \boldsymbol{A} & \boldsymbol{O} \\ \boldsymbol{O} & \boldsymbol{B} \end{pmatrix} = \boldsymbol{C}$$

即 $\boldsymbol{C}$ 仍为对称矩阵.

对于任一 $m+n$ 维列向量 $\begin{pmatrix} \boldsymbol{x} \\ \boldsymbol{y} \end{pmatrix} \neq \boldsymbol{0}$，其中 $\boldsymbol{x}$ 是 m 维列向量，$\boldsymbol{y}$ 为 n 维列向量，且 $\boldsymbol{x}$，$\boldsymbol{y}$ 中至少有一个不等于零. 于是 $\boldsymbol{x}^{\mathrm{T}}\boldsymbol{A}\boldsymbol{x} + \boldsymbol{y}^{\mathrm{T}}\boldsymbol{B}\boldsymbol{y} > 0$，所以

$$(\boldsymbol{x}^{\mathrm{T}}, \boldsymbol{y}^{\mathrm{T}}) \begin{pmatrix} \boldsymbol{A} & \boldsymbol{O} \\ \boldsymbol{O} & \boldsymbol{B} \end{pmatrix} \begin{pmatrix} \boldsymbol{x} \\ \boldsymbol{y} \end{pmatrix} = \boldsymbol{x}^{\mathrm{T}}\boldsymbol{A}\boldsymbol{x} + \boldsymbol{y}^{\mathrm{T}}\boldsymbol{B}\boldsymbol{y} > 0$$

即矩阵 $\boldsymbol{C} = \begin{pmatrix} \boldsymbol{A} & \boldsymbol{O} \\ \boldsymbol{O} & \boldsymbol{B} \end{pmatrix}$ 为正定矩阵.

方法 2　因 $\boldsymbol{A}$，$\boldsymbol{B}$ 分别为 m，n 阶正定矩阵，所以存在非奇异矩阵 $\boldsymbol{P}_{m\times m}$ 和 $\boldsymbol{Q}_{n\times n}$，有

$$\boldsymbol{A} = \boldsymbol{P}^{\mathrm{T}}\boldsymbol{P}, \quad \boldsymbol{B} = \boldsymbol{Q}^{\mathrm{T}}\boldsymbol{Q}$$

于是

$$\boldsymbol{C}=\begin{pmatrix}\boldsymbol{A}&\boldsymbol{O}\\\boldsymbol{O}&\boldsymbol{B}\end{pmatrix}=\begin{pmatrix}\boldsymbol{P}^{\mathrm{T}}\boldsymbol{P}&\boldsymbol{O}\\\boldsymbol{O}&\boldsymbol{Q}^{\mathrm{T}}\boldsymbol{Q}\end{pmatrix}=\begin{pmatrix}\boldsymbol{P}&\boldsymbol{O}\\\boldsymbol{O}&\boldsymbol{Q}\end{pmatrix}^{\mathrm{T}}\begin{pmatrix}\boldsymbol{P}&\boldsymbol{O}\\\boldsymbol{O}&\boldsymbol{Q}\end{pmatrix}$$

记矩阵 $\boldsymbol{D}=\begin{pmatrix}\boldsymbol{P}&\boldsymbol{O}\\\boldsymbol{O}&\boldsymbol{Q}\end{pmatrix}$，则 $|\boldsymbol{D}|=|\boldsymbol{P}|\cdot|\boldsymbol{Q}|\neq 0$，且

$$\boldsymbol{C}=\boldsymbol{D}^{\mathrm{T}}\boldsymbol{D}$$

又 $\boldsymbol{C}^{\mathrm{T}}=(\boldsymbol{D}^{\mathrm{T}}\boldsymbol{D})^{\mathrm{T}}=\boldsymbol{D}^{\mathrm{T}}(\boldsymbol{D}^{\mathrm{T}})^{\mathrm{T}}=\boldsymbol{D}^{\mathrm{T}}\boldsymbol{D}=\boldsymbol{C}$，故 $\boldsymbol{C}$ 为对称矩阵. 所以，$\boldsymbol{C}$ 为正定矩阵.

方法 3 因为 $\boldsymbol{C}$ 为对称矩阵(过程同方法 1)，而 $\boldsymbol{A}$，$\boldsymbol{B}$ 分别为 m，n 阶正定矩阵，所以 $\boldsymbol{A}$ 的特征值均大于零，$\boldsymbol{B}$ 的特征值均大于零. 而矩阵 $\boldsymbol{C}$ 的特征多项式

$$|\lambda\boldsymbol{I}-\boldsymbol{C}|=\left|\begin{pmatrix}\lambda\boldsymbol{I}_m&\boldsymbol{O}\\\boldsymbol{O}&\lambda\boldsymbol{I}_n\end{pmatrix}-\begin{pmatrix}\boldsymbol{A}&\boldsymbol{O}\\\boldsymbol{O}&\boldsymbol{B}\end{pmatrix}\right|=\begin{vmatrix}\lambda\boldsymbol{I}_m-\boldsymbol{A}&\boldsymbol{O}\\\boldsymbol{O}&\lambda\boldsymbol{I}_n-\boldsymbol{B}\end{vmatrix}$$
$$=|\lambda\boldsymbol{I}_m-\boldsymbol{A}|\cdot|\lambda\boldsymbol{I}_n-\boldsymbol{B}|$$

由此可知，$\boldsymbol{A}$ 的所有特征值(m 个)和 $\boldsymbol{B}$ 的所有特征值(n 个)就是矩阵 $\boldsymbol{C}$ 的特征值，又这 $m+n$ 个特征值均大于零. 所以 $\boldsymbol{C}$ 为正定矩阵.

13. 求函数 $f(x,y,z)=\mathrm{e}^{2x}+\mathrm{e}^{-y}+\mathrm{e}^{z^2}-(2x+2\mathrm{e}z-y)$ 的极值.

解：令 $f(x,y,z)$ 的各偏导数等于 0：

$$\begin{cases}f_1=2\mathrm{e}^{2x}-2=0\\f_2=-\mathrm{e}^{-y}+1=0\\f_3=2z\mathrm{e}^{z^2}-2\mathrm{e}=0\end{cases}$$

解得驻点 $\boldsymbol{x}_0=(0,0,1)$，又

$$f_{11}=4\mathrm{e}^{2x},\quad f_{12}=0,\quad f_{13}=0$$
$$f_{21}=0,\quad f_{22}=\mathrm{e}^{-y},\quad f_{23}=0$$
$$f_{31}=0,\quad f_{32}=0,\quad f_{33}=2\mathrm{e}^{z^2}(1+2z^2)$$

故 $f(x,y,z)$ 在驻点 $(0,0,1)$ 处的海塞矩阵为

$$\boldsymbol{H}=\begin{pmatrix}4&0&0\\0&1&0\\0&0&6\mathrm{e}\end{pmatrix}$$

$|\boldsymbol{H}_1|=4>0$，$|\boldsymbol{H}_2|=\begin{vmatrix}4&0\\0&1\end{vmatrix}=4>0$，$|\boldsymbol{H}_3|=\begin{vmatrix}4&0&0\\0&1&0\\0&0&6\mathrm{e}\end{vmatrix}=24\mathrm{e}>0$，则 $f(0,0,1)=2-\mathrm{e}$ 为极小值，点 $(0,0,1)$ 为函数 $f(x,y,z)$ 的极小值点.

(B)

1. 下列各式中不等于 $x_1^2+6x_1x_2+3x_2^2$ 的是[ ].

(A) $(x_1,x_2)\begin{pmatrix}1&2\\4&3\end{pmatrix}\begin{pmatrix}x_1\\x_2\end{pmatrix}$　　(B) $(x_1,x_2)\begin{pmatrix}1&3\\3&3\end{pmatrix}\begin{pmatrix}x_1\\x_2\end{pmatrix}$

(C) $(x_1,\ x_2)\begin{pmatrix}1 & -1\\ -5 & 3\end{pmatrix}\begin{pmatrix}x_1\\ x_2\end{pmatrix}$　　　　(D) $(x_1,\ x_2)\begin{pmatrix}1 & -1\\ 7 & 3\end{pmatrix}\begin{pmatrix}x_1\\ x_2\end{pmatrix}$

解：利用矩阵乘法直接计算：

$$\text{(A)}\ (x_1,\ x_2)\begin{pmatrix}1 & 2\\ 4 & 3\end{pmatrix}\begin{pmatrix}x_1\\ x_2\end{pmatrix}=(x_1+4x_2,\ 2x_1+3x_2)\begin{pmatrix}x_1\\ x_2\end{pmatrix}$$
$$=x_1^2+6x_1x_2+3x_2^2$$

类似可验证(B)，(D) 均等于 $x_1^2+6x_1x_2+3x_2^2$，而对于(C)，有

$$(x_1,\ x_2)\begin{pmatrix}1 & -1\\ -5 & 3\end{pmatrix}\begin{pmatrix}x_1\\ x_2\end{pmatrix}=(x_1-5x_2,\ -x_1+3x_2)\begin{pmatrix}x_1\\ x_2\end{pmatrix}$$
$$=x_1^2-6x_1x_2+3x_2^2$$

可知本题应选(C).

注释　本题中，尽管(A)，(B)，(D) 均可得到二次型 $x_1^2+6x_1x_2+3x_2^2$，但只有(B)中的矩阵是对称矩阵. 这一矩阵被称为此二次型的矩阵.

2. 二次型 $f(x_1,\ x_2)=x_1^2+6x_1x_2+3x_2^2$ 的矩阵是[　　].

(A) $\begin{pmatrix}1 & -1\\ -1 & 3\end{pmatrix}$　　　　(B) $\begin{pmatrix}1 & 2\\ 4 & 3\end{pmatrix}$

(C) $\begin{pmatrix}1 & 3\\ 3 & 3\end{pmatrix}$　　　　(D) $\begin{pmatrix}1 & 5\\ 1 & 3\end{pmatrix}$

解：(B)，(D) 中的矩阵不是对称矩阵，可直接排除.

(A) 中矩阵对应的二次型为 $x_1^2-2x_1x_2+3x_2^2$，不正确.

故本题应选(C).

3. 若二次型 $f(x_1,\ x_2,\ x_3)=5x_1^2+5x_2^2+cx_3^2-2x_1x_2+6x_1x_3-6x_2x_3$ 的秩为 2，则 $c=$[　　].

(A) 4　　　　(B) 3　　　　(C) 2　　　　(D) 1

解：二次型的矩阵为

$$\boldsymbol{A}=\begin{pmatrix}5 & -1 & 3\\ -1 & 5 & -3\\ 3 & -3 & c\end{pmatrix}$$

对 $\boldsymbol{A}$ 施以初等行变换，化为阶梯形矩阵：

$$\boldsymbol{A}\rightarrow\begin{pmatrix}-1 & 5 & -3\\ 5 & -1 & 3\\ 3 & -3 & c\end{pmatrix}\rightarrow\begin{pmatrix}-1 & 5 & -3\\ 0 & 24 & -12\\ 0 & 12 & c-9\end{pmatrix}\rightarrow\begin{pmatrix}-1 & 5 & -3\\ 0 & 1 & -\frac{1}{2}\\ 0 & 0 & c-3\end{pmatrix}$$

可见，$\mathrm{r}(\boldsymbol{A})=2$ 时，必有 $c=3$，故本题应选(B).

4. 设 $\boldsymbol{A}$, $\boldsymbol{B}$ 均为 n 阶矩阵，且 $\boldsymbol{A}$ 与 $\boldsymbol{B}$ 合同，则[　　].

(A) $\boldsymbol{A}$ 与 $\boldsymbol{B}$ 相似　　　　　(B) $|\boldsymbol{A}|=|\boldsymbol{B}|$

(C) $\boldsymbol{A}$ 与 $\boldsymbol{B}$ 有相同的特征值　(D) $r(\boldsymbol{A})=r(\boldsymbol{B})$

解： 若 $\boldsymbol{A}$ 与 $\boldsymbol{B}$ 合同，则存在非奇异矩阵 $\boldsymbol{C}$，使得 $\boldsymbol{C}^T\boldsymbol{A}\boldsymbol{C}=\boldsymbol{B}$. 但 $\boldsymbol{C}^T$ 未必等于 $\boldsymbol{C}^{-1}$，故 $\boldsymbol{A}$ 与 $\boldsymbol{B}$ 未必相似，也未必有相同的特征值. 例如，设

$$\boldsymbol{A}=\begin{pmatrix}1&0\\0&-1\end{pmatrix},\quad \boldsymbol{B}=\begin{pmatrix}1&0\\0&-4\end{pmatrix},\quad \boldsymbol{C}=\begin{pmatrix}1&0\\0&2\end{pmatrix}$$

不难看出，$\boldsymbol{C}^T\boldsymbol{A}\boldsymbol{C}=\boldsymbol{B}$，即 $\boldsymbol{A}$ 与 $\boldsymbol{B}$ 合同，但 $\boldsymbol{A}$ 不与 $\boldsymbol{B}$ 相似. $\boldsymbol{A}$ 的特征值为 -1，1，而 $\boldsymbol{B}$ 的特征值为 -1，4. 所以(A)，(C) 均不正确.

又由 $\boldsymbol{C}^T\boldsymbol{A}\boldsymbol{C}=\boldsymbol{B}$ 两边取行列式，有

$$|\boldsymbol{C}^T\boldsymbol{A}\boldsymbol{C}|=|\boldsymbol{C}^T|\cdot|\boldsymbol{A}|\cdot|\boldsymbol{C}|=|\boldsymbol{C}|^2\cdot|\boldsymbol{A}|=|\boldsymbol{B}|$$

而 $|\boldsymbol{C}|$ 未必等于 1，故一般 $|\boldsymbol{A}|\neq|\boldsymbol{B}|$，即(B) 不正确.

由上面的分析可知，本题应选(D). 事实上，由于 $\boldsymbol{A}$ 乘可逆矩阵 $\boldsymbol{C}$ 不改变矩阵 $\boldsymbol{A}$ 的秩，所以，$r(\boldsymbol{A})=r(\boldsymbol{C}^T\boldsymbol{A}\boldsymbol{C})=r(\boldsymbol{B})$.

5. 设矩阵 $\boldsymbol{A}=\begin{pmatrix}-2&0&0\\0&\frac{1}{2}&0\\0&0&5\end{pmatrix}$，则与 $\boldsymbol{A}$ 合同的矩阵是[　　].

(A) $\begin{pmatrix}1&0&0\\0&1&0\\0&0&-1\end{pmatrix}$　　(B) $\begin{pmatrix}3&0&0\\0&-2&0\\0&0&-5\end{pmatrix}$

(C) $\begin{pmatrix}-1&0&0\\0&-1&0\\0&0&1\end{pmatrix}$　　(D) $\begin{pmatrix}2&0&0\\0&2&0\\0&0&1\end{pmatrix}$

解： 因为合同的对称矩阵具有相同的正、负惯性指数和秩，立即可排除(B)，(C)，(D). 故本题应选(A). 事实上，如果取矩阵

$$\boldsymbol{C}=\begin{pmatrix}0&0&\frac{1}{\sqrt{2}}\\\sqrt{2}&0&0\\0&\frac{1}{\sqrt{5}}&0\end{pmatrix}$$

则

$$\boldsymbol{C}^T\boldsymbol{A}\boldsymbol{C}=\begin{pmatrix}1&0&0\\0&1&0\\0&0&-1\end{pmatrix}$$

6. 如果实对称矩阵 $\boldsymbol{A}$ 与矩阵 $\boldsymbol{B}=\begin{pmatrix}0&0&3\\0&1&0\\3&0&0\end{pmatrix}$ 合同，则二次型 $\boldsymbol{x}^T\boldsymbol{A}\boldsymbol{x}$ 的规范形为[　　].

(A) $y_1^2+y_2^2+y_3^2$ (B) $y_1^2+y_2^2-y_3^2$

(C) $y_1^2-y_2^2-y_3^2$ (D) $y_1^2+y_2^2$

解: 两个合同的矩阵所对应的二次型的规范形相同，因而有相同的正、负惯性指数，故只需计算矩阵 $\boldsymbol{B}$ 的特征值，由

$$|\lambda\boldsymbol{I}-\boldsymbol{B}|=\begin{vmatrix}\lambda & 0 & -3\\ 0 & \lambda-1 & 0\\ -3 & 0 & \lambda\end{vmatrix}=(\lambda-1)(\lambda^2-9)$$

可知矩阵 $\boldsymbol{B}$ 的特征值为 1、3、−3，符号为“+”“+”“−”，故 $p=2$，$q=1$. 符合此结论的只有选项(B).

7. 设二次型 $f(x_1, x_2, x_3)=a(x_1^2+x_2^2+x_3^2)+2x_1x_2+2x_2x_3+2x_1x_3$ 的正、负惯性指数分别为 1 和 2，则[ ].

(A)$a>1$ (B)$a<-2$ (C)$-2<a<1$ (D)$a=1$ 或 $a=2$

解: 二次型 f 的矩阵

$$\boldsymbol{A}=\begin{pmatrix}a & 1 & 1\\ 1 & a & 1\\ 1 & 1 & a\end{pmatrix}$$

矩阵 $\boldsymbol{A}$ 的特征多项式 $|\lambda\boldsymbol{I}-\boldsymbol{A}|=\begin{vmatrix}\lambda-a & -1 & -1\\ -1 & \lambda-a & -1\\ -1 & -1 & \lambda-a\end{vmatrix}=(\lambda-a+1)^2(\lambda-a-2).$

令 $|\lambda\boldsymbol{I}-\boldsymbol{A}|=0$，可得矩阵 $\boldsymbol{A}$ 的特征值为

$$\lambda_1=\lambda_2=a-1,\quad \lambda_3=a+2$$

根据定理 5.3、定理 5.4 和已知条件，有

$$a-1<0 \text{ 且 } a+2>0$$

即 $-2<a<1$. 故本题应选(C).

注释 根据惯性定理，任一 n 元二次型 $f(x_1, x_2, \cdots, x_n)=\boldsymbol{x}^{\mathrm{T}}\boldsymbol{A}\boldsymbol{x}(\boldsymbol{A}^{\mathrm{T}}=\boldsymbol{A})$ 都可以通过可逆线性替换化为规范形

$$f=z_1^2+z_2^2+\cdots+z_p^2-z_{p+1}^2-\cdots-z_r^2$$

此规范形是唯一的，即正惯性指数 p，负惯性指数 $q=r-p$ 是唯一确定的.

8. 对于二次型 $f(x_1, x_2, \cdots, x_n)=\boldsymbol{x}^{\mathrm{T}}\boldsymbol{A}\,\boldsymbol{x}$，其中 $\boldsymbol{A}$ 为 n 阶实对称矩阵，下述各结论中正确的是[ ].

名师解题

(A) 化 f 为标准形的可逆线性变换是唯一的

(B) 化 f 为规范形的可逆线性变换是唯一的

(C) f 的标准形是唯一的

(D) f 的规范形是唯一的

解：利用可逆线性变换将二次型化为标准形或规范形时，所用的可逆线性变换不唯一，标准形也不唯一，但规范形是唯一的. 故本题应选(D).

9. 设 $\boldsymbol{A}$ 为 n 阶对称矩阵，则 $\boldsymbol{A}$ 是正定矩阵的充分必要条件是[　　].

(A) 二次型 $\boldsymbol{x}^{\mathrm{T}}\boldsymbol{A}\boldsymbol{x}$ 的负惯性指数为零　(B) 存在 n 阶矩阵 $\boldsymbol{C}$，使得 $\boldsymbol{A}=\boldsymbol{C}^{\mathrm{T}}\boldsymbol{C}$

(C) $\boldsymbol{A}$ 没有负特征值　(D) $\boldsymbol{A}$ 与单位矩阵合同

解：二次型 $\boldsymbol{x}^{\mathrm{T}}\boldsymbol{A}\boldsymbol{x}$ 的负惯性指数为 $r-p$，其中 $r=\mathrm{r}(\boldsymbol{A})$，$p$ 为正惯性指数. 当矩阵 $\boldsymbol{A}$ 为正定矩阵时，$r=n$，$p=n$，有 $r-p=0$. 但是当 $r-p=0$ 时，未必有 $r=p=n$，故(A) 错.

由于 $\boldsymbol{C}$ 不一定可逆，故(B) 错.

由于 $\boldsymbol{A}$ 可能有零特征值，故(C) 错.

本题应选(D). 这是正定矩阵的充要条件之一.

10. 若二次型 $f(x_1, x_2, x_3)=t(x_1^2+x_2^2+x_3^2)+2x_1x_2+2x_1x_3-2x_2x_3$ 为正定的，则 t 的取值范围是[　　].

(A)$(2, +\infty)$　(B)$(-\infty, 2)$　(C)$(-1, 1)$　(D)$(-\sqrt{2}, \sqrt{2})$

解：二次型的矩阵

$$\boldsymbol{A}=\begin{pmatrix} t & 1 & 1 \\ 1 & t & -1 \\ 1 & -1 & t \end{pmatrix}$$

若二次型 f 是正定的，则有

$$|\boldsymbol{A}_1|=t>0,\quad |\boldsymbol{A}_2|=\begin{vmatrix} t & 1 \\ 1 & t \end{vmatrix}=t^2-1>0$$

$$|\boldsymbol{A}_3|=\boldsymbol{A}=\begin{vmatrix} t & 1 & 1 \\ 1 & t & -1 \\ 1 & -1 & t \end{vmatrix}=(t+1)^2(t-2)>0$$

解得 $t>2$. 故本题应选(A).

11. 二次型 $f(x_1, x_2, x_3)=(x_1+ax_2-2x_3)^2+(2x_2+3x_3)^2+(x_1+3x_2+ax_3)^2$ 是正定二次型的充分必要条件是[　　].

(A) $a>1$　(B) $a<1$　(C) $a\neq 1$　(D) $a=1$

解：对任意的 $(x_1, x_2, x_3)^{\mathrm{T}}\neq\boldsymbol{0}$，有 $f(x_1, x_2, x_3)\geqslant 0$. 故 $f(x_1, x_2, x_3)$ 为正定二次型的充要条件是线性方程组

$$\begin{cases} x_1+ax_2-2x_3=0 \\ 2x_2+3x_3=0 \\ x_1+3x_2+ax_3=0 \end{cases}$$

没有非零解(或仅有零解). 这等价于系数行列式

$$\begin{vmatrix} 1 & a & -2 \\ 0 & 2 & 3 \\ 1 & 3 & a \end{vmatrix}=5a-5\neq 0$$

故 $a\neq 1$，本题应选(C).

(二) 参考题(附解答)

(A)

1. 求二次型 $f(x_1, x_2, x_3)=(x_1+2x_2+3x_3)^2$ 的矩阵和秩.

解: 记 $\boldsymbol{\alpha}=(1, 2, 3)^{\mathrm{T}}$, $\boldsymbol{x}=(x_1, x_2, x_3)^{\mathrm{T}}$, 则

$$\boldsymbol{\alpha}^{\mathrm{T}}\boldsymbol{x}=x_1+2x_2+3x_3$$

所以

$$f(x_1, x_2, x_3)=(\boldsymbol{\alpha}^{\mathrm{T}}\boldsymbol{x})^2=(\boldsymbol{\alpha}^{\mathrm{T}}\boldsymbol{x})^{\mathrm{T}}(\boldsymbol{\alpha}^{\mathrm{T}}\boldsymbol{x})=\boldsymbol{x}^{\mathrm{T}}(\boldsymbol{\alpha}\boldsymbol{\alpha}^{\mathrm{T}})\boldsymbol{x}$$

即二次型 f 的矩阵

$$\boldsymbol{A}=\boldsymbol{\alpha}\boldsymbol{\alpha}^{\mathrm{T}}=\begin{pmatrix}1\\2\\3\end{pmatrix}(1, 2, 3)=\begin{pmatrix}1&2&3\\2&4&6\\3&6&9\end{pmatrix}$$

且 $\mathrm{r}(\boldsymbol{A})=1$. 故二次型 f 的秩为 1.

2. 设 $\boldsymbol{A}$, $\boldsymbol{B}$ 为 n 阶可逆矩阵, 且 $\boldsymbol{A}$ 与 $\boldsymbol{B}$ 合同, 证明 $\boldsymbol{A}^{-1}$ 与 $\boldsymbol{B}^{-1}$ 合同.

证: 因为 $\boldsymbol{A}$ 与 $\boldsymbol{B}$ 合同, 故存在可逆矩阵 $\boldsymbol{C}$, 使得 $\boldsymbol{C}^{\mathrm{T}}\boldsymbol{A}\boldsymbol{C}=\boldsymbol{B}$. 又 $\boldsymbol{A}$, $\boldsymbol{B}$ 均可逆, 所以

$$\boldsymbol{B}^{-1}=(\boldsymbol{C}^{\mathrm{T}}\boldsymbol{A}\boldsymbol{C})^{-1}=\boldsymbol{C}^{-1}\boldsymbol{A}^{-1}(\boldsymbol{C}^{\mathrm{T}})^{-1}=\boldsymbol{C}^{-1}\boldsymbol{A}^{-1}(\boldsymbol{C}^{-1})^{\mathrm{T}}$$

记 $\boldsymbol{D}=(\boldsymbol{C}^{-1})^{\mathrm{T}}$, 则 $\boldsymbol{D}^{\mathrm{T}}=[(\boldsymbol{C}^{-1})^{\mathrm{T}}]^{\mathrm{T}}=\boldsymbol{C}^{-1}$, 且 $\boldsymbol{D}$ 可逆. 于是

$$\boldsymbol{B}^{-1}=\boldsymbol{D}^{\mathrm{T}}\boldsymbol{A}^{-1}\boldsymbol{D}$$

所以 $\boldsymbol{A}^{-1}$ 与 $\boldsymbol{B}^{-1}$ 合同.

3. 设二次型 $f(x_1, x_2, x_3)=ax_1^2+x_2^2+ax_3^2+2a(x_1x_2+x_2x_3)+2x_1x_3$. 求二次型 $f(x_1, x_2, x_3)$ 的秩.

解: 二次型 f 的矩阵

$$\boldsymbol{A}=\begin{pmatrix}a&a&1\\a&1&a\\1&a&a\end{pmatrix}$$

其行列式

$$|\boldsymbol{A}|=\begin{vmatrix}a&a&1\\a&1&a\\1&a&a\end{vmatrix}=-(a-1)^2(2a+1)$$

由此可知，当 $a \neq 1$ 且 $a \neq -\frac{1}{2}$ 时，$\mathrm{r}(\boldsymbol{A}) = 3$. 二次型 f 的秩为 3.

当 $a = 1$ 时，可得 $\mathrm{r}(\boldsymbol{A}) = 1$. 二次型 f 的秩为 1.

当 $a = -\frac{1}{2}$ 时，可得 $\mathrm{r}(\boldsymbol{A}) = 2$. 二次型 f 的秩为 2.

4. 用配方法和正交变换法将二次型

$$f(x_1, x_2, x_3) = 2x_1x_2 + 4x_1x_3$$

化为标准形，并写出所作的可逆线性变换.

解: 方法 1　用配方法. 设线性变换 $\begin{cases} x_1 = y_1 + y_2 \\ x_2 = y_1 - y_2 \\ x_3 = y_3 \end{cases}$，其矩阵 $\boldsymbol{C}_1 = \begin{pmatrix} 1 & 1 & 0 \\ 1 & -1 & 0 \\ 0 & 0 & 1 \end{pmatrix}$，$|\boldsymbol{C}_1| = -2 \neq 0$. 原二次型化为

$$\begin{aligned} f &= 2y_1^2 - 2y_2^2 + 4y_1y_3 + 4y_2y_3 \\ &= 2(y_1 + y_3)^2 - 2y_3^2 - 2y_2^2 + 4y_2y_3 \\ &= 2(y_1 + y_3)^2 - 2(y_2 - y_3)^2 \end{aligned}$$

令 $\begin{cases} z_1 = y_1 + y_3 \\ z_2 = y_2 - y_3 \\ z_3 = y_3 \end{cases}$，即 $\begin{cases} y_1 = z_1 - z_3 \\ y_2 = z_2 + z_3 \\ y_3 = z_3 \end{cases}$，其矩阵 $\boldsymbol{C}_2 = \begin{pmatrix} 1 & 0 & -1 \\ 0 & 1 & 1 \\ 0 & 0 & 1 \end{pmatrix}$，$|\boldsymbol{C}_2| = 1 \neq 0$，则原二次型的标准形

$$f = 2z_1^2 - 2z_2^2$$

从变量 x_1, x_2, x_3 到 z_1, z_2, z_3 的线性变换为 $\boldsymbol{x} = \boldsymbol{C}_1\boldsymbol{y} = \boldsymbol{C}_1\boldsymbol{C}_2\boldsymbol{z}$，记矩阵 $\boldsymbol{C} = \boldsymbol{C}_1\boldsymbol{C}_2$，则 $\boldsymbol{x} = \boldsymbol{C}\boldsymbol{z}$，即

$$\boldsymbol{x} = \boldsymbol{C}\boldsymbol{z} = \begin{pmatrix} 1 & 1 & 0 \\ 1 & -1 & 0 \\ 0 & 0 & 1 \end{pmatrix} \begin{pmatrix} 1 & 0 & -1 \\ 0 & 1 & 1 \\ 0 & 0 & 1 \end{pmatrix} \begin{pmatrix} z_1 \\ z_2 \\ z_3 \end{pmatrix} = \begin{pmatrix} 1 & 1 & 0 \\ 1 & -1 & -2 \\ 0 & 0 & 1 \end{pmatrix} \begin{pmatrix} z_1 \\ z_2 \\ z_3 \end{pmatrix}$$

也就是 $\begin{cases} x_1 = z_1 + z_2 \\ x_2 = z_1 - z_2 - 2z_3 \\ x_3 = z_3 \end{cases}$.

方法 2　用正交变换法，二次型 f 的矩阵

$$\boldsymbol{A} = \begin{pmatrix} 0 & 1 & 2 \\ 1 & 0 & 0 \\ 2 & 0 & 0 \end{pmatrix}$$

矩阵 $\boldsymbol{A}$ 的特征多项式

$$|\lambda\boldsymbol{I} - \boldsymbol{A}| = \begin{vmatrix} \lambda & -1 & -2 \\ -1 & \lambda & 0 \\ -2 & 0 & \lambda \end{vmatrix} = \lambda(\lambda^2 - 5)$$

由此可得 $\boldsymbol{A}$ 的特征值 $\lambda_1=\sqrt{5}$，$\lambda_2=-\sqrt{5}$，$\lambda_3=0$.

对于 $\lambda_1=\sqrt{5}$，解齐次线性方程组 $(\sqrt{5}\boldsymbol{I}-\boldsymbol{A})\boldsymbol{x}=\boldsymbol{0}$，得对应的特征向量 $\boldsymbol{\alpha}_1=(\sqrt{5},1,2)^{\mathrm{T}}$.

对于 $\lambda_2=-\sqrt{5}$，解齐次线性方程组 $(-\sqrt{5}\boldsymbol{I}-\boldsymbol{A})\boldsymbol{x}=\boldsymbol{0}$，得对应的特征向量 $\boldsymbol{\alpha}_2=(-\sqrt{5},1,2)^{\mathrm{T}}$.

对于 $\lambda_3=0$，解齐次线性方程组 $(0\boldsymbol{I}-\boldsymbol{A})\boldsymbol{x}=\boldsymbol{0}$，得对应的特征向量 $\boldsymbol{\alpha}_3=(0,-2,1)^{\mathrm{T}}$.

$\boldsymbol{\alpha}_1$，$\boldsymbol{\alpha}_2$，$\boldsymbol{\alpha}_3$ 已是正交向量组，只需将 $\boldsymbol{\alpha}_1$，$\boldsymbol{\alpha}_2$，$\boldsymbol{\alpha}_3$ 单位化：

$$\boldsymbol{\beta}_1=\frac{1}{\|\boldsymbol{\alpha}_1\|}\boldsymbol{\alpha}_1=\left(\frac{1}{\sqrt{2}},\frac{1}{\sqrt{10}},\frac{2}{\sqrt{10}}\right)^{\mathrm{T}}$$

$$\boldsymbol{\beta}_2=\frac{1}{\|\boldsymbol{\alpha}_2\|}\boldsymbol{\alpha}_2=\left(-\frac{1}{\sqrt{2}},\frac{1}{\sqrt{10}},\frac{2}{\sqrt{10}}\right)^{\mathrm{T}}$$

$$\boldsymbol{\beta}_3=\frac{1}{\|\boldsymbol{\alpha}_3\|}\boldsymbol{\alpha}_3=\left(0,-\frac{2}{\sqrt{5}},\frac{1}{\sqrt{5}}\right)^{\mathrm{T}}$$

令矩阵

$$\boldsymbol{Q}=\begin{pmatrix}\frac{1}{\sqrt{2}} & -\frac{1}{\sqrt{2}} & 0\\ \frac{1}{\sqrt{10}} & \frac{1}{\sqrt{10}} & -\frac{2}{\sqrt{5}}\\ \frac{2}{\sqrt{10}} & \frac{2}{\sqrt{10}} & \frac{1}{\sqrt{5}}\end{pmatrix},\ \boldsymbol{y}=\begin{pmatrix}y_1\\ y_2\\ y_3\end{pmatrix}$$

则 $\boldsymbol{Q}$ 为正交矩阵，经正交变换 $\boldsymbol{x}=\boldsymbol{Q}\boldsymbol{y}$，可得二次型 f 的标准形

$$f=\sqrt{5}\,y_1^2-\sqrt{5}\,y_2^2$$

5. 设二次型 $f(x_1,x_2,x_3)=(x_1+x_2)^2+x_3^2+2ax_1x_3+2bx_2x_3$ 经正交变换 $\boldsymbol{x}=\boldsymbol{Q}\boldsymbol{y}$ 可化为标准形 $f=y_2^2+2y_3^2$. 求 a，b 的值和正交矩阵 $\boldsymbol{Q}$.

解： 二次型

$$f(x_1,x_2,x_3)=x_1^2+x_2^2+x_3^2+2x_1x_2+2ax_1x_3+2bx_2x_3$$

二次型的矩阵 $\boldsymbol{A}=\begin{pmatrix}1 & 1 & a\\ 1 & 1 & b\\ a & b & 1\end{pmatrix}$. 由题设条件可知，矩阵 $\boldsymbol{A}$ 有特征值 $\lambda_1=0$，$\lambda_2=1$，$\lambda_3=2$. 所以

$$|0\boldsymbol{I}-\boldsymbol{A}|=\begin{vmatrix}-1 & -1 & -a\\ -1 & -1 & -b\\ -a & -b & -1\end{vmatrix}=(a-b)^2=0$$

$$|\boldsymbol{I}-\boldsymbol{A}|=\begin{vmatrix}0 & -1 & -a\\ -1 & 0 & -b\\ -a & -b & 0\end{vmatrix}=-2ab=0$$

由上面两式得到 $a=b=0$.

对 $\lambda_1=0$，解齐次线性方程组 $(0\boldsymbol{I}-\boldsymbol{A})\boldsymbol{x}=\boldsymbol{0}$，可得对应的特征向量 $\boldsymbol{\alpha}_1=(-1, 1, 0)^{\mathrm{T}}$.

对 $\lambda_2=1$，解齐次线性方程组 $(\boldsymbol{I}-\boldsymbol{A})\boldsymbol{x}=\boldsymbol{0}$，可得对应的特征向量 $\boldsymbol{\alpha}_2=(0, 0, 1)^{\mathrm{T}}$.

对 $\lambda_3=2$，解齐次线性方程组 $(2\boldsymbol{I}-\boldsymbol{A})\boldsymbol{x}=\boldsymbol{0}$，可得对应的特征向量 $\boldsymbol{\alpha}_3=(1, 1, 0)^{\mathrm{T}}$.

$\boldsymbol{\alpha}_1$，$\boldsymbol{\alpha}_2$，$\boldsymbol{\alpha}_3$ 已是正交向量组，将其单位化，得

$$\boldsymbol{\beta}_1=\frac{1}{\|\boldsymbol{\alpha}_1\|}\boldsymbol{\alpha}_1=\left(-\frac{1}{\sqrt{2}}, \frac{1}{\sqrt{2}}, 0\right)^{\mathrm{T}}$$

$$\boldsymbol{\beta}_2=\frac{1}{\|\boldsymbol{\alpha}_2\|}\boldsymbol{\alpha}_2=(0, 0, 1)^{\mathrm{T}}$$

$$\boldsymbol{\beta}_3=\frac{1}{\|\boldsymbol{\alpha}_3\|}\boldsymbol{\alpha}_3=\left(\frac{1}{\sqrt{2}}, \frac{1}{\sqrt{2}}, 0\right)^{\mathrm{T}}$$

令矩阵

$$\boldsymbol{Q}=\begin{pmatrix}-\frac{1}{\sqrt{2}} & 0 & \frac{1}{\sqrt{2}}\\ \frac{1}{\sqrt{2}} & 0 & \frac{1}{\sqrt{2}}\\ 0 & 1 & 0\end{pmatrix}, \boldsymbol{x}=\begin{pmatrix}x_1\\x_2\\x_3\end{pmatrix}, \boldsymbol{y}=\begin{pmatrix}y_1\\y_2\\y_3\end{pmatrix}$$

则 $\boldsymbol{Q}$ 为正交矩阵，作正交变换 $\boldsymbol{x}=\boldsymbol{Q}\boldsymbol{y}$，原二次型可化为标准形 $f=y_2^2+2y_3^2$.

6. 设二次型 $f(x_1, x_2, x_3)=(1-a)x_1^2+(1-a)x_2^2+2x_3^2+2(1+a)x_1x_2$ 的秩为 2.

(1) 求 a 的值.

(2) 求正交变换 $\boldsymbol{x}=\boldsymbol{Q}\boldsymbol{y}$，将二次型 $f(x_1, x_2, x_3)$ 化为标准形.

(3) 求方程 $f(x_1, x_2, x_3)=0$ 的解.

解: (1) 二次型 f 的矩阵

$$\boldsymbol{A}=\begin{pmatrix}1-a & 1+a & 0\\ 1+a & 1-a & 0\\ 0 & 0 & 2\end{pmatrix}$$

对 $\boldsymbol{A}$ 施以初等行变换，化为阶梯形矩阵：

$$\boldsymbol{A}=\begin{pmatrix}1-a & 1+a & 0\\ 1+a & 1-a & 0\\ 0 & 0 & 2\end{pmatrix}\longrightarrow\begin{pmatrix}1 & 1 & 0\\ 0 & a & 0\\ 0 & 0 & 1\end{pmatrix}$$

因为 $\mathrm{r}(\boldsymbol{A})=2$，可得 $a=0$.

(2) 矩阵 $\boldsymbol{A}$ 的特征多项式

$$|\lambda\boldsymbol{I}-\boldsymbol{A}|=\begin{vmatrix}\lambda-1 & -1 & 0\\ -1 & \lambda-1 & 0\\ 0 & 0 & \lambda-2\end{vmatrix}=\lambda(\lambda-2)^2$$

因此可得 $\boldsymbol{A}$ 的特征值 $\lambda_1=0$，$\lambda_2=\lambda_3=2$.

对于 $\lambda_1=0$，解齐次线性方程组 $(0\boldsymbol{I}-\boldsymbol{A})\boldsymbol{x}=\boldsymbol{0}$，得对应的特征向量 $\boldsymbol{\alpha}_1=(-1,1,0)^{\mathrm{T}}$.

对于 $\lambda_2=\lambda_3=2$，解齐次线性方程组 $(2\boldsymbol{I}-\boldsymbol{A})\boldsymbol{x}=\boldsymbol{0}$，得对应的特征向量

$$\boldsymbol{\alpha}_2=(1,1,0)^{\mathrm{T}},\ \boldsymbol{\alpha}_3=(0,0,1)^{\mathrm{T}}$$

因为 $\boldsymbol{\alpha}_1$，$\boldsymbol{\alpha}_2$，$\boldsymbol{\alpha}_3$ 已是正交向量组，只需将 $\boldsymbol{\alpha}_1$，$\boldsymbol{\alpha}_2$，$\boldsymbol{\alpha}_3$ 单位化：

$$\boldsymbol{\beta}_1=\frac{1}{\|\boldsymbol{\alpha}_1\|}\boldsymbol{\alpha}_1=\left(-\frac{1}{\sqrt{2}},\frac{1}{\sqrt{2}},0\right)^{\mathrm{T}}$$

$$\boldsymbol{\beta}_2=\frac{1}{\|\boldsymbol{\alpha}_2\|}\boldsymbol{\alpha}_2=\left(\frac{1}{\sqrt{2}},\frac{1}{\sqrt{2}},0\right)^{\mathrm{T}}$$

$$\boldsymbol{\beta}_3=\boldsymbol{\alpha}_3=(0,0,1)^{\mathrm{T}}$$

令矩阵

$$\boldsymbol{Q}=(\boldsymbol{\beta}_1,\boldsymbol{\beta}_2,\boldsymbol{\beta}_3)=\begin{pmatrix}-\frac{1}{\sqrt{2}} & \frac{1}{\sqrt{2}} & 0\\ \frac{1}{\sqrt{2}} & \frac{1}{\sqrt{2}} & 0\\ 0 & 0 & 1\end{pmatrix}$$

则 $\boldsymbol{Q}$ 为正交矩阵，经过正交变换 $\boldsymbol{x}=\boldsymbol{Q}\boldsymbol{y}$，可得二次型的标准形

$$f=2y_2^2+2y_3^2$$

(3) 由 $f=2y_2^2+2y_3^2=0$，可得 $y_1=c_1$，$y_2=y_3=0$ (c_1 为任意常数). 记 $\boldsymbol{y}_0=(c_1,0,0)^{\mathrm{T}}$，则 $\boldsymbol{x}_0=\boldsymbol{Q}\boldsymbol{y}_0$ 是方程 $f(x_1,x_2,x_3)=0$ 的解，于是

$$\boldsymbol{x}_0=\boldsymbol{Q}\boldsymbol{y}_0=\begin{pmatrix}-\frac{1}{\sqrt{2}} & \frac{1}{\sqrt{2}} & 0\\ \frac{1}{\sqrt{2}} & \frac{1}{\sqrt{2}} & 0\\ 0 & 0 & 1\end{pmatrix}\begin{pmatrix}c_1\\0\\0\end{pmatrix}=\begin{pmatrix}-\frac{1}{\sqrt{2}}c_1\\ \frac{1}{\sqrt{2}}c_1\\ 0\end{pmatrix}=c\begin{pmatrix}-1\\1\\0\end{pmatrix}$$

其中 c 为任意常数 $\left(c=\frac{1}{\sqrt{2}}c_1\right)$，即 $f(x_1,x_2,x_3)=0$ 的解为

$$x_1=-c,\ x_2=c,\ x_3=0$$

7. 设 $\boldsymbol{A}$ 为 n 阶实对称矩阵，且 $\boldsymbol{A}$ 的行列式 $|\boldsymbol{A}|<0$. 证明：存在 n 维向量 $\boldsymbol{x}=(x_1,x_2,\cdots,x_n)^{\mathrm{T}}$，使得 $\boldsymbol{x}^{\mathrm{T}}\boldsymbol{A}\boldsymbol{x}<0$.

证： 由于 $|\boldsymbol{A}|\neq 0$，故 $\boldsymbol{A}$ 可逆，$\boldsymbol{A}$ 的所有特征值不等于零，设 $\boldsymbol{A}$ 的特征值为 λ_1，λ_2，$\cdots$，λ_n，则

$$|\boldsymbol{A}|=\lambda_1\lambda_2\cdots\lambda_n<0$$

可见 $\boldsymbol{A}$ 的特征值中至少有一个负数，不妨设 $\lambda_1<0$.

因二次型 $f(x)=\boldsymbol{x}^{\mathrm{T}}\boldsymbol{A}\boldsymbol{x}$ 经正交变换 $\boldsymbol{x}=\boldsymbol{Q}\boldsymbol{y}$ 可化为标准形

$$f=\lambda_1 y_1^2+\lambda_2 y_2^2+\cdots+\lambda_n y_n^2$$

取 $\boldsymbol{y}_0=(1,0,\cdots,0)^{\mathrm{T}}$，对应的 $\boldsymbol{x}_0=\boldsymbol{Q}\boldsymbol{y}_0$，使得

$$\begin{aligned}\boldsymbol{x}_0^{\mathrm{T}}\boldsymbol{A}\boldsymbol{x}_0&=\boldsymbol{y}_0^{\mathrm{T}}(\boldsymbol{Q}^{\mathrm{T}}\boldsymbol{A}\boldsymbol{Q})\boldsymbol{y}_0\\&=\lambda_1+\lambda_2 0+\cdots+\lambda_n 0\\&=\lambda_1<0\end{aligned}$$

8. 设 $\boldsymbol{A}$ 为 $m\times n$ 矩阵，已知 $\boldsymbol{B}=t\boldsymbol{I}+\boldsymbol{A}^{\mathrm{T}}\boldsymbol{A}$. 证明:当 $t>0$ 时，矩阵 $\boldsymbol{B}$ 为正定矩阵.

证: $\boldsymbol{B}=t\boldsymbol{I}+\boldsymbol{A}^{\mathrm{T}}\boldsymbol{A}$ 为 n 阶矩阵，又

$$\boldsymbol{B}^{\mathrm{T}}=(t\boldsymbol{I}+\boldsymbol{A}^{\mathrm{T}}\boldsymbol{A})^{\mathrm{T}}=t\boldsymbol{I}+(\boldsymbol{A}^{\mathrm{T}}\boldsymbol{A})^{\mathrm{T}}=t\boldsymbol{I}+\boldsymbol{A}^{\mathrm{T}}\boldsymbol{A}=\boldsymbol{B}$$

所以 $\boldsymbol{B}$ 为对称矩阵.

对于任意的 $\boldsymbol{x}=(x_1,x_2,\cdots,x_n)^{\mathrm{T}}\neq\boldsymbol{0}$，有

$$\boldsymbol{x}^{\mathrm{T}}\boldsymbol{B}\boldsymbol{x}=t\boldsymbol{x}^{\mathrm{T}}\boldsymbol{x}+\boldsymbol{x}^{\mathrm{T}}\boldsymbol{A}^{\mathrm{T}}\boldsymbol{A}\boldsymbol{x}=t\boldsymbol{x}^{\mathrm{T}}\boldsymbol{x}+(\boldsymbol{A}\boldsymbol{x})^{\mathrm{T}}(\boldsymbol{A}\boldsymbol{x})$$

当 $\boldsymbol{x}\neq\boldsymbol{0}$ 时，$\boldsymbol{x}^{\mathrm{T}}\boldsymbol{x}>0$，$(\boldsymbol{A}\boldsymbol{x})^{\mathrm{T}}(\boldsymbol{A}\boldsymbol{x})\geqslant 0$. 所以当 $t>0$ 时，必有

$$\boldsymbol{x}^{\mathrm{T}}\boldsymbol{B}\boldsymbol{x}=t\boldsymbol{x}^{\mathrm{T}}\boldsymbol{x}+(\boldsymbol{A}\boldsymbol{x})^{\mathrm{T}}(\boldsymbol{A}\boldsymbol{x})>0$$

故 $\boldsymbol{B}$ 为正定矩阵.

9. 设 $\boldsymbol{A}$ 为 n 阶实对称矩阵，$\mathrm{r}(\boldsymbol{A})=n$. 若 A_{ij} 是 $\boldsymbol{A}=(a_{ij})$ 中元素 a_{ij} 的代数余子式($i,j=1,2,\cdots,n$)，二次型

$$f(x_1,x_2,\cdots,x_n)=\sum_{i=1}^{n}\sum_{j=1}^{n}\frac{A_{ij}}{|\boldsymbol{A}|}x_i x_j$$

(1) 记 $\boldsymbol{x}=(x_1,x_2,\cdots,x_n)^{\mathrm{T}}$. 试将 $f(x_1,x_2,\cdots,x_n)$ 写成矩阵形式，并求二次型 $f(x)$ 的矩阵.

(2) 二次型 $g(\boldsymbol{x})=\boldsymbol{x}^{\mathrm{T}}\boldsymbol{A}\boldsymbol{x}$ 与 $f(\boldsymbol{x})$ 的规范形是否相同? 说明理由.

解: (1) 二次型 $f(x_1,x_2,\cdots,x_n)$ 的矩阵形式为

$$f(\boldsymbol{x})=(x_1,x_2,\cdots,x_n)\frac{1}{|\boldsymbol{A}|}\begin{pmatrix}A_{11}&A_{21}&\cdots&A_{n1}\\A_{12}&A_{22}&\cdots&A_{n2}\\\vdots&\vdots&&\vdots\\A_{1n}&A_{2n}&\cdots&A_{nn}\end{pmatrix}\begin{pmatrix}x_1\\x_2\\\vdots\\x_n\end{pmatrix}$$

因为 $\mathrm{r}(\boldsymbol{A})=n$，矩阵 $\boldsymbol{A}$ 可逆;且

$$\boldsymbol{A}^{-1}=\frac{1}{|\boldsymbol{A}|}\boldsymbol{A}^*$$

而$(\boldsymbol{A}^{-1})^{\mathrm{T}}=(\boldsymbol{A}^{\mathrm{T}})^{-1}=\boldsymbol{A}^{-1}$，所以 $\boldsymbol{A}^{-1}$ 仍是实对称矩阵. 因此二次型 $f(x)$ 的矩阵为 $\boldsymbol{A}^{-1}$.

(2) 因为 $\boldsymbol{A}^{\mathrm{T}}=\boldsymbol{A}$，所以

$$(\boldsymbol{A}^{-1})^{\mathrm{T}}\boldsymbol{A}\boldsymbol{A}^{-1}=(\boldsymbol{A}^{\mathrm{T}})^{-1}\boldsymbol{I}=\boldsymbol{A}^{-1}$$

因此矩阵 $\mathbf{A}$ 与 $\mathbf{A}^{-1}$ 合同，从而二次型 $g(\boldsymbol{x})=\boldsymbol{x}^{\mathrm{T}}\boldsymbol{A}\boldsymbol{x}$ 与 $f(\boldsymbol{x})=\boldsymbol{x}^{\mathrm{T}}\boldsymbol{A}^{-1}\boldsymbol{x}$ 有相同的规范形.

10. 设有 n 元二次型 $f(x_1, x_2, \cdots, x_n)=(x_1+a_1x_2)^2+(x_2+a_2x_3)^2+\cdots+(x_{n-1}+a_{n-1}x_n)^2+(x_n+a_nx_1)^2$，其中 $a_i(i=1, 2, \cdots, n)$ 为实数. 问当 $a_1, a_2, \cdots, a_n$ 满足什么条件时，二次型 f 为正定二次型?

解： 方法 1　由题设条件可知，对任意实数 $x_1, x_2, \cdots, x_n$，有

$$f(x_1, x_2, \cdots, x_n)\geqslant 0$$

并且，当且仅当

$$\begin{cases} x_1+a_1x_2=0 \\ x_2+a_2x_3=0 \\ \quad\cdots\cdots \\ x_{n-1}+a_{n-1}x_n=0 \\ x_n+a_nx_1=0 \end{cases} \qquad ①$$

时才有等号成立.

方程组 ① 仅有零解的充分必要条件是系数行列式

$$\begin{vmatrix} 1 & a_1 & 0 & \cdots & 0 & 0 \\ 0 & 1 & a_2 & \cdots & 0 & 0 \\ \vdots & \vdots & \vdots & & \vdots & \vdots \\ 0 & 0 & 0 & \cdots & 1 & a_{n-1} \\ a_n & 0 & 0 & \cdots & 0 & 1 \end{vmatrix}=1+(-1)^{n+1}a_1a_2\cdots a_n\neq 0$$

所以，当 $1+(-1)^{n+1}a_1a_2\cdots a_n\neq 0$ 时，对任意不全为零的 $x_1, x_2, \cdots, x_n$，必使 $x_1+a_1x_2, \cdots, x_{n-1}+a_{n-1}x_n, x_n+a_nx_1$ 中至少有一个不等于零，因此 $f(x_1, x_2, \cdots, x_n)>0$，即当 $a_1a_2\cdots a_n\neq(-1)^n$ 时，二次型 $f(x_1, x_2, \cdots, x_n)$ 为正定二次型.

方法 2　由题设条件，作线性变换

$$\begin{cases} y_1=x_1+a_1x_2 \\ y_2=x_2+a_2x_3 \\ \quad\cdots\cdots \\ y_{n-1}=x_{n-1}+a_{n-1}x_n \\ y_n=x_n+a_nx_1 \end{cases}$$

其矩阵形式为 $\boldsymbol{y}=\boldsymbol{P}\boldsymbol{x}$，其中

$$\boldsymbol{x}=\begin{pmatrix} x_1 \\ x_2 \\ \vdots \\ x_n \end{pmatrix}, \boldsymbol{y}=\begin{pmatrix} y_1 \\ y_2 \\ \vdots \\ y_n \end{pmatrix}, \boldsymbol{P}=\begin{pmatrix} 1 & a_1 & 0 & \cdots & 0 & 0 \\ 0 & 1 & a_2 & \cdots & 0 & 0 \\ \vdots & \vdots & \vdots & & \vdots & \vdots \\ 0 & 0 & 0 & \cdots & 1 & a_{n-1} \\ a_n & 0 & 0 & \cdots & 0 & 1 \end{pmatrix}$$

当 $|\boldsymbol{P}|=1+(-1)^{n+1}a_1a_2\cdots a_n\neq 0$ 时，$\boldsymbol{P}$ 为可逆矩阵，故由 $\boldsymbol{y}=\boldsymbol{P}\boldsymbol{x}$ 可得 $\boldsymbol{x}=\boldsymbol{P}^{-1}\boldsymbol{y}$，原二次型经过这一可逆线性变换可化为规范形

$$f=y_1^2+y_2^2+\cdots+y_n^2$$

故 f 为正定二次型，所以当 $1+(-1)^{n+1}a_1a_2\cdots a_n\neq 0$ 时，f 为正定二次型.

(B)

1. 二次型 $f(x_1, x_2, x_3)=(x_1+x_2)^2+(x_2-x_3)^2+(x_3+x_1)^2$ 的秩为[　　].

(A) 0　　(B) 1

(C) 2　　(D) 3

解：首先排除(A)，因为非零二次型矩阵的秩大于零.

二次型 f 可写成

$$f(x_1, x_2, x_3)=2x_1^2+2x_2^2+2x_3^2+2x_1x_2+2x_1x_3-2x_2x_3$$

其矩阵

$$\boldsymbol{A}=\begin{pmatrix}2&1&1\\1&2&-1\\1&-1&2\end{pmatrix}$$

对 $\boldsymbol{A}$ 施以初等行变换：

$$\boldsymbol{A}\longrightarrow\begin{pmatrix}1&-1&2\\0&3&-3\\0&0&0\end{pmatrix}$$

所以 $\mathrm{r}(\boldsymbol{A})=2$，即二次型 f 的秩为 2. 故本题应选 (C).

2. 设矩阵 $\boldsymbol{A}=\begin{pmatrix}2&-1&-1\\-1&2&-1\\-1&-1&2\end{pmatrix}$，$\boldsymbol{B}=\begin{pmatrix}1&0&0\\0&1&0\\0&0&0\end{pmatrix}$，则 $\boldsymbol{A}$ 与 $\boldsymbol{B}$[　　].

(A) 合同，且相似　　(B) 合同，但不相似

(C) 不合同，但相似　　(D) 既不合同，也不相似

解：矩阵 $\boldsymbol{A}$ 是实对称矩阵，其特征多项式

$$|\lambda\boldsymbol{I}-\boldsymbol{A}|=\begin{vmatrix}\lambda-2&1&1\\1&\lambda-2&1\\1&1&\lambda-2\end{vmatrix}=\lambda(\lambda-3)^2$$

可得 $\boldsymbol{A}$ 的特征值为 $\lambda_1=\lambda_2=3$，$\lambda_3=0$. 由此可知，二次型 $\boldsymbol{x}^{\mathrm{T}}\boldsymbol{A}\boldsymbol{x}$ 的规范形为 $y_1^2+y_2^2$. 所以 $\boldsymbol{A}$ 与 $\boldsymbol{B}$ 合同.

又矩阵 $\boldsymbol{B}$ 的特征值为 1，1，0，而相似矩阵的特征值相同，可见，矩阵 $\boldsymbol{A}$ 与 $\boldsymbol{B}$ 不相似，故本题应选 (B).

3. 设 $\boldsymbol{A}$，$\boldsymbol{B}$ 为 n 阶矩阵，下列命题中正确的是[　　].

(A) 若 $\boldsymbol{A}$ 与 $\boldsymbol{B}$ 合同，则 $\boldsymbol{A}$ 与 $\boldsymbol{B}$ 相似

(B) 若 $\boldsymbol{A}$ 与 $\boldsymbol{B}$ 相似，则 $\boldsymbol{A}$ 与 $\boldsymbol{B}$ 合同

(C) 若 $\boldsymbol{A}$ 与 $\boldsymbol{B}$ 等价，则 $\boldsymbol{A}$ 与 $\boldsymbol{B}$ 合同

(D) 若 $\boldsymbol{A}$ 与 $\boldsymbol{B}$ 合同，则 $\boldsymbol{A}$ 与 $\boldsymbol{B}$ 等价

解： 同阶矩阵间有三种重要关系：等价、相似和合同，它们的定义如下：

① 设 $\boldsymbol{A}$，$\boldsymbol{B}$ 均为 $m\times n$ 矩阵，若存在可逆矩阵 $\boldsymbol{P}_{m\times m}$ 和 $\boldsymbol{Q}_{n\times n}$，使得 $\boldsymbol{PAQ}=\boldsymbol{B}$，即 $\boldsymbol{A}$ 经一系列初等变换就化为矩阵 $\boldsymbol{B}$，则称 $\boldsymbol{A}$ 与 $\boldsymbol{B}$ 等价.

② 设 $\boldsymbol{A}$，$\boldsymbol{B}$ 均为 n 阶矩阵，若存在可逆矩阵 $\boldsymbol{P}_{n\times n}$，使得 $\boldsymbol{P}^{-1}\boldsymbol{AP}=\boldsymbol{B}$，则称 $\boldsymbol{A}$ 与 $\boldsymbol{B}$ 相似.

③ 设 $\boldsymbol{A}$，$\boldsymbol{B}$ 均为 n 阶矩阵，若存在可逆矩阵 $\boldsymbol{C}_{n\times n}$，使得 $\boldsymbol{C}^{\mathrm{T}}\boldsymbol{AC}=\boldsymbol{B}$，则称 $\boldsymbol{A}$ 与 $\boldsymbol{B}$ 合同.

由此可知，若 $\boldsymbol{A}$ 与 $\boldsymbol{B}$ 合同，未必有 $\boldsymbol{A}$ 与 $\boldsymbol{B}$ 相似，因为 $\boldsymbol{C}^{\mathrm{T}}$ 未必等于 $\boldsymbol{C}^{-1}$. 故 (A) 不正确，类似地，(B) 不正确.

若 $\boldsymbol{A}$ 与 $\boldsymbol{B}$ 等价，由于 $\boldsymbol{A}$，$\boldsymbol{B}$ 未必是方阵，不存在合同关系，即使 $\boldsymbol{A}$，$\boldsymbol{B}$ 均为方阵，矩阵 $\boldsymbol{P}$，$\boldsymbol{Q}$ 也未必有 $\boldsymbol{P}^{\mathrm{T}}=\boldsymbol{Q}$. 故 (C) 不正确.

对于(D)，由 $\boldsymbol{A}$ 与 $\boldsymbol{B}$ 合同，有 $\boldsymbol{C}^{\mathrm{T}}\boldsymbol{AC}=\boldsymbol{B}$，其中 $\boldsymbol{C}$ 可逆，可知 $\boldsymbol{A}$ 与 $\boldsymbol{B}$ 等价，故本题应选(D).

4. 已知二次型 $f(x_1, x_2, x_3)=a(x_1^2+x_2^2+x_3^2)-6x_1x_2-6x_1x_3-6x_2x_3$，经正交变换 $\boldsymbol{x}=\boldsymbol{Qy}$ 可化为标准形

$$f=4y_1^2+4y_2^2-5y_3^2$$

则 $a=$[ ].

(A) 1　　(B) -1

(C) 2　　(D) -2

解： *方法 1*　二次型 $f(x_1, x_2, x_3)$ 的矩阵

$$\boldsymbol{A}=\begin{pmatrix} a & -3 & -3 \\ -3 & a & -3 \\ -3 & -3 & a \end{pmatrix}$$

矩阵 $\boldsymbol{A}$ 的特征多项式

$$|\lambda\boldsymbol{I}-\boldsymbol{A}|=\begin{vmatrix} \lambda-a & 3 & 3 \\ 3 & \lambda-a & 3 \\ 3 & 3 & \lambda-a \end{vmatrix}=(\lambda-a+6)(\lambda-a-3)^2$$

可得 $\boldsymbol{A}$ 的特征值为 $\lambda_1=\lambda_2=a+3$，$\lambda_3=a-6$.

由已知条件，$\boldsymbol{A}$ 的特征值应为 4，4，-5. 所以

$$a+3=4, a-6=-5$$

可得 $a=1$. 故本题应选 (A)

方法 2　由题设条件，$\boldsymbol{Q}^{\mathrm{T}}=\boldsymbol{Q}^{-1}$. 故二次型 f 的矩阵

$$\boldsymbol{A}=\begin{pmatrix} a & -3 & -3 \\ -3 & a & -3 \\ -3 & -3 & a \end{pmatrix} \quad 与 \quad \boldsymbol{\Lambda}=\begin{pmatrix} 4 & 0 & 0 \\ 0 & 4 & 0 \\ 0 & 0 & -5 \end{pmatrix}$$

合同，且相似，由此可得 $\boldsymbol{A}$ 的特征值为 $\lambda_1=\lambda_2=4$，$\lambda_3=-5$，所以 $\lambda_1+\lambda_2+\lambda_3=a+a+a$，得 $3a=3$，即 $a=1$. 故本题应选 (A).

5. 二次型 $f(x_1, x_2, x_3)=2x_1x_2+2x_1x_3+2x_2x_3$ 的规范形为 [　　].

(A) $f=z_1^2-z_2^2$　　　(B) $f=z_1^2+z_2^2-z_3^2$

(C) $f=z_1^2-z_2^2-z_3^2$　　　(D) $f=z_1^2+z_2^2+z_3^2$

解: *方法 1*　二次型 f 的矩阵为

$$\boldsymbol{A}=\begin{pmatrix} 0 & 1 & 1 \\ 1 & 0 & 1 \\ 1 & 1 & 0 \end{pmatrix}$$

矩阵 $\boldsymbol{A}$ 的特征多项式

$$|\lambda\boldsymbol{I}-\boldsymbol{A}|=\begin{vmatrix} \lambda & -1 & -1 \\ -1 & \lambda & -1 \\ -1 & -1 & \lambda \end{vmatrix}=(\lambda-2)(\lambda+1)^2$$

可得 $\boldsymbol{A}$ 的特征值为 $\lambda_1=2$，$\lambda_2=\lambda_3=-1$. 所以二次型 f 的正惯性指数 $p=1$，负惯性指数 $r-p=2$. 可见，二次型 f 的规范形为 $f=z_1^2-z_2^2-z_3^2$. 故本题应选(C).

方法 2　利用配方法将二次型化为标准形：作可逆线性变换

$$\begin{cases} x_1=y_1+y_2 \\ x_2=y_1-y_2 \\ x_3=y_3 \end{cases}$$

则

$$\begin{aligned} f&=2(y_1+y_2)(y_1-y_2)+2(y_1+y_2)y_3+2(y_1-y_2)y_3 \\ &=2y_1^2-2y_2^2+4y_1y_3=2(y_1+y_3)^2-2y_2^2-2y_3^2 \end{aligned}$$

继续作可逆线性变换

$$\begin{cases} z_1=\sqrt{2}(y_1+y_3) \\ z_2=\sqrt{2}y_2 \\ z_3=\sqrt{2}y_3 \end{cases}$$

得二次型的规范形 $f=z_1^2-z_2^2-z_3^2$. 故本题应选 (C).

6. 设实对称矩阵 $\boldsymbol{A}$ 与 $\boldsymbol{B}$ 合同，而矩阵

$$\boldsymbol{B}=\begin{pmatrix} 0 & 0 & 2 \\ 0 & -1 & 0 \\ 2 & 0 & 0 \end{pmatrix}$$

则二次型 $f(\boldsymbol{x}) = \boldsymbol{x}^{\mathrm{T}}\boldsymbol{A}\boldsymbol{x}$ 的规范形为[　　].

(A) $y_1^2 + y_2^2 + y_3^2$　　(B) $y_1^2 - y_2^2 - y_3^2$

(C) $y_1^2 + y_2^2 - y_3^2$　　(D) $-y_1^2 - y_2^2 - y_3^2$

解: 矩阵 $\boldsymbol{A}$, $\boldsymbol{B}$ 合同，且都是实对称矩阵，因此二次型 $\boldsymbol{x}^{\mathrm{T}}\boldsymbol{A}\boldsymbol{x}$ 与 $\boldsymbol{x}^{\mathrm{T}}\boldsymbol{B}\boldsymbol{x}$ 有相同的规范形. 矩阵 $\boldsymbol{B}$ 的特征多项式

$$|\lambda\boldsymbol{I} - \boldsymbol{B}| = \begin{vmatrix} \lambda & 0 & -2 \\ 0 & \lambda+1 & 0 \\ -2 & 0 & \lambda \end{vmatrix} = (\lambda-2)(\lambda+1)(\lambda+2)$$

可得 $\boldsymbol{B}$ 的特征值为 $\lambda_1 = 2$, $\lambda_2 = -1$, $\lambda_3 = -2$，可见二次型 $\boldsymbol{x}^{\mathrm{T}}\boldsymbol{B}\boldsymbol{x}$ 的规范形为

$$y_1^2 - y_2^2 - y_3^2$$

因此 $\boldsymbol{x}^{\mathrm{T}}\boldsymbol{A}\boldsymbol{x}$ 的规范形为 $y_1^2 - y_2^2 - y_3^2$. 故本题应选 (B).

7. 设 $\boldsymbol{A}$ 是三阶实对称矩阵，且满足

$$\boldsymbol{A}^3 - 3\boldsymbol{A}^2 + 5\boldsymbol{A} - 3\boldsymbol{I} = \boldsymbol{O}$$

则二次型 $f(\boldsymbol{x}) = \boldsymbol{x}^{\mathrm{T}}\boldsymbol{A}\boldsymbol{x}$ 的规范形为[　　].

(A) $y_1^2 + y_2^2 + y_3^2$　　(B) $y_1^2 - y_2^2 - y_3^2$

(C) $y_1^2 + y_2^2 - y_3^2$　　(D) $-y_1^2 - y_2^2 - y_3^2$

解: 设 λ 是 $\boldsymbol{A}$ 的任一特征值，对应的特征向量为 $\boldsymbol{\alpha}$，则 $\boldsymbol{A}\boldsymbol{\alpha} = \lambda\boldsymbol{\alpha}(\boldsymbol{\alpha} \neq \boldsymbol{0})$，由此可得

$$\lambda^3 - 3\lambda^2 + 5\lambda - 3 = 0$$

即

$$(\lambda-1)(\lambda^2 - 2\lambda + 3) = 0$$

因为实对称矩阵 $\boldsymbol{A}$ 的特征值都是实数，而方程 $\lambda^2 - 2\lambda + 3 = 0$ 无实根，所以 $\boldsymbol{A}$ 的特征值必为 $\lambda_1 = \lambda_2 = \lambda_3 = 1 > 0$，可见，二次型 $f(\boldsymbol{x}) = \boldsymbol{x}^{\mathrm{T}}\boldsymbol{A}\boldsymbol{x}$ 的规范形为 $y_1^2 + y_2^2 + y_3^2$. 故本题应选(A).

8. 二次型 $f(x) = \boldsymbol{x}^{\mathrm{T}}\boldsymbol{A}\boldsymbol{x}(\boldsymbol{A}^{\mathrm{T}} = \boldsymbol{A})$ 正定的充分必要条件是 [　　].

(A) 存在可逆矩阵 $\boldsymbol{P}$，使得 $\boldsymbol{P}^{-1}\boldsymbol{A}\boldsymbol{P} = \boldsymbol{I}$

(B) 存在可逆矩阵 $\boldsymbol{P}$, $\boldsymbol{Q}$，使得 $\boldsymbol{P}\boldsymbol{A}\boldsymbol{Q} = \boldsymbol{I}$

(C) 对于任意的 $\boldsymbol{x} = (x_1, x_2, \cdots, x_n)^{\mathrm{T}}$，其中 $x_i \neq 0\ (i = 1, 2, \cdots, n)$，有 $\boldsymbol{x}^{\mathrm{T}}\boldsymbol{A}\boldsymbol{x} > 0$

(D) 存在可逆矩阵 $\boldsymbol{C}$，使得 $\boldsymbol{C}^{\mathrm{T}}\boldsymbol{A}\boldsymbol{C} = \boldsymbol{I}$

解: (A) 是矩阵 $\boldsymbol{A}$ 正定的充分条件，但不是必要条件，例如，矩阵 $\boldsymbol{A} = \begin{pmatrix} 1 & 0 \\ 0 & 2 \end{pmatrix}$ 是正定矩阵，但 $\boldsymbol{A}$ 不与 $\boldsymbol{I}$ 相似，即不存在可逆矩阵 $\boldsymbol{P}$，使得 $\boldsymbol{P}^{-1}\boldsymbol{A}\boldsymbol{P} = \boldsymbol{I}$.

(B) 是 $\boldsymbol{A}$ 正定的必要条件，但不是充分条件，例如，设矩阵 $\boldsymbol{A} = \begin{pmatrix} -1 & 0 \\ 0 & 2 \end{pmatrix}$，经过初等变换可将 $\boldsymbol{A}$ 化为单位矩阵，即存在可逆矩阵 $\boldsymbol{P}$, $\boldsymbol{Q}$，使得 $\boldsymbol{P}\boldsymbol{A}\boldsymbol{Q} = \boldsymbol{I}$. 但 $\boldsymbol{A}$ 不是正定矩阵.

(C) 是二次型 $\boldsymbol{x}^{\mathrm{T}}\boldsymbol{A}\boldsymbol{x}$ 正定的必要条件，但非充分条件，例如，设 $f(x_1, x_2, x_3)=x_1^2+2x_2^2$，对任意的 $\boldsymbol{x}=(x_1, x_2, x_3)^{\mathrm{T}}$，$x_i\neq 0(i=1, 2, 3)$，都有 $\boldsymbol{x}^{\mathrm{T}}\boldsymbol{A}\boldsymbol{x}>0$，但 $f(x_1, x_2, x_3)$ 不是正定二次型.

综上分析，本题应选 (D)，实际上，若 $\boldsymbol{C}$ 可逆，且 $\boldsymbol{C}^{\mathrm{T}}\boldsymbol{A}\boldsymbol{C}=\boldsymbol{I}$，则 $\boldsymbol{A}$ 与单位矩阵合同. 这正是 $\boldsymbol{A}$ 为正定矩阵的充分必要条件.